土地科学丛书

土地生态学

谢俊奇　郭旭东　李双成　邱　扬　编著

科学出版社

北　京

内容简介

本书在系统总结国内外土地生态学及相关学科研究成果基础上，介绍了土地生态学的基本概念、学科体系、研究内容、研究进展和发展趋势，阐述了土地生态学的基本理论，详细总结和分析了土地生态学在土地评价、变化、调查、利用、规划、设计、恢复和管护上的应用。为开展生态文明建设、实现土地资源从数量管理向数量、质量、生态综合管理方式的转变提供了重要的理论支撑和实践指导。

本书可供土地科学、资源环境、地理、生态等领域的高校师生、研究人员、科技人员和管理人员阅读和参考，也可作为学校和机构的教学用书。

审图号：GS 京（2022）0747 号

图书在版编目（CIP）数据

土地生态学/谢俊奇等编著．—北京：科学出版社，2014.10

（土地科学丛书）

ISBN 978-7-03-042163-0

Ⅰ.土… Ⅱ.①谢… Ⅲ.①土地-生态学 Ⅳ.S154.1

中国版本图书馆 CIP 数据核字（2014）第 238896 号

责任编辑：朱海燕　李秋艳/责任校对：宋玲玲
责任印制：吴兆东/封面设计：耕者

科学出版社 出版
北京东黄城根北街 16 号
邮政编码：100717
http://www.sciencep.com
北京建宏印刷有限公司 印刷
科学出版社发行　各地新华书店经销
*
2014 年 10 月第 一 版　开本：787×1092 1/16
2023 年 1 月第五次印刷　印张：24 1/2
字数：580 000

定价：128.00 元

（如有印装质量问题，我社负责调换）

《土地科学丛书》编辑委员会

编写说明

土地科学作为一门学科在我国的历史并不长，是我国科学园地里较为年轻的学科。由于土地具有多重特性和功能，因而土地和土地利用是多学科研究的对象和领域，学科的交叉性十分明显，这给人们认识土地科学的内容、地位、体系以及学科属性带来了复杂性和艰巨性。

土地科学学科建设有赖于完整的科学理论和知识体系的构建，对比较成熟的学科加以整理和深化，对一些尚不成熟但具有发展前景的新兴学科加以大力扶持，使其不断完善和成熟。为此，2002 年 3 月，中国土地学会学术工作委员会在南京召开工作会议暨学科建设研讨会，决定组织编写一套能全面反映土地科学学科体系、知识体系的《土地科学丛书》，并讨论通过了“《土地科学丛书》编撰实施方案和管理办法”。同年 11 月 10 日在北京召开的《土地科学丛书》编撰工作会议则进一步认为，《土地科学丛书》是“编著型”学术著作，要反映土地科学的基础理论、基本方法，并把握前沿，反映最新的研究成果，应充分吸收相关学科的新思想、新方法。

根据“《土地科学丛书》编撰实施方案和管理办法”，丛书中各书的第一作者通过竞标与不记名评议相结合的方式产生。中国土地学会学术工作委员会组织专家，对参加竞标的 9 本书共 27 份投标书进行了评审，最后确定了第一批——《土地资源学》《土地生态学》《土地经济学》《土地利用规划学》《地籍学》《土地保护学》《土地信息学》等 7 部书的第一作者。为保证《土地科学丛书》的质量并能顺利出版，中国土地学会还组织各书第一作者申请出版基金，《土地信息学》一书获得了中国科学院科学出版基金的资助。《土地科学丛书》的其他各书则由中国土地学会土地科学专项基金资助出版。

五年来，在中国土地学会坚持不懈的推动下，在各有关方面的大力支持下，通过作者们的辛勤劳动，这套丛书将陆续与读者见面了。值此，中国土地学会衷心感谢关心支持这套丛书的领导，感谢热心参与这套丛书讨论和评审的专家学者，特别要感谢为此付出艰辛的各部书的作者和审稿者，也要特别感谢科学出版社为此套丛书的出版给予的大力支持和协助。

中国土地学会

2006 年 8 月

丛书序一

国以民为本，民以食为天，我们必须十分注意粮食问题和耕地问题。中国人多地少，又正处于经济快速发展的关键时期，土地问题是当前我国经济社会发展面临的一个大问题。

土地科学是以土地为研究对象的自然科学和社会科学的集成，是人们在长期开发、利用、保护和管理土地基础上，结合现代自然科学和社会科学新成果而发展起来的一门新兴学科。长期以来，我国的土地科学发展滞后于我国的经济社会发展，这在一定程度上已经影响到我国经济社会的健康发展。为此，中国土地学会自1980年成立以来，竭尽全力进行土地科学的学科建设。学会组织了多位长期从事土地研究而又具有丰富经验的学者，潜心总结新中国成立以来土地管理的实践经验与土地科学技术研究成果，经过多年努力，编写成了这套《土地科学丛书》。这是土地科学学科建设的重大成果之一。

这套丛书由多部著作组成。每部著作都分别研究了本领域的基础理论和基本方法，注意把握本领域的理论前沿和最新成果，对社会关注的难点、热点问题进行了深入的探讨，对未来我国土地管理工作提出了有益的建议，有助于我们更清楚地认识和把握未来的土地管理基本走势，有助于推动我国土地管理事业全面健康地向前发展。丛书可供从事土地科学技术和管理的专业人员使用，可作为大专院校土地管理及相关专业的辅助教材，也是一部很好的土地科学普及读物。

在科学时代，研究土地问题需要运用科学方法。我祝贺《土地科学丛书》的出版，期望各界人士对土地科学发展，土地的保护、利用、管理给予关注。

石玉林

2006年7月

丛书序二

这套由多部著作组成的《土地科学丛书》终于要与大家见面了，这是一件大事，不只是对专业人士，对广大公众和各级行政领导，对国民经济的健康和持续发展都是一件大事。“有地斯有粮，有粮斯有安”。中国人多地少，又处于经济快速发展的关键时期，土地问题是当前我国经济社会发展面临的一个大问题。

研究土地问题有经验方法，也有科学方法。早期，我们更多的是用经验方法，随着土地科学的进步和相关学科的日新月异，我们提倡用科学的方法和相关学科的最新成就来研究土地问题。

土地科学是以土地为研究对象的自然科学和社会科学的交叉与集成，是人们在长期开发、利用、保护和管理土地的基础上，结合现代自然科学和社会科学新成果而发展起来的一门新兴学科。长期以来，我国的土地科学发展滞后于经济和社会的发展，为此，中国土地学会自成立以来，竭尽全力地推进土地科学的学科建设。这套丛书就是他们致力于土地科学学科建设的一项重要成果。

这套丛书中的每部著作都分别研究了本领域的基础理论和基本方法，注意把握本领域的理论前沿和最新成果，对社会关注的难点、热点问题进行了深入探讨，对未来我国土地管理工作提出了有益的建议。这套丛书既有很强的自然科学理论和知识，又有丰富的经济和管理科学内容，有助于我们更清楚地认识和把握未来的土地科学及其管理的基本走势，有助于推动我国土地管理事业的健康发展。

无论是在自然层面上，还是在社会经济层面上，土地都是处于动态状况下的。在几千年的农业社会里，这个动态过程进行得很慢，而且是在自然态的物质和能量循环框架下运行。进入工业社会，这个动态过程越来越快，人类社会对它的影响越来越大，而且是在大量非自然态的工农业化学物质投入状况下运行。土壤圈、水圈、大气圈和生物圈之间的物质能量交换关系发生了深刻变化，土地的社会经济价值和影响也在发生深刻的变化。我们必须用系统观和动态观去观察和认识土地。

“工要善其事，必先利其器。”这套丛书就是帮助我们去观察和认识土地的“器”。想必看过这套丛书的读者，也会有我这样的感受。

谨以此为序。

石元春

2006 年 8 月于北京

本 书 序

《土地生态学》一书终于要面世了。早在七、八年前，谢俊奇就邀请我和几位专家学者就生态学和景观生态学理论和方法在土地利用和管理中的应用进行过探讨，我们还一起讨论了《土地生态学》书稿的章节题目。后来，在中国科协和中国土地学会的支持下，我们共同作为主席主持了中国科协“土地生态学——生态文明的机遇与挑战”新观点新学说学术沙龙，同与会的20多位专家一起，深入探讨了土地生态学的一些基本问题。近些年，谢俊奇一直处于土地管理的第一线，深感土地生态学对我国土地利用、土地管理和决策的重要性。特别是在大力推进生态文明建设的今天，土地管理的方式亦由土地数量管控转变为与土地质量管理和生态管护相结合，对土地生态学的理论和实践需求越来越强烈。谢俊奇他们完成了《土地生态学》一书正当时机，无论是促进土地科学学科体系建设，提升国土资源管理水平，还是推动土地生态学在我国的发展，都会起到重要的作用，值得祝贺！俊奇请我作序，我便欣然应允。

土地生态学的核心是生态学原理在土地利用和管理上的应用。与景观生态学相比，土地生态学更偏重于实际应用。虽然“景观”和“土地”的概念不尽相同，但由于在实际应用中，二者的应用对象均强调“土地利用”，使得景观生态学的某些原理和方法能够直接应用于土地生态学，这样，景观生态学的进步必然会促进土地生态学的发展。同样，反过来，土地生态学的不断发展，一方面体现出景观生态学在解决土地管理实际问题能力的提高；另一方面也会对景观生态学的理论和方法提出更高的要求，从而进一步推动景观生态学的繁荣。

我与本书的几位作者相识多年，有着共同的学术兴趣。谢俊奇从研究生时就开始了土地类型、土地评价研究，以后又拓展到土地遥感、土地可持续利用评价等方面。多年来，他一直从事土地调查、规划、评价等研究工作和管理工作，同一般的研究人员相比，由于多年处于土地管理实践的第一线，他对于生态学思想和原理如何在土地管理实践的应用具有更深的体会和更丰富的经验。李双成教授多年从事土地评价、土地规划、土地生态经济等方面研究，在土地生态研究方面做了很多扎实的基础工作，取得了较为丰硕的成果。郭旭东和邱扬毕业后也从事与土地利用、土地评价、土地生态紧密相关的业务和研究工作，对土地生态学的实际应用进行了一些探索，也取得了一些成绩。他们在前人研究成果的基础上，加之自己多年来的研究和对土地生态学的理解，形成了这本《土地生态学》，实属不易。这本书具有以下几个特点：一是比较系统、完整，涉及了从土地生态学的概念体系到基本原理以及在土地管理实践中的土地调查、评价、规划、利用和管理等各个方面；二是应用性强，针对管理需求，总结提出了土地生态评价、生态规划、土地恢复整治的原理和案例分析，对国土规划、资源综合承载能力、土地生态调查监测、土地整治技术等工作有一定的借鉴和指导意义；三是新颖性，比如从土地类型研究出发，提出了我国土地生态分类框架体系；针对未来可能的土地调查方向，提出了土地生态调查与监测的指标体系、技术方法等；针对自然资源管理体制改革，提出了我国生态管护的意见和政策建议等。相信本书的出版一定能够推动土地生态学在我国的发展，对从事相关工作的研究人员和管理人员有所裨益。

与土地科学的一些传统学科相比，土地生态学还是一门比较年轻的学科。作为生态学和土地科学交叉的一门科学，土地生态学涉及的内容也比较多，与有关学科的外延还不清晰。但无论如何，在当前我国全面推进生态文明建设工作中，土地生态学对土地管理的重要指导性和强烈的实践应用性是毋庸置疑的。我相信，《土地生态学》一书的出版一定能够更好地促进科学问题向实践管理决策的转变。借此书出版之际，祝愿我国土地生态学的发展有一个美好的未来。

傅伯杰

2014 年 3 月

前　言

当前世界范围的土地退化和生态安全的问题仍旧严重。与世界许多国家相比，我国土地生态安全的形势尤为严峻。需要指出的是，造成土地退化和区域生态风险的一个重要原因是不合理的土地利用。例如，美国历史上由于盲目开垦，1934 年发生了震惊世界的一连串“黑风暴”，大平原一百多万英亩[①]的农田上 2～12 英寸[②]厚的肥沃表土几乎全部丧失，变成一片沙漠。有研究指出，如果现有的土地利用与管理方式不发生积极的转变，保守估计另有近 200 万 km^2 的土地在未来 20 年内将发生不同程度的退化。残酷的现实迫使人们反思自己的土地利用方式，也迫切需要一种理论来指导自己的土地利用行为。恰恰由于生态学是研究生物、人与环境之间关系的科学，生态学的一些研究成果和基本原理可以为人类更好地处理与土地之间的关系提供一些指导和借鉴，从而可以实现合理的土地利用。土地生态学便逐渐产生了。

国际早期土地生态学主要集中在土地类型的研究上，从 20 世纪 20 年代到 60 年代，苏联、美国、英国、澳大利亚、加拿大、荷兰等国家都开展了土地（生态）分类的研究。20 世纪三四十年代“生态系统”概念的提出，促进土地生态学从土地类型的研究转向实际应用，开始进行土地类型的调查并逐渐为土地评价、土地利用规划和农业生产区划服务。20 世纪 60 年代以来，以土地生态评价研究为标志的土地生态学得到迅猛发展，这是人类在处理自身与自然关系问题上认识进一步深化的必然结果。

我国现代土地生态学始于 20 世纪七八十年代，较早明确进行土地生态研究的是景贵和先生，他在 1986 年发表了《土地生态评价与土地生态设计》一文，指出土地生态评价除一般土地评价外，应着重考虑几种生态特性才能更好地为国土规划中环境综合整治服务。何永琪、宇振荣和李维炯、杨子生等都对土地生态学的概念、研究内容、在土地科学学科体系中的地位及其加快发展和建设的必要性等进行了论述。2003 年，吴次芳、徐保根等在原浙江大学组织编写的《土地生态学》教材基础上编著了我国第一部《土地生态学》，比较系统地介绍了土地生态学的概念体系、理论基础、技术方法、主要内容和应用领域。中国土地学会也一直在积极推动和促进土地生态学的发展。1987 年成都中国土地学会学术年会上，将土地生态学列为土地科学的 10 个分支学科之一。2002 年，中国土地学会学术工作委员会决定出版的《土地科学丛书》，土地生态学也列为第一批出版著作之一。从 2006 年开始，中国土地学会组织开展的土地科学蓝皮书中，每年系统跟踪土地生态学的研究进展。

我在学生时代，师从我国著名土壤地理学家李孝芳先生，导师曾经要求我拓展土地评价领域，开展土地生态评价。参加工作以来，一直从事土地利用规划、调查、评价和

---

① 1 英亩≈4046.86m^2

② 1 英寸≈0.025m

管理等工作，深感土地生态学对我国土地管理的重要性。特别是近年来，我的同事郭旭东研究员从傅伯杰院士那里毕业以后，一直从事与土地利用有关的生态学研究，取得了不少突出的成果，为土地生态学的发展打下了一定的基础；我的同学李双成教授以及邱扬教授，在这个领域的教学和科研中也取得了非凡的成就。于是我们认为加强土地生态学基础理论的系统整理、推动该学科建设的时候到了。目前，我国土地管理方式正在从数量管理向数量、质量和生态三位一体的管理转变。这是践行科学发展观，开展生态文明建设，全面建设小康社会的必然要求。土地管理方式的转变迫切要求人们运用科学、综合、系统和全面的视角来重新审视土地，研究土地的合理利用，协调土地生产、生活和生态等多功能作用的发挥。这个时候，也迫切需要将生态学的有关思想、理论和方法引入到传统的土地科学中，需要在土地利用管理实践中融合生态学的理念。

2004 年，我参加了国家中长期科技发展规划编制的一些工作，系统地思考了今后（中长期）土地科学与技术如何发展，撰写了一篇题为《未来 20 年土地科学与技术的发展战略问题》文章，提出今后土地生态学发展的首要任务是建设土地生态学知识体系。2008 年 4 月，在中国科协和中国土地学会的组织下，我和傅伯杰院士作为会议的首席科学家，召开了“土地生态学——生态文明的机遇与挑战”的新观点新学说学术沙龙会议。这是我国第一次举办的关于土地生态学的学术研讨会。这次会议，来自全国各地高校、科研院所等单位的 20 余名高层专家就土地生态学的概念、对象、目标、任务、内容、技术方法、发展方向以及存在问题等进行了深层次的交流与思考。大家畅所欲言，求同存异，是一次难得的思想的碰撞、精神的洗礼。

在前人研究的大量成果基础上，加之郭旭东、李双成、邱扬等教授和我本人多年来的一些研究成果和对土地生态的理解，我们编写了《土地生态学》。本书共分为十一章：第一章土地生态学的概念与体系，介绍了土地生态学的基本概念、学科体系、研究内容、研究进展和发展趋势；第二章土地生态学理论基础，借鉴系统科学、地理学与生态学基础理论、景观生态学和土地科学等学科理论，阐述了土地生态学的理论基础；第三章土地生态结构，介绍了土地生态结构形成理论、测度方法及地域分异结构；第四章土地生态过程与功能，介绍了土地生态过程的基本原理、主要生态功能和土地利用对生态过程的影响；第五章土地生态分类与调查，介绍了土地生态分类的理论、方法、指标，中国土地生态分类系统以及土地生态调查的原则、目标、内容和手段；第六章土地生态变化，阐述了土地生态变化的自然和人文影响因素，土地生态变化对大气、水文等环境的影响和土地生态变化的模拟与预测；第七章土地生态评价，介绍了土地生态安全评价、土地生态系统健康诊断、土地承载力评价及土地生态系统综合评价并进行了案例分析；第八章土地生态规划与设计，介绍了土地生态规划与设计的概念、原则、特点、程序以及土地生态设计的实例；第九章土地生态恢复与重建，介绍了土地退化、土地生态恢复和重建的概念、原理、目标以及土地生态恢复和重建的案例；第十章土地生态经济，阐述了土地生态经济的基本理论，土地生态经济系统价值的测度方法以及土地生态经济的调控与管理；第十一章土地生态管护，介绍了土地生态管护的基本原则、主要目标，土地生态管护的法律途径、经济手段、行政、技术与公共参与途径。

本书由谢俊奇总体设计并拟定章节内容。其中，第一章和第二章由谢俊奇和郭旭东撰写；第三章由李双成和谢俊奇撰写；第四章由邱扬、刘世梁、郭旭东和赵文武撰写；

第五章由李双成、谢俊奇和郭旭东撰写；第六章由郭旭东、连纲、谢俊奇撰写；第七章由郭旭东、刘世梁和谢俊奇撰写；第八章由郭旭东、曹银贵、谢俊奇撰写；第九章由邱扬、杨磊、刘世梁和赵文武撰写；第十章和第十一章由李双成、谢俊奇和高阳撰写。全书由谢俊奇和郭旭东统稿。

感谢中国土地勘测规划院，国土资源部土地利用重点实验室在本书编写过程中给予的大力支持，感谢中国土地学会积极促成本书的出版、在促进中国土地生态学学科发展中所做的大量工作。本书编写过程中，得到了许多专家和同行的帮助和支持。傅伯杰院士、蔡运龙研究员、陈百明研究员、张凤荣教授、王仰麟教授、欧阳志云研究员、李秀彬研究员、陈利顶研究员、张金屯教授、白中科教授等提供了很好的思路和建议，此处挂一漏万，不胜感激。

土地生态学还是一门崭新的学科，鉴于土地生态问题的复杂性和本人知识、能力和研究水平的局限，书中难免存在不妥、疏漏乃至错误之处，敬请读者不吝指正。

谢俊奇

2014 年 3 月

目　　录

第一章　土地生态学的概念与体系

第一节　土地生态学的基本概念

一、土地生态特性与功能

（一）土地概念及基本属性

1. 土地的基本概念

1972年，联合国粮农组织（Food and Agriculture Organization of the United Nations，FAO）在荷兰瓦格宁根召开的土地评价专家会议对土地下了这样的定义："土地包含地球特定地域表面及以上和以下的大气、土壤及基础地质、水文和植被。它还包含这一地域范围内过去和目前人类活动的种种结果，以及动物就它们对目前和未来人类利用土地所施加的重要影响"（FAO，1972；石玉林，2006）。

1976年，联合国粮农组织发表的《土地评价纲要》中给土地下了一个正式的定义，认为土地是由包括气候、地貌、土壤、水文和植被等影响土地利用潜力的自然环境组成，还包括过去和现在的人类活动造成的结果，如围海造田、植被清除，当然也包括负面结果，如土壤盐渍化。然而，纯粹的经济和社会特征不归属土地概念的范畴，它们只是经济和社会背景的一部分（FAO，1976）。

石玉林（2006）认为："土地是气候、地貌、岩石、土壤、植被和水文等自然要素组成的自然综合体和人类过去和现在生产劳动的产物。土地是一个垂直系统，它可分为三层，地上层，地表层和地下层。它包括地形、土壤、植被的全部，以及影响它的地表水，浅层地下水，表层岩石和作用于地表的气候条件。"

原国家土地管理局1992年出版的《土地管理基础知识》中这样定义土地："土地是地球表面上由土壤、岩石、气候、水文、地貌、植被等组成的自然综合体，它包括人类过去和现在的活动结果。"因此，从土地管理角度可以认为土地是一个综合体，是自然的产物，是人类过去和现在活动的结果。

2. 土地的基本属性

从以上定义可以知道，土地是地球陆地表面由地貌、土壤、岩石、水文、气候和植被等要素组成的自然历史综合体，它包括人类过去和现在的种种活动结果。从中可以看出，土地具有以下基本属性。

(1) 土地是自然、经济、社会综合体

土地的性质和用途取决于全部构成要素的综合作用，而不取决于任何一个单独的要素。土地是自然的产物，但也是人类活动的结果，人类活动可以引起土地有关组成要素的性质变化，从而影响土地的性质和用途的变化。

(2) 土地是地球表面具有固定位置和范围的空间客体

土地是具有固定位置的，即每一块土地所处的经、纬度和海拔高度都是固定的。土地利用都有限于固定地点，不能像其他物品一样进行移动，土地只能就地利用。土地具有三维结构，水平上有范围，垂直上也有范围，但目前关于土地在垂直方向上的范围还有不同认识，但一般认为土地在垂直方向上至少包括从土壤的母质层，向上到植被的冠层以及距植被冠层较近的一部分大气对流层。

(3) 土地是一个系统

土地构成要素是相互联系、相互制约，构成一个统一的系统。具有独特的结构和功能，各构成要素之间进行着物质与能量的交换。

(4) 土地具有生产、生活和生态等多重功能

土地的数量是有限性，土地资源供给的稀缺性，土地利用的增值性以及土地作为环境条件和生产资料的不可代替性，决定了土地在经济上的价值。土地具有重要的社会属性，人类在利用土地的过程中，总是要反映出社会中一定的人与人之间的某种生产关系，包括占有、使用、支配和收益的关系。土地的占有、使用关系在任何时候都是构成社会土地关系的基础，进而反映社会经济性质。土地的这种社会属性，既反映了进行土地分配和再分配的客观必然性，也是进行土地产权管理、调整土地关系的基本出发点。土地还具有维持和保护生态环境的功能。

3. 土地与有关概念的区分

(1) 土地与土壤

土壤是指能够产生植物收获的陆地疏松表层。它是在气候、母质、生物、地形和成土年龄等诸因子综合作用下形成的独立的自然体。从相互关系上看，一般认为土壤仅仅是土地的一个组成要素，即土地包含土壤。从形态结构上看，土壤是处于地球风化壳的疏松表层。而土地是由地上层、地表层和地下层组成的立体垂直剖面。

(2) 土地与国土

国土不单指土地，而是国家管辖的地理空间，包括领土、领空和领海。狭义的土地应该属于国土的一部分，但广义的土地与国土的概念一致。

(3) 土地与景观

景观是由不同生态系统彼此紧密联系，镶嵌构成，并以类似的方式重复出现。景观具有高度的异质性。一般来说，景观是土地具体的一部分，同时，景观更多的考虑自然地理因素的作用，而土地则偏向考虑社会经济因素的“综合体”影响。

(4) 土地与土地资源

所谓资源，是指生产资料与生活资料的来源。土地资源是指在一定技术条件和一定时间内可为人类利用的土地。一般来说，土地资源是指经过人们投入，从土地上得到收益的土地，即产生了价值的土地。

(二) 土地的生态功能

联合国粮农组织（FAO）和联合国环境规划署（United Nations Environment Program，UNEP）曾提出了土地的十大功能，即：①储存个人、群体或社会财富；②生产人类食物、纤维、燃料或其他生物物质；③植物、动物和微生物的栖息场所；④全球能量平衡和水循环的决定者之一，提供资源和沉淀温室气体；⑤规定地表水和地下水的储存和流动；⑥人类使用的矿物和原料的储存场所；⑦化学污染物的缓冲器、过滤器或调节器；⑧提供聚集、工业和娱乐空间；⑨保存历史或史前纪录（化石、过去的气候证据、人类遗迹等）；⑩提供或制约动物、植物和人类的迁徙。从广义来看，这十大功能都可归入“生态”功能的范畴。具体而言，土地的生态功能可以分为供植物生长功能，为生物提供栖息环境功能，净化环境功能，保护土壤功能，防风固沙，涵养水源功能，调节微气候功能，产生和维持生物多样性功能和为人类提供游憩的功能等 8 种功能。

1. 供植物生长的功能

这是土地最重要、最基本的生态功能。生态系统有两个最重要功能：一是能量流动；二是物质循环。它们都是按照生态系统的营养结构即食物链和食物网这个主渠道进行的。生产者所固定的全部太阳能，就是流经生态系统的总能量，构成了生态系统的初级生产。物质是可以循环的，反复利用的，能量是逐级递减、单向的。人类不能改变能量流动的客观规律，但可以改变能量流动的方向，使能量流向对人类最有益的方向，比如森林中，使能量流向木材中；草原中，使能量流向牲畜体内，产生更多的肉、奶、皮、毛等产品。正是供植物生长的功能，为能量流动和物质循环在不同营养级的传递提供了原始的动力，使人类可以得到各种原料和产品。

2. 为生物提供栖息环境

土地是地球陆地表面具有一定固定位置的场所。这种场所为地球的生物提供了生存、繁衍、生长、生活和发展的物理环境。生物和环境之间的关系密不可分。生物与其所处的环境是长期进化、两者相互作用、相互影响、相互适应的结果。植物是地球环境变化的基础。地球上最早的植物——蓝藻出生以后，逐渐改变了地球的大气环境，陆生植物的出现与发展，完善了全球生态体系。陆生植物具有更强的光合能力，制造出大量的光合产物和氧气，为登陆动物提供了营养，改变了地形地貌。反过来，环境也可以改变生物，比如动物的进化就是“自然选择，适者生存”的结果。另外，自然选择可以定向改变生物性状，影响生物的基因频率，从而产生新物种。比如说地理隔离和由地理隔离而产生的生殖隔离等。

3. 净化环境功能

土地生态系统的绿色植物可以通过维持大气环境化学组成的平衡，吸附、吸收转化空气中的有害物质和降低噪声来净化大气。进入土地的污染物质在土地中可以通过扩散、分解以及生物和化学降解等作用逐步降低污染物浓度、减少毒性，使污染物变为毒性较小或无毒性物质；或者经沉淀、胶体吸附等作用使污染物发生形态变化，变为难以被植物利用的形态存在于土地中，暂时退出生物小循环、脱离食物链；也可通过土地掩埋来减少工业废渣、城市垃圾和污水对环境的污染。

4. 保护土壤功能

土地生态系统由于植被、枯枝落叶层和作物的覆盖，能够减少雨水对土壤的直接冲刷，保护土壤减少侵蚀；植被盘结于土壤中的根系对土壤的固持起到了非常重要的作用；土壤中各种物质和能量的传递与交换保持着土壤肥力，维持着土地的生产力（刘学录和曹爱霞，2008）。

5. 防风固沙、涵养水源功能

植被能对风起一种阻挡作用，改变风的流动方向，降低风的动量，减弱迎风面的风力；植被可加速土壤形成过程，提高黏结力，促进地表形成庇护层，起到固结沙粒作用，从而增强了抗风蚀能力。由于植被和土壤的截留与缓冲作用，相当部分地表水转化成为地下水，使地下水得到补充。

6. 调节微气候功能

生态系统还对局部气候具有直接的调节作用，植物通过发达的根系从地下吸收水分，再通过叶片蒸腾，将水分返回大气，大面积的森林蒸腾，可以导致雷雨，从而减少了该区域水分的损失，而且还降低气温。

7. 产生和维持生物多样性功能

生态系统不仅为各类生物提供繁衍栖息地，还为生物进化及生物多样性的产生与形成提供了条件。同时它还通过整体的生物群落创造适宜生物生存的环境，为农作物品种的改良提供了基因库。

8. 为人类提供游憩的功能

不同类型的土地生态系统也给人类提供了感官的享受，优美环境为人类休闲、度假、旅游等提供了场所。

（三）土地生态学的一些基本概念

1. 土地生态学（land ecology）

国外与“土地生态学”联系最为紧密的词为“land ecology”和“geoecology”，前者顾名思义，为土地生态学，后者译为“地生态学”。实际上国外 geoecology 的出现是为了想代替 landscape ecology（景观生态学），但目前，landscape ecology 应用广泛，geoecology 使用很少。从国外文献来看，land ecology 涉及的研究内容、方法等和 landscape ecology 基本相同，使用也不多。

我国许多学者对土地生态学都给出了自己的定义：比如何永祺（1990）指出“土地生态学是在生态学一般原理的基础上，阐述土地及其环境间能量与植物循环转化规律，优化土地生态系统的对策和措施”。宇振荣和李维炯（1995）认为“土地生态学是研究一个区域内各种土地生态系统的特性、结构、空间分布及相互关系。土地生态学的任务是为土地利用规划和土地生态设计、土地管理提供理论依据”。杨子生（2000）认为“土地生态学是一门研究土地生态系统的特性、结构、功能和优化利用的学科”。朱德举等（2001）认为土地生态学是“以土地生态系统为研究对象，具体是研究生物与土地的相互关系以及土地生态系统的结构、功能和调控途径的一门科学”。吴次芳和徐保根（2003）认为“土地生态学是一门研究土地生态系统组成与特性、结构与功能、发展与演替、优化利用与调控机制的学科”。

在上述概念基础上，根据土地生态学的形成特点和学科性质，土地生态学可以表述为“土地生态学是应用生态学的一般原理，研究土地生态系统的能量流、物质流和价值流等的相互作用和转化，及开展土地利用优化与调控的学科”。按照这个定义，土地生态学的任务十分明确：一是揭示土地生态系统的能量流、物质流和价值流等的作用规律；二是应用生态学原理开展土地资源的合理利用（郭旭东和谢俊奇，2008）。

在土地生态学中，土地被看作自然社会经济综合体，是一个复杂系统。在土地生态学中，土地不但具有资源和资产属性，而且是生物和非生物之间能量、物质、信息、价值交流的场所和载体；土地不仅仅具有人类利用产生财富的功能，而且具有为人类提供生产、生活的环境功能；土地不仅仅是人类物质需要的来源，而且是地球环境的组成部分，是保证生态环境处于良性发展的基底。因此，土地生态学中的“土地”是一个自然社会经济综合体。在生态学分类中，有个体生态学、种群生态学、群落生态学、生态系统生态学、景观生态学、区域生态学、全球生态学。由于土地生态学是一门新兴交叉学科，在生态学中的定位应在生态系统生态学、景观生态学和区域生态学之间。

2. 土地生态系统（land ecosystem）

土地生态，系统是指构成土地的各要素之间通过大气、水、土壤和生物循环而构成的相互影响、相互制约的有机统一体。

土地生态系统和传统的“生态系统”概念既有联系，又有区别。从组成要素来说，两者是相同的。但是，从生态学的角度来说，“生态系统”有着特定的尺度概念，“生态系统”是处于群落之上、景观之下的尺度。而土地生态系统则没有这个限制，土地生态系统可以是地块层次，可以是生态系统层次，也可以是景观和区域层次。所以，从这个角度，土地生态系统包含的范围要广。

3. 土地生态类型（land ecosystem type）

具有相同或相近的组成、结构和特定生态功能的土地生态系统类别。土地生态类型和土地生态系统类型既有联系又有区别。一般来说，土地生态系统类型可以是一种土地生态类型，土地生态类型也可以包含同种生态系统类型的组合。

4. 土地生态分类（land ecological classification）

按系统内各组分要素在空间上的组合特点和功能上的相互联系，划分出不同的土地生态系统类型，即土地生态分类。

5. 土地生态功能（land ecological function）

土地生态系统具有能量流动、物质循环、自我组织、自我调节、生态平衡的能力。

6. 土地生态格局（land ecological pattern）

土地生态系统类型、大小、数量的空间组合。

7. 土地生态过程（land ecological process）

土地生态系统各要素相互作用的动态轨迹。

8. 土地生态价值（land ecological value）

土地生态系统提供的服务功能的经济量度。

9. 土地生态调查（land ecological survey）

采集区域土地利用与生态状况信息，获得该区域土地生态系统的认识。

10. 土地生态监测（land ecological monitoring）

周期性观测和采集土地生态系统信息的过程。

11. 土地生态评价（land ecological evaluation）

对土地生态系统的结构、功能、价值、健康、环境质量进行分析后，并得出结果。

12. 土地生态安全（land ecological security）

维持土地生态系统的结构与功能稳定并为人类提供必要的资源与服务而不引起环境受到威胁的能力。

13. 土地生态健康（land ecosystem health）

土地生态系统所具有的稳定性和可持续性。

14. 土地生态系统服务功能（land ecosystem service）

土地生态系统用以满足和维持人类生活需要所提供的产品和服务的能力。

15. 土地生态适应性（land ecological suitability）

某种土地利用方式满足区域发展和资源利用的生态潜在能力。

16. 土地生态承载力（land ecological capacity）

一定区域内特定条件下的土地生态系统为人类活动和生物生存所能够持续提供的最大资源环境容量。

17. 土地生态系统评估（integrated land ecosystem assessment）

土地生态系统提供的能对人类发展有一定意义的生产和服务能力的综合分析过程与结果。

18. 土地生态规划（land ecological planning）

运用生态学原理，对某一区域的土地生态系统进行合理安排的过程。

19. 土地生态设计（land ecological designing）

基于土地生态规划，采取一定的措施，对各种土地生态系统类型及其组合结构进行选择优化，提升功能。

20. 土地生态工程（land ecological engineering）

着眼于土地生态系统结构改善、功能提高、健康安全、利用优化的生产工艺系统。

21. 土地生态恢复（land ecological restoration）

修复和重建受损土地生态系统结构与功能的过程。

22. 土地生态管护（land ecological stewardship）

以保持土地生态系统结构、功能和过程的可持续性为目标，对土地利用过程进行调整、控制、管理的过程。

（四）土地生态系统的基本特征

1. 土地生态系统结构的整体性

土地生态系统是具有多层次结构的整体，是各种构成要素共同作用的结果。土地生态系统的结构包括水平结构和垂直结构，占有三维空间。在水平方向上，一定的土地生态系统都是与气候、土壤、生物地带性等的分布相适应的，同时，由于纬向地带性和经向地带性的分异，土地生态系统又具有明显的区域分布特征。在垂直方向上，根据剖面性质的不同，土地生态系统可以分为三层，即地上层——气候、小气候、植被、动物；地表层——土壤、河川径流、浅层地下水、植物和微生物；地下层——地球风化壳、地下水等。

2. 土地生态系统的开放性

土地生态系统通过大气循环、地质循环、水分循环和生物循环等在土地内部和外部进行着物质和能量的交换，并决定和影响着土地的功能。特别是，土地生态系统与人类之间的物能交换，使之具有物质生产能力。人类通过对土地的投入和改造利用，从中获得生活用品，人类可以通过生态工程设计使土地生态系统向更高效的方向发展；但如果利用不当，比如对土地进行掠夺性经营，则土地生态系统就会退化，人类也无法从中获得需要的产品。

3. 土地生态系统的可变性

生态系统的平衡和稳定总是相对的、暂时的，而生态系统的不平衡和变化是绝对的、长期的。土地生态系统在自然演替过程中，具有一定的自我调节的功能，能够抵御一定的外来干扰，具有一定的恢复力并表现出一定的稳定性。但是，土地生态系统的自我调节作用是有一定限度的。

二、土地生态学与相关学科关系

（一）土地生态学与土地科学关系

1. 土地生态学在土地科学学科体系中的地位

土地科学的学科体系还不明确，在已有的学科体系中，大部分把土地生态学作为土地科学的一级分支学科（朱德举，1995；杨子生，2000；王万茂，2001；朱德举等，2001；谢俊奇，2004），并且认为土地生态学是土地科学的基础学科之一（朱德举，1995；杨子生，2000；朱德举等，2001；吴次芳和徐保根，2003），也有专家将土地生态学划为土地资源学下的二级学科（陆红生和韩桐魁，2002；叶剑平，2005）。有专家认为土地科学的核心学科是土地利用学（朱德举，1995），也有人认为土地科学的主导学科为土地利用规划学或土地经济学，或两门以上的学科，即土地利用学、土地经济学和土地管理学；或土地利用学和土地管理学（王万茂，2001；叶剑平，2005）。

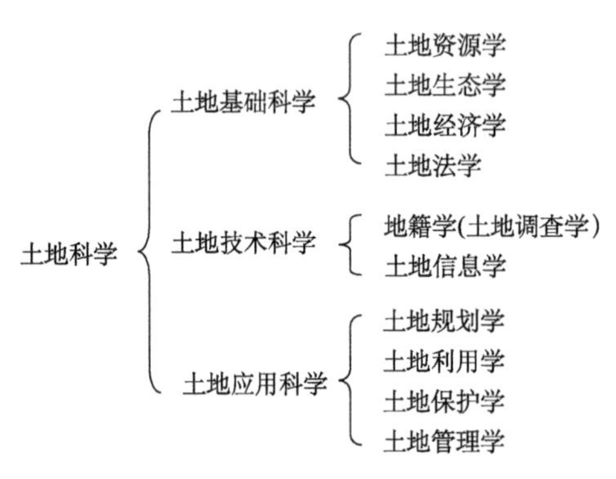

图 1-1　土地科学学科体系

我们认为土地科学可以分为土地基础科学、土地技术科学和土地应用科学 3 个层次（杨子生，2000）。具体包括土地资源学、土地生态学、土地经济学、土地法学、土地信息学、土地管理学、土地规划学、土地利用学和土地保护学（图 1-1）。

在这个体系中，土地基础科学包括土地资源学、土地生态学、土地经济学和土地法学。土地资源学和土地生态学是从土地作为资源的角度对土地展开系统研究，土地经济学和土地法学侧重于从土地作为资产的角度展开研究。土地技术科学包括两个学科：一是地籍学（土地调查学）；二是土地信息学，涵盖了土地管理实践中的主要技术。土地应用科学包括土地规划学、土地利用学、土地保护学和土地管理学，包括土地主要理论技术在规划、利用、保护和管理上的应用。

无论怎样划分，土地生态学在土地科学中的基础地位和其良好的应用前景得到大家普遍认可（朱德举，1995；杨子生，2000；王万茂，2001；吴次芳和徐保根，2003）。土地生态学是土地科学中的基础学科，也是一门应用性学科。它既研究土地生态功能、土地生态过程、土地生态变化、土地生态分异等基础理论，又研究和开发土地生态调查、土地生态评价、土地生态规划和设计、土地生态恢复和重建、土地的生态管理和管护等技术方法，还涉及土地生态经济、土地生态伦理等社会科学范畴。谢俊奇（2004）明确指出：未来20年中国土地科学技术应当大力发展3大技术体系和4大学科，这4大学科为土地资源学、土地经济学、土地生态学和土地规划学。

2. 土地生态学与土地科学其他学科的关系

土地生态学与土地资源学、土地规划学、土地保护学等密切相关。土地资源学为土地生态学提供土地数量、质量、属性等基础资料，土地生态学为土地资源的调查评价提供基础理论和理念。土地的生态规划是土地利用规划的重要组成部分，《环境影响评价法》规定各级规划要进行环境影响评价，土地生态学将为这种评价提供基本方法。土地保护的主要内容之一是土地生态保护，土地生态学的研究不但为土地保护提供理论基础，而且为其提供实践操作层面的方法技术。另外，土地经济学的基本理论是土地生态经济理论的基础，土地生态经济理论的发展又丰富和发展土地经济学理论。土地信息学、地籍学等专门技术将为土地生态学的研究和实践提供高新技术手段。土地生态学的理论和方法可直接为土地生态管护提供具体的措施和手段。

（二）土地生态学与景观生态学的区别

一般认为土地生态学和景观生态学“相互重叠和交叉”（宇振荣和李维炯，1995；杨子生，2000；吴次芳和徐保根，2003），但二者“不存在包含与被包含、替代与被替代的关系”，而且两个学科的“研究对象不同”、“研究的核心不同”（吴次芳和徐保根，2003），即土地生态学研究的对象是土地，景观生态学研究的对象是景观，土地生态学研究的核心是土地利用。从景观生态学发展流派的角度看，有土地生态学与景观生态学一致、甚至包含在景观生态学中的倾向（杨子生，2000）。具体而言，土地生态学和景观生态学的不同可以表现在以下两点。

1. 学科性质

我国土地生态学具有鲜明的应用特色，强调理论研究与实践应用的紧密结合。相比而言，景观生态学属于基础研究学科。国外土地生态学和景观生态学在研究内容、方法等方面基本一致，谈土地生态学与景观生态学的区别，实际上是我国土地生态学与景观生态学的区别。我国土地生态学的产生既是土地科学自身发展的内在需求，又是我国土地资源合理利用与保护在科学上的迫切要求。因此，土地生态学是有着鲜明的应用特色和时代烙印的，土地科学自身的发展和我国土地资源管理的现实形势要求把土地、生物和环境作为一个整体来系统、全面开展研究，并寻求解决当前某些土地利用问题的途径和措施。其目标与导向始终是与土地资源管理的实际问题紧密联系。景观生态学着眼于景观的基本构成“斑块”、“基质”、“廊道”，强调物质流和能量流在其中的运移，虽然也涉及景观规划、设计等实际应用，但是不像土地生态学把“土地利用”作为一个整体加以系统研究。

2. 研究尺度与研究内容

景观生态学有着比较明确的研究尺度，按照对景观的理解，一般指面积在几平方千米到几百平方千米的范围。土地的尺度范围则没有那么严格，从一个具体地块到一个村域、一个县域、一个区域等，都可以称为土地。在土地生态系统的层面上，能量流动、物质循环、价值转化等既是景观生态学研究的主要内容，也是土地生态学研究的重要内容。但景观生态学十分重视不同土地利用系统之间的能量流动与物质循环，并将其作为自己的核心内容，相比而言，无论是土地生态系统的内部还是外部，都是它关注的范围。比如针对地块而言的土地生态适宜性是土地生态学的重要内容，再如区域土地生产潜力、土地承载能力等也是大尺度范围土地生态学的重要内容。尽管景观生态学也强调多重尺度景观功能的重要性，而且一直将其作为学科的核心和重点，但由于现实研究手段的限制和研究目标导向不同，其研究内容可能受到一定局限。

第二节　土地生态学的基本框架

一、土地生态学研究目的与意义

（一）研究目的

土地生态学既是一门基础学科，又是一门应用学科。其研究目的主要有三个，一是了解土地生态系统的物质运移和能量流动的基本规律；二是合理利用土地；三是形成土地生态管护体系。

在这三个目的中，了解土地生态系统的物质运移和能量流动的基本规律是基础，合理利用土地是核心，开展土地生态管护是出发点和落脚点。

（二）研究意义

1. 土地生态学的产生是在现代学科发展背景下，土地科学自身发展的内在要求

我国土地生态学的产生具有两个背景。一是现代学科发展的背景。当前现代学科的发展具有两个比较明显的特点。一是越来越向两极发展，即学科越来越向宏观方向发展，学科的综合性增强；同时，又向微观方向发展，学科的研究对象也越来越细致。二是学科之间的渗透和融合也越来越强。这也是学科向宏观和微观方向发

展的必然结果。学科的这种发展趋势是与目前人们对事物的认知能力和认知需求相一致的，即在当今世界科技快速发展和全球经济一体化的背景下，人们需要越来越准确、细致了解客观世界的本质，需要一些新的理论、方法重新认识世界，并寻找解决新问题的新途径，因此，需要学科的不断发展、学科的相互融合。二是土地科学自身发展的要求。土地是人类赖以生存和发展的基础，随着人口的增加和经济的发展，一方面包括土地在内的各种自然资源以及环境承受的压力越来越大。我国目前正处于全面建设小康社会的关键时期，各种用地需求压力极大。单纯的管理政策以及片面的技术手段恐怕都不能较好地解决当前我国土地问题面临的严峻形势。另一方面，我国土地生态安全的形势十分严峻，土地退化、污染的情况十分严重。这个时候，认识土地，已经不能停留在“供地”层面，也不应该仅仅着眼于土地的生产功能。为了保证区域经济社会的协调发展，发挥土地参与宏观调控的作用，需要协调好土地的生产、环境保护、历史文化遗迹等各种功能，迫切要求人们运用科学、综合、系统和全面的视角来重新审视土地，研究土地的合理利用。需要将生态学的有关思想、理论和方法引入到传统的土地科学中，需要在土地利用管理中融合生态学的理念，这个时候，土地生态学也便应运而生了。

2. 土地生态学的产生与发展是开展土地生态管护的迫切要求

当前，全球生态系统的安全性受到严重威胁，千年生态系统评估（millennium eeosystem assessment，MA）项目得出3个结论（张永民和赵士洞，2007a，2007b，2007c）。

第一个结论指出在过去50年内，人类对生态系统改变的速度和广度超过人类历史上任何一个时期，这已经导致了地球生物多样性的严重丧失，并且这种丧失状况大部分是不可逆转的。

第二个结论是改变生态系统，对人类福祉和经济发展带来了显著的净收益，但是获取这些收益的成本却在加大，对我们子孙后代从生态系统中获取的收益造成了威胁。1960年以来，在人口翻番和经济活动增长6倍的同时，食物产量增加了2.5倍、供水量加倍，伐木、造纸增长了2倍、水电增加了1倍。另外所评估的生态系统有60%的生态系统服务功能得到退化，未得到可持续利用。而且生态系统服务功能的退化也代表了自然资产、国家财富的丧失，但是比较遗憾的是这种丧失并没有体现在经济核算中。

第三个结论是生态系统退化在21世纪上半叶可能会出现严重的恶化，做出这种判断的原因是影响生态系统服务功能退化的因素，比如气候变化、养分富集、栖息地改变、过度开采和过度捕鱼、外来入侵物种等这些因素基本上没有得到缓解，甚至更加严重了。

从历史上看，人类不合理的土地利用方式造成过灾难性的损失，美国由于盲目开垦，1934年5月11日起，发生了震惊世界的一连串“黑风暴”，波及美国本土27个州以上，占整个国家面积的75%，大平原一百多万英亩的农田上2到12英寸厚的肥沃表土全部丧失，变成一片沙漠，数以百万计的灾民被迫离开家园（刘瑞平和全芳悦，2004）。我国的黄土高原自秦汉以来的滥垦滥伐造成了严重的水土流失，20世纪80年代后期水土流失面积已达43万km^2。

我国是发展中国家，与发达国家相比，我国土地生态安全的形势尤为严峻。我国是世界上水土流失最严重的国家之一，目前全国水土流失面积356万km^2，占国土总面积的 37.1%；需治理的面积有 200 多万平方千米。国家林业局 2005 年 6 月 14 日公布的第三次全国土地沙化监测结果表明，截止 2004 年，全国荒漠化土地为 263.62 万 km^2，占国土面积的 27.46%。尽管土地沙化扩展的趋势已得到初步遏制，但全国有 30 个省份的 889 个县、旗、区分布有沙化土地，影响着近 4 亿人的生产和生活，每年造成的直接经济损失达 500 多亿元。据国家环保部和国土资源部公布，目前全国受污染的耕地约有 1.5 亿亩①，污水灌溉污染耕地 3250 万亩，固体废弃物堆存占地和毁田 200 万亩，合计约占耕地总面积的 1/10 以上，其中多数集中在经济较发达地区。全国每年因重金属污染的粮食达 1200 万 t，造成的直接经济损失超过 200 亿元。

为了迎接挑战，必须要改变土地管理的理念和方式，必须开展土地生态管护的理论、技术方法和体系建设。有研究指出：如果现有的土地利用与管理方式不发生积极的转变，保守估计另有近 200 万 km^2 的土地在未来 20 年内将发生退化。事实上，千年生态系统评估报告当中已经明确提出土地生态管护的具体措施，用于缓解生态系统服务功能退化，比如将生态系统管理的目标纳入多部门以及更大范围的开发规划框架之中；消除过度利用生态系统服务的补贴；在条件许可的情况下，在生态系统服务管理当中更多运用经济工具和一些市场手段；将生态系统的非市场价值纳入自然资源的管理决策中等(张永民和赵士洞，2007c)。所有这些，都需要土地生态学的不断发展，为土地生态管护提供有力支撑。

3. 土地生态学的理念、技术方法是生态文明建设的必然要求

党的十七大明确提出了“要建设生态文明，基本形成节约能源资源和保护生态环境的产业结构、增长方式、消费模式。……生态环境质量明显改善……生态文明观念在全社会牢固树立”，并将其作为实现全面建设小康社会奋斗目标的一项新要求。党的十八大更是明确提出了“大力推进生态文明建设”。并且明确提出了“推进生态文明建设的四项任务：优化国土空间开发格局、全面促进资源节约、加大自然生态系统和环境保护力度和加强生态文明制度建设。土地生态学的产生和发展是开展生态文明建设实践的必然要求。”

任何新兴交叉学科都是应实践需要而产生、发展，并在实践中得到完善。土地生态学的产生也具有强烈的实践需求，特别是在当前党中央明确提出大力推进生态文明建设的时期。中央提出的加强推进生态文明建设的四项任务与土地生态学的关系十分紧密。

优化国土空间开发格局意味着要按照人口资源环境相均衡、经济社会生态效益相统一的原则，构建科学合理的城市化格局、农业发展格局、生态安全格局。这对我们的工作提出了更高的要求，可能我们的用地，以前更多的是考虑生产和生活用地，不考虑生态用地，但是现在就必须考虑了，而怎样考虑，就需要土地生态学的研究了；换句话说，无论是国土规划，还是土地利用规划，规划的原则会有一些显著的变化，要从数量保护向数量、质量和生态并重的方面转化。现在需要认真考虑土地生态规划怎样做，怎样和区域的耕地保护、产业发展、区域协调发展等相结合，这不是空的，要落实到我们的工作中，要通过土地生态学的发展来推动和完善。

全面促进资源节约要求大幅度降低能源、水、土地消耗强度，提高利用效率和效

---

① 1 亩≈666.67m^2

益。严守耕地保护红线，严格土地用途管制。加强矿产资源勘查、保护、合理开发。从土地生态学的角度，就是要在土地评价、土地规划、土地利用、保护等工作中遵循自然界的规律，考虑生态环境因素。比如涉及流域土地沙化防治问题，过去就是种植某种树种来防止沙化，但是，大规模地种植一种树种，特别是外来种，是不利于生物多样性的保护，同时时间长了，也会导致耕地质量下降。这种实际问题，需要生态学的观点去解决。另外，很多土地整理的项目，增加耕地的主要措施就是将坑塘（山塘）填了变成耕地，从生态学的角度来讲肯定是不合适的。还有，矿山破坏土地的复垦，美国有把塌陷积水区圈起来作为湿地保护的，我们是不是需要花很大的代价去把它变为耕地等。涉及这些东西，有些是显然违背了生态学的基本规律，有些也没有定论；但无论如何，恰恰说明在推进生态文明的建设中，土地生态学大有可为，通过土地生态学相关研究，形成比较有特色的成熟的技术方法，就能够在实践工作中解决某些问题，得到很好应用。

加大自然生态系统和环境保护力度也要求开展土地生态评价、规划、设计和保护。这些都是土地生态学研究的重要内容，也是生态学在土地科学上的重要应用。通过土地生态评价，了解自然生态系统的功能和状况，从而为维持生态系统健康、生态系统的修复、退化土地的整治提供基础。通过土地生态规划、设计和保护，推进荒漠化、石漠化、水土流失综合治理，增强土地生态系统的生产和服务能力，扩大森林、湖泊、湿地面积，保护生物多样性，强化水、大气、土壤等污染防治。

生态文明制度建设是土地生态管护的重要内容。当前，国土资源管理正在从数量管理向数量管控、质量管理和生态管护方向发展。土地生态管护意味着除了依靠一定的技术措施外，更重要的是建立一系列的生态文明制度，开展土地生态管护。通过制度建设，把资源消耗、环境损害、生态效益纳入经济社会发展评价体系；建立反映市场供求和资源稀缺程度、体现生态价值和代际补偿的资源有偿使用制度和生态补偿制度；健全生态环境保护责任追究制度和环境损害赔偿制度。

二、土地生态学研究内容

有关专家从不同角度提出了一些土地生态学学科体系构架与研究内容（表 1-1）。在已有研究基础上，从我国土地生态学的发生、学科特点、研究内容、研究目标等出发，可以将土地生态学分为土地生态系统结构与变化、土地生态功能与过程、土地生态分类与调查、土地生态评价、土地生态规划与设计、土地生态恢复与重建、土地生态管护和土地生态经济 8 个部分。

表 1-1　土地生态学研究内容

来源	划分方式
吴次芳和徐保根，2003	土地生态类型、土地生态评价、土地生态规划设计、土地生态整治、土地生态工程、土地生态管理、土地生态伦理、土地生态经济
杨子生，2000	土地生态类型、土地生态评价、土地生态规划设计、土地生态整治、土地生态管理
宇振荣和李维炯，1995	土地生态系统组成与结构、土地生态系统的功能、土地生态系统的分类与评价、土地生态系统的演替和控制、土地生态系统利用改造、保护和管理

（一）土地生态系统结构与变化

土地生态系统结构与变化是指组成土地生态系统各要素的组成结构及其时空变化，包括土地生态系统的结构特征和土地生态系统的形成、演替和变化等研究内容。土地生态系统结构可以简称为土地生态结构。具体讲包括3方面内容：①土地生态系统的结构组成与特征，比如土地利用类型、不同土地利用类型的组成比例、空间布局等，这是认识和了解土地生态系统的基础；②自然生态系统的演替，偏重于自然条件下土地生态系统的发生、发育和发展，相比较而言，这部分内容不是大家关注的重点；③土地生态系统的变化，主要是指人为生态系统的变化，包括变化的原因、机制、变化的模拟和变化的效应，这部分是和当前人类土地利用的行为联系最为紧密，能够为人类合理利用土地提供最直接的证据，是土地生态系统结构与变化研究的重要内容。

（二）土地生态功能与过程

土地生态功能与过程主要是指能量、物质、物种以及信息在不同土地要素之间的流动与作用，包括不同土地利用系统物质循环、能量流动过程中生物和非生物的基本特点及土地利用及其结构对生态过程的影响等。具体的讲，包括土地生态系统变化对土地（壤）质量（属性指标）、水量水质、水土流失、沙化、局地气候等的影响。土地生态功能与过程和土地生态系统结构与变化中的变化效应不同，前者仅仅表征土地生态系统结构方面的改变，比如土地利用的数量、类型等，而后者则伴随着物质和能量的转变。

（三）土地生态分类与调查

土地生态分类与调查主要指土地生态系统的具体表现形式和获取方式。主要包括土地生态类型划分、分布规律、分类方法、调查手段等。这是土地生态学最基础的研究内容。具体讲包括3方面内容：①土地生态类型的划分及分类体系，通过该部分研究，使研究区域内复杂多样的土地生态系统类型得以条理化、系统化，为后续各项研究奠定基础和科学依据；②土地利用分类与调查，严格地讲，土地利用分类与土地生态分类是不同的两个概念，但是土地利用分类经常是土地生态分类的重要参考或基础，在一定程度上，土地生态分类包括土地利用分类；③土地生态环境调查技术方法，土地生态环境调查技术方法是对土地资源和周围环境综合调查的技术方法，可以包括大区域范围的调查，也保护局部小范围土地生态环境的调查。传统的土地调查一般着眼于土地数量的调查，土地生态调查还包括土地质量和状态状况的调查。

（四）土地生态评价

土地生态评价主要是指在一般土地评价的基础上，着重土地生态价值和功能的评价。主要包括土地生态适宜性评价、土地生产潜力与承载能力评价、土地生态系统健康与安全评价、土地生态系统服务功能评价、土地生态退化评价以及土地生态系统综合评价等。与传统的土地评价不同，土地生态系统健康与安全评价、土地生态系统服务功能评价等都是传统的土地评价中没有的内容。①土地生态适宜性评价：从微观层面上，除针对土地系统固有的生态条件分析、评价其对某类用途（如农、林、牧业、建筑等）的适宜程度和限制性大小外，划分其适宜等级，摸清土地资源的数量、质量以及在当前生产情况下土地生态系统的功能如何、有哪些限制性因素、这些因素可能改变的程度和需要采取什么措施建立土地生态系统的最佳结构；宏观层面上，大部分研究集中在生态适宜性分区上，为区域合理布局，土地资源合理开发利用提供科学依据；②土地生产潜力与承载能力评价：传统的生产潜力与承载能力是从生产发展的需要出发，采取试验、预测模型等方法，测算和评价土地生态系统的潜在生产力，并通过比较，得出可能的承载人口；近年来，随着社会经济发展对资源环境的压力越来越大，资源承载力、环境承载力、综合承载力、生态承载力等概念的出现，需要综合考虑土地的生产、生活、生态等各方面功能，并利用模型进行预测；③土地生态系统健康与安全评价：土地生态系统健康评价多针对微观系统，即对各种生态系统稳定性、弹性以及恢复力等的评价，相比较而言，安全评价针对宏观系统，多为区域的一种安全评价，理论上，区域土地生态系统健康是区域土地生态安全的重要基础；④土地生态系统服务功能评价：是对生态系统与生态过程所形成及所维持的人类赖以生存的自然环境条件与效用的一种评价。生态服务的价值可根据其功能和利用状况分为四类：第一，直接利用价值；第二，间接利用价值；最后，选择价值；第四，存在价值又称内在价值。生态服务功能的评价方法有直接市场价格法、替代市场价格法、权变估值法、生产成本法和实际影响的市场估值法等；⑤土地生态退化评价：对土地沙化、盐碱化、水土流失、土地质量下降等的评价；⑥土地生态系统综合评价：是对土地生态系统健康、生态系统服务功能、生态系统管理原则等的综合评价。

（五）土地生态规划与设计

土地生态规划与设计主要指在土地生态评价的基础上，结合社会经济条件和发展目标，确定不同土地生态系统的比例和空间布局。

土地生态规划与土地生态设计是既密切联系又有区别的两个部分。一方面，一般认为规划的概念面广一点，宏观一些；而设计的概念具体一点，微观一些；另一方面，两者之间又有交叉渗透，土地生态规划为宏观控制，由土地生态设计逐渐过渡到微观操作。根据对象不同，土地生态规划与设计分为农村土地生态规划与设计和城镇土地生态规划与设计。还有的研究是以生态恢复重建为主导目标的规划设计。

（六）土地生态恢复与重建

土地生态恢复与重建主要指对退化的土地生态系统采取工程、生物和农业的综合技术措施进行改良、治理和建设，主要包括土地生态退化的现状、原因以及生态重建的原则与对策、措施与效果等。具体包括水土流失地的治理、盐碱地的治理、风沙地的治理、沼泽地的治理、受污染土地的治理、中低产田改造、荒山荒地的开发与治理。工矿废弃地和因灾废弃地的治理与复垦、基本农田建设、山水田林路村企的综合治理等。当前，面对全球土地生态退化的日益严重性和恢复重建的紧迫性，应将退化土地生态重建作为研究重点，在土地生态退化评价研究基础上，研究制订切实可行的退化土地生态重建综合工程技术规划方案并付诸实施，以恢复和提高退化土地生态系统的功能，实现土地生态系统的良性发展，确保土地资源的可持续利用。

（七）土地生态管护

土地生态管护主要指如何运用生态学理论，通过行政手段、经济手段、法律手段和技术手段等维护土地生态系统的良性运行并提高其效能。主要包括土地生态管护的原则与方法，管护体系建设，土地用途、开发等的监督。土地生态管护的一个重要内容是通过审查和监督各级土地生态规划与设计方案，使人类按照规定的土地用途，合理地利用和改造土地（杨子生，2000）。包括：①土地利用结构的监督。包括农业用地与建设用地比例结构、农业用地中农林牧渔各业用地结构和农业内部各类作物用地结构的监督，确保实际土地利用结构与自然生态结构相适应（即合乎生态学要求）。②土地肥力及其变化趋势的监督。这是确保土地合理利用、保护和改良的重要内容，具体涉及土地的集约化经营、耕作制度上的用养结合等诸多问题。③土地开发活动的监督。其基本目的是确保人类开发活动与土地生态条件的协调，包括的内容较多，如新开垦耕地是否符合土地生态规划要求，是否导致水土流失等不良生态后果；开发矿山是否与环境保护工程同时上马，是否导致资源破坏和生态环境恶化等。④土地污染与环境保护的监督。

（八）土地生态经济

土地生态经济主要指以经济学指标为依据分析土地的生态价值，其核心问题是解决经济有效性与生态安全的协调统一。主要包括不同土地生态系统服务功能价值核算与动态评估、土地生态经济理论体系的探讨与评价的实践应用。具体土地生态经济研究可以分为土地生态经济的基本理论、土地生态系统服务功能价值核算和动态评估、土地利用变化、工程等对生态系统服务功能影响和土地生态经济系统价值评估。

在土地生态学的 8 个方面的研究内容中，土地生态系统结构和变化、土地生态功能、土地生态分类与调查和土地生态经济是土地生态学的基础内容，通过这些研究，一方面，了解土地作为生态系统基本物质的运移规律；另一方面，了解土地作为资产其经济价值核算的基本理论和方法，土地生态分类与调查也包含了有关土地生态的专门的调查技术方法。土地生态评价、土地生态规划与设计、土地生态恢复与重建和土地生态管护则是在上述基础研究上展开的，是土地生态学重要的应用领域与方面。其中，土地生态评价是土地生态规划设计的基础依据，土地生态规划设计则是土地生态类型和土地生态评价的目的和归宿；土地生态恢复与重建是为了更有效地按生态学原理去合理利用土地，在很大程度上可以说是对土地生态规划设计方案的具体施工；而土地生态管护是实施土地生态规划设计方案的根本保证。

三、土地生态学研究方法

土地生态学研究方法不仅包括调查方法、评价方法、数量模型方法、试验分析方法等，也包括规划方法和生态重建的工程方法。其技术体系包括各种调查、评价、模型、规划、重建的技术流程及其实践应用。下面就土地生态学中普适的、带有方法论性质的主要方法作一下概述。

（一）“3S”技术

“3S”技术即遥感（remote sensing，RS）技术、地理信息系统（geographic information system，GIS）技术和全球定位系统（global position system，GPS）技术。土地生态学研究的主要目的是合理利用土地，促进区域协调发展。遥感作为一种以物理手段、数学方法和地学分析为基础的综合性应用技术，具有宏观、综合、动态和快速的特点，为土地生态学研究提供了最重要的信息数据。利用遥感技术，直接开展土地资源调查、监测、评价等多项工作。有数据表明，当前，国土资源部是我国各部委中遥感数据需求的最大用户。地理信息系统是一种管理与分析空间数据的计算机系统，为土地生态学研究提供了数据采集、分析、存储、模拟和决策支持的有力手段。GPS 主要用于某个点的空间位置的确定，具有全天候、高精度、自动化、高效益等显著特点，是土地制图、定点观测、土地勘测定界、地籍调查等的重要工具。

（二）实验分析与定点观测

土地生态学是一门实验科学，进行土地质量的评价、土地利用变化对生态环境的影响、土地生产力估算等研究需要利用实验分析和定点观测的方法。土地生态学也是定性和定量相结合、微观和宏观相结合的学科，也要求进行实验分析和定点观测。比如，研究某种土地利用格局对水土流失的影响，可以在野外布设样点、试验小区、有选择的布设某种土地利用格局，通过定点观测，采集径流、泥沙有关数据，分析样品来开展；也可以在实验室，建立人工降雨装置、水流运输通道等实验室设施进行。当前，定点观测网络化是土地生态学研究的一个重要需求，通过多个观测网点长期的标准数据积累，为更好地揭示和比较相同及不同土地生态系统状况和变化、建立模拟与预测模型，更好地合理利用土地提供重要依据。

（三）模型和模拟

现代学科体系中，模型和模拟方法已经成为各学科研究的基本方法之一，但对于土地生态学而言，它的意义更为重大。土地生态学和其他学科不同，它的研究对象是自然、经济和社会综合体，它是一个复杂系统，影响这个系统的因素众多，关系复杂。但是，为了更好利用它，又需要深入了解、调节并在一定程度上控制它，使它按照有利于人类方向发展。完成这个任务的手段就是模型模拟。土地生态学中土地生态评价、土地利用变化、土地承载能力估算、土地规划等都需要运用模型模拟的手段。从土地管理的角度而言，模型模拟也是方便土地管理的重要的技术手段，通过模型模拟，把复杂的问题简单化，并通过计算机系统直观化，可以提高管理的效率和科学性。

(四) 实地调研

这里主要指的是社会学的一些调查方法。土地既是资源，又是资产，土地这个特性可能决定了土地生态学的研究中要更多地引入社会学的一些调查研究方法，包括座谈、访问、访谈、问卷调查等。现代社会调查的研究方法已经形成了通过设立研究假设，以抽样调查为主，随机选择研究对象，采用问卷等方式收集资料，依靠统计分析等定量分析方法处理资料，验证理论假设研究的一整套技术方法。这些都可以应用在土地生态环境调查、土地生态价值评估等方面。当前，类似 PRA 等定量与半定量相结合的调查方法得到研究者更多的青睐，因为它可以更真实揭示客观现象。

第三节 土地生态学的发展

一、土地生态学的发展历程

(一) 中国古代农业生产中土地生态学的思想

“土能生万物”“有土斯有粮”。自古以来，我国劳动人民为了搞好农业生产，因地制宜、精耕细作，在“认土”“用土”“改土”“养土”等传统的生态农业方面，积累了宝贵的经验，蕴含着丰富的“土地生态”思想。

商代大力推行区田种植，用肥水来改良土地，来代替当时流行的滥伐、滥垦和广种薄收的种植方式，可以拦蓄径流、蓄水防旱、减少水土流失。这种区田法，可以看作是我国创造的最古老的土地生态保护措施之一。

战国时期的《周礼》把全国土地划分为山林、川泽、丘陵、坟衍、原隰五类，并采用井田制的方法对耕地进行规划，休耕时间不同，分配给农民的耕地数量不同，即“不易（不须休耕）之地家百亩，一易之地（种一年，休耕一年）家二百亩，再易之地（种一年，休耕二年）家三百亩”。《周礼》通篇还体现出对社会、对天人关系的哲学思考，讲求人与自然的联系，主张社会组织仿效自然法则，因而有“人法地，地法天，天法道，道法自然”之说。可以说，《周礼》是我国最早的具有土地生态思想萌芽的著作。

《尚书·禹贡》（公元前5～前3世纪）是我国第一篇区域地理著作。《禹贡》将全国分为九州，根据土地的土色、质地和水分等差别将九州土地分为上、中、下三等，每等又分为上、中、下三级共九级，并按土地等级规定田赋标准。这是我国最早的为规定赋税而进行的土地评价工作。

战国时期的《管子·地员》篇（公元前200年）把全国土地分为5类：渎田（平原）、墳延（蔓坡地）、丘陵、山林和川泽。然后在各类中再细分为25种类型。比如渎田的土壤分为息土（青黑土）、赤垆（黑硬土）、黄唐（黄湿土）、斥埴（盐碱土）、黑埴（黑黏土）等5种土壤。《管子·地员》体现了初步的植物生态观，他指出“凡草土之道，各有各造；或高或下，各有草土”，即不同质地的土壤，其所宜生长的植物各不相同，植物的分布与地势的高下有关；也体现出明确的地宜观，即土壤性质和地势、方位的不同，适宜的作物不同，并且又影响到各地的农业经营方式，比如粟土和沃土之地可发展渔业和牧业，而位土之地似乎更适合发展药物种植。这些都充分体现了因地制宜的思想，是我国最早的一部有关地植物学方面的著作（王鹏伟等，2005）。

北魏时期的《齐民要术》（公元533～544年间）将农业生产中的“土地生态”思想进一步推向一个新的高度，从人们以往对“地宜”的认识，延伸到对“天时”的认识和重视，认为同一作物因地方的不同和时间的不同，播种也应该随之而有所不同；并针对我国北方地区“春多风旱”的气候特点，进一步肯定了秋耕的重要性。在恢复土地肥力方面，除休闲制之外，又总结和研究了轮作制。

到了宋、元、明、清时代，主要的农业书籍有《农桑辑要》、《王桢农书》、《农政全书》、《沈氏农书》、《补农书》和《授时通考》等，都论述了一些土地利用和培肥养地的技术方法。《农桑辑要》是我国现存最早的官修农书，对北方地区精耕细作和栽桑养蚕技术有所提高和发展。《王祯农书》专门以“授时”、“地利”两篇来论述农业生产根本关键所在的时宜、地宜问题。《农政全书》将土地按照品质的高低划分为3种不同的档次，指出不同的土地适合种植不同的庄稼。《沈氏农书》和《补农书》明确提出了土地集约经营的思想。《授时通考》一书把“土宜”的知识集中起来，列入“土宜门”作为专门问题进行讨论。

从中国传统农业发展历程来看，其土地利用水平是不断提高的：夏、商、周，休闲制代替了原始农业的撂荒制，出现了畎亩结合的土地利用方式；春秋战国至魏晋南北朝，连种制取代了休闲制，并创造了灵活多样的轮作倒茬和间作套种方式；隋唐宋元，水稻与麦类等水旱轮作一年两熟的复种有了初步的发展；明清，除了多熟种植和间作套种继续发展以外，又出现了建立在综合利用水土资源基础上的立体农业的雏形。这种土地利用水平的提高过程是与人地关系协调、合理利用土地的“土地生态”思想的发展相一致的，正是以这种“稼、天、地、人”整体的思想为指导，形成了中国古代不断发展的精耕细作的土地集约利用方式，使中国传统农业的土地利用率和单位面积产量，无疑达到了古代世界农业的最高水平。

（二）国外土地生态学的发展

1. 国外土地生态学思想的萌芽

19世纪德国化学家李比希（Justus von Liebig，1803～1873）提出了植物矿质营养学说、养分归还学说和最小养分定律，指出植物的原始养分只能是矿物质，植物通过吸收土壤矿物质生长、发育，为了维持养分平衡，必须把从土壤中带走的矿质养分和氮素以施肥的方式归还给土壤，作物的产量受土壤中相对含量小的养分所控制。这种包括营养元素在植物、土壤与环境中循环的思想可以看作是现代土地生态学开始产生的一个标志。19世纪后半叶，George Mash，John Power，Patrick Geddes和道库恰耶夫等为代表的一批杰出的科学家的研究与实践，为土地生态学的产生奠定了重要的思想基础（吴次芳和徐保根，2003）。

2. 以土地类型研究为标志的早期土地生态学发展

早期的土地生态学研究主要集中在土地类型的研究上，这个时期大致从20世纪30年代到20世纪80年代。在这个阶段，原苏联、美国、英国、澳大利亚、加拿大、荷兰等国家都开展了土地（生态）分类的研究。1931年，苏联著名地理学家Л.C. 贝尔格在《苏联景观地理地带》一书中给出了自然景观的定义，指出："自然景观是这样的地区，在这里地形、气候、植被和土被的特征汇合为一个统一的、和谐的整体，典型地重复出现于地球上的一定地带内"。这里，虽然出现的"景观"概念，实际上是一种自然土地的类型划分。1937年，美国学者J. O. 微奇（Veatch）在《自然土地类型的概念》一文中，则明确地提出了自然土地类型的概念，认为理想的土地类型应由一切具有人类环境意义的自然要素组成。他在综合研究土地与农作物生长的关系时，根据土壤类型与地表起伏形态（含坡度与地面排水状况）等的组合，将土地划分成不同的自然单元即土地类型。英国学者R. 波纳（Bourne）也提出自然界存在三种等级不同的土地单位，德国学者S. 帕萨格发表的《比较景观学》，从综合观点把景观划分为大小不同的等级，对土地类型的研究也有深刻的影响。（倪绍祥，1999）。土地分级与分类是土地类型研究的基础。这个时期，许多国家都建立了自己的土地分级系统。比如苏联的"地方"、"限区"和"相"系统；英国、澳大利亚、荷兰的"土地系统"、"土地单元"和"立地"系统；加拿大的"生态省"、"生态区"、"生态县"、"生态组"、"生态点"和"生态素"系统，这些都是土地生态分类的基础。

从1935年到1940年，生态学中产生了崭新的研究观点和方法，即"生态系统"概念出现，其包含着生物与非生物环境的整体统一性和以此为基础的物质循环和能量转化的思想。这种思想也促进了20世纪40～50年代后，土地类型的研究转向实际应用，开始进行土地类型的调查并逐渐为土地评价、农业生产区划服务，各国为此也成立了一些土地资源调查机构。如英国海外发展部的土地资源开发中心（Land Resource Development Center，LRDC）在英联邦和其他一些国家开展了土地资源调查。加拿大在环境部土地局领导下，1969年成立了生物自然土地分类委员，1976年又成立加拿大生态土地分类委员会，在全国开展了大规模的生态土地调查，并于当年召开了生态土地分类的第一次会议，对生态土地分类的理论和方法进行了讨论，并出版了土地生态分类丛书（景贵和，1986）。美国森林局也于1977年拟定了一个土地生态分析系统，提出土地生态单元（ecological land units）的重要概念。荷兰的国际航天测量与地球科学研究院（International Institute for Aerial Survey and Earth Science，ITC）将土地类型作为综合调查中的重要方法，把土地类型研究称为土地分析。苏联学者在20世纪30年代就曾广泛使用"土地生态学"一词来表示决定土地利用条件的自然因素研究，60年代，他们将土地生态学基本概念应用于作物的种植业区划，以提高土地生产力。

3. 以土地生态评价研究为标志的土地生态学近期发展

（1）20 世纪 60～70 年代的土地自然潜力评价时期

国外早期的土地评价是为土地征税发展起来的，以发展农业生产、开展规划设计为目的的评价主要是在 20 世纪 60 年代后期发展起来。1961 年，美国农业部土壤保持局正式颁布了土地潜力分类系统，这是世界上第一个较为全面的土地评价系统。它以农业生产为目的，主要从土壤的特征出发来进行土地潜力评价，分为潜力级、潜力亚级和潜力单位三级。该系统客观地反映了各级土地利用的限制性程度，揭示了土地潜在生产力的逐级变化，便于进行所有土地之间的等级比较。该系统自发布以来，不仅在美国，而且在加拿大、英国、印度、中国、巴基斯坦等许多国家得到了广泛应用。继美国之后，加拿大、英国也制定了自己的潜力分类系统。总的来说，这一阶段土地评价还是结合土地清查进行的，评价目的是为土地利用服务，考虑的是土地自然属性的变化，未涉及社会经济条件和技术因素的变化。

（2）20 世纪 70～80 年代的土地适宜性评价时期

20 世纪 70 年代，世界许多国家都开展了土地评价研究，但标准不一，交流困难，为此，FAO 联合荷兰瓦格宁根农业大学和国际土地垦殖及改良研究所，于 1972 年 10 月在荷兰瓦格宁根举行了专家会议，对土地的概念、土地利用类型、土地评价的方法与诊断指标等进行了讨论，并最终于 1976 年颁布了《土地评价纲要》，这是一个针对特定土地生态方式对土地的适宜性做出评定的土地评价方案。以后在此基础上，FAO 针对灌溉农业、雨养农业、林业、畜牧业等不同的土地利用类型，陆续制订了相关文件，建立了系统、全面的土地评价体系，对推动土地生态评价发展起到了明显促进作用。

1976 年，苏联颁布了《全苏土地评价方法》，其中包括土地评价区划、土壤质量评价和土地经济评价三个部分。思路上是以土地评价区划单位为背景，根据土壤特征确定土地评价单元——农业土壤组，然后按照经济指标评价土地质量，将土地的自然特征和利用特征（产量和生产费用）相结合，是一种较为综合的土地评价方法。

1981 年，美国联邦政府提出《农地保护政策法》，作为农地保护的法律依据。为适应联邦政府保护农地的行动，原美国农业部土壤保持局与州、县政府合作，提出了“土地评价和立地评价”（landevaluation and site assessment ，LESA）系统。土地评价子系统包括土地潜力分类、重要农田鉴定和土壤生产力；立地评价子系统主要是对土壤以外的其他自然和社会经济因素的评价，如土地的分布、位置、适应性和时间性等。该系统虽为耕地保护而发展，但可以用于执法依据、土地生态规划、税收以及土地管理的诸多方面。

20 世纪 70～80 年代，FAO 又组织开展了农业生态区划的研究，从气候和土壤的生产潜力分析入手进行土地适宜性评价，并考虑对土地的投入水平，反映土地用于农业生产的实际潜力和承载能力，该方法在非洲、东南亚、西亚和我国都有应用。

这段时期的土地评价由一般目的的土地评价转向特殊目的的土地评价，评价不仅仅是土地自然潜力的反映，还反映了适宜的土地利用方式、土地实际的生产潜力、承载人口能力以及生态区划等。

（3）20 世纪 90 年代到现在的土地生态评价全面发展时期

进入 20 世纪 90 年代，尤其是 1992 年在巴西召开了世界环境与发展大会后，“可持续发展”的理念渐渐深入人心。世界各国都拟订了可持续发展的纲领性文件。1993 年，FAO 颁布了《可持续土地利用评价纲要》，确定了土地可持续利用的基本原则、程序和 5 项评价标准，即土地生产性、土地安全性、土地保护性、经济可行性和社会接受性，并初步建立了土地可持续利用评价在自然、经济和社会等方面的评价指标。在《可持续土地利用评价纲要》指导下，世界各国都开展了土地可持续利用评价，极大促进了土地生态评价的发展。

这个时期，国际景观生态学的发展也推动了土地生态学，特别是土地生态评价的发展。在伊萨克·桑那沃尔德（Isaak Samuel Zonneveld）所著的《地生态学》（*Land Ecology*）中详细介绍了土地调查和评价的步骤与过程。伊萨克·桑那沃尔德教授是荷兰瓦格宁根大学和国际航天测量与地球科学研究院的荣誉退休教授，曾担任第一届国际景观生态学会（International Association for Landscape Ecology ，IALE）主席。他认为景观生态学是土地评价、土地管理和保护的基础，该书也是从这个角度来提出“地生态学”概念的。

总的来说，这个时期到现在，由于人类社会经济发展对人口、资源和环境的压力越来越大，出于对自身安全的考虑，“土地生态”引起了世界各国政府和科学家的广泛关注。土地生态评价也扩展到土地退化与生态安全评价、土地生态系统健康评价、土地生态承载力评价、资源环境综合承载能力评价以及土地生态系统服务功能评价等多个方面。其核心是人类认识到只有实现人与自然的和谐发展、区域的协调发展，人类社会自身才能够世世代代得到持续发展，否则会遭到大自然的惩罚。而正确理解和认识土地的“生态功能”就需要对其开展科学的“生态评价”。这个时期，以“土地生态评价”为核心的土地生态学研究呈现了蓬勃发展的趋势，不仅仅是上述提及的各种土地生态评价的研究、文章、国际会议、国际组织、国际期刊等大量涌现，而且以土地生态评价为基础的土地生态规划与设计、土地生态恢复与重建、土地生态管理等技术也在许多国家得到充分落实与应用。

（三）我国现代土地生态学的发展

早期我国土地生态学的研究也集中在土地类型调查与制图方面。从 20 世纪 70 年代起陆续开展土地潜力评价研究，比如陈传康的《毛乌素土地潜力评价》《内蒙古呼伦贝尔地区的土地潜力评价系统》，以及东北《1∶100 万土地资源图》的土地潜力评价系统等。20 世纪 70 年代后期到 80 年代中期，我国土地评价研究基本成熟，主要表现是开始编制《中国 1∶100 万土地资源图》。80 年代中期，土地评价结合国土整治和区域治理而进行，90 年代以来，土地评价范围、内容进一步扩展，发展为真正意义的土地生态评价。

我国系统开展土地生态学研究是在 20 世纪 80 年代末至 90 年代初。较早明确进行土地生态研究的是景贵和先生，他在 1986 年发表了《土地生态评价与土地生态设计》一文，指出土地生态评价除一般土地评价外，应着重考虑几种生态特性才能更好地为国土规划中环境综合整治服务。并应在总结群众经验的基础上，利用景观生态学的原理，建立理想的人工控制的自然、社会、经济复合系统，即开展土地生态设计。

1990 年，何永琪提出了土地生态学的概念。1995 年，宇振荣和李维炯（1995）对土地生态学的产生背景和发展历史、研究对象和定义、研究内容、研究方法、研究特点、作用和意义、建设和发展的实施方案等一系列问题进行了论述。

2000 年，杨子生对土地生态学在土地科学学科体系中的地位及其加快发展和建设的必要性、土地生态学与生态学学科体系中相关学科的关系、土地生态学的基本概念和研究内容体系等进行了论述。

2003 年，吴次芳、徐保根等在原浙江大学组织编写的《土地生态学》教材基础上编著了我国第一部《土地生态学》专著。该书共分 17 章，比较系统地介绍了土地生态学的概念体系、理论基础、技术方法、主要内容和应用领域，为我国发展和建设土地生态学奠定了重要的基础。

2004 年，谢俊奇在《未来 20 年土地科学与技术的发展战略问题》一文中指出土地科学的四大基础学科是土地资源学、土地经济学、土地生态学和土地规划学，提出当前的学科建设要按照“有所为，有所不为”的原则，加强基础研究，发展那些限制土地科学技术发展和土地管理科学决策的土地科学领域的部分学科。进一步明确系统地勾画了土地生态学发展的战略目标：即建设土地生态学知识体系。包括五个方面：创立土地生态学的概念体系，研究土地生态学研究方法、基础理论；研究土地生态功能、土地生态过程、土地生态变化、土地生态分异；探索土地生态调查与评价、土地生态规划和设计、土地生态恢复和重建的理论与方法；研究土地生态退化及其类型和特征、退化程度、机理，构建土地生态管理和管护的机制；研究土地生态经济，包括土地生态价值理论、土地生态价值估算和核算方法、土地生态经济评价、土地生态经济建设等问题。

2008 年，郭旭东和谢俊奇就中国土地生态学的某些基本问题进行了深入探讨，并总结了土地生态学的研究进展，提出了下一步的发展建议。

中国土地学会也一直在积极推动和促进土地生态学的发展。1987 年成都中国土地学会学术年会上，将土地生态学列为土地科学的 10 个分支学科之一。2002 年，中国土地学会学术工作委员会决定出版的《土地科学丛书》，土地生态学也列为第一批出版著作之一。从 2006 年开始，中国土地学会组织开展的土地科学蓝皮书中，每年系统跟踪土地生态学的研究进展。2008 年 4 月 26 日，在中国科学技术协会和中国土地学会的组织下，“土地生态学——生态文明的机遇与挑战”的新观点新学说学术沙龙会议在北京召开，这是我国第一次举办的关于“土地生态学”的学术研讨会。来自全国各地高校、科研院所等单位的 20 余名专家参加了会议，涉及领域包括土地利用、土地管理、自然与人文地理、生态、环境、农学、矿山整治、土地复垦、规划、系统建设等各方面，谢俊奇研究员和傅伯杰研究员是会议的首席科学家。这次会议，就土地生态学的概念、对象、目标、任务、内容、技术方法、发展方向以及存在问题等进行了深层次的交流与思考，一致认为土地生态学发展前景广阔，需求旺盛，要加大加快土地生态学的发展；会议还提出建立土地生态学的研究机构、在土地学会和生态学会建立土地生态专业委员会、建立土地生态学的专业期刊等推进土地生态学发展的制度措施。这次会议的召开，统一了思想，为土地生态学的良性发展奠定了坚实基础。

二、土地生态学发展展望

（一）土地生态学研究进展与趋势

通过检索中国期刊全文数据库近20年来我国土地生态学8个领域方面的文献，分析了土地生态学研究进展（郭旭东等，2006；郭旭东，2007，2008）。

1. 土地生态学研究总体情况

从1985年至2005年、2006年和2007年，我国土地生态文献表现出逐年递增的发展趋势，特别是从2006年到2007年，我国土地生态文献大幅增加，2007年文章比2006年文章数增加了66.5%，说明土地生态学在我国的研究热度逐年增加（表1-2）。从各年“土地生态系统结构与变化”“土地生态功能与过程”“土地生态分类与调查”“土地生态评价”“土地生态规划设计”“土地生态恢复与重建”“土地生态管护”和“土地生态经济”等土地生态学8个方面研究内容的文章比例来看，土地生态系统结构与变化与土地生态评价所占比例都较高，说明大部分研究集中在这两个方面。“土地生态分类调查”“土地生态规划”“恢复重建”以及“生态管护”几部分文章所占比例较少，因为这些内容属于土地生态学的应用范畴，说明当前土地生态学的研究还主要停留在理论分析上，严重缺乏土地生态学的应用实践研究。

2007年，土地生态学8个研究方向中，文章比例最大的是“土地生态评价”，占整个土地生态文章总数的32.9%，与2006年有较大区别，2006年文章比例最大的部分是“土地生态系统结构与变化”（表1-2）。2007年，这两部分文章的比例接近文章总数量的62%，这和2006年的情况类似。考虑到2007年“土地生态评价”文章比2006年增加了113%，可以说当前土地生态中最活跃的研究领域是“土地生态评价”，当然，这和“土地生态评价”所包含的内容较广也有一定关系。2007年，“土地生态系统结构与变化”部分所占比例第二，相对而言，这部分技术方法成熟、简单，也是土地变化等研究的基础工作，是多数研究首先需要解决的问题，因而文章较多，不过，进一步的分析可以发现，这部分研究的文章发表在较高级别的杂志上相对较少。2007年，“土地生态经济”文章所占比例为11.3%，虽然低于2006年的13.6%，但已经取代“土地生态功能与过程”，成为土地生态文章数量排第三的研究领域，综合而言，当前土地生态学研究总体表现出以下5个特点：

1）土地生态学文章逐年增加，表现出蓬勃的发展势头；

2）土地生态学研究主要集中在“土地生态评价”和“土地生态系统结构与变化”方面；

3）“土地生态评价”成为土地生态学中最为活跃的研究领域；

4）“土地生态经济”研究热度稳步提升；

5）土地生态的应用领域研究仍显薄弱。

表 1-2　1985～2005 年、2006 年和 2007 年我国土地生态文献分类数量和比例

年份	项目	总数	土地生态系统结构变化	土地生态功能过程	土地生态分类调查	土地生态评价	规划设计	土地生态恢复重建	土地生态管护	土地生态经济
2007	数量/篇	671	194	60	30	221	47	41	4	74
	比例/%	100	28.9	8.9	4.5	32.9	7.0	6.1	0.6	11.3
2006	数量/篇	403	131	59	11	104	25	16	2	55
	比例/%	100	32.5	14.6	2.7	25.8	6.2	4.0	0.5	13.6
1985～2005	数量/篇	828	192	117	77	181	73	61	72	55
	比例/%	100	23.2	14.1	9.3	21.8	8.8	7.4	8.7	7.0

2. 土地生态学 8 大领域研究进展与趋势

(1) 土地生态系统结构与变化

当前这部分研究主要涉及土地生态系统格局变化、土地利用变化驱动与模拟等。

理论方面，许多文章都对土地利用变化的研究进展和发展方向进行了总结。认为我国土地利用变化研究，仍旧存在“多学科综合研究仍显薄弱”、“人文驱动因素还缺乏深层次机理分析”、“缺乏多时空尺度分析与模拟”、“缺乏与气候变化、植被演替、地球化学循环模型紧密结合”以及“与区域土地可持续利用管理脱节”等问题。在变化模型方面，鲁春阳等、吴文斌等均于 2007 年研究总结了若干土地资源数量变化、质量变化和空间变化模型的数学表达。刘小平和黎夏于 2007 年提出一种基于费歇尔（Fisher）判别和离散选择模型相结合自动获取地理元胞自动机转换规则的方法。与常用的 Logistic 回归模型进行对比分析，表明该方法具有更高的模拟精度，在模拟多类复杂的土地利用变化时可能更具有优势。目前有关土地生态系统格局变化的案例文章最多，从时间和空间尺度上，依然表现出明显的多时空尺度。涉及的研究区域呈现出多样化，生态脆弱区、大城市、快速城市化地区、矿区、流域、西部地区、中部、东北等各区域均有所涉及。从研究的数据源来看，以遥感影像为主。在土地利用变化驱动因子方面，从研究结论看，基本上认为土地利用变化是自然和社会经济因子共同驱动的结果。更多研究从人文作用机理的角度开展分析，得出土地利用变化基本上可归结为政策因素、经济发展、人口增长和城镇化等因素

总的看来，当前土地生态系统结构与变化研究主要表现出以下特点。

1）在研究总体把握上，比较清楚存在的问题，但如何解决这些问题，将研究推向更高层次似乎没有提出具体的解决办法。

2）研究涉及多时空尺度，从空间上看，从城市的郊区、开发区、农村的乡、到县、地级市、到省、区域和全国都有涉及；从时间上看，5 年、10 年、20 年、几十年甚至 100 年的研究都有。

3）涉及的区域呈现多样化。尽管涉及一些生态脆弱区（西北干旱、北方农牧交错

区、西南山区）的研究仍然较多、但各种区域（矿区、流域、大、中、小城市、东、中、西、北、东北等地域）都存在大量研究，使得所谓土地生态系统结构与变化的典型地域特点已不是十分鲜明。

4）驱动机制与模型模拟缺乏大的突破，多为马尔可夫链模型。鉴于耕地在我国的重要作用，基于耕地的变化得到更多关注。

土地生态系统结构与变化研究趋势主要有以下几点。

1）从表象的变化向内在的驱动发展。单纯基于时间点的土地利用变化研究的科学意义已经不大，土地生态系统结构与变化研究的重要目标是探询变化的驱动因子、变化原因及变化机理。然而，由于研究方法的制约和变化因素的不确定性、难于定量化等原因，土地生态结构变化的内在驱动研究缺乏重要进展。需要借鉴社会学、物理学等相关学科的某些理论，采取定性和定量相结合的方法，准确确定土地生态系统结构与变化的关键因素和驱动机制。

2）与过程紧密结合。当前土地生态系统结构与变化大都是“静态”结构和格局的变化，缺乏将格局与驱动要素相结合开展研究，而把格局的时空变化与驱动因子、环境效应进行综合研究的更加少见。事实上，人们更加关注土地生态系统结构与变化的影响结果，即需要把格局与过程紧密结合，探询土地变化的自然、社会和经济影响。

3）遥感与GIS技术的进一步应用。当前，各种专题地理图件、卫星影像、航空相片等空间数据成为该领域广泛应用的数据源，随着遥感与GIS技术的不断发展，更高空间分辨率和光谱分辨率的数据将广泛应用于土地生态结构与变化研究中，从而能够更加准确、清楚得了解土地生态结构与格局的细微变化，也进一步明确其变化的驱动机制和变化影响。

（2）土地生态功能与过程

当前研究主要包括土地利用变化和土地退化对土地生态功能与过程的影响。涉及土地利用变化对土壤与土地质量、水土流失、局地气候、湿地景观功能以及其他生态环境等的影响。涉及的土壤质量指标有土壤有机碳、土壤氮磷、土壤微生物、酶、土壤水分等，研究区域也没有明显的规律性。比如，孙志英等（2007）的研究表明城市化快速发展不仅造成了自然土壤面积和类型的缩减，也导致土壤功能发生变化。水资源和水质方面集中在土地利用变化对区域水资源量、径流量和非点源污染影响方面。张晓明等（2007）对黄土丘陵沟壑区的研究表明，土地利用/土地覆被对年径流有显著影响，治理流域较未治理流域在丰水年、平水年和枯水年的径流系数分别减少约50%、85%和90%。

总的来看，土地生态功能与过程研究主要表现出以下特点。

1）在土地生态功能和过程的特征指标描述上，都比较全面；从研究方法看，数据获取以野外观测与取样分析为主，相对来说，长期定位监测与遥感方法比较薄弱。

2）数据分析法以常规统计分析为主，在模型模拟方面比较薄弱，缺乏考虑多重因子作用下的生态过程影响。

3）目前研究基本上为小尺度下的土地生态功能与过程研究，区域尺度的研究还需在方法、技术手段、模型集成等方面进一步发展。

土地生态功能与过程研究趋势主要有以下两点。

1）模型模拟。由于影响土地生态过程因素的复杂性，需要考虑多重因子作用下对生态过程的影响，建立模型，进行模拟，以期准确把握生态过程的规律，发挥生态功能。值得注意的是，当前模型应用存在某种误区，一些研究简单得把模型移植过来，没有细致研究、调节模型的关键参数在本区域的适用性，使得应用缺乏一定的科学性。

2）尺度扩展。由于生态过程的复杂性，当前大多研究主要针对小流域等较小尺度下的土地生态功能与过程，因为在较小尺度下，比较容易人为控制和监测某些生态过程，并与相关因子结合起来分析。目前，大尺度下的过程研究有一定难度，需要从两个方向努力，一是进一步发展一些新的方法和技术手段，准确描述过程特征，展开建模；二是加强相关模型的综合与集成，在尺度分析的基础上，展开对区域过程的跟踪与分析。

（3）土地生态分类与调查

土地生态分类与调查主要指土地生态系统的具体表现形式和获取方式。当前研究主要包括土地生态类型划分、分布规律、分类方法、调查手段等。土地利用分类与调查研究基本上为基于不同的遥感数据源，探讨各种土地利用的自动分类；一些研究也涉及探讨遥感、GIS在区域生态、地质环境调查评价中的应用。在分类体系研究中，徐健等（2007）对国家土地利用分类体系的“未利用地”概念进行了辨析，探讨了“未被利用”土地资源的价值问题及其可持续利用问题，认为现行土地利用地分类体系缺乏生态环境保护理念，并提出了基于生态保护的新的分类子系统。

总的来看，土地生态分类与调查研究主要表现出以下特点。

1）基于遥感数据的土地利用自动分类研究十分活跃，已经发展了各种方法。但和专家识别系统的联系不大，应进一步加强二者联系，提高分类的准确性。

2）土地利用的调查监测已经开始拓展到土地资源与生态环境综合调查、监测范畴。遥感和GIS的作用日益增强，公众参与调查的方法得到重视。

3）土地生态分类体系、基于土地功能的分类体系研究十分薄弱。事实上，由于土地是一个自然综合体，自然综合体的特点和类型对土地利用、土地功能的影响十分重大，应该下工夫研究、形成中国的土地生态分类体系，以及基于某种功能的土地分类系统。

土地生态分类与调查研究趋势主要有以下几点。

1）发展基于土地功能的分类体系。尽管我国土地利用分类体系已经比较完善，但是随着形势的发展，需要发展针对一定管理目的，与土地功能紧密联系的土地利用分类体系。

2）发展快速准确的土地利用遥感分类技术方法。针对具体地类和具体问题，系统集成有关技术方法，结合经验，建立专家识别系统，提高分类的准确性与时效性。

3）发展土地生态系统综合监测的技术方法体系。当前人们认识土地，已经把土地和其周围的环境结合起来，即发展到从单纯的土地到“土地生态系统”综合体的阶段，从这个角度而言，土地生态系统的综合监测应该是未来发展的一个重要趋势，由此将产生分类、监测方法、手段、技术流程等一系列研究问题。

4）发展公众参与的土地生态环境调查方法。发展公众参与的土地生态环境调查是目前国际研究的一个重要趋势。借鉴社会学的一些方法，将公众引入到调查实践中，使其成为生态环境调查的主体，结合区域具体的土地生态环境数据，能够更加真实、全面反映客观实际，并有助于管理者采取相应措施。

（4）土地生态评价

土地生态评价主要指在一般土地评价的基础上，着重土地生态价值和功能的评价。当前土地生态评价研究涉及的主要内容包括土地生态适宜性评价、土地生产潜力与承载力评价、土地生态系统健康与安全评价、土地生态退化评价等方面的理论、方法和案例研究。

在“土地生态适宜性”方面，单纯的针对某类生态系统用途的研究偏少，主要涉及生态适宜性的分区。“土地生产潜力与承载力”研究在理论方面，一些研究指出承载力包括资源承载力、环境承载力和生态承载力，概括了承载力的估算方法（高鹭和张宏业，2007）。曹淑艳和谢高地（2007）总结了生态足迹模型演变过程，并提出一些改进意见。杨志峰等（2007）探讨了基于生态承载力的城市生态调控的理论与方法。传统的土地生产潜力和人口承载力研究，主要为地方和区域的粮食生产潜力和承载人口数量的预测，其中生产潜力的估算在以往模型基础上进行了修正。有研究提出土地利用的综合承载能力（马爱慧等，2007；蓝丁丁等，2007）。“土地生态系统健康与安全评价”部分进一步划分为3方面研究内容：一是理论探讨；二是生态安全评价实例；三是生态系统健康评价实例。理论综述方面比如陈利顶等（2007）探讨了重大工程建设中生态安全格局构建基本原则和方法，刘世梁等（2007）探讨了道路建设对区域生态安全的影响。土地生态安全评价实例基本上是针对“安全”“风险”和“敏感性”的评价，评价的空间尺度也呈多样化，具体的“土地退化评价”研究涉及荒漠化（退化综合）、土壤侵蚀、土地沙化、土地盐碱化等各种退化类型。总的来说，土地生态退化也在不同区域广泛开展，技术方法以遥感与GIS为主。

总的来看，土地生态评价研究主要表现出以下特点。

1）土地生态适宜性分区大部分集中在城市或建设用地，农用地生态适宜性分区研究较少；

2）进一步出现“区域承载能力”“土地综合承载力”等研究，尚需进一步发展相关理论与方法；

3）土地生态系统健康评价集中在城市、流域、水域、湿地等；土地生态评价涉及多区域、多尺度；

4）土地退化中涉及“石漠化”研究增多；

土地生态评价研究趋势主要有以下两点。

1）构建土地生态评价的理论框架。土地生态评价涉及土地生态适宜性、土地承载力、土地生态安全、土地生态退化以及土地可持续利用等许多方面，各个方面从不同的角度进行了土地生态评价的理论与实践研究。但是各个方面之间也存在着一定的交叉和重复，有些研究内容与问题还鉴定不清，需要认真梳理有关部分的内容、内涵和相互关系，明确土地生态评价的理论框架，更好地指导土地生态评价实践。

2）新思想、新概念出现带来新问题的关注。随着“资源环境”理念的不断深入，出现了“土地生态系统健康”“土地生态安全”“区域承载能力”“生态承载能力”等一些新的思想和概念。这些概念的出现，带来了指标体系建立、评价标准选择、评价方法确定等诸多问题。总的来看，目前虽有一定的理论分析与实践案例研究，但各方面研究就评价的指标选择、方法应用、评价标准等存在各种争论。由于理论上的不清晰，使得研究成果的准确性受到一定的质疑，其实践应用受到很大限制。因此，未来需要进一步明确解决“怎样才是健康”“什么才是安全”“如何确定承载能力”等问题的理论、方法和技术手段，尽快应用于土地管理的实践中。

(5) 土地生态规划与设计

当前土地生态规划与设计主要涉及土地生态规划与设计的基础理论、农业和农村土地生态规划与设计、城镇土地生态规划与设计和以土地生态恢复重建为主导目标的规划设计等。具体的规划案例中，大都为生态功能分区的研究。当前诸如“生态位”、“生态系统服务价值”、“生态足迹”等一些思想和理论继续引入到土地生态规划中并得到了应用。

总的来看，土地生态规划与设计研究主要表现出以下特点。

1）目前，土地生态规划与设计主要应用于城镇领域，涉及区域、市、县等多个尺度；

2）“生态系统价值与服务功能”“生态承载力”等思想的引入，增添了土地生态规划与设计的活力，增强了规划与设计的科学依据和实现的新途径；

3）遥感与地理信息系统技术广泛应用于规划和设计之中，但总体而言，当前的规划与设计只是一种“静态”设计，与土地利用变化模拟以及生态格局与过程等的联系不够；

4）与区域社会经济发展结合不紧密，大多数研究是为了“生态”的“规划与设计”，实践指导意义不大。

土地生态规划与设计研究趋势主要有以下几点。

1）加强理论体系研究，促进实践应用。当前，土地生态规划与设计的理论基础还不清晰，土地生态规划与设计最终形成什么产品还不十分明确。需要注意的是，土地生态规划与设计需要以区域社会经济发展规划为指导，紧密结合实际，努力协调土地的经济、社会和生态功能，这样才可能在实践中得到应用。避免为了“生态”而进行的“生态规划与设计”。在现实国情下，在土地生态规划与设计中应该注意包含“生态”产业、“绿色”产业、“循环经济”等设计内容，强调发展与保护的统一。

2）加强预案研究，追踪实施效果。规划与设计本身就是方案的选择，当前土地生态规划与设计中预案研究普遍不细，缺乏基于实际发展目标与情况下的策略选择方案。需要进一步加强研究，强化预案分析与设计细节，不仅仅关注预案目标和条件的改变，还要注意研究不同预案下的发展路径、可能的发展结果、及时的预警信息和必要的补救措施等。发展新的技术方法手段，对预案实施效果进行跟踪性研究、评价与总结，从而使得理论和方法体系得到验证和实践反馈。

3）发展基于空间的土地生态规划与设计。尽管一些研究已经开始了空间层面的土地生态规划与设计，但大部分研究还是处于不同土地利用数量的分配水平，当然，能够科学合理地分配好反映土地生态功能的土地利用类型数量，也是规划与设计的重要进展。基于空间的土地生态规划与设计有赖于土地生态评价、土地格局与生态过程的进一步研究深入，也有赖于生态规划与设计的相关理论与技术方法的进一步成熟。

(6) 土地生态恢复与重建

土地生态恢复与重建主要指对退化的土地生态系统采取工程、生物和农业的综合技术措施进行改良、治理和建设。当前土地生态恢复与重建主要集中在四个方面：一是土地生态恢复与重建的理论综述；二是土地生态恢复与重建模式研究；三是土地生态恢复与重建工程效果评价；四是区域土地生态恢复与重建对策与措施等。

大部分研究涉及生态恢复与重建模式，涉及河口区生态恢复模式、喀斯特地区石漠化治理模式、矿区生态环境恢复模式等。土地生态恢复与重建工程效果方面，卓莉等（2007）开展了锡林郭勒草原生态恢复工程效果的评价，发展了一种利用短时间序列遥感数据进行草原生态恢复工程效果监测与评价方法。马德仓等（2007）对黄土丘陵区生态修复项目实施效果进行了分析与思考等。在土地生态恢复与重建对策与措施方面，涉及黄土丘陵沟壑区、喀斯特地区等生态脆弱区。

总的来看，土地生态恢复与重建涉及的研究主要表现出以下特点。

1）土地生态恢复与重建的模式、对策、措施在各种生态脆弱区都有开展；

2）缺乏土地生态恢复与重建的关键技术研究；

3）土地生态恢复与重建工程效果研究增多。

土地生态恢复与重建研究趋势有以下几点。

1）加强理论体系建设。需要进一步构建与完善理论体系，建立从理论基础到重建模式，到恢复对策与措施等一系列整体的土地生态恢复与重建的理论与方法体系；总结不同区域的土地生态恢复与整治模式。

2）加强土地生态恢复与重建的关键技术研究。目前已有许多土地生态恢复与重建的建议与措施，但实践操作不强，关键是缺乏土地生态恢复与重建的关键技术。需要在借鉴土壤学、林学、农学、水利等相关学科的研究成果基础上，展开关键技术攻关，针对不同退化问题，形成实用化的技术手段。

3）注重土地生态恢复与重建工程效益研究。近年来，一些研究开始关注土地生态恢复与重建工程的效果分析，这是土地生态恢复与重建定量化评价的基础，进一步需要与土地生态过程结合，展开深入研究。

(7) 土地生态管护

土地生态管护主要指如何运用生态学理论，通过行政手段、经济手段、法律手段和技术手段等维护土地生态系统的良性运行并提高其效能，主要包括土地生态管护的原则与方法、管护体系建设、土地用途、开发等的监督。

土地生态管护的理论研究在近年才有所开展，谢俊奇（2002）系统介绍总结了我国自 1986 年以来，在土地制度建设、基础建设和国土整治方面所做工作，提出了我国可持续土地管理的目标、任务和基本措施。赵哲远等（2003）提出了土地生态管护的基本原则、依据与内容。陈晓霞（2004）探讨了土地生态管护的必要性和迫切性，认为只有通过土地的生态化管理，在土地利用和保护上统筹安排，合理规划和布局，形成科学的质量管理规划体系，并按照土地规划体系去行政，土地管理工作才能少走弯路。赵敏于2005年对我国古代土地生态管护进行了研究，发现我国古代就形成了“因地制宜”的生态价值观念，将“因地制宜”看成是土地管护的基本原则。由此建构起了一套土地生态护管护办法。王如松（2004）提出要开展土地生态功能区划，实现面向生态功能的土地管理。郭春华和史晓颖（2007）分析了目前我国土地生态安全面临的主要问题，提出我国土地生态安全管理对策建议，包括开展宣传、建立法律体系、改变不合理土地利用方式、合理规划、建立生态补偿机制和预警系统及控制人口数量等。张永民和赵士洞（2007c）依据千年生态系统评估（MA）项目评估结果，介绍了生态系统可持续管理的对策，包括制度与管理对策、经济与激励对策、社会与行为对策、技术对策以及知识与认知等方面。一些研究，从土地功能、土地管理、耕地保护、土地立法、土地供应与宏观调控、土地经济等方面也涉及有关土地生态管护的理论和方法。总的来说，当前土地生态管护还是以理论思考为主，但是，相关研究成果（比如MA）的丰富，将为土地生态管护的技术方法与具体措施提供越来越清晰的路径。

土地生态管护研究趋势主要有以下两点。

1）加强理论研究。目前，大家都认识到土地生态管护的重要意义，但是如何管，用什么管，从哪里切入到土地管护的实践，怎样和当前土地管护的中心工作结合等一系列问题，还需要进行理论上的深入思考。

2）构建土地生态管护体系。土地生态管护是一项综合的系统工程，应该包括法律、行政、技术、政策等多方面体系。尤其是迫切开展土地生态管护的技术方法体系研究。

(8) 土地生态经济

土地生态经济主要指以经济学指标为依据分析土地的生态价值，其核心问题是解决经济有效性与生态安全的协调统一。当前土地生态经济研究内容主要涉及四方面内容：一是基本理论的综述；二是不同生态系统服务功能价值核算与动态评估；三是土地利用变化、工程等对生态服务功能的影响；四是生态经济系统的价值评估。

其中大部分研究仍集中在生态系统服务功能的估算上，涉及各种生态系统，如森林、草地、农田等；涉及的区域类型也多种多样。在土地利用变化及工程对生态系统价值与服务功能的影响方面也有大量研究。生态经济系统的价值评估方面，多采用利用能值方法进行分析。

总的来看，土地生态经济涉及的研究主要表现出以下特点。

1）价值评估涉及森林、草地、农田等多种生态系统，涉及生态脆弱、自然保护、县、市、省等行政区等多类型区域；

2）评价的各种生态服务功能都有涉及，显得较为泛泛；

3）估算方法缺乏改进，评估误差较大；甚至对同一类型的土地生态系统的价值估算，差别也十分巨大。

土地生态经济主要研究趋势有以下两点。

1）加强土地生态系统价值评估的基础理论研究。当前，对土地生态系统价值构成、计算方法、功能标准还存在很大的差异。大多数研究基本上套用国际通用的计算方法与模式，并利用全球的某种类型服务功能评价价值作为某一区域的类型服务价值，这样造成的误差较大；甚至对同一类型的土地生态系统的价值估算，差别也十分巨大。因此，需要系统总结和完善土地生态系统价值评估的基础理论，建立科学的土地生态系统价值评估指标体系，完善生态系统价值评估方法；同时，加强土地生态过程研究，通过典型区域大量观测数据，科学确定服务功能标准，提高计算结果的准确性。另外，要注重利用经济学的某些理论，提出新的区域生态经济的理论和实践探讨，丰富土地生态系统价值评价的理论基础。

2）加强“关键”土地生态系统的“关键”价值评估研究，促进实践应用。当前几乎各种土地生态系统的价值都被评估，土地生态系统的各种功能也被评估。评估的泛泛性使得评估的科学性和应用性大大降低。今后应该着重开展对区域保护与发展起关键作用的生态系统价值评估，并按照区域保护与发展的要求，针对生态系统重要功能开展评估。将土地生态系统价值评估和土地生态适宜性评价、土地生态安全评价等结合起来，为土地利用规划、土地开发整理、退化土地恢复重建提供重要科学依据。

（二）土地生态学发展建议

1. 构建土地生态学学科框架

土地生态学是一门崭新的学科，如果说 20 世纪 90 年代中期土地生态学才真正展现在人们的视野中，到现在也不过十多年的时间，土地生态学的基础理论、研究方法、知识体系等等都还十分薄弱，很不完善，甚至已形成的知识体系还存在一定分歧，但这不重要，也不是问题的核心。值得庆幸的是，当前，学术界对土地生态学的主要研究内容还是达成一定共识的，因此，需要扎扎实实地开展相关的研究工作，学科体系的建设是目标，而不是手段，在大量研究工作的基础上，通过不断的交流与讨论，自然而然就能够形成一个比较明确和清楚的土地生态学的学科框架。同时，土地生态学学科框架的确立有赖于土地科学学科体系的建立和完善。土地生态学是一门交叉学科，土地生态学不仅与生态学和资源学等学科领域存在交叉和重叠，在土地科学学科内部也与有关学科存在内容上的相似或重复。当前，土地科学在国家学科体系中的地位与土地科学本身对国民经济发展的重要性地位不相衬，加快建设和完善土地科学学科体系，提升土地科学的学科地位，有助于梳理土地科学内部与土地生态学关系密切学科之间的关系，比如与土地资源学、土地保护学、土地经济学的学科界限和研究重点，从而完善土地生态学的学科框架。总之，加强土地生态学的学科框架建设一方面需要扎实、自觉开展土地生态学核心内容的研究；另一方面要加快土地科学自身学科体系的建设。

2. 加强土地生态学理论与方法体系研究

土地生态学是一门交叉学科，要善于吸收和借鉴相关学科的理论研究成果，形成自己的一套理论体系，土地生态学是土地科学、生态学、地理学等学科的交叉学科。从土地科学的体系来讲，土地既是一种资产，也是一种资源，从这个角度，可以借鉴土地资源学的某些原理，比如土地的稀缺性、土地价值、土地不可逆等。从地理学角度来讲，它强调一个区域的概念，从区域发展这样一个角度来讲，可以借鉴相关的区域分异、人地共生等理论。从生态学来讲，它有生态系统的概念，从这个角度，也有一套比较成熟的研究方法和理论，比如生态进化与演替、生态平衡、生物地球化学、景观格局与过程等。同时土地生态学还需要在系统科学理论的指导下展开工作，比如借鉴系统科学的系统论、控制论、信息论等。在借鉴相关理论的基础上，进一步明确土地生态学的研究核心和发展基石。

土地生态学的方法体系应该是比较明确的，这里只是强调土地生态学可能在方法上要有一些突破，因为土地生态学的研究对象比较特殊，是自然与社会经济相结合的“综合体”。当然，土地生态学也是一定要创造新方法，但需要在方法的融合和集成上下工夫。比如将自然科学和社会科学的研究方法进行有效结合；将自然因素和人文因素综合考虑。在具体的研究中，对偏重社会问题的研究，比如我们通常的调研，能不能在这个过程当中，在某些层次和某些方面，有意识的更多考虑一些实验的方法，数量分析的方法，模型的方法。同样在自然科学的研究中，针对某些具体的科学问题，我们是不是也可以有意识的多引入一些社会学的研究方法，比如有意识的来强调用一些访谈、座谈、问卷、调查的方法等，不同的方法融合，也许对解决对土地的某些问题会有一些好处。

当前需要注意的是，有些研究过分强调了数量分析方法，当然，数量分析方法在土地生态学研究的某些领域是极其重要的。但在实践工作中，有时候有些土地问题，靠一些经验的方法，一些感性的认识，可能也许更能揭示真实的情况，因此在重视数量方法的同时，我们也要重视这种经验之类的方法。土地生态学要为解决现实的土地利用问题提供某种必要的技术支撑，它的研究应该是综合性的，而且在研究方法上也需要一定的综合。

3. 针对问题，加强土地生态学的复杂理论与应用研究

当前土地生态系统中复杂理论的研究还十分薄弱，在一定程度上，限制了土地生态学的应用；只有复杂理论的不断突破，才有可能实现真正的土地生态管护。当前可能需要在以下方面着重开展研究：①土地利用结构与土地生态系统过程、功能的相互作用机理。它是开展空间明晰的土地利用规划、明确未来土地利用走向、统筹布局的重要生态学基础。②市场资源配置下的土地生产潜力和承载能力评估的理论与方法。它是区域主体功能定位的重要依据。③土地生态系统健康和价值核算的理论与方法。它是土地生态安全和经济安全评价的重要依据。④土地生态恢复的过程与机理。⑤土地生态重建及整治关键措施实施的重要依据。⑥土地生态系统综合监测的理论与方法。它是实现土地生态管护的重要技术基础。

土地生态学要强调针对问题展开研究。土地生态学的两个基本任务：一是生态系统的物质流、能流、价值流运移规律；另一个就是如何进行土地利用，它的核心还是应该放在后面这个基本任务，这是土地生态学跟其他学科相比最主要的一个区别。前面这个基本任务也要研究，但别的学科也在研究，有时候可以拿过来用就行了。土地生态学的学科发展必须关注土地管理，甚至国家发展中遇到的一些实际问题，通过对问题的解决，形成土地生态学关键的有特色的技术方法体系。比如土地生态安全的评价、土地生态补偿的评估与措施、土地资源价值的核算体系，区域发展过程中合理用地的分配方

法、土地生态规划制订方法、土地整治中的生态保护方法等。针对实践中的问题进行土地生态学研究，应该是土地生态学发展的一个重要的动力源泉。

4. 逐渐确立土地生态管理体系

土地资源由数量管理到质量和生态管理的深化是土地管理的发展趋势。实现土地的生态管理不是技术问题，关键在于人们的思想、观念。需要指出的是，土地的生态管理不应该是哪一个单一部门实现的。应该说，随着“科学发展观”“和谐社会”等理念逐渐深入人心，土地生态管理的前景也变得十分光明。当前，需要在理论层次上，逐渐梳理、构建土地生态管理的法律体系、政策体系、行政体系、经济体系和技术体系等，从而构建土地生态管理的现实路径。比如可以考虑针对某些具体的土地生态问题，制订有效的法律法规加以监管；对不合理的土地利用方式，通过行政手段和经济手段加以干预；强化土地用途管制和土地生态规划；通过资源补偿和土地生态系统价值核算等经济手段把土地开发和保护有效结合；发展土地生态系统综合监测、土地退化监测、土地生态安全评价与监测等土地生态管理技术，对土地生态系统变化进行监测和预警；也需要在组织安排上进行进一步的考虑，比如在土地学会或是生态学会建立土地生态专业委员会，有条件的单位建立土地生态研究基地和土地生态重点实验室等。

从土地生态学的命名方式看，土地生态学应属于生态学范畴，而从其解决的问题和社会需求看，发展土地生态学又是土地工作者的需求和责任。不管土地生态学属于生态学范畴还是属于土地科学范畴，都需要土地科学工作者和生态学工作者的共同努力。党的十七大提出生态文明以及目前国土资源管理由数量管理到质量和生态管理的深化，为发展土地生态学提供了难得的机遇，我们可以从实际需要出发，展开相关工作，不断充实、发展土地生态学。

参考文献

曹淑艳，谢高地. 2007. 表达生态承载力的生态足迹模型演变. 应用生态学报，18（6）：1365-1372.

陈利顶，吕一河，田惠颖，等. 2007. 重大工程建设中生态安全格局构建基本原则和方法. 应用生态学报，18（03）：674-680.

陈晓霞. 2004. 论我国土地的生态化管理. 汽车工业研究，（6）：42-43.

高鹭，张宏业. 2007. 生态承载力的国内外研究进展. 中国人口·资源与环境，17（2）：19-26.

郭春华，史晓颖. 2007. 我国土地生态安全管理对策建议. 环境与可持续发展，（01）：17-19.

郭旭东，邱扬，刘世梁，等. 2006. 土地生态学综述//中国土地学会、中国土地勘测规划院，国土资源部土地利用重点实验室编. 土地科学学科发展蓝皮书. 北京：中国大地出版社：165-220.

郭旭东，谢俊奇. 2008. 中国土地生态学的基本问题、研究进展与发展建议. 中国土地科学，22（1）：4-9.

郭旭东. 2007. 土地生态学综述//中国土地学会、中国土地勘测规划院，国土资源部土地利用重点实验室编. 土地科学学科发展蓝皮书. 北京：中国大地出版社：144-169.

郭旭东. 2008. 土地生态学综述//中国土地学会、中国土地勘测规划院，国土资源部土地利用重点实验室编. 土地科学学科发展蓝皮书. 北京：中国大地出版社：161-188.

何永祺. 1990. 土地科学的对象、性质、体系及其发展. 中国土地科学，4（2）：1-4.

景贵和. 1986. 土地生态评价与土地生态设计. 地理学报，41（1）：1-6.

蓝丁丁，韦素琼，陈志强. 2007. 城市土地资源承载力初步研究——以福州市为例. 沈阳师范大学学报（自然科学版），25（2）：252-256.
刘瑞平，全芳悦. 2004. 土地评价与立地分析体系（LESA）对我国农村土地管理的启示. 农村经济，（6）：95-97.
刘世梁，崔保山，温敏霞. 2007. 道路建设的生态效应及对区域生态安全的影响. 地域研究与开发，26（03）：108-111.
刘学录，曹爱霞. 2008. 土地生态功能的特点与保护. 环境科学与管理，33（10），54-57.
陆红生，韩桐魁. 2002. 关于土地科学学科建设若干问题的探讨. 中国土地科学，16（4）：10～13.
马爱慧，李默，李晓东. 2007. 基于 AHP 的新疆土地利用综合承载力研究. 云南地理环境研究 ，19（3）：114-118.
马德仓，常富礼，梁必升，等. 2007. 黄土丘陵区生态修复项目实施效果分析与思考. 水土保持研究，14（4）：117-119.
石玉林. 2006. 资源科学. 北京：高等教育出版社.
孙志英，吴克宁，吕巧灵，等. 2007. 城市化对郑州市土壤功能演变的影响. 土壤学报，44（1），21-26.
王鹏伟，王庆锋，张丽美. 2005. 从《管子·地员》篇看我国先秦时期的传统农业生态思想. 安徽农业科学，33（7）：1355-1356.
王如松. 2004. 面向生态功能的土地管理. 瞭望，（17）：58.
王万茂. 2001. 中国土地科学学科建设的历史回顾与展望. 中国土地科学，15（5）：22-27.
吴次芳，徐保根. 2003. 土地生态学. 北京：中国大地出版社.
谢俊奇. 2002. 试论可持续土地管理战略. 资源·产业，（6）：39-44.
谢俊奇. 2004. 未来 20 年土地科学与技术的发展战略问题. 中国土地科学，18（4）：3-9.
徐健，周寅康 ，金晓斌，等. 2007. 基于生态保护对土地利用分类系统未利用地的探讨. 资源科学，29（2）：137-141.
杨志峰，胡廷兰，苏美蓉. 2007. 基于生态承载力的城市生态调控. 生态学报，27（8）：3224-3231.
杨子生. 2000. 试论土地生态学. 中国土地科学，14（2）：38-43.
叶剑平. 2005. 土地科学导论. 北京：中国人民大学出版社.
伊萨克·桑那沃尔德（Isaak Samuel Zonneveld）. 2003. 地生态学. 李秀珍译. 北京：科学出版社.
宇振荣，李维炯. 1995. 土地生态学//朱德举主编. 土地科学导论. 北京：中国农业科技出版社.
张晓明，余新晓，武思宏，等. 2007. 黄土丘陵沟壑区典型流域土地利用/土地覆被变化水文动态响应. 生态学报，27（2）：414-423.
张永民，赵士洞. 2007a. 全球生态系统服务未来变化的情景. 地球科学进展，22（6）：605-611.
张永民，赵士洞. 2007b. 全球生态系统的状况与趋势. 地球科学进展，22（4）：403-409.
张永民，赵士洞，2007c. 生态系统可持续管理的对策，地球科学进展，22（7）：748-753.
赵哲远，吴次芳，顾海杰，等. 2003. 关于土地生态管理的探讨. 浙江国土资源，（6）：31-34.
朱德举，严金明，黄贤金. 2001. 发展中的土地科学. 济南. 山东画报出版社.
朱德举. 1995. 土地科学导论. 北京：中国农业科技出版社.
卓莉，曹鑫，陈晋，等. 2007. 锡林郭勒草原生态恢复工程效果的评价. 地理学报，62（5）：471-480.
FAO. 1972. Background document for expert consultation on land evaluation for rural purposes// Brinkman R，Smyth A J（eds）. Land Evaluation for Rural Purposes. Wageningen International Institute of Land Reclamation and Improvement Publication：17.
FAO. 1976. A framework for land evaluation. FAO Soils Bulletin，32.

第二章　土地生态学理论基础

土地生态学是应用生态学的一般原理，是研究土地生态系统的能量流、物质流和价值流等的相互作用和转化并开展土地利用优化与调控的学科。作为一门现代学科，系统科学理论成为土地生态学的重要理论基础。土地生态学是生态学和土地科学的交叉学科，其研究对象是土地生态系统，从这个角度，地理学、生态学和土地科学的相关理论也成为土地生态学的理论基础。因此，土地生态学的理论基础可以包括系统科学理论、地理学与基础生态学理论、景观生态学理论和土地科学理论几个方面。

系统科学理论包括系统论、控制论、信息论、耗散结构理论、协同论、突变论和混沌理论。系统科学理论对土地生态学的指导作用表现在四个方面：一是为土地生态学研究提供了系统分析的方法，土地生态学的研究对象是土地生态系统，研究土地生态系统就要遵循系统科学理论的系统分析方法；二是为土地生态学的研究提供了使系统达到最佳状态的控制论方法，主要包括信息方法、反馈方法、功能模拟方法和黑箱方法等；三是土地生态学以信息论为基础，实现了对土地生态系统的定量描述，并将土地生态系统的结构状态、变化、能量流动和物质循环等过程中的信息表达与转换统一起来；四是耗散结构理论、协同论、突变论和混沌理论指导了土地生态系统的发生、发展和演变规律。地理学与基础生态学理论对土地生态学的指导作用体现在土地与环境的辩证统一。首先，地域分异理论告诉我们，地理环境各组成成分及整个景观在地表按一定的层次发生分化并按确定的方向发生有规律分布的现象；其次，人地共生理论告诉我们人类活动要适应地理环境，并在一定程度上改造地理环境；最后，基础生态学的思想指导土地利用在生产、生活和生态功能的统一。景观生态学理论主要包括景观异质性、尺度和格局与过程原理，这些原理直接指导土地生态学的研究。土地科学理论是从资源和资产两个角度，对土地生态学研究进行指导。

第一节　系统科学理论

系统一词来源于古希腊语，是由部分构成整体的意思。其发展经历了从 20 世纪 40～60 年代一般系统论的诞生到 20 世纪 60～80 年代自组织理论的兴起，再到 20 世纪 80 年代后非线性科学理论的迅速发展几个阶段。

一般认为，一般系统论包括系统论（system theory）、控制论（cybernetics）和信息论（information theory），合称“老三论”；20 世纪 60 年代陆续兴起并逐渐形成的自组织理论主要包括耗散结构论（dissipative structure theory）、协同论（coordination theory）、突变论（catastrophe theory），合称“新三论”；20 世纪 80 年代后兴起的非线性科学主要以混沌理论（chaos theory）、分形几何学（fractal geometry）为代表。

一、系 统 论

1947 年美籍奥地利生物学家冯·贝塔朗菲发表了《一般系统论》，为系统论的确定奠定了基础。系统论认为系统是由相互联系、相互制约的若干组成要素结合在一起并具有特定功能的有机整体。系统论认为，整体性、关联性、等级结构性、动态平衡性、时序性等是所有系统的共同的基本特征。系统论指出复杂事物功能远大于某组成因果链中各环节的简单总和，认为一切生命都处于积极运动状态，有机体作为一个系统能够保持动态稳定是系统向环境充分开放，获得物质、信息、能量交换的结果。系统论强调整体与局部、局部与局部、系统本身与外部环境之间互为依存、相互影响和制约的关系。

土地生态学的研究对象是土地生态系统，系统论为土地生态学研究提供了系统分析的方法，其基本步骤包括：①系统地提出问题，明确研究的范围和对象；②明确系统要素之间的相互关系及等级层次；③构建逻辑和数学模型；④根据问题的性质和目标，分析系统的特点和研究采用的具体方法；⑤根据要求选择最佳方案；⑥确立系统结构的组成和相互关系（余新晓，2006）。

二、控 制 论

控制论是著名美国数学家维纳（Wiener）在 1948 年提出的。简单地说，控制论是研究各类系统的调节和控制规律的科学。它是由自动控制、通信技术、计算机科学、数理逻辑、神经生理学、统计力学、行为科学等多种科学技术相互渗透形成的一门横断性学科。它强调分析系统共同具有的信息交换、反馈调节、自组织、自适应的原理，从而揭示系统的共同控制规律，改善系统行为，使系统按照预订目标稳定运行。

控制论为土地生态学的研究提供了使系统达到最佳状态的控制论方法，主要包括信息方法、反馈方法、功能模拟方法和黑箱方法等。信息方法是把研究对象看作是一个信息系统，通过分析系统的信息流程来把握事物规律的方法。反馈方法则是动用反馈控制原理去分析和处理问题的研究方法。功能模拟法，就是用功能模型来模仿客体原型的功能和行为的方法。所谓功能模型就是指以功能行为相似为基础而建立的模型，如猎手瞄准猎物的过程与自动火炮系统的功能行为是相似的，但二者的内部结构和物理过程是截然不同的。黑箱方法也是控制论的主要方法。黑箱就是指那些不能打开箱盖，又不能从外部观察内部状态的系统。黑箱方法就是通过考察系统的输入与输出关系认识系统功能的研究方法。所有这些方法都成为研究土地生态系统的重要手段。

三、信 息 论

1948 年美国数学家香农（Shannon）提出了狭义信息论。它是用概率论和数理统计方法，从量的方面来研究系统信息如何获取、加工、处理、传输和控制的一门科学。信息就是指消息中所包含的新内容与新知识，是用来减少和消除人们对于事物认识的不确定性。信息是一切系统保持一定结构、实现其功能的基础。狭义信息论是研究在通信系统中普遍存在着的信息传递的共同规律以及如何提高各信息传输系统的有效性和可靠性的一门理论。广义信息论被理解为运用狭义信息论的观点来研究一切问题的理论。信息论认为，系统正是通过获取、传递、加工与处理信息而实现其有目的的运动。信息论能够揭示人类认识活动产生飞跃的实质，有助于探索与研究人们的思维规律和推动与进化人们的思维活动。

信息论以信息概念为基础，首次提出了信息的定量表达式。土地生态学以信息论为基础，进一步实现了对土地生态系统的定量描述，并将土地生态系统的结构状态、变化、能量流动和物质循环等过程中的信息表达与转换统一起来，为深入分析土地生态系统的作用规律提供了重要方法。

四、耗散结构理论

耗散结构理论是由比利时科学家伊里亚·普利高津（I. Prigogine）于 1969 年提出的。普利高津在研究偏离平衡态热力学系统时发现，当系统离开平衡态的参数达到一定阈值时，系统将会出现“行为临界点”，在越过这种临界点后系统将离开原来的热力学无序分支，发生突变而进入到一个全新的稳定有序状态；若将系统推向离平衡态更远的地方，系统可能演化出更多新的稳定有序结构。普利高津将这类稳定的有序结构称作“耗散结构”。简单地讲，系统只有在远离平衡的条件下，才有可能向着有秩序、有组织、多功能的方向进化，这就是普利高津提出的“非平衡是有序之源”的著名论断。

一个系统由混沌向有序转化形成耗散结构，至少需要 4 个条件：①必须是开放系统；②必须远离平衡态；③系统内部各个要素之间存在着非线性的相互作用；④通过某种突变过程的出现，某种临界值的存在是伴随耗散结构现象的一大特征，如贝纳德对流，激光，化学振荡均是系统控制参量越过一定阈值时突然出现的（沈小峰等，1987）。

耗散结构理论把生物学和物理学的方法结合起来，探索自然领域和社会领域中耗散结构状态下开放系统的现象和规律，具有普遍的方法论意义。耗散结构理论为生命体的生长发育、土地生态系统的演替等提供了新的解释。

五、协　同　论

协同论是 20 世纪 70 年代联邦德国著名理论物理学家赫尔曼·哈肯在 1973 年创立的。他认为自然界是由许多系统组织起来的统一体，这些许多系统就称为小系统，这个统一体就是大系统。在某个大系统中许多小系统既相互作用，又相互制约。它们由旧的结构转变为新的结构，达到平衡遵循一定的规律，研究本规律的科学就是协同论。

协同论对非远离平衡态系统实现的系统演化提出了方案。哈肯在研究中发现有序结构的出现不一定要远离平衡，系统内部要素之间协同动作也能够导致系统演化（内因对于系统演化的价值和途径）。他认识到熵概念的局限性，提出了序参量的概念。序参量是系统通过各要素的协同作用而形成，同时它又支配着各个子系统的行为。序参量是系统从无序到有序变化发展的主导因素，它决定着系统的自组织行为。当系统处于混乱的状态时，其序参量为零；当系统开始出现有序时，序参量为非零值，并且随着外界条件的改善和系统有序程度的提高而逐渐增大，当接近临界点时，序参量急剧增大，最终在临界域突变到最大值，导致系统不稳定而发生突变。序参量的突变意味着宏观新结构的出现。

协同论是处理复杂系统的一种策略。协同论的目的是建立一种用统一的观点去处理复杂系统的概念和方法。协同论的重要贡献在于通过大量的类比和严谨的分析，论证各种自然系统和社会系统从无序到有序的演化，都是组成系统的各元素之间相互影响又协调一致的结果。它强调不同系统理论的相似性，从而可以将一个学科的研究成果向另一学科推广。应用协同论，可以在我们无法描述土地生态系统中一个个小系统（个体）的状况时，却能够通过协同论去探求大系统（群体）的“客观”性质。应用协同论，可以建立许多生灭过程、生态群体网络等生态学模型，比如“生态群体模型”、“人口动力模型”、“捕食者-被捕食者系统模型”等。

六、突　变　论

突变论是比利时科学家托姆在 1972 年创立的。其研究重点是在拓扑学、奇点理论和稳定性数学理论基础之上，通过描述系统在临界点的状态，来研究自然多种形态、结构和社会经济活动的非连续性突然变化现象，并通过将耗散结构论、协同论与系统论联系起来，并对系统论的发展产生推动作用。突变论通过探讨客观世界中不同层次上各类系统普遍存在着的突变式质变过程，揭示出系统突变式质变的一般方式，说明了突变在系统自组织演化过程中的普遍意义；它突破了牛顿单质点的简单性思维，揭示出客观物质世界的复杂性。

突变论认为，系统的相变即由一种稳定态演化到另一种不同质的稳定态，可以通过非连续的突变，也可以通过连续的渐变来实现，相变的方式依赖于相变条件。如果相变的中间过渡态是不稳定态，相变过程就是突变；如果中间过渡态是稳定态，相变过程就是渐变。原则上可以通过控制条件的变化控制系统的相变方式。

七、混沌理论

混沌理论是复杂性科学研究的组成部分，因而混沌理论的出现、发展与复杂性科学发展同步。混沌的基本思想起源于 20 世纪初。实际上，在这之前，已经有一些科学家的研究触及混沌。法国数学家庞加莱在研究天体力学的三体问题时，发现牛顿的万有引力定律遇到了困难，不能够求出精确解。于是庞加莱提出了在三体问题中可能存在混沌特性。20 世纪 60 年代，随着控制、系统、信息等理论的相继出现，以及电子计算机技术的发展，混沌理论开始形成。Lorenz 等对混沌理论的发展做出巨大贡献。Lorenz 在他的天气模型中，发现了天气演变对初值的敏感依赖性。这就是著名的“蝴蝶效应”。之后，混沌理论研究在各个领域中兴起，不断地融入其他学科之中，既促进自身的扩展，也拓宽了其他学科、领域的研究范围、研究方法。

根据 Lorenz 的“蝴蝶效应”，混沌可以定义系统具有对初始的敏感依赖性及出现非周期运动。混沌是一种关于过程的科学而不是关于状态的科学，是关于演化的科学而不是关于存在的科学，是一种非周期的动力学过程。混沌中蕴含着有序，有序的过程中也可能出现混沌。一般说来，一个混沌系统具有以下特征：混沌是一个非周期性的动力学过程，是不可逆的；对初值呈敏感的依赖性，混沌系统中一个小小的扰动变化，会被放大，产生意想不到的结果；长期行为不可预测。

混沌理论的深入研究指出，世界是确定的、必然的、有序的，但同时又是随机的、偶然的、无序的，有序运动会产生无序，无序的运动又包含着更高层次的有序（罗发奋和隋春玲，2006）。

混沌理论在实际中得到了广泛的应用。在生态学（王向阳，2006）、材料科学（郭亮等，2006）、矿产资源规划（李林和姜德义，2007）以及教育行政、课程与教学等方面都有许多应用的例子。

人们普遍认为系统是指由相互联系、相互制约的若干组成要素结合在一起并具有特定功能的有机整体。世界上的一切事物、现象和过程几乎都是有机整体，且又自成系统、互为系统。每个系统都在与外界发生物质、能量与信息的交换过程中变化发展着。系统科学理论的产生与发展虽然不过五六十年，但这些理论被广泛应用到各行各业的研究分析之中。土地生态学是生态学与土地科学相互交叉的新兴学科，其研究对象就是土地生态系统，在土地生态学产生、发展过程中必然与系统科学相关理论产生密切联系，因此无论是以系统论、控制论和信息论为主要内容的“老三论”，还是以耗散结构论、协同论、突变论为主要内容的“新三论”，或是以混沌理论、分形几何学为代表的非线性科学理论都成为土地生态学的最重要的理论基础。仔细分析和探究这些理论与方法，并善于应用到土地生态学的研究实践中，是推动土地生态学发展的重要途径。

第二节　地理学与生态学基础理论

地理学是一门研究地球表面自然现象和人文现象，以及它们之间的相互关系和区域分异的学科。简单地说，地理学就是研究人与地理环境关系的学科，研究的目的是为了更好的开发和保护地球表面的自然资源，协调自然与人类的关系。而生态学则是研究生物及其环境相互关系的科学（李博等，2000）。生态学的产生和发展与地理学有着血肉难分的密切关系。生态学最初产生于博物学，即广义的地理学。地理学的生态化趋势也越来越明显，生态学的理论方法很多来自于地理学，地理学也在不断地吸收生态学的新思想新方法，特别是关于生态系统的理论，关于生态系统中能量转换、物质循环的思想，已成为自然地理学的基本理论之一。总之，生态学与地理学重合融合的内容颇多，关系极为密切，特别是宏观角度的生态学更是如此（白光润，1993）。土地科学和地理学以及生态学都有较深的渊源，地理学和生态学的一些基础理论也成为土地生态学的理论基础。

潘玉君（2001）认为，可以称作地理学基本理论的大致有地理环境整体性理论、自然地域分异理论、人地关系理论、地理区域理论、地理轮回理论、古典区位理论、中心地理论、重（引）力作用理论、土壤发生学理论，地理演替理论和地理系统理论等，其中地理环境整体性理论、自然地域分异理论和人地关系理论在地理学的理论体系中具有重要的作用，是原理性的理论，可以将其视为地理学基本原理。鉴于此，本书将从整体论、地域分异理论、个体生态学理论、种群生态学理论、群落生态学理论、生态系统生态学理论和生物多样性理论等几个方面简要探讨地理学和基础生态学的基本理论。

一、整 体 论

整体论作为一种理论，最初是由英国的J.C.斯穆茨（1870～1950年）在其《整体论与进化》（1926）一书中提出的。斯穆茨在书中系统地阐述了整体论思想，并提出整体是自然的本质，进化是整体的创造过程。他把整体夸大为宇宙的最终精神原则和进化的操纵因子，因而使“整体”带有神秘的色彩。现代意义的整体论则强调：①生命系统是有机整体，其组成部分不是松散的联系和同质的单纯集合，整体的各部分之间存在相互联系、相互作用；②整体的性质多于各部分性质的总和，并有新性质出现；③离开整体的结构与活动不可能对其组成部分有完备的理解；④有机整体有历史性，它的现在包含过去与未来，未来和过去与现在相互作用。

整体论作为一种科学假设，为在对其内部功能的细节不甚了解的情况下研究某个整体或系统提供了基础。它排除了在定义整体之前必须先定义其所有要素及其相互关系的必要性。生物学、农学、林学、医学的很多成就，证明了这种认识问题的途径是有用的。整体论可以简化对问题的处理。整体论肯定生物有机体是多层次的结构系统，坚持整体的规律不能归结为其组成部分的规律，强调由部分组成的整体有新性质出现，这正确地反映了事物的辩证法。一个健康的土地生态系统具有功能上的整体性和连续性，从系统的整体性出发来研究土地生态系统的结构、功能与变化，将分析与综合、归纳与演绎互相补充，可以深化研究内容，使结论更具有逻辑性和精确性。

整体论为系统论的形成奠定了基础。整体性是系统科学方法论的基本出发点，它为人们从整体上研究客观事物提供了有效方法。整体性始终把研究对象作为一个整体来对待，认为世界上各种事物和过程不是孤立的、杂乱无章的偶然堆积，而是一个合乎规律的，由各要素组成的有机整体。这些整体的性质与规律只存在于组成其各要素的相互联系、相互作用之中，而且各组成部分孤立的特征和活动的总和，不能反映整体的特征和活动方式。这就突破了以前分析方法的局限性，它不要求人们硬把活的有机整体分解成死的许多部分，然后机械地相加，而是如实地把对象作为有机整体来考察，从整体与部分相互依赖、相互结合、相互制约的关系中揭示系统的特征和运动规律（潘玉君，2001）。

二、地域分异理论

潘树荣（1985）认为，地域分异是指地理环境各组成成分及整个景观在地表按一定的层次发生分化并按确定的方向发生有规律分布的现象。

地理系统作为一个独特的物质能量系统，一方面，其各组成要素之间相互联系、相互制约和相互渗透，具有明显的整体特征；另一方面，在这个整体的不同地区又具有显著的地域差异。这是地域分异理论产生的基础。导致地域分化和各种差异的基本因素有两个：一个是地带性分异因素（或纬度地带性分异因素），来自地球外部，即太阳能按纬度方向分布不均而引起自然地理现象和过程随纬度的变化而发生有规律的更替；另一个是非地带性分异因素（或非纬度地带性分异因素），来自地球内部，由地球内能所引起的海陆分布、地势起伏、岩浆活动和构造作用等导致自然地理现象和过程不沿纬度方向的分异。

从空间尺度来看，由于作用范围不同，地域分异规律又分为不同的等级规模。地球上的地域分异可以归并为三种尺度上的地域分异，即大尺度地域分异，包括全球性分异、全大陆和全海洋的地域分异、区域性的地域分异；中尺度地域分异：高地和平原内的地势地貌分异、地方气候引起的地域分异、垂直带性分异；小尺度地域分异：地貌部位和小气候引起的地域分异、局部的地质构造、岩性、土质和水分状况引起更次一级的地域分异（丁登山等，1988）。

地域分异理论是自然地理学极其重要的基本理论，该理论揭示了自然地理系统的整体性和差异性及其形成原因与本质，为科学地进行自然区划提供了理论基础。（范中桥，2004）。对于区域PREP系统来讲，由于构成系统的人口、资源、环境及社会经济发展在地表有明显的地域差异性，因此PRED系统也具有明显的区域性特点。地域分异理论应用于区域可持续发展研究中，告诫人们，不同地区的PRED有其自身特点，因而处理不同区域PRED系统协调，控制的要素就会有所不同，其实施调控的措施，地理工程和实现区域可持续发展的对策也应各有独特之处（米文宝，1999）。

三、人地共生理论

人地共生理论是人地关系理论发展的最高层次。人类活动与地理环境的关系在地理科学中被表述为人地关系论，人地关系是地理科学的核心理论和中心问题，其学说主要有以下代表。

（一）环境决定论

从19世纪到20世纪初，地理学开始转向以归纳逻辑建立系统的解释性的理论探索阶段。地理学家也开始对人地关系的系统研究，普遍认为人地关系是一种因果关系，形成了环境决定论、或然论等人地关系理论。环境决定论认为人类的身心特征、民族特征、社会组织、文化发展等人文现象受自然环境特别是气候条件支配的观点，是人地关系理论早期的一种观点，简称决定论。历史学的研究中，萌芽于古希腊时代，希波克拉底（Hippocrates）认为人类特性产生于气候；柏拉图（Platon）认为人类精神生活与海洋影响有关。近代决定论思潮盛行于18世纪，由哲学家和历史学家率先提出，被称为社会学中的地理派或历史的地理史观。第一个系统地把决定论引入地理学的是德国地理学家拉采尔（F. Ratzel），他在《人类地理学》一书中机械搬用达尔文生物学观念研究人类社会，认为地理环境从多方面控制人类，对人类生理机能、心理状态、社会组织和经济发达状况均有影响，并决定着人类迁移和分布，国家只是“附着在地球上的一种有机体”。

（二）可能论（或称或然论）

可能论为法国“人地学派”创始人白兰士所首倡，他的学生白吕纳后来发展了这个学说。其中心思想是人和地之间是一种相互作用关系，两者之间人是能动的积极因素。白兰士认为，人类生活的地域差异和多样性不仅是自然环境影响的结果，也是基于社会的、历史的诸因素影响的结果。自然环境为人类活动提供了多种可能性，但人类只有协调综合作用的诸因素才能使其转变为现实。人类是主动的也是被动的。人类发展的每一阶段都是对可能性的选择，但由于地理环境的影响，一些可能性的概率大于另一些可能性。这个理论是20世纪初叶地理学思想的主流之一。

（三）适应论、协调论与和谐论

产业革命对地理环境产生了较大的影响。地理学家已较清楚地认识到地理环境的人为变化的事实，开始探讨人类活动对地理环境的影响。美国学者巴罗斯1924年提出了适应论，认为地理学研究“不在于考察环境本身的特征与客观存在的自然现象，而是研究人类对自然环境的反应。人是中心论题，一切其他现象只是当它们涉及人和他们的反应时才予以说明。”这实际上是强调人地关系中人对环境的认识和适应。同时代的英国学者提出了“协调”思想，这一思想产生的根源，一是自然环境对人类活动的限制；二是人类社会对环境的利用。在此基础上，和谐论应运而生了，和谐论认为人类和环境子系统是人地母系统不可分割的组成部分，两者互相制约、互相促进、相辅相成。

（四）人地共生论

人地共生理论的核心思想与适应论、协调论和谐论是一脉相承的。后者是在意识到人对地理环境的能动性后，要主动的认识、适应和利用自然，而前者是在人类过分利用自己的能力，而损害自身利益后对自己行为的反思。通过这种反思，人类将自然的地位放到和自己同样高的层次。认为人类系统和地理环境系统构成了一个更高级的系统，形成了“人与自然界的新的同盟”——共生。一方面，通过输入，人类从自然环境获得物质和能量来维持自身系统的有序结构；另一方面又通过输出，来影响自然环境，使其向有利于人类的方向变化。人地共生论强调人类对自然的开发与利用必须谨慎，以保持自然的和谐与平衡，人类对长时间、大范围和大规模的能流和物流没有能力调节，而只有通过共生来实现人类与自然界的和平共处。

20世纪中叶以来，人地共生理论已经成为当今人地关系理论的主流思想，并与可持续发展的理念一起为人类处理与地理环境的关系提供了新的理论指导。

四、生态进化与演替理论

达尔文提出了生物进化论，主要强调生物进化。在自然界里，任何生物个体都难以单独生存下去，它们在一定空间内必须以一定的数量结合成群体。这个群体就是种群，种群不仅是繁衍所必需的基本前提，而且也使每一个个体能够更好地适应环境的变化。与种群生态学有密切关系的种群遗传学研究种群的遗传过程，包括选择、基因流、突变和遗传漂变等。从个体到种群是一个质的飞跃。个体的生物学特性主要表现在出生、生长、发育、衰老及死亡的过程中。而种群则具有出生率、死亡率、年龄结构、性比、社群关系和数量变化等特征，这是个体所没有的。

海克尔提出生态学概念，强调生物与环境的相互关系，开始有了生物与环境协调进化的思想萌芽。应该说，真正的生物与环境共同进化思想应该是群落演替概念出现后。群落演替是指由于气候变迁、洪水、火烧、山崩、动物的活动和植物繁殖体的迁移散布，以及因群落本身的活动改变了内部环境等自然原因，或者由于人类活动的结果，使群落发生根本性质的变化的现象。简单地讲，在一定地段上一个群落被性质上不同的另一个群落所替代的现象就称作演替。最早提出的演替理论是单元顶极理论，是美国的克里门茨（Clements）（1916）提出的，他认为一个地区的全部演替都将汇聚为一个单一、稳定、成熟的植物群落或顶极群落。这种顶极群落的特征只取决于气候。给予充分时间，演替过程和群落造成环境的改变将克服地形位置和母质差异的影响。至少在原则上，在一个气候区域内的所有生境中，最后都将是同一的顶极群落。以后又出现了多元顶极理论（polyclimax theory）、顶极-格局假说（climax pattern hypothesis）、初始植物区系学说（initial floristic theory）及地带性顶极学说等理论。群落演替理论是大时空尺度的生物群落与生态环境共同进化的生态演替进化论，突出了整体、综合、协调、稳定、保护的大生态学观点。

坦斯里提出生态系统学说以后，生态学研究重点转向对现实系统形态、结构和功能与系统分析。此时，特罗尔却接受和发展了克里门茨的顶极学说而明确提出景观演替概念。他认为植被的演替，同时也是土壤、土壤水、土壤气候和小气候的演替，这就意味着各种地理因素之间相互作用的连续顺序，换句话说，也就是景观演替。毫无疑问，特罗尔的景观演替思想和克里门茨演替理论不但一致，而且综合单顶极和多顶极理论成果发展了生态演替进化理论。

五、生态系统理论

生态系统（ecosystem）就是在一定空间中共同栖居的所有生物（即生物群落）与其环境之间由于不断地进行物质循环和能量流动过程而形成的统一整体。

生态系统是当代生态学中最重要的概念之一。当生态系统的概念提出后，生态学研究的重心就从植物、动物的群落生态学转到对生态系统的研究。

生态系统一般包括非生物环境、生产者、消费者以及分解者四个部分。这是一个物种间、生物与环境间协调共生，能维持持续生存和相对稳定的系统，是地球上生物与环境、生物与生物长期共同进化的结果。按照研究对象，地球上的生态系统可以分为森林、草原、农田、荒漠、湿地、海洋、湖泊、河流、城市等生态系统，它们不仅外貌有区别，生物组成也各有其特点，并且其中存在物质不断地循环、能量不停地流动的生物与生物之间，生物与非生物之间的作用规律。能量流动和物质循环是生态系统的重要功能，在生态系统中，生物与环境、生物与生物之间，就是通过能量的转化、传递紧密联系的。没有能量的流动，就没有生命、没有生态系统，能量是生态系统的动力，是一切生命活动的基础。在能量流动的过程中，伴随着物质的产生、分解、重组和转移，一个系统内部，物质循环也是无时无刻地进行着，物质不能被消灭，也不会消失，只能从一种形态转化为另一种形态。没有物质循环，同样也就没有了生命和生态系统。

生态系统研究之所以得到很大的重视，是因为在生态系统的层次，人类有条件方便地利用和管理自然。近年来，生态系统的概念已经延伸到“自然—社会—经济”的复合生态系统，向自然生态系统寻找这些协调共生、持续生存和相对稳定的机理，能给人类科学地管理好地球——这个人类生存的支持系统以启示，达到持续发展的目的（孙儒泳，2002）。

六、生物地球化学循环理论

如果说生态系统中的能量来源于太阳，那么物质则是由地球供应的。生态系统从大气、水体和土壤等环境中获得营养物质，通过绿色植物吸收，进入生态系统，被其他生物重复利用，最后，再归还于环境中，此过程为物质循环，又称生物地球化学循环。在生态系统中能量不断流动，而物质不断循环。能量流动和物质循环是生态系统中的两个基本过程，正是这两个过程使生态系统各个营养级之间和各种成分（非生物和生物）之间组成一个完整的功能单位。

生态系统中的物质循环主要是指生命元素的循环，比如水循环、碳循环、氮循环、磷循环等，通常物质循环用库（pool）和流通（flow）来进行概括。库是由存在于生态系统某些生物或非生物成分中一定数量的某种化合物构成。物质在生态系统中的循环实际上是在库与库之间彼此流通的（李博等，2000）。

近年来，对于汞、铅等有毒有害物质的循环研究也日益重视。由于生物对自己所需的营养物质有一定的浓缩本领，能把分散于环境中的低浓度营养物质浓缩到体内。但很多非必需物质也常一同被浓缩，如果不能及时将其降解或排泄掉，便可能引起中毒。这类物质积累在生物体内并沿食物链传递其浓缩系数逐级增加，到顶极肉食动物体内便能达到极高的浓度。例如湖水中的 DDT 经水生植物、无脊椎动物和鱼类，最后到达鸟类时其浓度竟比湖水中的高几十万倍。

千百年来，人类在利用自然的过程中已经破坏了大量的自然生态系统。生物地球化学循环理论给人类的启示是，人类应该保护自然界营养物质的正常循环，甚至通过人工辅助手段促进这些循环。同时，还应有效地防止有毒物质进入生物循环。生物圈中，一些物种排泄的废物可能是另一些物种的营养物，从此形成生生不息的物质循环。这一事实也启发人们在生产中要探求化废为利的途径，这样既能提高经济效益，又可防止污染环境。

七、生物多样性理论

生物多样性（biodiversity）是一个描述自然界多样性程度的、内容广泛的概念。对于生物多样性，O’Neill 等（1986，1988）认为，生物多样性体现在多个层次上，而 Wilson 等人认为，生物多样性就是生命形式的多样性。孙儒泳（2002）认为，生物多样性一般是指地球上生命的所有变异，也有人认为生物多样性是指一定范围内多种多样活的有机体（动物、植物、微生物）有规律地结合所构成稳定的生态综合体。

生物多样性通常包括遗传多样性、物种多样性和生态系统多样性三个组成部分。广义的遗传多样性是指地球上生物所携带的各种遗传信息的总和。狭义的遗传多样性主要是指生物种内基因的变化，包括种内显著不同的种群之间以及同一种群内的遗传变异。此外，遗传多样性可以表现在多个层次上，如分子、细胞、个体等。在自然界中，对于绝大多数有性生殖的物种而言，种群内的个体之间往往没有完全一致的基因型，而种群就是由这些具有不同遗传结构的多个个体组成的。

物种（species）是生物分类的基本单位。在分类学上，确定一个物种必须同时考虑形态的、地理的、遗传学的特征。也就是说，作为一个物种必须同时具备如下条件：①具有相对稳定的而一致的形态学特征，以便与其他物种相区别；②以种群的形式生活在一定的空间内，占据着一定的地理分布区，并在该区域内生存和繁衍后代；③每个物种具有特定的遗传基因库，同种的不同个体之间可以互相配对和繁殖后代，不同种的个体之间存在着生殖隔离，不能配育或即使杂交也不能产生有繁殖能力的后代。物种多样性是指地球上动物、植物、微生物等生物种类的丰富程度。物种多样性包括两个方面，其一是指一定区域内的物种丰富程度，可称为区域物种多样性；其二是指生态学方面的物种分布的均匀程度，可称为生态多样性或群落物种多样性（蒋志刚等，1997）。物种多样性是衡量一定地区生物资源丰富程度的一个客观指标。在阐述一个国家或地区生物多样性丰富程度时，最常用的指标是区域物种多样性。

生态系统的多样性主要是指地球上生态系统组成、功能的多样性以及各种生态过程的多样性，包括生境的多样性、生物群落和生态过程的多样化等多个方面。其中，生境的多样性是生态系统多样性形成的基础，生物群落的多样化可以反映生态系统类型的多样性。

近年来，有些学者还提出了景观多样性（landscape diversity），作为生物多样性的第四个层次。景观多样性是指由不同类型的景观要素或生态系统构成的景观在空间结构、功能机制和时间动态方面的多样化程度。

总的来说，物种多样性是生物多样性最直观的体现，是生物多样性概念的中心；基因多样性是生物多样性的内在形式，一个物种就是一个独特的基因库，可以说每一个物种就是基因多样性的载体；生态系统的多样性是生物多样性的外在形式，保护生物的多样性，最有效的形式是保护生态系统的多样性。

生物多样性的意义主要体现在生物多样性的价值。对于人类来说，生物多样性具有直接使用价值、间接使用价值和潜在使用价值。直接价值为人类提供了食物、纤维、建筑和家具材料、药物及其他工业原料。间接使用价值是指生物多样性具有重要的生态功能，能够维持生态平衡和稳定环境。在生态系统中，生物之间具有相互依存和相互制约的关系，它们共同维系着生态系统的结构和功能。生物一旦减少了，生态系统的稳定性就要遭到破坏，人类的生存环境也就要受到影响。生物多样性还有潜在的实用价值，地球上生物种类繁多，但人类目前做出充分而详细研究的较少，对于那些目前还不了解的生物的某些功能可能对人们某些方面的研究会有帮助。

第三节　景观生态学理论

中文中“景观”一般有三种理解。第一种用于美学中，作为视觉美学中的概念，它和“风景”等词统一；第二种是地理学上的理解，将景观作为地球表面气候、土壤、地貌、生物各种成分的综合体；第三种概念是景观生态学对景观的理解，即景观是空间上不同生态系统的聚合，一个景观包括空间上彼此相邻，功能上相关，发生上有一定特点的若干个生态系统的聚合，也即景观是由相互作用的斑块或生态系统组成的，以相似的形式重复出现的，具高度空间异质性的区域（Forman and Godron，1986）。景观生态学（landscape ecology）是研究景观的结构、功能和变化以及景观规划管理的科学（徐化成，1996）。

景观生态学作为地理学和生态学的交叉学科，是一门新兴的、发展迅速的学科，是当今生态学研究的核心之一。景观生态学研究起源于20世纪50年代的欧洲（德国、荷兰等国家），20世纪80年代，景观生态学在全世界范围内得到迅速发展。1986年Forman R和Godron M合著出版的《景观生态学》标志着景观生态学发展进入了一个崭新的阶段（何东进等，2003）。与其他生态学学科相比，景观生态学明确强调空间异质性、等级结构和尺度在研究生态学格局和过程中的重要性（李博等，2000）。景观生态学不仅成为分析、理解和把握大尺度生态问题的新范式，而且成为真正具有实用意义和广阔发展前景的应用生态学分支。

迄今为止，景观生态学不仅被学术界所普遍接受，而且已逐渐形成自身独立的理论体系，成为生态学研究中重点发展方向之一。景观生态学的一些理论也为土地生态学的产生和发展奠定了一个坚实的理论基础。

一、斑块、廊道与基质模式

斑块、廊道与基质是景观生态学的核心概念，是组成景观最基本的结构单元。所谓斑块是指依赖于尺度的，与周围环境（基底）在性质上或者外观上不同的空间实体（邬建国，2000）。按照起源，斑块可以分为环境资源斑块、干扰斑块、残存斑块和引进斑块四类。斑块的主要特征是其空间非连续性和内部均质性。

斑块之所以成为景观生态学最重要的基础概念之一，主要表现在三个方面，这也是土地生态学研究中需要借鉴的主要内容。①斑块概念的提出为精细刻画景观的结构提供了基础，景观结构就是不同斑块之间的排列组合，通过数学的方法，利用GIS等手段，我们可以十分清楚而准确地刻画出一个景观的结构，这为比较不同景观的结构带来了方便。②斑块的形状、大小和组合方式对景观功能具有重要的影响。比如傅伯杰和陈利顶（1996）认为斑块形状和走向对穿越景观斑块的动植物扩散至关重要，斑块形状有其自身的特点，对于执行一些关键功能，生态上最优的斑块形状通常要有一个具有弯曲的边界和狭窄的指突（lobes）的大的核心区（core），并且它相对于周围的流有一定的方向角（orientation angle）。③斑块化是自然界普遍存在的一种现象，它也是环境和生物相互影响协同进化的空间结果，斑块化的结构和动态对生物多样性保护和干扰扩散等方面的研究具有重要意义。

廊道是线性的景观单元，具有通道和阻隔的双重作用。几乎所有的景观都会被廊道分割，同时又被廊道连接在一起。此外，廊道还有其他重要功能，如物种过滤器、某些物种的栖息地以及对其周围环境与生物产生影响的影响源作用。它的作用在人类影响较大的景观中显得更加突出。廊道的结构特征对一个景观的生态过程有着强烈的影响，廊道是否能连接成网络，廊道在起源、宽度、连通性、弯曲度方面的不同都会对景观带来不同的影响。

景观由若干类型的景观要素组成，其中基质是面积最大，连通性最好的景观要素类型，因此，在景观功能上起着重要的作用，影响能流、物流、物种流。事实上，基质和廊道都是斑块，只是在景观的外形、功能上会有所差别，才区分出基质和廊道。基质与斑块的区别主要在于，在整个景观区域内，基质的面积相对最大，一般来说，它的凹形边界将其他景观要素包围起来，在整体上，基质对景观动态具有控制作用。因此，可以从相对面积、连通性、控制作用来判别基质和斑块。

二、景观异质性原理

异质性是景观生态学中的重要概念，用来描述系统和系统属性在时间和空间上的变异程度 。景观异质性强调在一个区域里（景观或生态系统）对一个种或更高级生物组织的存在起决定性作用的资源（或某种性状）在空间（或时间）上的变异程度（或强度）（李哈滨和 Franklin，1988）。异质性可以简单认为是系统（如景观）或系统属性（如土壤水分含量）的变异程度。在景观这个层次上，空间异质性有三个组分：空间组成（即生态系统和类型种类、数量及其面积比例）；空间构型（即各生态系统的空间分布、斑块形状、斑块大小、景观对比度、景观连接度）；空间相关（即各生态系统的空间关联程度、整体或参数的关联程度、空间梯度或趋势度以及空间尺度）。异质性有三个来源：①自然干扰；②人类活动；③植被的内源演替与种群动态变化。异质性可能是限制干扰传播的主要因素（Forman，1995），并可能在生物系统的多样性和动态方面起作用（Pickett and White，1985）。

景观的异质性和同质性因观察的尺度不同而异。景观的异质性是绝对的，存在于任何等级结构的系统中，同质性是异质性的反义词，是相对的。景观生态学强调空间异质性的绝对性和空间同质性的尺度性。在某一尺度上的异质性，在低一层次或小一尺度下的空间单元，可视为同质。因此，异质性必须依赖尺度而存在。

异质性是景观的重要属性之一。异质性对景观的功能过程有显著影响，影响资源、物种、干扰在景观中的运动与传播。Risser 等（1984）指出：“景观生态学研究空间异质性的发展和维持、异质性景观中不同组分在时间和空间上的相互作用以及能量与物质的交流、异质性对生物和非生物过程的影响以及对这种异质性的管理”。

景观多样性和景观异质性密切相关。景观异质性的存在决定了景观空间格局的多样性和斑块多样性。景观异质性类似于景观多样性，可以采用类型多样性指数、优势度、镶嵌度指数和生境破碎化指数测定（傅伯杰等，2011）。

三、尺度原理

尺度是一个广泛应用的词语，广义地讲，它是指在研究某一物体或现象时所采用的空间或时间单位，同时又可指某一现象或过程在空间和时间上所涉及的范围和发生的频率。前者是从研究者的角度来定义尺度，而后者则是根据所研究的过程或现象的特征来定义尺度。尺度可分为空间尺度和时间尺度。此外，组织尺度是指在由生态学组织层次（如个体、种群、群落、生态系统、景观等）组成的等级系统中的相对位置（如种群尺度、景观尺度等）（邬建国，2000）。与尺度有关的另一个重要概念是尺度推绎（scaling）。尺度推绎是指把某一尺度上所获得的信息和知识扩展到其他尺度上，或者通过在多尺度上的研究而探讨生态学结构和功能跨尺度特征的过程。简言之，尺度推绎即为跨尺度信息转换（Ehleringer and Field，1993；Van Gardingen and et al.，1997）。

生态学中，尺度是指所研究的生态系统的面积大小（即空间尺度，spatial scale），或者指所研究的生态系统动态的时间间隔（即时间尺度，temporal scale）。空间与时间尺度包含于任何景观的生态过程。尺度暗示着对细节了解的一定水平。景观是空间上异质的区域，其结构、功能和变化都是受尺度制约的（陈昌笃等，1991）。景观格局和景观异质性都因研究中所测定的空间与时间尺度的变化而异。通常，在一种尺度下空间变异中的噪音（noise）成分，可在另一较小尺度下表现为结构性成分（Burrough，1983）。在一个尺度上定义的同质性景观，可以随着观测尺度的改变而转变成异质性景观。大多数持续时间短的变化影响小的区域，而大多数长期变化影响大的区域，Forman（1995）称之为空间-时间法则（space-time principle），该法则暗示了大尺度（broad scale）上的现象比小尺度（fine scale）上的现象更持久更稳定。所以，在生态学研究中必须考虑尺度作用。绝不可未经研究，就把在一种尺度上得到的概括性结论推广到另一种尺度上去（Urban et al.，1987）。离开尺度来讨论景观的异质性、格局、干扰是无意义的。

在景观生态过程中约束是与尺度有关的。不同尺度的研究，揭示不同的内在规律。长期的生态研究，尺度往往是数年、数十年或一个世纪，短期的研究不足以揭示其变化发展的规律。

景观生态学中的尺度有它自己的表达方式，邬建国（2000）认为尺度往往以粒度（grain）和幅度（extent）来表达。空间粒度指景观中最小可辨识单元所代表的特征长度、面积或体积（如样方、像元）；时间粒度指某一现象或事件发生的（或取样的）频率或时间间隔。幅度是指研究对象在空间或时间上的持续范围或长度。具体地说，所研究区域的总面积决定该研究的空间幅度；而研究项目持续多久，则确定其时间幅度，由此可见，在讨论尺度问题时，有必要将粒度和幅度加以区分。一般而言，从个体、种群、群落、生态系统、景观到全球生态学，粒度和幅度呈逐渐增加趋势。这意味着，组织层次高的研究（如景观和全球生态学）往往对应于小比例尺、低分辨率；而小尺度（或细尺度，fine scale）则常指小空间范围或短时间，往往对应于大比例尺、高分辨率（李博等，2000）。

四、格局与过程原理

景观生态学中的格局（pattern）是指空间格局，广义地讲，它包括景观组成单元的类型、数目以及空间分布与配置（邬建国，2000）。

据 Forman 的划分，景观空间格局可分为四大类：①分散的斑块景观；②网状景观；③交错景观；④棋盘状景观。并且他认为这四种类型不是互相排斥的。

分散的斑块景观中，以一种生态系统或一种景观要素类型作为优势的基质，而以另一种或多种类型斑块分散在其内。具有绿洲的荒漠、有片林的农区或牧场可作为这种类型的实例。这种景观类型的关键特征有：①基质的相对面积；② 斑块大小；③ 斑块间的距离；④斑块分散性（集聚、规则或随机）。分散的斑块景观对于景观的很多特性均有影响，如斑块间的距离影响到很多干扰种和生物由一个斑块向其他斑块的传播。

网状景观的特点是在景观中相互交叉的廊道占优势。如城市中的道路交通系统，牧场中的树篱网或林网，森林中的集运材道，溪流系统等。关键的空间特征是：①廊道宽度；② 连通性；③网的回路；④网格大小；⑤结点大小；⑥结点分布。

交错景观的特点是占有两种景观要素，彼此犬牙交错，但共同具有一个边界。其实例有：沿道路建设的居民区与非建筑区的交互分布。主要空间特征有：①每一要素类型的相对面积；②半岛的多度和方向；③半岛的长度和宽度。半岛的长度显然影响到风的穿入和空气质量，而宽度也与生物多样性有关。在这类景观中总的边缘长度可能相当大，这样对边缘种和要求两种生态系统的动物种有利。这种景观中相邻两个生态系统的相互作用强烈。

棋盘状结构景观由相互交错的棋盘状格子组成。人为管理的森林伐区格局和农田轮作可作为代表。其显著的特征有：①景观颗粒的大小（可按照组成斑块的平均面积或平均直径测定）；②棋盘格子的规整性；③总的边界长度（或边缘数量）。景观的颗粒大小决定了内部种的多度和生物多样性，因为细粒景观包括的边缘种多。棋盘格子的规整性控制着很多客体（如作物授粉者、病虫害的媒介物和人）的移动和定居。

景观过程是在时空尺度范畴内，于景观内运行，表现为景观要素之间的相互作用、相互联系、相互依存，强调事件或现象的发生、发展的动态特征。与格局不同，过程强调事件或现象的发生、发展的动态特征（陈吉泉，1995）。景观生态学常常涉及多种生态学过程，其中包括：种群动态、种子或生物体的传播、捕食者—猎物相互作用、群落演替、干扰传播、物质循环、能量流动等（李博，2000）。

干扰是一个重要的生态过程。它是显著改变系统的结构或功能的变化格局的事件(Forman，1995)，如火、严重的空气污染、火山喷发、飓风等。干扰对于生态系统来说是正常的，尽管是偶发的。干扰是空间和时间上环境与资源异质性的主要来源之一，它也是生态系统得以维持和发展的重要因素（伍业钢和李哈滨，1992）。干扰改变景观格局，影响景观及其组分在空间和时间上的异质性，影响其物种的相对多度，同时又受到景观格局的制约。干扰按其来源，可分为自然干扰和人类干扰。景观生态学中，干扰状况（disturbance regime）是在整个景观中一段时间里所有干扰的分布、频率、恢复周期、面积大小、强度、严酷性（指对生物系统的影响）和协生性（指对其他干扰的引发作用）之总和。

景观格局是景观异质性的具体表现，同时又是包括干扰在内的各种生态过程在不同尺度上作用的结果。同时，景观格局决定着资源和物理环境的分布形式和组合，并制约着各种景观的生态过程。景观格局的研究目的是在似乎是无序的斑块镶嵌的景观上，发现潜在的有意义的规律性（李哈滨和 Franklin，1988）。通过景观格局分析，希望能确定产生和控制空间格局的因子和机制；比较不同景观的空间格局及其效应；探讨空间格局的尺度性质。

五、级秩理论

1942年学者Egler指出，生态系统具有等级结构的性质，但完整的级秩理论（hierarchy theory）是由一些系统理论学家和哲学家创立的。Overton（1972）将该理论引入生态学并认为，生态系统可以分解为不同的级秩层次，不同层次的系统具有不同的特征。O'Neill等（1986）在其专著《生态系统的级秩概念》中进一步阐述了生态系统的结构和功能的双重等级性质，并强调时空尺度以及系统约束（constraint）对生态系统研究的重要性。景观生态学中，级秩理论要解决的问题是一个由在两个或更多个空间尺度上相连接的具体的功能要素或单元组成和系统是怎样运作的（Forman，1995）。景观在不同时空尺度上可分解为相对离散的结构或功能单元，低层次组分的相互作用产生高层次上的行为，而高层次组分对低层次组分施以限制作用。对发生在某一层次上的现象的机制性解释必须到低一层次去寻求，而其重要性和特征往往在高一层次得到表现（肖笃宁等，2003），景观系统是一个相互套入的级秩系统。在一个水平上流连接各个要素，如局地生态系统或立地之间的动物运动。流也连接级秩中垂直方向上的要素，如影响河流流域内的养分流动。Forman（1995）认为，理解某一特定要素的稳定性必须知道至少三个节点：①上一个较高层次上的包含要素；②同一尺度上的相邻要素；③下一个较低层次上的组分要素。按照空间-时间法则，包含要素应该提供更多的稳定性，而组分要素提供更多的变异性。一个空间要素内部的格局和过程取决于这三个级秩节点。级秩理论认为，具有级秩结构的系统有两个重要特征，一是兼容性（incorporation）；二是约束（constraint）。通过兼容，小尺度上的非平衡性或空间与时间上的异质性可以转化为大尺度上的平衡性和均质性；而景观系统的约束是低一等级水平上的生物约束和高一等级水平上的环境约束的总和（肖笃宁等，2003）。

级秩理论已经成为景观生态学研究的重要概念框架之一（陈昌笃等，1991）。等级理论最根本的作用在于简化复杂系统，以便达到对其结构、功能和行为的理解与预测。许多复杂系统，包括景观系统在内，大多可视为等级结构。将这些系统中繁多且相互作用的组分按照某一标准进行组合，赋之于层次结构，是等级理论的关键一步。某一复杂系统是否能够被由此而化简或其化简的合理程度常称为系统的“可分解性”。显然，系统的可分解性是应用等级理论的前提条件。用来“分解”复杂系统的标准常包括过程速率（如周期、频率、响应时间等）与其他结构和功能上表现出来的边界或表面特征（如不同等级植被类型分布的温度和湿度范围，食物链关系，景观中不同类型斑块的边界）。基于等级理论，在研究复杂系统时至少应该考虑三个相邻层次：即核心层次及其上、下层次（李博等，2000）。

六、生态建设与生态区位理论

景观生态建设具有更明确的含义，它是指通过对原有景观要素的优化组合或引入新的成分，调整或构造新的景观格局，以增加景观的异质性和稳定性，从而创造出优于原有景观生态系统的经济和生态效益，形成新的高效、和谐的人工-自然景观。

生态区位论和区位生态学是生态规划的重要理论基础。区位本来是一个竞争优势空间或最佳位置的概念，因此区位论乃是一种富有方法论意义的空间竞争选择理论，半个世纪以来一直是占统治地位的经济地理学主流理论。现代区位论还在向宏观和微观两个方向发展，生态区位论和区位生态学就是特殊区位论发展的两个重要微观方向。生态区位论是一种以生态学原理为指导而更好地将生态学、地理学、经济学、系统学方法统一起来重点研究生态规划问题的新型区位论，而区位生态学则是具体研究最佳生态区位、最佳生态方法、最佳生态行为、最佳生态效益的经济地理生态学和生态经济规划学。

从生态规划角度看，所谓生态区位，就是景观组分、生态单元、经济要素和生活要求的最佳生态利用配置；生态规划就是要按生态规律和人类利益统一的要求，贯彻因地制宜、适地适用、适地适产、适地适生、合理布局的原则，通过对环境、资源、交通、产业、技术、人口、管理、资金、市场、效益等生态经济要素的严格生态经济区位分析与综合，来合理进行自然资源的开发利用、生产力配置、环境整治和生活安排。因此，生态规划无疑应该遵守区域原则、生态原则、发展原则、建设原则、优化原则、持续原则、经济原则等七项基本原则。现在景观生态学的一个重要任务，就是如何深化景观生态系统空间结构分析与设计而发展生态区位论和区位生态学的理论和方法，进而有效地规划、组织和管理区域生态建设。

第四节　土地科学理论

土地是地球表面一定范围内，由气候、地貌、岩石、土壤、植被、水文和人类活动等自然、人文要素共同作用形成的自然历史综合体。土地科学研究的核心问题是土地利用，以人地复合系统为研究对象。

土地科学理论体系由土地基础理论、土地应用理论以及土地技术理论组成，不同的理论以相应的一套学科为基础。在此基础上，张毅（2000）将土地资源学、土地利用学、土地类型学、土地经济学、土地法学等学科归为土地基础学科；将土地规划学、土地管理学、土地调查学、土地评价学等归属为土地应用学科；将土地信息学、土地工程学、土地保护学、土地测量学等分属在土地技术学科。

土地科学研究内容广泛，土地科学的一些基本原理也为土地生态学奠定了重要的理论基础。这些基本原理包括土地的稀缺性原理、土地的不可逆原理、土地资源空间分布原理以及土地资源学、土地经济学、土地规划学及土地管理和调控等。

一、土地稀缺性原理

土地的稀缺性主要体现在有限性、不可逆性和利用的外部性。土地是一种同时具有自然和经济特性的综合体，自然特性是指土地具有不以人的意志为转移的自然属性，而经济特性是指人类在土地利用过程中，在生产力和生产关系中所体现出来的特性（束克欣等，2004）。土地不是人类所能创造的，它在自然和经济特性方面都体现了稀缺性特征。

在自然特性上，土地的稀缺性主要表现在面积和数量的有限性。也即在现有的地球表面，土地在面积上是一定的，只能在不同的利用方式上相互转化，总体面积不会变化。在不同的地方，不同用途的面积也是有限的，位置优良并且土质较好的土地，利用方便、效益较高，人们对其需求量必然很大，而能供给使用的这类土地的面积非常有限，这也是土地稀缺性的一个表现（王秋兵，2002）。土地是自然的产物，它不能被人类创造，因此相对于人类的无限需求而言，数量相当有限，从而体现出了其稀缺性。而在经济特性上，土地的稀缺性主要体现在经济供给的有限性。即在特定的地区，不同用途的土地面积的有限性不能满足人类对各类用地的需求，从而导致土地占有的垄断性等社会问题和地租、地价问题。而这些问题的出现也促使人们节约、集约利用土地，努力提高土地的有效利用率和单位面积的生产能力。

在研究过程中，罗静和曾菊新（2004）认为自然原因产生的土地稀缺性是一种绝对稀缺，而由经济原因造成的土地稀缺是一种相对稀缺。她们还认为，土地稀缺性在实际中具有不同的表现形式，在城市化过程中土地稀缺性分为城市中心、城乡结合处以及农村的土地稀缺，并相应提出了一些由此引发的社会问题，值得借鉴。

二、土地利用过程不可逆原理

不可逆原理最先出现在热力学研究中，而后这个概念被应用到不同的学科中。广义的土地是一个生态系统，土地资源具有可更新性。但是土地的更新性并不意味着土地是可逆的，土地可逆性是很困难的，从比较利益来讲，例如从农地转到建设用地很容易，但是从建设用地转到农用地很难。人类一旦破坏了土地生态系统的平衡，就会出现诸如水土流失、沼泽化、盐碱化和沙漠化等一系列的土地退化（王秋兵，2003），使得土地的生产能力降低，经济生产复杂性的下降或丧失，即造成土壤的物理、化学和生物特征或经济特征退化以及自然植被的长期丧失。当这种退化达到一定程度，土地原有的性质可能彻底破坏而不可逆转和恢复。

对于土地利用过程不可逆性的研究，张建平（1997）利用四川攀枝花地区的土地退化问题探讨了土地不可逆的特性，认为土地退化的不可逆性可以从时间、物质和能量三个方面来进行讨论，即土地退化过程是一个不可逆过程。土地退化的不可逆性与退化土地的恢复是不同的概念，退化土地只要经过足够长的时间和足够大的投入，土地质量和生产力是可以恢复的，但并非沿原来途径恢复原来状态。张安录和毛泓（2002）也探讨了农用地与城镇用地的转换不可逆特性。王秋兵（2003）等认为土地生态系统的这种特征在自然条件比较恶劣的地区表现明显，这些地区土地可塑性小，生态系统表现出很大的脆弱性，土地生态系统一旦遭到严重破坏，其再生性丧失，不可逆转，失去应有的生产能力和价值。

三、土地资源空间分异原理

地球表面分为陆地和海洋两大部分，人们通常认为土地是地球表面的陆地部分。由于土地资源是地球表面一定地域范围内的三维分布组成，这就意味着土地是一个立体的三维空间实体，由于地区性差异，土地资源具有一定的分布规律。由于土地资源的稀缺性，土地资源的配置问题，既包含其他一般资源配置的数量分配，还包含空间分布是土地资源研究的核心，对于土地资源的有效利用和生态环境的保护与改善有着十分重要的作用。

土地资源是土壤、地貌、植被以及空气等多种要素的自然经济综合体，由于地球公转和自转的特点，形成了这些地表要素都具有一定的分布规律，土地资源因此也表现出规律性分布的特点。一般的，人们将土地资源的空间分布分为纬向地带性、经向地带性以及垂直地带性分布三个方面（王秋兵，2003）。

土地的纬向地带性是指土地资源沿纬线方向延伸成一定的地带，有规律的南北更替变化现象。纬向地带性的表现决定于地球的形状和太阳辐射在地表分布不均匀而呈南北向的带状分布。组成土地的气候、土壤、植被、水等因素也具有纬向地带性。从全球来看，不同的纬度划分为不同的气候带，如热带、亚热带、温带和寒带等，对应于不同的地带性土壤，如砖红壤、红壤、黄壤、棕壤、灰化土和冰沼土等。我国土地资源的纬向地带性由北向南表现为寒温带针叶林漂灰土景观地带—温带针阔混交林暗棕壤景观地带—暖温带落叶阔叶林棕壤景观地带—亚热带常绿阔叶林红壤、黄壤景观地带—热带雨林、季雨林砖红壤景观地带。

土地的经向地带性是指由水分差异而引起的土地要素发生的有规律变化。其表现是土地由于距离海洋的远近不同，按经度表现出来的规律性。我国土地资源的经向地带性的表现是秦岭—淮河线以北，由东（沿海）向西（内陆），依次出现湿润、半湿润、半干旱的季风气候，依次发育森林、森林草原和草原等植被类型和相适应的土壤类型。自然带也大致沿经度方向延伸，由沿海向内陆依次更替。再向内陆如内蒙古西部、宁夏和新疆，距海更远，夏季风不能到达，因而气候变为干旱的大陆性气候，发育荒漠草原和荒漠类型的植被和相应的土壤。

土地的垂直地带性是指土地景观及其组成要素随海拔高度递变的规律性。气温通常随山地高度增加而降低，降水与空气湿度在一定海拔高度下随海拔升高而递增。受温度、水分条件制约，植被和土壤也发生相应的变化。土地的构成要素自下而上组合排列形成山地垂直带谱。山地垂直带谱的结构类型与基地（山体所在的地理位置）及山地的高度有密切关系。在我国青藏高原南缘的中喜马拉雅山脉南翼，从低到高有如下各垂直自然带：低山季雨林带—山地常绿阔叶林带—山地针阔混交林带—山地暗针叶林带—高山灌丛草甸带—高山草甸带—亚冰雪带—冰雪带。

除了地带性分布外，土地资源的非地带性分布也十分重要。土地资源的非地带性是由于受海陆分布、洋流、地形、地下水等非地带性因素的影响，破坏了地带性规律，使同一纬度地带的土地景观出现不同差异。呈现地带性分布规律的同时，各地也叠加非地带性规律，同时这种规律又表现在不同的尺度上，使得地球上土地资源的分布更加复杂多样。

四、土地价值论

人们利用土地的各种功能为人类提供服务，因此土地也成为一种可以经营的资产和特殊的商品，因而是有价值的。土地的价值表现在两个方面：一是作为商品而存在的价值；一是土地作为一种生态系统，提供物质生产和服务的功能与价值。

作为一种商品，土地的价值理论主要包括市场供求理论、产权经济理论、地租地价理论和边际效用理论。

市场供求理论主要是从土地的供求分析入手分析土地价值。土地需求是土地供给的起因，很大程度上对于土地供给产生着决定性的影响。从土地供求关系来看，必须通过两者的相互作用，并通过价格信息予以体现，才能形成有效需求和有效供给。实践中必须依据这一基础理论，进行深入分析，才能更为科学地反映土地供求关系变化的态势。

相对于土地资源而言，土地产权更是一个重要的经济要素。土地经济运行实践都是以具有一定产权的土地资源为单元进行资源配置的。土地产权要素对于土地资源配置效率产生直接的影响，并且还引导着土地资源配置的方向。

地租地价理论对土地收益分配关系的合理确定提供重要依据。当前有关地租地价的研究已经开始建立了定量化的经验模型进行分析研究。而地租地价的研究，不仅与土地利用，而且与基础设施的合理布局、城市规划的合理化程度等都有密切的关系。因此，有必要将地租地价理论应用的面加以拓展。

边际效用则是指从消费一件商品的一个额外的数量中所获得的额外满足。在边际效用理论应用中存在两个重要原则：一是边际效用递减原则，即一种商品的消费越多，那么额外数量的消费给效用带来的增加也越来越小；二是相等边际原则，即只有当消费者使花在所有商品上的单位投资所带来的效用相等时，才会使效用最大化。这两个原则，对于合理确定土地利用规模以及产业部门之间土地资源的分配关系具有实践性意义。

生态系统服务功能是指生态系统与生态过程所形成及所维持的人类赖以生存的自然环境条件与效用（Daily，1997；欧阳志云和王如松，2000）。关于生态系统服务功能或环境服务功能的研究始于20世纪70年代。1997年Daily主编的《自然的服务——社会对自然生态系统的依赖》的出版及Constanza等的文章《世界生态系统服务与自然资本的价值》的发表，标志着生态系统服务的价值评估研究成为生态学和生态经济学研究的热点和前沿。

生态系统服务功能不仅为人类提供了食品、医药及其他生产生活原料，还创造与维持了地球生命支持系统，形成了人类生存所必需的环境条件。生态系统服务功能的内涵可以包括以下10个方面：①有机质的生产与生态系统产品；②生物多样性的产生与维持；③气体调节和气候调节；④减缓干旱与洪涝灾害；⑤土壤的生态服务功能；⑥传粉与种子的扩散；⑦有害生物的控制；⑧保护和改善环境质量；⑨休闲、娱乐；⑩文化、艺术——生态美的感受。

生态系统服务功能价值评估的方法主要包括市场价值法，机会成本法，影子价格法，费用分析法，能值分析法。①市场价值法。其基本原理是将生态系统作为生产中的一个要素，生态系统的变化将导致生产率和生产成本的变化，进而影响价格和产出水平的变化，或者将导致产量或预期收益的损失。因此，通过这种变化可以求出生态系统产品和服务的价值。②机会成本法。机会成本法是费用-效益分析法的重要组成部分。它常被用于某些资源的社会净效益不能直接估算的场合，是一种非常实用的技术。机会成本法简单易懂，能为决策者和公众提供宝贵的有价值的信息，机会成本法常用来衡量决策的后果。③影子价格法。影子价格已广泛应用于生态系统服务功能的定量评价。例如，《中国生物多样性国情报告》中使用了瑞典的碳税率150美元/t（碳），计算了中国陆地生态系统每年固定CO_2的总经济价值为4.45×10^{11}美元。薛达元和包浩生（1999）应用此方法对长白山自然保护区森林生态系统维持营养物质循环功能进行了评价，得出其价值为0.43亿元/年。④费用分析法。根据实际费用情况的不同，可以将费用分析法分为防护费用法、恢复费用法和影子工程法三类。《中国生物多样性国家报告》编写组使用防护费用法估算中国的部分珍稀濒危动物价值。国家环保部南京环科所编写组在《中国生物多样性经济价值评估》中，采用SO_2的平均治理费用，估算出中国森林生态系统净化SO_2的价值为9697亿元/年。⑤能值分析法。能值（emergy）定义为：在产生一种产品或服务的全过程中，将所使用的各种类型的能量用某一种能量表示的当量。实际应用中通常以太阳能焦耳值度量各种不同类别能量的能值。某种资源、产品或服务的太阳能值，就是其形成过程中直接或间接应用的太阳能焦耳总量。通过利用世界年生产总值除以驱动世界经济运行的能值年流量，就可以计算出货币流与能值流的比率，以能元（emdol-lar，Em＄）表示单位货币能值的比率。于是，可以用能元作为统一单位来定量表示各种产品或服务的价值。Brown等于1999年估算出全球生态系统中，土壤有机质的储存量为2.10×10^{15}Em＄，植物生物量约为3.35×10^{14}Em＄，动物生物量约为3.70×10^{13}Em＄。

此外，还包括旅行费用法（travelcost method，TCM）、条件价值法（contingent valuation method，CVM）评估法等。

五、土地区位论

区位一词来源于德语“standort”，英文于1886年译为“location”，即定位置、场所之意，我国译成“区位”，日本译成“立地”，有些意译为“位置或布局”。对区位一词的理解，严格地说还应包括以下两个方面：①它不仅表示一个位置，还表示放置某事物或为特定目标而标定的一个地区、范围；②它还包括人类对某事物占据位置的设计、规划。区位活动是人类活动的最基本行为，是人们生活、工作最低的要求，可以说，人类在地理空间上的每一个行为都可以视为是一次区位选择活动。例如，农业生产中农作物物种的选择与农业用地的选择，工厂的区位选择，公路、铁路、航道等路线的选线与规划，城市功能区（商业区、工业区、生活区、文化区等）的设置与划分，城市绿化位置的规划以及绿化树种的选择，房地产开发的位置选择，国家各项设施的选址等。

区位论作为人类征服空间环境的一个侧面，是为寻求合理空间活动而创建的理论，主要包括：杜能的农业区位论、韦伯的工业区位论、克里斯泰勒的中心地理论和廖什的市场区位论。

古典区位论的区位是指厂商经营生产活动的位置，如何确定最佳位置就是古典区位理论所关心的问题。德国经济学家杜能最早注意到区位对运输费用的影响，是在19世纪初叶他所出版的《孤立国对于农业和国民经济之关系》(1826) 一书中指出的。杜能指出距离城市远近的地租差异即区位地租或经济地租，是决定农业土地利用方式和农作物布局的关键因素。由此他提出了以城市为中心呈六个同心圆状分布的农业地带理论，即著名的“杜能环”。

德国经济学家韦伯继承了杜能的思想，在20世纪初叶发表了两篇名著《论工业区位》(1909)、《工业区位理论》(1914)。韦伯得出三条区位法则——运输区位法则、劳动区位法则和集聚或分散法则。他认为运输费用决定着工业区位的基本方向，理想的工业区位是运距和运量最低的地点。除运费以外，韦伯又增加了劳动力费用因素与集聚因素，认为由于这两个因素的存在，原有根据运输费用所选择的区位将发生变化。

德国地理学家克里斯泰勒的中心地理论最具代表性，在其名著《德国南部的中心地》一书中，克里斯泰勒将区位理论扩展到聚落分布和市场研究，认为组织物质财富生产和流通的最有效的空间结构是一个以中心城市为中心的、由相应的多级市场区组成的网络体系。在此基础上，克氏提出了正六边形的中心地网络体系。

德国经济学家廖什则在出版的《经济空间秩序》一书中，将利润原则应用于区位研究，并从宏观的一般均衡角度考察工业区位问题，从而建立了以市场为中心的工业区位理论和作为市场体系的经济景观论。

需要注意的是，虽然以上经典的区位理论为区位的选择提供了理论和方法，但是实际的区位选择中应遵循：①因地制宜原则，即根据具体的经济活动和具体的地点，仔细考虑当地影响区位活动的各种因素，以使我们的区位活动能充分而合理的利用当地的各种资源，从而降低生产成本，获得经济效益；②动态平衡原则，由于影响区位的因素在不断发展变化，我们应更多辩证地、以运动的观点来看待影响区位选择的各种因素，有助于我们从纷繁复杂中准确地找到影响区位科学研究的最主要因素；③统一性原则，区位作为一个开放的、复杂的、动态的环境子系统，它要求我们在区位选择（也就是建立区位系统）时，不仅要保持系统内各部门的协调统一，同时也要保持系统（区位系统与地理系统）之间的协调与统一；在区位活动中不仅关注经济效益、同时要保持经济效益、社会效益和环境效益的统一。

参考文献

白光润. 1993. 地理学导论. 北京：高等教育出版社.

陈昌笃，崔海亭，于子成. 1991，景观生态学的由来和发展//肖笃宁. 景观生态学理论、方法及应用. 北京：中国林业出版社：11-18.

陈吉泉. 1995. 景观生态学的基本原理及其在生态系统经营中的应用//李博. 现代生态学讲座. 北京：科学出版社：108-128.

丁登山，汪安祥，黎勇奇，等. 1988. 自然地理学基础. 北京：高等教育出版社.

范中桥. 2004. 地域分异规律初探. 哈尔滨师范大学自然科学学报，20 (5)：106-109.

傅伯杰，陈利顶，马克明，等. 2011. 景观生态学原理与应用（第二版）. 北京：科学出版社.

傅伯杰，陈利顶. 1996. 景观多样性的类型及其生态意义. 地理学报，51 (5)：454-462.

郭亮，李元元，李小强，等. 2006. 系统科学理论在材料领域的应用. 材料导报，20 (7)：1-5，9.

何东进，洪伟，胡海清. 2003. 景观生态学的基本理论及中国景观生态学的研究进展. 江西农业大学学报，25 (2)：276-282.

蒋志刚，马克平，韩兴国，等. 1997. 保护生物学. 浙江：浙江科学技术出版社.

李博，杨持，林鹏. 2000. 生态学. 北京：高等教育出版社.

李哈滨，Franklin J. 1988. 景观生态学——生态学领域里的新概念构架. 生态学进展，5 (1)：23-33.

李林，姜德义. 2007. 系统科学理论在矿产资源规划中的体现. 中国矿业，16 (3)：21-29.

罗发奋，隋春玲. 2006. 系统科学理论的发展对教学系统设计的影响．唐山师范学院学报，28（2）：105-107.
罗静，曾菊新. 2004. 城市化进程中的土地稀缺性与政府管制．中国土地科学，18（5）：16-20.
米文宝. 1999. 西海固地区可持续发展理论与应用．干旱区地理，22（3）：23-29.
欧阳志云，王如松. 2000. 生态系统服务功能、生态价值与可持续发展. 世界科技研究与发展，22（5）：45～50.
潘树荣. 1985. 自然地理学．北京：高等教育出版社．
潘玉君. 2001. 地理学基础．北京：科学出版社．
沈小峰，胡岗，姜璐，等. 1987. 耗散结构论. 上海：上海人民出版社.
束克欣. 2004. 土地管理基础．北京：地质出版社．
孙儒泳. 2002. 基础生态学. 北京：高等教育出版社．
王秋兵. 2003. 土地资源学. 北京：中国农业出版社.
王向阳. 2006. 用系统科学理论解读外来生物入侵．环境保护，（12B）：51-52.
邬建国. 2000. 景观生态学——格局、过程、尺度与等级. 北京：高等教育出版社.
伍业钢，李哈滨. 1992. 景观生态学的理论发展. 北京：中国科学技术出版社．
肖笃宁，李秀珍，高峻. 2003. 景观生态学．北京：科学出版社．
徐化成. 1996. 景观生态学．北京：中国林业出版社．
薛达元，包浩生. 1999. 长白山自然保护区生物多样性旅游价值评估研究. 自然资源学报，2：140-145.
余新晓. 2006. 景观生态学．北京：高等教育出版社．
张安录，毛泓. 2002. 农地城市流转：途径、方式及特征．地理学与国土研究，16（2）：17-22.
张建平. 1997. 攀枝花市土地退化过程．山地研究，15（4）：308-310.
张毅. 2000. 土地科学理论体系与研究内容探析．高等函授学报，13（1）：42-44.
Burrough S A. 1983. Multiscale sources of spatial variation in soil. Ⅰ. Application of fractal concept to nested levels of soil variation. J. Soil Sci.
Daily G C. 1997. Natures Services：Societal Dependence on Natural Ecosys-tems. Washington D C：Island Press.
Ehleringer J R，Field C B. 1993. Scaling Physiological：Leaf to Globe. San Diego：Academic Press.
Forman R T，M Godron. 1986. Landscape ecology . New York：John Wiley & Sons.
Forman R T. 1995. Some general principles of landscape and regional ecology. Landscape Ecology，10（3）：133-142.
Harrison S，Tayor A D. 1997. Meta-population biology：ecology，genetics，and evolution. San Diego：Academic Press.
O'Neill R V，Deangelis D L，Waide J B，et al. 1986. A hierarchical concept of ecosystems. Princeton ：Princeton University Press.
O'Neill R V，Krummel J R，Gardner R H，et al. 1988，Indices of landscape pattern. Landscape Ecology，（1）：153-162.
Overton W S. 1972. Toward a general model structure for forest ecosystem//Franklin JE. ed. Proceedings of the Symposiumon Coniferous Forest Ecosystems. Poreland，Oregon：Northwest Forest Range Station，U. S. A.
Pickett T A，White P S. 1985. The Ecology of Natural Disturbance and Patch Dynamics. Orlando：Academic Pvess，Inc.
Risser P G，Karr J R，Forman R. 1984. Landscape Ecology：Directions and Approaches. Special Pub. No. 2，Illinois Natural History Surver，Champaign，USA.

Turner T. Landscape Planning. 1987. New York: Nichols Publishing.

Urban D L, O'Neill R V, Shugart H J. 1987. Landscape Ecology. Bioscience, 37: 119-127.

Van Gardingen P R, Foody G M, Curran P J, et al. 1997. Scaling-up: From Cell to Landscape. Cambridge: Cambridge University Press.

第三章　土地生态结构

第一节　土地生态结构形成的理论

土地生态系统是一系列自然属性和特征的综合体，是人类活动和自然过程在一定的时间和空间尺度范围内共同作用的结果，具有其特定的尺度和等级特征（傅伯杰，1985）。不同尺度对应不同的空间格局，且不同等级尺度下的格局可相互转换；不同等级尺度下的过程是空间格局产生变化的控制因素，处于不同等级尺度下的过程之间存在反馈机制。低等级或小尺度的过程可发展为高等级或大尺度的过程，而高等级或大尺度的过程又影响和控制着低等级或小尺度的过程。同时，土地生态系统又是一个复杂巨系统，复杂的涌现特征是系统要素结构之间相互非线性作用的结果，反过来也对土地生态系统的结构产生影响。本节主要介绍土地生态系统的等级与尺度理论以及复杂性理论等。

一、土地生态系统等级与尺度理论

生态系统的层次结构关系由等级和尺度表达，生态系统等级中每一层次或水平上的系统都是由低一级层次或水平上的系统组成。同时，土地生态系统是多种要素的有机统一体，其个体单元及其空间组合的分异都具有尺度依存性。因此，生态系统的等级和尺度结合实现生态系统的层次结构。

（一）生态系统等级理论

等级理论起源于20世纪60年代，是关于复杂系统结构、功能和动态的理论，通常被看作是复杂性科学的一部分。自然界是一个具有多水平分层等级结构的有序整体，在这个有序整体中，每一个层次或水平上系统都是由低一级层次或水平上的系统组成，并产生新的整体属性。等级可被看作是一个内在互相联系的系统，在等级系统中，任何一个子系统都有自己上一级归属关系，是上一级系统的组成部分。同时，其对下一级系统有控制关系。有必要指出的是，等级系统的垂直结构层次的划分在很大程度上是人为的，这给分析和研究系统带来方便，但就其实质而言，等级系统的垂直层次可以看作是连续性的。

等级理论认为，自然系统的每一等级上都有其独有的特征，即新质或不可简化的特征。这种特征可能是某种物质，也可能是某种格局或过程，它是等级存在的前提。在一个复杂的系统内可分为若干有序的层次，从低层次到高层次同一要素或同一行为的变化过程和速率逐渐减小，即在高的层次中某一要素的变化过程较慢，而在低层次中其变化过程却较快。

由于生态系统的每个等级水平都具有一定的时间和空间尺度，而且不同等级水平系统的结构和功能也不相同。这样，从一个等级水平上系统的性质、要素等来推测另一等级水平上系统的性质、属性就变得十分困难。特别是，当一个系统比较复杂，其组成要素比较多且各要素之间存在非线性关系时，要素对系统性质的影响就表现出较强的随机性。此时根据要素的变化来预测整个系统的变化将会有很大的不确定性。

等级理论的核心观点之一就是系统的组织性来自于各层次之间过程速率的差异。同一层次的不同子系统之间，由于过程速率的相近性，其相互作用可认为是对称的。而不同等级层次之间的关系往往是不对称的。相对于低层次的行为或过程来说，高层次的行为或过程可视为常量。低层次的某些过程或变量在高层次通常会得到平滑，以平均态或稳态的形式出现，但也有可能被屏蔽。

等级结构系统的每一层次都有其整体结构和行为特征，并有自我调节和控制机制。例如，生物圈是一个多重等级层次结构的有序整体。由基本粒子组成原子核，原子核与电子共同构成分子，而许多大分子组成细胞，细胞又组成有机体，有机体组成种群，种群构成生物群落，生物群落与周围环境一起组成生态系统，生态系统又与景观生态系统一起组成区域生态系统。

等级理论最根本的作用在于简化复杂系统，以便达到对其结构、功能和行为的理解和预测。许多复杂系统，包括土地生态系统在内，可认为是等级结构。将这些系统中相互作用的组分按照某一标准进行组合，赋之于层次结构，是等级理论分析的关键一步。某一复杂系统是否能够被化简或其化简的合理程度通常称之为系统的“可分解性”。显然，系统的“可分解性”是应用等级理论的前提条件。等级系统具有垂直结构和水平结构，水平结构是指在同一层次中的组成要素之间的关系，垂直结构则是指系统中的高层次和低层次间的关系。用来“分解”复杂系统的标准常包括过程速率（如周期、频率和反应时间等）和其他结构功能上表现出来的边界或表面特征（如不同等级植被类型分布的温度和湿度范围，食物链关系及景观中不同类型斑块边界等）。前者主要用于划分等级系统的垂直结构，后者则用于划分等级系统的水平结构。

（二）尺度理论及土地系统尺度类型

1. *尺度及尺度理论*

系统的等级与尺度之间联系密切。尺度的存在源于地球表层自然界的等级组织和复杂性。尺度本质上是自然界所固有的特征或规律，而为有机体所感知，因而尺度又可分为观测尺度（observational scale）和本征尺度（intrinsic scale ）等。观测尺度也被称为取样（sampling）尺度或测量（measurement）尺度，包括取样单元的大小、形状、间隔距离及取样幅度。空间取样单元可能是自然物体，如种群的一个生物个体，或植物个体的一个叶片，或一个动物巢穴等。但在大多数情况下，自然的取样单元并不存在，需要在试验中人为确定，并且作为人类的一种感知尺度，其大小常常受测量仪器的限制。一般地面仪器通常只能取部分样本单元，而通过遥感技术（包括航天飞机、卫星和雷达）的取样则能保证在整个幅度范围内进行完全取样。对于研究（观测）尺度而言，它的选择常常受到研究目的、科学发展水平以及经济发展水平的制约。所谓本征尺度是指自然本质存在的，隐匿于自然实体单元、格局和过程中的真实尺度。本征尺度为自然现象所固有的，独立于人类控制之外的变量，不同的格局和过程在不同的尺度上发生，本身作用的范围、过程能够影响的潜在或实际的幅度也有所不同，不同的分类单元或自然实体也从属于不同的空间、时间或组织层次。例如，在一个群落中繁殖体的扩散不仅发生在群落周围很小的面积上，也发生在距离该群落一定距离的面积上。

通常意义上，尺度是指研究系统过程中的空间分辨率（resolution）和时间单位(即空间尺度与时间尺度)，它蕴含了对系统细节的了解水平。时间和空间尺度包含于任何生态过程中。一般说来，小尺度研究采用较小的面积或较短的时间间隔，有较高的分辨率，但反映宏观规律能力低；大尺度研究使用较大的面积或较大的时间间隔，分辨率较低，但对宏观特征的概括能力高。

不同尺度的现象和过程之间存在反馈机制，表现出复杂性特征。大尺度的稳定性可以在小尺度的混沌特性中获得，而小尺度的机制可能产生大尺度的混沌现象。大尺度上表现出的许多全球和区域性的生物多样性变化、污染行为和温室效应等，都源于小尺度上的环境问题；同样，全球气候变化和大洋环流异常等大尺度生态-地理过程的改变，也会反过来影响小尺度上的现象和过程。

由于受研究条件的制约，不可能对所有尺度的问题进行详尽研究。因而，需要利用某一尺度上所获得的知识或信息来推断其他尺度上的特征，称之为尺度外推（scaling)。尺度外推分为尺度上推（upscaling）和尺度下推（downscaling)。由于生态系统的时空异质性，尺度外推十分困难，往往以计算机模拟和数学模型为工具来进行尺度转换。

大体上，可以将揭示地理或生态过程的模型分为两类。一类是从宏观格局和过程出发的自上而下的模型；另一类是基于小尺度格局与过程的自下而上的模型。以土地利用/土地覆被变化（land use and land cover，LUCC）研究模型为例，自上而下的模型有马尔科夫链和逻辑斯蒂回归等。在具体建模过程上，自上而下的模型首先确定宏观尺度上 LUCC 总体速率和数量特征，然后将这些宏观尺度的土地利用总需求变化向低层次的空间单元逐级进行配置，一直到最小的微观地理单元；相反，自下而上的模型试图描述 LUCC 驱动力的基本要素，通过分析微观尺度上个体水平的决策行为，来解释宏观尺度上土地利用格局变化的原因，即宏观尺度特征从本地过程中涌现。模型中的微观个体主要包括个人、家庭、地块和行政单元等。元胞自动机（cellular automata，CA)、智能体模型（agent-based model，ABM）等自下而上的模型为跨尺度的综合研究提供了分析平台。

2. 土地生态系统尺度

土地生态系统是多种要素构成的有机整体，其个体单元及其空间组合的分异也受多个因素制约，并且具有尺度差别。依据土地生态系统在空间范围、结构组成、控制性因素等方面的差异，可以将其在空间尺度上划分为地块尺度、景观尺度、流域尺度、区域尺度及全球尺度。

(1) 地块尺度

地块是最低级、最简单的地域个体单位，其内部各自然地理组成成分具有高度一致性。也就是说，地块位于一个地形单元范围内，表现为一致的地形条件（地形坡面位置、相对高度、坡度、坡向）、基岩（母质）、小气候和水文状况，由一种生物群落所占据，发育一种土壤类型。这些特征决定了地块是土地利用规划设计、土地综合整治的基本地理空间单元。

虽然地块是自然地理条件均质性最高的土地单元，但严格意义上讲，其内部仍有差异。这种差异是由某种组成成分的个别要素和组分分异引起。按照形态差别，地块组成要素可分为点要素（如植株、草墩、陷穴和巨砾等）、线要素（如侵蚀纹沟和细沟、灌溉渠和田埂等）、面要素（如大片基岩和田块等）。

地块作为土地生态系统的基本单元，其空间边界可以通过客观存在的分水岭、沟渠线、坡脚线、流水线，以及具有确定空间方位的道路系统等所辨识并被划定。但当地表要素组成均质性较高时，地块界线便具有逐渐过渡性质，通常不太明显，不易确定。但通过对界线性质的多途径分析，仍能比较准确地划分地块。

每一个地块都有一定的水平分布范围，但由于不同区域自然地理条件异质性不同，地块大小可有较大差别。例如，平原区的地块通常面积较大，而山区则较小。地块面积通常为数百平方米至数千平方米。每个地块除有水平分布范围外，还有一定的垂直厚度。

(2) 景观尺度

地理学科中，景观是由各个自然要素相互作用形成的自然综合体；在生态学科中，景观是指由相互作用的生态系统组成的，以相似的形式重复出现的一个空间异质性区域，是具有分类含义的自然综合体。景观是地带性和非地带性两种属性一致性最大的区域，其内在的自然因素及其结构分异不明显。在景观范围内可观察到的地质构造、地貌形态、地表水、气候、土壤、动植物群落，呈现有规律的复现。例如，农业景观就是由村落、农田、道路、沟渠、小片林地、水面等要素重复出现的组合体。当这种组合体的组合方式发生变化或出现明显不同的新组成成分时，就意味着新景观的形成。著名景观生态学家 Forman 将景观定义为：空间上镶嵌出现和紧密联系的生态系统的组合。在更大区域中，景观是互不重复且对比性强的基本结构单元，它的主要特征是可辨识性、空间重复性和异质性（Forman and Godron，1986）。中国著名景观生态学者肖笃宁认为，景观是一个由不同土地单元镶嵌组成，具有明显视觉特征的地理实体，兼具经济、生态和美学价值。

景观由若干相互作用的生态系统构成，构成景观最基本的、相对均质的土地生态要素或单元——生态系统即为景观要素。一般而言，景观要素的尺度往往在 10～1000m。不同景观要素之间的邻接区是生态梯度显著变化的带状区域，亦是景观中物质、能量和信息流通量变化最大的地区。通常情况下，景观要素之间的边界是连续变化的，但如果扰动强度增大，边界也可能以突变的形式出现。

景观作为客观存在于地表自然界的空间单位，一般认为是处于生态系统之上，区域之下的中间尺度。空间范围在 $(1\times10^6)\sim(1\times10^8)\ m^2$。然而，正如生态系统和区域的尺度范围在地理学与生态学中有不同认识一样，景观的空间尺度范围也没有十分一致的认识。广义的景观概念强调空间异质性以及景观的空间范围随研究对象、方法和目的而有变化。在景观尺度上，比较不同景观的结构和功能时，会发现景观内的物质循环和能量流动有所不同。

(3) 区域尺度

区域是一个空间概念，是地球表面上具有一定空间范围、以不同物质客体为组成对象的地域结构形式。从科学研究角度看，空间是用一个指标或几个特定指标在地球表面中划分出具有一定范围的连续而不分离的空间单位。区域具有整体性、差异性和自组织性。区域的整体性是其内部单元、要素相互联系与作用的结果，这种特性有时表现得非常强烈，以致形成一个紧密联系的系统，当对区域的某一局部实行干扰时，会出现整个区域的响应变化；区域的差异性来自于区域内部的结构分异。区域包含有若干景观单元，景观单元在空间相互组合形成一定的结构，称之为空间格局。区域结构特征的一个重要表现是区域的层次性。区域的自组织性来自于区域系统的自稳定机制，是区域形成和演化的重要动力条件。

区域是地理学综合研究中重要的层次（郑度，1998；郑度等，2008）。作为环境和自然资源的系统整体，区域一般属于中尺度范畴，其空间范围在 $1\times10^{9}\sim1\times10^{12}\,m^{2}$。

由图 3-1 可见，中尺度区域地理系统本身是一个由不同尺度空间单元组成的等级结构体系。土地生态系统作为地理系统的一部分，也具有类似的等级结构。因此，区域土地生态系统是由不同类型的土地景观组合单元嵌套构成的有机整体。

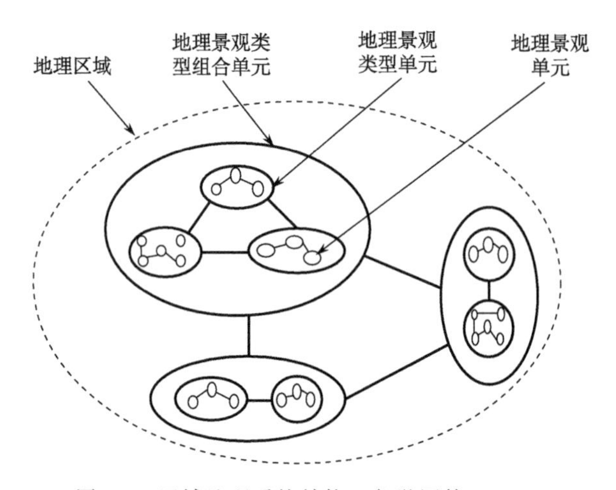

图 3-1 区域地理系统结构（鲁学军等，2004）

(4) 全球尺度

全球尺度是土地生态系统研究中最大的尺度单元，其空间范围可达 $1\times10^{14}\,m^{2}$，时间跨度可达千年。全球尺度的土地生态系统主要由时空尺度较大的地理规律和过程控制，即受到地带性和非地带性因素的复合影响。太阳辐射沿赤道向两极递减，气温、气压、蒸发、降水、大气环流沿纬度方向发生地带性变化，并形成相应的气候带。大陆降水自沿海向内陆递减，地表由湿润向干旱变化，进而产生土壤、植被等自然地理要素由沿海向内陆分异的干湿度地带性。土地是地表某一地段包括地质、地貌、气候、水文、土壤、植被等多种自然要素在内的自然综合体，各个自然要素在全球尺度的分异，必然引起土地覆被类型的变化。近年来，通过遥感数据完成的全球土地利用/土地覆被变化图可以清晰地分辨出土地系统在全球尺度的空间结构和分异规律。

二、土地生态系统的复杂性理论

所谓复杂性是系统不可逆性、不可预测性以及结构和状态涌现及可突变特性的统称，因此，具有非线性、不确定性、自组织性和涌现性特征的系统被视为复杂系统。南非著名学者保罗·西利亚斯（Paul Cilliers，2006）认为，复杂系统的特征具体体现在：①组成要素数目巨大，复杂系统拥有数目巨大的组分，系统因规模增大而复杂，但大量要素是复杂系统的必要条件而非充分条件；②组分间存在着复杂的相互作用，相互作用形式多样，特征丰富，包括非线性、短程和反馈回路等；③开放性，复杂系统一定是开放系统，与环境之间产生密切的相互作用；④远离平衡态，系统远离平衡态，系统内外存在着持续的能量流以维持系统的生存与演进；⑤路径依赖，复杂系统具有历史继承性，现在的状态与行为依赖于过去；⑥分布式架构，任何单一组分都无法预知自己的行为会对系统整体产生怎样的影响，复杂性是组成个体间相互作用的结果，但这些组分个体（也称为适应性主体）却只能对与自身相关的信息做出响应。

（一）土地生态系统复杂性的表征

土地生态系统是地球陆地表面上由相互作用、相互依存的地貌、岩石、水文、植被、土壤、气候等自然要素之间以及与人类活动之间相互作用而形成的统一整体。按照复杂性的内涵判定，土地生态系统是典型的复杂系统，其复杂性主要表现在：

（1）组成要素众多，各组成要素之间存在复杂的非线性相互作用

从组成要素上看，土地生态系统不仅由多种自然要素如岩石、土壤、水体、植物和动物相互作用构成自然综合体，而且叠加了人类活动的影响，不同土地利用方式对土地生态系统自然属性的影响有很大差异；从相互作用方式上看，土地生态系统的自然要素、社会经济要素内部以及自然要素和社会经济要素之间的相互作用是非线性和多方向的。非线性的相互作用不只存在于同一层次的因素之间，也存在于上下层之间。在作用方向上，有垂直的从上往下和从下往上两种方向，同时还有水平方向的联系与作用，形成一个极为复杂的网络系统。

（2）具有层次性和高维性

土地生态系统的多层次结构表现在水平结构和垂直结构两个方面。在水平结构方面，首先，各种土地类型系统在地球表面镶嵌分布，如农田、草原、荒漠、森林和城市等生态系统，不同土地类型系统之间都有物质、能量和信息的交换；其次，土地生态系统具有与气候、土壤、生物等单一自然要素地带性分布相对应的景观生态结构，即体现在纬度地带性和干湿度地带性的土地覆被类型地带性分异；最后，土地生态系统具有与区域性地质、地貌、水文等要素相对应的区域景观结构，即土地生态系统的区域结构，这是区域土地类型结构及空间分布格局的形成基础。在垂直结构方面，土地生态系统是一个多层次结构，可分为地上层、地上/地下界面层和地下层 3 个层次。这三个层面之间联系紧密，难以在空间上明确区分。地上层包括气候和生物（尤其是飞行动物和悬浮微生物等），地上/地下界面层包括土壤、地表径流、浅层地下水、植物和微生物等自然要素，地下层则含土壤层以下的岩石和深层地下水等。土地生态系统的垂直结构还表现在随着海拔高度的不同所造成的气候、土壤和植被等自然要素的垂直分异，以及由此引起的土地生态结构的垂直地带性分布。除了空间结构外，每一类土地生态系统都是有机系统，有它的发生、发展和演化历史，是一个随时间不断演进的连续体。因此，可认为土地生态系统是高维的复杂体系。

(3) 开放性和动态性

土地生态系统是一个不断变化的开放系统，其开放性与动态性特征表现在：①土地生态系统与外界存在着高强度的物质、能量和信息交换，尤其是与人类系统的联系更为密切。例如，农业生态系统和城市生态系统是诸多土地生态系统中受到人类干扰强度最大的两个系统类型。在农业生态系统中，人类既是系统的重要组成部分，又是系统的管理者和调控者。人类通过施用化肥和农药、灌溉、电力和机械等方式向农业生态系统输入物质和能量，获得粮食、油料和蔬菜等农产品的输出，以满足人类自身的需求。在城市生态系统中，人类通过各种人工建筑物的建立，改变了地表的组成和结构，打破了原有的自然生态系统辐射热量和水量等平衡，造成了环境污染，并使得自然灾害发生的风险增大。②土地生态系统的动态演进受到更大尺度自然环境演化的控制。土地生态系统内部的大气循环、水循环和生物地球化学循环无一不与外界自然环境紧密关联，是外部环境大循环的组成部分。土地生态系统在与外界不断进行物质、能量和信息交换的同时，自身系统状态也在不断变化发展。

(4) 多尺度特性

土地生态系统是一个多层次结构嵌套而成的复杂系统，每一系统既是上一层系统的子系统，又由众多次一级的子系统构成。土地生态系统的层次水平和尺度大小从大到小依次表现为全球尺度、区域尺度、景观尺度、生态系统尺度和地块尺度。同时，不同土地生态系统的组成要素随时间变化的快慢也不尽相同，土壤因素快于生物因素，但慢于地质因素。因此，土地生态系统中的不同生态-地理过程时间尺度也有差异。随着时间和空间尺度的变化，驱动土地生态系统以及各级子系统变化的因素及其组合也发生相应变化。不同时空尺度的土地生态系统影响因素、驱动机制以及研究方法、技术手段也会因尺度而异。在某一尺度上得出的研究结论，如果没有进行科学的尺度推绎，不能直接推及到其他尺度。

(5) 土地生态系统的自适应性和自组织性

土地生态系统具有多层次结构、复杂的组分，同时物质与能量的转化与交换途径多样，从而使系统表现出较强的自我调节能力和补偿功能。自我调节能力主要是指通过生物种群数量、结构和功能改变来适应环境变化的能力；代偿作用是指当系统某一功能缺失或下降时，通过系统的自组织行为，由其他功能替代，从而维持土地生态系统的正常状态。

(二) 土地生态系统复杂性的影响因素

产生土地生态系统复杂性的因素有多种，概括起来主要有以下几个。

(1) 时空异质性

地域差异性和时空异质性是所有地理实体对象及其相互关系的重要特征，土地生态系统也不例外。由于空间上的不均一性，不同区域的自然和人文要素及其组合差异很大，从而使得大中尺度上的土地生态系统呈现出地域分异特征，这也是造成土地生态系统多层次性和高维性的重要原因。此外，影响土地生态系统自适应性和自组织性的各种因素在时间域上的作用强度和长度也有明显的区域差异。

(2) 响应与反馈的非线性特征

作用于土地生态系统的地表自然和人文过程都是由许多子过程耦合而成的，其中各个过程表现出的变化性态不同，有的是阵性发生的，有的是周期性发生的，有的是瞬时发生的，有的是持续发生的。这样，土地生态系统对于外部影响因素改变的响应也就不尽相同，有的实时响应，而有的时滞较长。例如，在土地生态系统中，地表气温和湿度等气候因素对外界响应迅速，植物和动物等的生命特征次之，土壤性状则响应时滞较长。这些性质差异巨大的过程耦合在一起，使得整个过程或系统呈现出非线性特征。应当说，非线性特征的存在是土地生态系统特性表现出尺度多样化的重要原因。

(3) 优势过程的尺度改变

不同的过程发生在不同的时空尺度上，并且每一尺度上的优势过程各异。例如，在土地生态系统中，小尺度上植物的分布主要是受其立地的土壤特性和微地形所决定；而在较大尺度上，气候条件则起主导作用。又如，坡面过程、土壤特性是决定小流域水位过程线的主要因素，而在大流域，河道特征、大尺度降水以及人类活动方式（土地利用和修筑水库等）则对径流过程线起到主导作用。优势过程的尺度依存特性是土地生态系统中生态过程复杂性产生的原因之一。

(4) 扰动因素的影响

一般将对生态系统造成负面影响的、相对离散的突发事件称为扰动。施加在土地生态系统上的扰动类型多样，既有自然扰动又有人为扰动。自然扰动如泥石流、滑坡、地震、病虫害、森林大火和气候波动等；人为扰动如森林砍伐、草原放牧、修建道路和环境污染等。扰动可以发生在不同空间单元、不同时间或季节，并且扰动的频次和强度也会有所变化。可以说，扰动的存在增大了土地生态系统结构与功能的复杂性，使得对其预测难度的准确性显著降低。

第二节　土地生态系统的结构及测度方法

土地生态系统结构是指土地各组分及其之间比例和组合关系，是比例、类别、数量和质量等特征的时空广延量。如与不同的生物层次水平构成相应的生态系统层次一样（个体、种群、群落等），不同层次的自然综合体也构成了不同层次的土地生态系统。例如，由若干个土地单元构成一个微域土地生态系统，再由若干个微域土地生态系统构成一个小尺度的土地生态系统，层层聚合，直至全球尺度的土地生态系统。因此，对于土地生态系统结构的研究，可以从其要素结构、类型结构和地域结构等方面展开。

一、土地生态系统结构的形成因素

土地生态系统是诸多自然和人文要素相互作用、相互影响而形成的类型或地域复合系统，其结构形成的因素主要包括气候、地质地貌、水文、土壤与植被以及人文因素等几个方面。

（一）水热气候要素是土地生态系统结构形成的动力因素

来自太阳辐射的热量，是驱动土地生态系统形成演化的基本能源之一。而水分状况则是另一种重要的动力因素，土地生态系统中的许多物质迁移和循环过程，都是依靠水的运动而完成。因此说，水热状况及其组合的空间分异就成为土地生态系统结构形成过程的动力因素。具体来说，首先，岩石的风化过程和地形地貌的形成过程，是气候因子的函数，都受其作用或控制。气候的异同可以加速或减缓上述过程，并形成不同的局地地貌类型，如河流地貌、冰川地貌和喀斯特地貌等。其次，气候可以制约土壤的形成和发育，并对土壤水分与养分的储存、运输和转化产生影响。再次，气候影响群落结构、植被类型及其生产力、植物区系组成、群落演替速率与方向以及物候期长短等。最后，水热条件对土地生产力的影响也十分显著。在不同的水热条件下，尽管人类对土地生态系统物质和能量投入相同或相近，但土地生产力却相差极大。综上所述，气候因素尤其是水热条件驱动了土地生态系统的物质、能量和信息流动，进而形成了特定的土地生态系统结构与功能。

（二）地质地貌是土地生态系统结构形成的空间形态基础

地质地貌特征对土地生态系统的自组织和他组织过程与空间格局有明显的控制作用，是土地生态系统空间分异的主导因素。从物质和能量角度分析，地貌通过“分异功能”而起作用，主要是利用其形态架构对各种要素过程及其空间格局进行再分异，进而控制土地生态系统结构形成的自组织和他组织过程。例如，地貌通过坡度、坡向、坡形和坡位等因子影响土地生态系统对太阳辐射、降水、营养物质、污染物等的输入与输出过程，最终影响到土地生态系统的结构与功能。此外，地貌还可以产生阻隔/通道作用、焚风效应、雨影效应等，对局地土地生态系统结构产生影响。另外，地貌形态也常常是土地生态系统的基本空间形态，常见的地貌形态如山地、丘陵、高原、平原等在土地生态分类中也常作为重要的分类依据和标志。

（三）植被与土壤是土地生态系统的结构标志物和过程与功能的调控中心

植被和土壤既是自然地理环境的重要指示因子，也是土地生态系统重要的组成要素和最显著的标志物。一方面，植被和土壤是原生自然环境形成发育过程的产物；另外一方面，又反过来对土地生态系统的结构与功能，特别是有机结构和生物生产功能产生重要影响。土地生态系统是包括有机生命和无机环境因子的统一整体，系统整体结构的维持与功能的发挥依赖于各种过程，尤其是无机物与有机物相互转化过程的良好运行，而这一转化过程主要是通过绿色植物的生长、发育、死亡及分解等环节来完成。另外，土壤是地球表层各种生态-地理过程最为活跃的子系统，是无机与有机因素互相转化的场所，也是土地生态系统中物质循环和能量流动通量最高的区域，具有对土地生态系统各种过程与功能的调控作用。因此可以说，植被与土壤作为有机因子融入到自然综合体，才使得土地系统成为真正意义上的生态系统。在很多土地生态分类方案中，植被与土壤也是重要的分类依据和标志。

（四）水是土地生态系统的“血液”和媒介

水是自然界最为活跃的物质，是多种生态-地理过程的媒介和溶剂。首先，水具有能量贮存、转换及输运功能，且输移空间范围广、交换速率高，是土地生态系统中能量流动的重要媒介之一。其次，水是一种优良的溶剂，几乎可以溶解地表所有物质，进而完成物质迁移和输送。植物生长发育所需的绝大部分营养元素，只有被水溶解，才能为植物所吸收。因此，水是土地生态系统中生物地球化学循环的主导因素。最后，水是地表地貌形成的动力因素之一。水系格局往往制约着土地生态系统的空间形态。最后，水与其他类型的物质循环和能量流动密切关联。事实上，地质循环、大气循环和生物循环等都离不开水分循环，正是这些循环综合在一起成为土地生态系统结构形成的物质与能量基础。

（五）人文因素是土地生态系统结构扰动与调控的活跃因素

人类活动是目前地球上自然生态系统变化的主要扰动因素，在局部区域或某种生态系统类型中，人为作用的影响甚至超过了自然扰动。人文因素对于土地生态系统的影响表现在积极和消极两个方面。从积极方面来讲，人类活动通过简化土地生态系统结构，投入物力和人力去除人类不需要的组分，定向培育和强化对人类有益的结构成分，获得满足人类需求的产出。现代化的集约农业生态系统就是一个典型例证；从消极方面来讲，人文因素对土地生态系统的负面影响表现在：①将系统结构单一化，增大了土地生态系统的脆弱性，降低了抵御自然灾害风险的能力；②向系统中投入了大量的人工辅助能，尤其是化石能源，造成环境污染，恶化了土地生态系统结构与功能；③为某种经济效益最大化，通过土地利用类型的转换，使得区域土地生态系统破碎化。

二、土地生态系统结构的类型

土地是一个高维多层次的生态系统，因而其结构类型可以从多个层面刻画。从形成过程来看，土地生态系统在复杂要素相互作用下，形成了多种多样的土地生态系统类型，并在此过程中涌现出具有多种属性的土地类型结构。若从数量、比例衡量，则是土地类型的数量结构；若从组合关系和形态来测度，则是土地类型的空间结构；若从时间变化特征来分析，则是土地类型的演替结构。

（一）土地类型的数量结构

土地类型的数量结构是指在一定区域内同一级土地类型之间在数量方面的对比关系。在实际研究中，常常用一些指标来表示这种对比关系，如面积比、频率比、分异度、优势度、复杂度和多样性指数等。

土地类型的数量结构的成因和形成土地生态系统要素和环境条件的复杂程度有关。例如，同样面积大小的区域，自然条件复杂的山区与环境条件较为均一的平原，前者的土地类型的数量结构复杂，很少有面积数量占据优势的土地类型，各个类型的斑块较小，形状复杂，多样性指数高；而后者则表现为类型单调，某一类型优势度显著，各类型斑块较为规则，多样性指数低。

土地类型的数量结构与质量结构一起，为合理利用区域土地资源提供依据。例如，在山地区，土地类型的数量结构丰富，可以进行多种经营，土地利用方式多样；在平原区，土地类型的数量结构单调，适宜进行单一作物品种的大规模种植。

（二）土地类型的空间结构

土地类型的空间结构是在地域性分异规律支配下所形成的各种土地类型的空间组合形式，其实质是相邻的土地类型按照一定的方式，进行物质输送、能量转换和信息传递的结合关系（刘胤汉，1992）。

土地生态系统是由多种自然和人文要素构成的有机整体，其构成要素及其组合具有一定的空间范围，因而具有尺度依存特性。通常情况下，大尺度地域范围内，土地生态系统的宏观空间格局由气候与地质构造分异控制；在中等尺度地域范围内，地貌类型、水系格局及地方气候基本控制了土地生态系统空间格局；在小尺度地域范围内，地貌形态及部位、地表物质组成和土壤因素等成为土地生态系统的空间分异因素。

尽管土地生态系统空间组合形式随尺度的不同变化很大，但只对空间形态特征进行考察，可以总结出几种不同空间特征的组合形式，常见的有斑块散布型、格状组合型、交替复现型、环带组合型、条带对称组合型、枝状组合型、扇状结构型（王仰麟等，1999）。

1）斑块散布型。指区域生态系统景观具有面积广大的基质，基质中散布一种或几种类型不同的斑块或廊道的组合型。如散布于沙漠景观中的绿洲土地生态系统、广袤农田景观中稀疏分布的居民点、土壤侵蚀斑块分布在整个山地背景上等。对斑块散布型中斑块的测度指标常用斑块形状、斑块多度、斑块平均面积及总比重、斑块间距离等。斑块特征对土地生态系统的整体稳定性、抗干扰性、结构与功能多样性等特征均有重要作用。斑块散布型中的基质面积比重大，它的变化和特征能够影响斑块的性质；同样，斑块的变异同样能对基质产生作用。斑块与基质的相互作用与影响程度取决于它们的面积对比与接触紧密程度。根据斑块在基质中的空间分布形态，斑块散布型可以细分出斑块聚集散布、斑块随机散布、斑块规则散布三种类型。

2）格状组合型。是由较规则矩形单元镶嵌组合而成的土地生态系统的空间结构类型，往往由人类有意识的行为或活动导致。例如，面积广大的平原地区，各类网格状的集约农田，草区由灌丛、铁丝网、土墙或石块等隔离形成的不同类型轮牧区等。在以平行垂直断裂为骨架的地形区，由矩形块状地形体和网格状水系分割的景观生态系统的不同类型组合也常表现为格状组合型空间结构类型。格状组合型具有规则而清晰的边界线，基本空间特征的测度指标包括矩形斑块或廊道的大小及数量、格状单元的完备性、单元的数量及多样性等。根据基质的存在与否，本类型又可细分出完备与不完备两种格状组合型。

3）交替复现型。是指沿一定方向由两种或两种以上类型单元重复交替出现而组成的土地生态系统的空间结构类型，通常出现在两个高层次水平土地生态系统的交接过渡地带。如秦岭北坡洪积扇地与溪沟地沿东西向的交替、黄土塬边梁与沟的交替等（王仰麟等，1999）。测度这类空间结构的基本指标是单元类型种数及其面积对比、交替类型间的边缘特征等。

4）环带组合型。是指由几种土地生态系统以环带形式相联结组合而成的空间结构类型。从中心到外缘，各种类型特征呈现逐步过渡特点。例如，从大型盆地、构造洼地或湖泊中心向外围，土地类型以同心圆式分布与更替；以城市为中心向外围市区、城郊蔬菜、远郊农副业的圈层分布。根据物质、能量流的主要方向，可划分出内聚式环带与辐散式环带两种类型。图 3-2 是卢旺达村落周围土地利用类型的圈层结构。测度这种土地类型空间结构的指标包括组合型的面积、环带的数目及宽度、环带边界特征以及完备性等。

5）条带对称组合型。是指以主廊道为轴向两侧依次对称出现呈条带状的斑块或廊道组合而成的土地生态系统的空间结构类型，如以河流为主廊道，由河床向两侧依次出现河漫滩、阶地、高阶地和分水岭等类型。该空间结构类型的组成要素中，主廊道的存在是前提条件。根据主廊道物质和能量流向特征，可区分出物能辐聚式和物能辐散式两种类型。测度该类型的基本指标包括高程变率、各单元的长宽比以及边界特征等。如果主廊道的一侧由于地形等条件的限制，则条带对称组合型的空间结构退化为单侧条带组合类型。

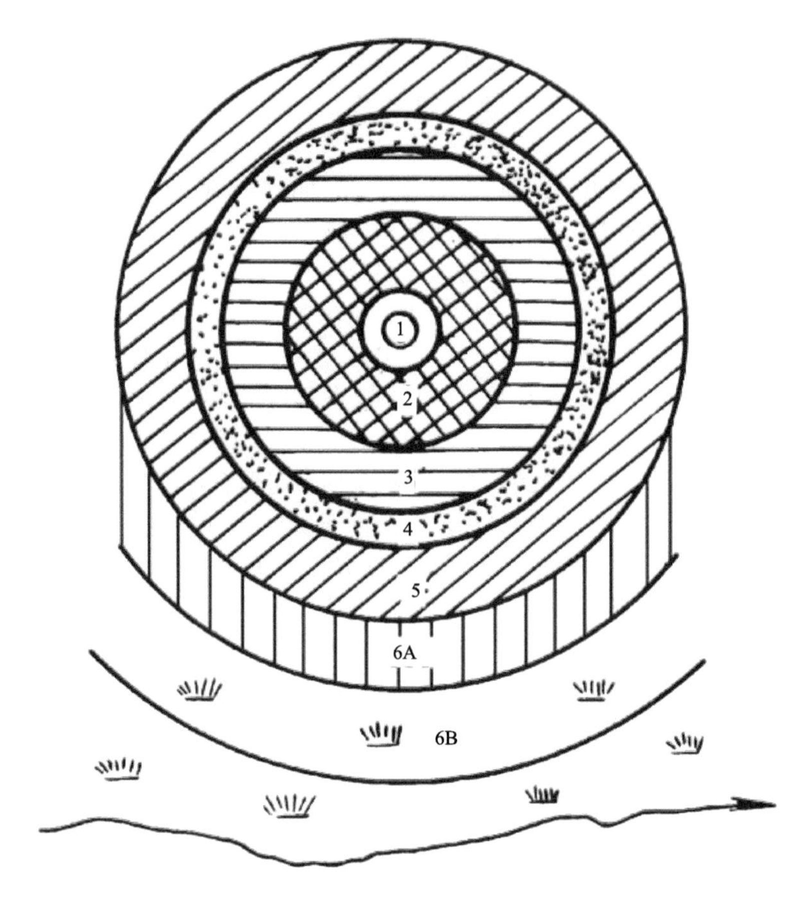

图 3-2　卢旺达村落周围土地利用类型的圈层结构（杨万钟，2004）
1. 住宅区；2. 香蕉地；3. 内侧耕地；4. 咖啡种植地；5. 外侧耕地；
6. 河谷耕地：A. 雨季种植，B. 旱季种植

6）枝状组合型。是较为常见的土地生态系统的空间结构类型，一般发育在树枝状水系基础上。例如，低山丘陵区土地类型空间结构的典型特征，就是由丘陵和沟谷两种土地类型组合而成。枝状组合型空间结构由不同组织水平的廊道及散布其间的斑块组成，可用分枝复杂度、单位面积枝的密度、枝宽度、长度、枝缘和曲率等多个指标衡量。

7）扇状结构型。一般指发育洪积扇地区，土地类型组成要素从扇顶向扇缘依次变化形成的扇状组合型空间结构。通常扇顶物质较粗，主要为砂、砾，分选较差，随着水流搬运能力向边缘减弱，堆积物质逐渐变细，分选也较好，一般为砂、粉砂及亚黏土。由于土壤类型和地下水位等条件的分异，从扇顶到扇缘土地类型和土地利用方式有较大差异。

（三）土地类型的演替结构

土地演替概念是从植物群落演替引申而来，是指在一定时间和区域内，土地生态系统由一种类型向另一种类型演变的过程或一种类型被另一种类型所替代的过程。土地生

态系统是一个动态开放系统，在其形成与发展过程中，无时无刻不受到各种自然因素和人类经济活动的影响，当自然与人为因素作用强度达到一定阈值时，土地生态系统就发生突变，土地即由一种类型属性转变为另一种类型属性。因此，土地演替实质上就是土地发展过程的“相变”或“突变”，从动态变化的角度来看，目前所见到的各种土地生态系统，都是动态发展过程中的“暂态”表现，它既是过去系统演替而来的产物，又蕴含着新演替的开始。根据不同的分类标准，土地演替可以有很多类型。例如，按照演替外力的性质，可分为自然演替和人为演替。自然演替是土地生态系统在受到外界自然因素扰动后，自组织性的发展过程，一般表现为不可逆性和渐变性，演替速度较慢，时间长。人为演替是人类活动对土地生态系统进行扰动，如转换土地覆被类型、调整土地利用结构、改变系统构成成分、向土地投入大量物质和能量等，人为演替可叠加在自然演替过程之上，可加速或延缓自然演替过程。根据演替的方向，土地演替可分为正向和逆向两种。正向演替是指顺应自然演化过程，在合理适度利用土地前提下，土地类型的结构不断完善和功能不断增强的一种良性演化。逆向演替又称退化性演替，是指人类利用方式不当，导致土地质量退化、结构简化和功能下降的一种变化过程。

三、土地生态系统结构的测度方法

（一）景观格局指数分析法

景观格局指数是指能够高度浓缩景观格局信息，反映其结构组成和空间排列特征的定量指标集。近年来，由于景观格局指数简明易算，在景观生态学和土地科学等领域得到了广泛应用，因此也自然成为测度土地生态系统结构的首选指标。景观格局指数一般在三个层次上测度：①单个斑块；②由若干单个斑块组成的斑块类型；③包括若干斑块类型的整个景观镶嵌体。利用景观格局指数分析土地生态系统结构一般由以下几个基本步骤组成：土地生态系统数据收集，数据收集途径有野外考察、调查访谈、遥感图像解译等；数据准备和前处理，主要工作包括将数据数字化，并进行大地坐标和投影的统一化处理；指数计算，主要工作包括选用适当的景观格局指数和计算软件；结果解释，用景观格局指数计算结果对土地生态系统结构特征进行解释和描述。下面介绍一些常用的景观格局指数。

（1）斑块形状指数（patch shape index）

一般而言，形状指数通常是经过某种数学转换的斑块边长与面积之比。结构最紧凑而又简单的几何形状（如圆形或正方形）常用来标准化边长与面积之比，从而使计算结果具有可比性。具体地讲，斑块形状指数是通过计算某一斑块形状与相同面积的圆或正方形之间的偏离程度来测量其形状复杂程度的。常见的斑块形状指数 S 有两种形式：

$$S=\frac{P}{2\sqrt{\pi A}}\text{（以圆为参照几何形状）} \tag{3-1}$$

$$S=\frac{0.25P}{\sqrt{A}}\text{（以正方形为参照几何形状）} \tag{3-2}$$

式中，P 是斑块周长；A 是斑块面积。当斑块形状为圆形时，式（3-1）的取值最小，等于1；当斑块形状为正方形时，式（3-2）的取值最小，等于1。对于式（3-1）而言，正方形的 S 值为1.1283，边长分别为1和2的长方形的 S 值为1.1968。由此可见，斑块的形状越复杂或越扁长，S 的值就越大。

（2）景观丰富度指数（landscape richness index）

景观丰富度 R 是指景观中斑块类型的总数，即

$$R = m \tag{3-3}$$

式中，m 是景观中斑块类型数目。在比较不同景观时，相对丰富度（relative richness）和丰富度密度（richness density）更为适宜，即

$$R_r = \frac{m}{m_{\max}} \tag{3-4}$$

$$R_d = \frac{m}{A} \tag{3-5}$$

式中，R_r 和 R_d 分别表示相对丰富度和丰富度密度；$m_{\max}$ 是景观中斑块类型数的最大值；A 是景观面积。

（3）景观多样性指数（landscape diversity index）

多样性指数 H 是应用信息论原理来度量系统结构组成复杂程度的一些指标，常用的包括以下两种：

1）Shannon-Weaver 多样性指数（有时亦称 Shannon-Wiener 指数或 Shannon 多样性指数）

$$H = -\sum_{k=1}^{n} P_k \ln(P_k) \tag{3-6}$$

式中，P_k 是斑块类型 k 在景观中出现的概率（通常以该类型占有的栅格细胞数或像元数占景观栅格细胞总数的比例来估算）；n 是景观中斑块类型的总数。每一斑块类型所占景观总面积的比例乘以其对数，然后求和，取负值。取值范围：$H \geqslant 0$，无上限。当景观中只有一种斑块类型时，$H=0$。随着斑块类型增加或各类型斑块所占面积比例趋于相似，H 的值也相应增加。

2）Simpson 多样性指数

$$H' = 1 - \sum_{k=1}^{n} P_k^2 \tag{3-7}$$

式中各项定义同前。多样性指数的大小取决于两个方面的信息：一是斑块类型的多少（即丰富度）；二是各斑块类型在面积上分布的均匀程度。对于给定的 n，当各类斑块的面积比例相同时（即 $P_k = 1/n$），H 达到最大值，Shannon-Weaver 多样性指数：$H_{\max} = \ln(n)$；Simpson 多样性指数：$H'_{\max} = 1 - (1/n)$。通常，随着 H 的增加，景观结构组成的复杂性也趋于增加。选择多样性指数的目的在于分析研究区内景观组分空间组合的变异状况。

(4) 景观优势度指数 (landscape dominance index)

优势度指数 D 是多样性指数的最大值与实际计算值之差。其表达式为

$$D = H_{\max} + \sum_{k=1}^{m} P_k \mathrm{In}(P_k) \tag{3-8}$$

式中，$H_{\max}$是多样性指数的最大值；P_k 是斑块类型 k 在景观中出现的概率；m 是景观中斑块类型的总数。$0 \leqslant D \leqslant 1$，用来测定景观结构中一种或多种景观类型支配景观的程度。通常，较大的 D 值对应于一个或少数几个斑块类型占主导地位的景观。

(5) 景观均匀度指数 (landscape evenness index)

均匀度指数 E 反映景观中各斑块在面积上分布的不均匀程度，通常以多样性指数和其最大值的比来表示。以 Shannon 多样性指数为例，均匀度可表达为

$$E = \frac{H}{H_{\max}} = \frac{-\sum_{k=1}^{n} P_k \mathrm{In}(P_k)}{\mathrm{In}(n)} \tag{3-9}$$

式中，H 是 Shannon 多样性指数；$H_{\max}$是其最大值。显然，当 E 趋于 1 时，景观斑块分布的均匀程度亦趋于最大。

(6) 景观形状指数 (landscape shape index)

景观形状指数 LSI 与斑块形状指数相似，只是将计算尺度从单个斑块上升到整个景观而已。其表达式如下：

$$\mathrm{LSI} = \frac{0.25E}{\sqrt{A}} \tag{3-10}$$

式中，E 为景观中所有斑块边界的总长度；A 为景观总面积。当景观中斑块形状不规则或偏离正方形时，LSI 增大。

(7) 正方像元指数 (square pixel index)

正方像元指数 SQP 是周长与斑块面积比的另一种表达方式，即将其取值标准化为 0 与 1 之间（Frohn，1998）。其表达式如下：

$$\mathrm{SQP} = 1 - \frac{4\sqrt{A}}{E} \tag{3-11}$$

式中，A 为景观中斑块总面积；E 为总周长。当景观中只有一个斑块且为正方形时，SQP= 0；当景观中斑块形状越来越复杂或偏离正方形时，SQP 增大，渐趋于 1。显然，SQP 与 LSI 之间有直接的数量关系，即

$$\mathrm{LSI} = \frac{1}{1 - \mathrm{SQP}} \tag{3-12}$$

(8) 景观聚集度指数 (contagion index)

景观聚集度 C 的一般数学表达式如下（O' Neill et al.，1988）：

$$C = C_{\max} + \sum_{i=1}^{n} \sum_{j=1}^{n} P_{ij} \ln(P_{ij}) \tag{3-13}$$

式中，$C_{\max}$是聚集度指数的最大值，即 $2\ln(n)$；n 是景观中斑块类型总数；P_{ij} 是斑块类型 i 与 j 相邻的概率。在一个栅格化的景观中，P_{ij} 的一般求法是

$$P_{ij} = P_i P_{j/i} \tag{3-14}$$

式中，P_i 是一个随机抽选的栅格细胞属于斑块类型 i 的概率（可以用斑块类型 i 占整个景观的面积比例来估算）；而 $P_{j/i}$ 是在给定斑块类型 i 的情况下，斑块类型 j 与其相邻的条件概率，即：

$$P_{j/i} = m_{ij} / m_i \tag{3-15}$$

式中，m_{ij} 是景观栅格网中斑块 i 和 j 相邻的细胞边数，m_i 是斑块类型 i 细胞的总边数。在比较不同景观时，相对聚集度 C' 更为合理（Li and Reynolds，1993），其计算公式如下：

$$C' = C/C_{\max} = 1 + \frac{\sum_{i=1}^{n} \sum_{j=1}^{n} P_{ij} \ln(P_{ij})}{2\ln(n)} \tag{3-16}$$

式中各项定义前面已提及。聚集度指数反映景观中不同斑块类型的非随机性或聚集程度。如果一个景观由许多离散的小斑块组成，其聚集度的值较小；当景观中以少数大斑块为主或同一类型斑块高度连接时，其聚集度的值则较大。与多样性和均匀度指数不同，聚集度指数明确考虑斑块类型之间的相邻关系，因此能够反映景观组分的空间排列特征。关于聚集度指数的用法和所存在的问题，可参见文献（Li and Reynolds，1993）。

（9）分维数

对于单个斑块而言，其形状的复杂程度可以用它的分维数来量度。斑块分维数可以下式求得（Frohn，1998）：

$$P = kA^{F_d/2} \tag{3-17}$$

即

$$F_d = 2\ln\left(\frac{P}{k}\right) / \ln(A) \tag{3-18}$$

式中，P 是斑块的周长；A 是斑块的面积；F_d 是分维数，k 是常数。对于栅格景观而言，$k=4$。一般来说，欧几里得几何形状的分维数为 1；具有复杂边界斑块的分维数则大于 1，但小于 2。在用分维数来描述景观斑块镶嵌体的几何形状复杂性时，通常采用线性回归方法，即

$$F_d = 2s \tag{3-19}$$

式中，s 是对景观中所有斑块的周长和面积的对数回归而产生的斜率（Krummel et al.，1987；O' Neill et al.，1988）。因为这种回归方法考虑不同大小的斑块，由此求得的分维数反映了所研究景观不同尺度的特征。

如果分维数在某一尺度域上不变，那么该景观在这一尺度范围可能具有结构的自相

似性。倘若分维数随着尺度域改变，那么这些变化的转折点有可能指示景观具有等级结构（Sugihara and May，1990；Lam and Quattrochi，1992）。

景观指数作为研究土地生态系统的定量表达工具，其本身还存在一些明显的局限，主要表现在：①格局指数对景观格局变化的响应以及与某些生态过程的变量之间的相关关系不具有一致性；②景观指数对数据源（遥感图像或土地利用图）的分类方案或指标以及观测或取样尺度敏感，而对景观的功能特征不敏感；③很多景观指数的结果难以进行生态学解释；④指数之间存在冗余，增加了选择合适指数的难度。

（二）结构分析的统计方法

（1）多度

多度是某种土地类型在区域内的相对个体数，其计算公式是

多度＝（该种土地类型的个体数/该区域内全部土地类型的个体数）×100％

多度在一定程度上可以反映出某种土地类型在区域内分布的相对优势，该值越大表明某种土地类型在区域内分布的优势越明显。土地类型多度值是合理配置区域土地利用结构的依据之一。

（2）频度

频度是某种土地类型在区域内出现的频率，其计算公式是

频度＝（出现该种土地类型样地数/该区域内的样地数）×100％

式中的样地是调查区域能反映土地类型空间组合状况的最小取样样地，通常为规则的几何形状如正方形等。频度值可以定量地表示某种土地类型在区域内的分布均匀程度，该值越大表明某种土地类型在区域内分布愈均匀。频度值也是合理配置区域土地利用结构的依据之一。

（3）面积比

面积比是某种土地类型的面积在区域土地总面积中所占的比重，其计算公式是

面积比＝（该种土地类型的面积/区域土地总面积）×100％

各类土地的面积比可精确地表示各类土地类型在区域内的相对数量，是一个地区土地数量结构的主要指标，其值大小在很大程度上可反映某种土地类型在该区的重要程度。

（4）重要值

重要值是某一土地类型的多度与面积比之和。

重要值＝多度＋面积比

重要值可以定量地表示某种土地类型在区域内的重要程度，该值越大表明某种土地类型在区域内越重要。重要值是确定区域土地利用专业化方向的重要依据。

(5) 复杂度

复杂度表示一定区域内土地类型结构在高一级区域内的相对复杂程度或多样化程度，其计算公式是

复杂度＝区域内单位面积土地类型数/高一级区域单位面积土地类型数

复杂度是确定研究区域土地利用方式多样化的重要指标。土地类型复杂度越大，表明区域土地类型结构越复杂，土地利用应向多样化方向发展。

(6) 区位指数

区位指数是表示区域内某种土地类型的区际意义的指标，其计算公式是

区位指数＝某土地类型在区域内的面积比－该土地类型在高一级区域内的面积比

区位指数若为正值，表示该种土地类型有区际意义，该土地类型的区域优势明显；若为负值，则说明它不具备区际意义，该土地类型的区域优势不明显。区位指数也是确定区域土地利用专业化方向和建立商品生产基地的重要依据。

(三) 结构分析的信息论方法

陈彦光和刘继生（2001）基于信息论思想，提出反映城市土地利用结构特征的均衡度概念：假定将城区面积为 A 的城市用地分为 N 个职能类，若各职能类的面积分别为 A_1，A_2，…，A_N，则 $A=A_1+A_2+A_3+\cdots+A_N=\sum_{i=1}^{N}A_i$（$i=1, 2, \cdots, N$），定义“概率”为 $p_i=A_i/A$，则可得到土地利用结构的信息熵 $H=-\sum_{i=1}^{n}p_i\log p_i$，据此可构造城市土地利用的均衡度公式 $J=H/\log N$（$0\leqslant J\leqslant 1$，相应地有集中度$I=1-J$）。此后，可借助网格法定义城市土地系统结构的空间熵，测算城市土地形态的信息维。

(四) 结构分析的混沌特征法

混沌是指复杂的非线性动力系统本身产生的一种不规则（非周期）的宏观时空行为，呈现出表观上无序，实则内在有序的特性。从混沌系统的主要特性来说，土地生态系统属于混沌系统范畴，即对初始条件的敏感性和长期演化趋势的不可预测性。对土地生态系统结构进行混沌特征分析，可以深化对其内在秉性的认识。首先，利用时间系列中蕴含丰富动态信息的已知变量，通过构建相空间，在宏观尺度上了解系统演化机制，从而提高对土地生态系统结构变化的预测能力，进而合理进行土地利用规划与设计，遏制土地生态系统退化状况。其次，有利于明晰土地生态系统结构稳定性的机制。土地生态系统结构稳定性是指系统受外界干扰后，恢复自身稳定状态的能力，是衡量土地生态系统状态的一个重要特征。根据混沌学理论，当系统进入混沌状态时，其在相图上的图像往往呈“奇异吸引子”形状，故可借助“奇异吸引子”研究找到系统失稳的阈值，即当土地生态系统某些变量出现“奇异吸引子”时，则可能意味着土地生态系统进入不稳定性状态。一般用来衡量土地生态系统混沌特性的指标包括关联维、李雅普诺夫指数、

赫斯特指数、二阶瑞利熵、递归率等。

第三节 土地生态系统类型及地域结构

作为一个开放的动态系统，土地生态系统在演进过程中不仅受到自然条件的影响，而且人类活动对其扰动程度也十分显著。因而，形成了人为扰动较少的自然土地生态系统和人为扰动强烈的人工土地生态系统等类型。土地类型研究为土地生态系统类型分类和研究提供了重要的研究基础（申元村，2010；申元村等，2012）。按照土地生态系统组成要素及形成过程中人为干预程度可以分为人工土地生态系统和自然土地生态系统。

一、土地生态系统类型及空间分布

（一）自然土地生态系统

自然土地生态系统是指受人为活动干预较少，系统自然属性占主导的土地生态系统类型。依据构成土地生态系统的植被特征，可以将中国的土地生态系统分成森林、草地、荒漠等类型。

1. 森林生态系统

森林生态系统分布格局及其影响因素与其他土地生态系统一样，取决于自然和人为因子的综合作用，但自然因子起主导作用。中国独特的地理位置决定了东部大部分地区盛行东南季风，降水自东南向西北递减，热量则由南向北逐渐减少。这种水热组合方式决定了中国森林生态系统的地理分布格局，即从北到南依次分布有针叶林、针阔混交林、落叶阔叶林、常绿落叶混交林、常绿阔叶林、季雨林等。由于人为垦殖和森林采伐，森林生态系统空间破碎比较严重，在平原和河谷地区已被连片的农田所取代，除个别区域外，森林空间分布多呈不连续状。从森林生态系统的初级第一性生产力（NPP）和生物量的空间分异上看，南部高于北部，东部高于西部。高值区出现在藏东南、川西高原、云南西南部、南岭以南和海南岛、福建东南部、台湾中东部等地，这些区域的森林生态系统 NPP 一般在 20t/（hm^2·a）以上，生物量一般在 200t/hm^2 以上。次高值区出现在横断山区、秦巴山区及江南丘陵的部分地区，NPP 一般在15～20t/（hm^2·a），生物量在 150～250t/（hm^2·a）。除个别区域外，温带和寒温带森林群落的 NPP 一般在 15t/（hm^2·a）以下，均值约在 8.0～10.0t/（hm^2·a）。森林资源较为集中的地区有东北林区、西南林区和南方林区。东北林区的森林资源主要集中在大、小兴安岭和长白山等地区，西南地区的森林资源主要分布在川西、滇西北和藏东南的高山峡谷地区。南方林区的森林资源主要分布在湖南、江西、浙江和福建等省的山地丘陵区。

2. 草原生态系统

草原生态系统是指在中纬度地带大陆性半湿润和半干旱气候条件下，多年生耐旱、耐低温、以禾草占优势的植物群落的总称，指的是以多年生草本植物为主要生产者的陆地生态系统。草原生态系统是中国分布面积最大的陆地生态系统，面积约占中国陆地总面积的 1/5。温带草原生态系统发育的气候特征是冬冷夏热，气温年较差较大，最热月平均气温在 20℃以上，最冷月平均气温在 0℃以下。年平均降水量为 200～450mm，集中在夏季。依据降水的经向地带性分布规律和植被组成优势种的不同，大体上可以将中国的温带草原生态系统分为三个类型，从东到西依次为：草甸草原生态系统、典型草原生态系统和荒漠草原生态系统。草甸草原是在雨水适中、气候适宜条件下，由多年生丛生禾草及根茎性禾草占优势所组成的草原植被类型。根据生态条件和优势种植物的不同，又可以分为丛生禾草、根茎性禾草及杂类草等 3 种草甸草原亚类。草甸草原植物种类都比较丰富，例如，以丛生禾草贝加尔针茅为优势种的贝加尔针茅草甸草原，每平方米可达 20 种左右。主要禾草有贝加尔针茅、羊草、隐子草、野古草、拂子茅等，杂类草有柴胡、萎陵菜、麻花头、蒿类等。典型草原又可称为干草原，是典型旱生或广旱生植物为建群种，其中以禾本科针茅属植物为主，并可伴生不同数量的中旱生杂草及旱生根茎苔草，有时混生旱生小灌木或小的半灌木。荒漠草原为草原中最旱生的类型，建群种由旱生丛生小禾草组成，常混生大量旱生小半灌木。荒漠草原的形成主要受自然环境影响，分布区域气候干燥，年降水量≤200mm；其次是受人类活动影响，不合理的放牧和垦殖等活动，直接导致草原荒漠化程度加剧。除此之外，在面积广大的青藏高原发育有特殊的高寒草地生态系统，主要由高寒草甸、高寒草甸草原、高寒草原和高寒荒漠草原等类型组成。

3. 荒漠生态系统

荒漠生态系统是指分布在干旱和半干旱区以荒漠植物为主构成的生态系统。荒漠生态系统分布区是地球上最干旱的区域，气候干燥，蒸发强烈，植被稀疏或没有植被生长，生态条件极其严酷。一般年平均蒸发量达 2500～3000mm，而年平均降水量只有 50～150mm，降水少而且年变率大。7 月份平均温度在 40℃左右，日温差很大，一般在 10～15℃，有时可达 40℃。日照充足，热量丰富，全年日照时数介于 2500～3500 小时之间。

荒漠生态系统的植物群落由耐旱和超旱生的小乔木、灌木和半灌木组成，地带性土壤为灰漠土、灰棕漠土和棕漠土。荒漠生态系统生物种类极度贫乏，生态系统脆弱而不稳定。中国荒漠化面积占国土面积的 8%，呈弧形带状空间格局，主要分布在西北内陆地区，其中新疆维吾尔自治区的分布面积最广。

从生态系统类型上看，中国土地生态系统的大尺度空间分布格局受制于现代地貌轮廓以及由此分异的水热条件，可分为中国东部季风湿润半湿润土地生态系统区、中国西北内陆干旱半干旱土地生态系统区以及青藏高原高寒土地生态系统区。在东部季风湿润半湿润区内，自然土地生态系统以森林生态系统为主体，在西北内陆干旱半干旱区内，自然土地生态系统以草原生态系统为主，其中典型草原和荒漠草原是构成主体。在青藏高原高寒区内以高寒草甸和高寒荒漠草原占据优势。从生态系统服务上看，中国土地生态系统空间格局可分为东部食物生产和环境调节、中部涵养水源和食物生产、西部环境调节三大功能区。其中在东部区又有东部平原和四川盆地的食物生产、东部山地和江南丘陵区的水土保持以及江河湿地和岛屿的扰动调节等二级功能区分异；在中部生态功能区，除了黄土高原以水土保持功能为主外，东北山地、秦巴山地、华北山地、西南山区等地的生态系统兼有涵养水源、环境调节和食物生产等多项生态功能；西部地区重要的生态功能区是气候调节、水土保持（西北干旱区）和涵养水源（三江源区）以及环境调节（青藏高原）。

（二）人工土地生态系统

人工土地生态系统是指人类活动对自然生态系统调控和改造而形成的一类生态系统，其特点是人为组分占优势、结构简单、人为投入的物质和能量强度大、脆弱性高等。随着科学技术的不断进步和社会经济系统的演进，为了自身需求，人类显著改变了自然生态系统的物质、能量和信息的输入、输出和流通转换，形成了受人为控制的生态系统类型——人工土地生态系统。随着人类活动对土地生态系统影响力的增强，对系统结构和功能的改变程度也越来越大，对土地自然生态过程起着加速或延缓的作用。在某种程度上，人类对土地生态系统的作用已经超过了自然因素作用过程，使得系统变化的速率大大加快。

1. 农田生态系统

农田生态系统是人工建立的以农田为中心用以种植各种农作物的土地生态系统。农田生态系统的特点可以归结为①农田生态系统中的动植物种类较少，群落的结构单一。农田生态系统多为单优势种群落，优势种为作物种类，其他种生长多被人类采取各种措施加以抑制或消除；②人类是农田生态系统的调控者。为了使种植的作物种类获得最大的产出量，人们从事播种、施肥、灌溉、除草和杀虫等生产活动，使农田生态系统朝着对人类有益的方向演进。一旦人为作用消失，即撂荒或耕地非农化，农田生态系统就会很快退化，占优势地位的作物种类就会被杂草所取代或被去除；③农田生态系统物质循环和能量流动通量高，周期短。为了在短期内获得尽可能多的农产品，人类向农田土地生态系统投入大量的人工辅助能量，在农作物成熟后，人类所需部分被迅速移出生态系统，使得物质循环和能量流动的速率加快。同时，由于长期使用化肥和农药，对土地生态系统的结构和功能造成负面影响；④农田生态系统比较脆弱。由于它种类结构比较单一，食物网构成相当简单，使得系统各要素间的相互制约和自我调节能力较弱，对各种自然灾害的抵御能力较低。

农田生态系统的赋存基质是耕地。中国耕地资源大部分集中在东部地区，如东北平原、华北平原、长江中下游平原、珠江三角洲平原等，另外四川盆地耕地资源也十分丰富。从作物熟制来看，有一年一熟、两年三熟、一年两熟和一年三熟之分；从灌溉条件上看，耕地可划分为水田和旱地。其中，水田可划分为灌溉水田和望天田，旱地可划分为水浇地和雨养农作旱地。水田主要分布在秦淮一线以南的长江中下游、华南和西南等地区，水浇地主要分布于北方的东北平原和华北平原等地区；从作物种类上看，南方主要以水稻为主，北方则以小麦和玉米为大宗作物；从群落组成上看，有单种作物、间作套种（如粮棉间作）和林粮复合等种植方式。

2. 聚落生态系统

聚落是人类各种形式聚居地的总称，是人们居住、生活和进行各种社会活动的场所，是人类居住地在地表集聚的一种空间表现形式。一般来说，聚落由各种建筑物、道路、绿地、公共活动场所和水源地等物质要素组成，规模越大，物质要素构成越复杂。从发展历史来看，聚落有从小自然村、村庄、镇到城市、大都市、城市群和城市带的演进过程。小自然村、村庄、镇和城市自古有之，而大都市、大都市区、城市群和城市带则是工业化过程的产物。根据聚落的大小、基本职能和结构特点，可以把聚落分为农村聚落和城市聚落。

（1）农村聚落

农村聚落是指包括村庄和集镇在内的农村居民点。狭义的农村聚落形态是指由农村聚落规模、分布所表征出来的物质形体特征，广义的农村聚落形态还包括基于物质形体之上的非物质形态如农村社会关系等。一般说来，农村聚落由农舍、牲畜棚圈、仓库场院、道路、水渠、宅旁绿地等物质要素构成。农村聚落按聚落形态一般有集聚型和散漫型两种。集聚型村落又称集村，多数住宅集聚在一起，不同聚落的规模相差极大，从数千人的大村到仅一二十人的小村不等。散漫型村落也称散村，住宅零星分布，其间距因地而异。

农村聚落的人口密度和人口规模一般比较小，社会关系简单且大部分局限于地域内部，居民大部分从事第一产业。农村聚落是历史上长期形成的，各地农村聚落的规模、密度与分布因自然条件、社会经济条件、历史发展以及与生活习惯等的不同而有明显差异。然而，随着社会经济的不断发展以及农村居民生活水平的日益提高，农村聚落形态也在发生着变化。

（2）城市聚落

城市聚落是指规模大于乡村和集镇的以非农业活动和非农业人口为主的聚居地。城市聚落一般人口数量大、密度高、职业和需求异质性强，是一定地域范围内的政治、经济、文化中心。

一般说来，城市聚落具有大片的住宅、密集的道路，有工厂等生产性设施，以及较多的商店、医院、学校、影剧院等生活服务和文化设施。相对于农村聚落，城市聚落结构复杂，功能完整。

随着区域内各个城市聚类的不断发展，出现了多个城市的聚合体——城市群。所谓城市群是城市发展到成熟阶段的最高空间组织形式，是在地域上集中分布的若干城市和特大城市集聚而成的庞大的、多核心、多层次城市集团，是大都市区的联合体。

由于内部结构与功能的空间异质性，城市也常常在空间分成若干个区域。以北京市为例，通过不断调整定位，形成了首都功能核心区、城市功能拓展区、城市发展新区和生态涵养发展区四类功能区域。在此基础上，对各区域内的开发建设，依照功能定位的总体要求和现实基础条件，分别实行优化开发、重点开发、限制开发和禁止开发。优化开发地区主要指各区域内开发建设强度已经较大、功能配置基本饱和、承载力开始减弱的地区，主要包括中心城区和各区县建成区。要控制新建规模，着重进行改造调整。重点开发地区主要指各区域内体现主导功能定位、代表未来发展方向的地区，主要包括规划新城、中心镇和重点产业功能区。要加大开发投入力度，增强承载能力。限制开发地区主要包括山区、浅山区和平原划定的基本农田保护区及绿化隔离地区。要严格控制不符合功能定位要求的开发建设。禁止开发区域包括依法设立的各类自然保护区、水源涵养区及其他生态功能区和划定的历史文化整体风貌保护区。

二、土地生态系统的地域分异及宏观结构

（一）地带性分异规律

太阳辐射能和地球内能是形成地球表层地域分异的两种基本力量，它们在空间上和时间上作用的不平衡性，是形成土地生态系统时空异质性的决定性因素。由于土地生态系统是自然要素的综合体，因而其在地球表层的地域分异规律亦和某一自然要素如植被或土壤的分布规律大致一样，即呈现纬度地带性、经度地带性和垂直地带性。

1. 土地生态系统分布的纬度地带性规律

纬度地带性是指由于地球的形态、自转及黄赤交角导致太阳辐射能在地表分布不均匀，即赤道向两极成带状递减，使气温、降水、蒸发、风向、风化作用、成土过程以及土壤和植被等一系列自然地理要素呈现有规律的东西延伸南北更替的变化。

中国土地生态系统的纬度地带性分异规律以东部湿润区最为典型。自北而南依次为。

1）寒温带针叶林漂灰土土地生态带。主要分布在49°N以北的大兴安岭北部地区。气候寒冷，多年冻土发育。植被类型是耐寒的落叶针叶林，优势种有兴安落叶松、樟子松等。针叶林经采伐后，由次生的桦木、山杨等阔叶树林代替。土壤类型为漂灰土，凋落物灰分中硅含量丰富而盐基较贫乏，土壤呈酸性至强酸性反应。土地生态系统的供给服务主要是提供诸如木材和林果等林产品。

2）温带针阔叶混交林暗棕壤土地生态带。主要分布在东北长白山地与小兴安岭地区。气候较为寒冷湿润，植被类型为海洋性的针阔叶混交林，主要优势树种有红松、枫桦、紫椴、槭、水曲柳等。天然林经采伐后，演替为山杨和白桦林次生林。地带性土壤类型为暗棕壤，凋落物盐基较多，土壤呈弱酸性至中性反应，肥力较高。土地生态系统的供给服务主要是提供林产品，农产品主要有水稻、玉米、大豆和杂粮等。

3）暖温带落叶阔叶林棕壤土地生态带。主要分布于东北辽东半岛及华北地区。夏热多雨，冬季干冷，地带性植被类型为落叶阔叶林，群种为栎类、桦木类以及杨、柳、榆、槐等。此外，还有温性针叶林树种如赤松和油松等。地带性土壤为棕壤，海拔较低处分布有褐土，平原区为潮土。土层深厚，自然肥力较高，呈中性至微酸性反应。山地区土地生态系统的供给服务主要是提供林产品，平原区是农产品的集中供给区，主要作物品种为小麦、玉米和杂粮等，是中国重要的粮食生产基地。

4）亚热带常绿阔叶林红壤、黄壤土地生态带。主要分布在秦岭-淮河以南、南岭以

北、横断山脉以东广大地区。从北到南，该带又细分为三个亚带。北部是落叶、常绿阔叶混交林黄棕壤土地生态亚带，分布于长江以北、秦岭-淮河以南地区。植被类型以含有青冈栎等常绿阔叶树的落叶林为主，土壤为黄棕壤，自然肥力较高；中部为常绿阔叶林红壤、黄壤土地生态亚带，主要分布于长江中下游平原、江南丘陵及云贵高原东部等地区，植被类型为由常绿青冈、栲、栎和茶科、樟科、木兰科、金缕梅科等树种为主构成的常绿阔叶林，地带性土壤为红壤；南部为季风常绿阔叶林赤红壤土地生态亚带，分布于滇、粤、桂三省区南部以及闽东南及台湾中南部。地带性植被类型为季风常绿阔叶林，构成成分以樟科和壳斗科为主，地带性土壤为赤红壤。该土地生态带的气候类型为亚热带季风气候，冬温夏热、四季分明，降水丰沛，季节分配比较均匀。山地区土地生态系统的供给服务主要是提供林产品，平原区是农产品的集中供给区，主要作物品种为水稻和油菜等，是中国重要的粮食生产基地。

5）热带雨林、季雨林砖红壤土地生态带。主要分布在广东、广西、云南、台湾诸省区的南部，西至西藏南部的亚东附近，地带性土壤为砖红壤。本地带典型的地带性植被类型为热带季雨林和热带雨林，土壤为砖红壤。本地带土地生态系统是中国重要热带作物和林果产品提供区域。

2. 土地生态系统分布的经度地带性规律

在同一纬度带中，土地生态系统格局呈现东西方向更替的规律性称之为经度地带性。经度地带性的产生受海陆分布和山脉地势控制，一般说来，大陆降水表现为自沿海向内陆递减，气候也随之发生由湿润到干旱的变化，进而产生土壤、植被等自然地理要素由沿海向内陆的分异。

以中国暖温带地区土地生态系统分布为例，从沿海（东部）向内陆（西部）依次为。

1）暖温带落叶阔叶林棕壤土地生态带。基本特征与纬度地带性中本地带的特征相同。

2）暖温带森林草原褐土土地生态带。主要分布在黄土高原。乔木以辽东栎、杨、桦为代表，亦有油松、侧柏。土壤类型包括褐土、黑垆土和绵土等。本地带是森林向草原过渡的区域，土地生态系统提供的调节服务主要是土壤保持，农产品以玉米和杂粮为主。

3）典型草原栗钙土土地生态带。分布于内蒙古高原东部、鄂尔多斯高原东部与黄土高原的西北部。地带植被类型为禾本科针茅属构成的典型草原，建群种有大针茅、克氏针茅（阿尔泰针茅）、本氏针茅和短花针茅等。地带性土壤类型为栗钙土，与黑钙土相比，腐殖质积累过程较弱，而钙化过程增加，土壤黏化过程微弱。本地带土地生态系统供给服务为畜产品，调节服务为减少土壤风蚀。

4）荒漠草原棕钙土土地生态带。分布于中国西北干旱区。优势植物种类为旱生性的针茅属，如沙生针茅、戈壁针茅、石生针茅和短花针茅等。超旱生矮半灌木与灌木也比较多，如冷蒿、旱蒿和灌木亚菊等。荒漠草原草层矮，生长稀疏，覆盖度低。地带性土壤为棕钙土，土体干旱、有机质含量低，盐分和石膏累积明显。本地带土地生态系统供给服务为畜产品，调节服务为保持土壤。

5）荒漠漠土土地生态带。分布于阿拉善高原、河西走廊、准噶尔盆地、塔里木盆地等温带和暖温带荒漠带以及柴达木盆地。气候干旱，土壤盐分大，植物种类非常贫乏。植物种主要为超旱生的灌木或半灌木，以藜科为最多，蒺藜科、柽柳科、菊科、豆科、麻黄科、蓼科也占相当比重。土壤为漠土系列包括灰漠土、灰棕漠土、棕漠土等，土体沙性强，砾石多，腐殖质含量低，石膏与易溶盐聚集强烈。本地带土地生态系统调节服务主要为保持土壤。

3. 土地生态系统分布的垂直地带性规律

随着山地高度增加，气温随之降低，从而产生自然环境及其成分垂直变化的现象称为垂直地带性或高度地带性。形成垂直带的前提条件是构造隆起的山体，而其直接原因是热量随高度增加而迅速的降低。垂直分带底部的自然环境类型称之为基带，垂直带的数量、顺序等结构形式，称为垂直带谱。垂直带谱的性质和类型与两种因素有关：①带谱所处的地理位置；② 山体本身的特点如相对高度与绝对高度、坡向、山体走向及排列形式等。

中国土地生态系统的垂直带谱可分为东南湿润海洋型与西北干旱内陆型，两者之间为一些过渡类型。在西北干旱内陆的山地，从山麓至山顶，气温降低，而湿润程度在一定高度内则逐渐增高。影响土地生态系统类型分布的主要因素是湿润状况。由于水分状况的变化，垂直带谱结构除山顶部有草甸外，基带由灌丛草原向干草原、荒漠草原和荒漠过渡。土壤由栗钙土向棕钙土、灰漠土、灰棕漠土过渡；东部湿润地区的山地，自山麓至山顶，湿润程度虽有一定增加，但其变化不甚显著，热量条件的变化是影响土地生态系统类型变化的主要因素。垂直带谱中以各种类型的森林植被、土壤为主。以河北省雾灵山为例，其基带为温带落叶阔叶林带，向上依次为针阔混交林带、针叶林带和山地草甸带。东部湿润山地垂直带谱的数量，从南向北由多变少，同一垂直带的分布高度呈逐渐降低趋势。从东部湿润区到西部干旱区，随干旱程度加大，同一土地生态系统类型分布的高度逐渐升高，带谱结构趋于简化。

土地生态系统的垂直分布给人类带来了多样化的利用方式，可以根据不同海拔高度的土地资源类型，开展农业种植、放牧和林果生产等。同时，由于不同海拔高度多样化的自然环境和景色，山地常常是具有旅游价值的自然景观。

（二）中国土地生态系统的地域划分

中国现代地域系统研究真正开始于 1956 年中国科学院成立自然区划工作委员会，对中国地貌、气候、水文、潜水、土壤、植被、动物、昆虫的区划及综合自然区划，其目的是为农、林、牧、水等事业服务。黄秉维领导的“综合自然区划课题”突出地显示出自然地理地带性规律，将全国划分为东部季风区，西北干旱区和青藏高寒区 3 大自然区，6 个热量带，18 个自然地区和亚地区，28 个自然地带和亚地带，90 个自然省（黄秉维，1958）。20 世纪 60 年代，对综合自然区划的原则和方法做了进一步的阐述，补充修改了原有方案，明确将热量带改称为温度带。80 年代以来，又作较系统修订，共分出 12 个温度带、21 个自然地区和 45 个自然区（黄秉维，1989）。20 世纪 60～80 年代中也出现了一些与此不同的地域系统研究方案（任美锷等，1961，1979；赵松乔，1983）。

80年代初，中国学者开始在自然地域划分中引入生态系统的观点，应用了生态学的原理和方法。侯学煜以植被分布的地域差异为基础进行了全国自然生态区划并与大农业的发展策略相结合进行了探讨（侯学煜，1988）。郑度领导的研究小组自20世纪末以来对生态地理区域系统进行了系统的研究，将中国的地域系统研究又引入到与生态学交叉的一个新阶段（郑度等，2008）。此外，傅伯杰等也进行过生态（地理）分区的研究。

根据地形大势和水热条件的宏观差异，可以将中国陆地划分为东部季风区，西北干旱区和青藏高寒区三大自然区（黄秉维，1958）。每个自然区土地生态系统组成要素及其整体性表现出独特特征，形成不同禀赋的土地资源，进而出现不同的土地利用方式。

1. 东部季风区

东部季风区位于大兴安岭以东、内蒙古高原以南、青藏高原东部边缘以东地区，背靠内陆高原，面向海洋。本区包括地形上属于第二级阶梯的黄土高原、四川盆地、云贵高原、横断山区，以及第三级阶梯的沿海广大平原和丘陵地区，面积约占全国陆地总面积的45%，人口占全国人口的95%。东部季风区土地生态系统的特点如下：

1）本区受季风影响显著，温度、降水、风向等气候要素均随季节变化而有明显更替。夏季海洋季风的影响大，湿润程度较高；冬季受北方冷气流影响，大部地区尤其是北部寒冷干燥。

2）本区绝大多数地面的海拔在1000m以下，并分布有面积广阔的冲积平原，如东北平原、华北平原和长江中下游平原等。

3）本区构成土地生态系统的天然植被类型以森林为主，自北向南寒温带针叶林、温带针阔混交林、暖温带落叶阔叶林、亚热带常绿阔叶林、热带季雨林和热带雨林依次分布。

4）本区的土壤类型以森林土壤和耕作土壤为主。其中森林土壤包括漂灰土、暗棕壤、灰色森林土、棕壤、褐土、灰褐土、黄棕壤、黄壤、红壤、赤红壤等；耕作土壤包括黑垆土、潮土、水稻土。另外还有少量的黑土和草甸土。

5）除少数地方外，人类活动对本区的自然土地生态系统影响广泛而深刻。本区条件适宜的地区均被开垦为农田，是中国农田生态系统的最主要分布区。

6）本区地形和气候等环境条件适宜，人口众多，是聚落生态系统的主要分布区。中国10大城市群均分布在该区。

2. 西北干旱区

西北干旱区位于大兴安岭以西，昆仑山-阿尔金山-祁连山和长城一线以北的广大地区，土地面积约占全国陆地总面积的30%，人口约占4%。西北干旱区土地生态系统特点如下：

1）本区深居内陆且四周多为山地环绕，受到高山阻挡，夏季风带来的湿润水汽很难到达，气候类型为干旱和半干旱的大陆性气候。

2）地质地貌方面，在晚近地质历史时期有显著的上升运动，但幅度不大，形成的高原多在1000m左右。许多山地的高度超过3000m，垂直分异明显。在高原和内陆盆地中，也有地势低的区域，如准噶尔盆地不少地域海拔在250～500m，吐鲁番盆地中的艾丁湖海拔在－155m以下。

3）本区大部分植被类型为荒漠和草原，是中国温带荒漠生态系统和草原生态系统的主要分布区。

4）受气候和植被条件影响，本区土壤类型多为草原和荒漠土类。其中草原土系列包括黑钙土、栗钙土、棕钙土和灰钙土，荒漠土系列包括灰漠土、灰棕漠土、棕漠土等。

5）除了草原生态系统之外，该区沙漠和戈壁分布广泛。

6）在本区绿洲地区，分布有聚落和农田生态系统。本区还是中国重要的畜产品生产地。

3. 青藏高寒区

青藏高原是世界面积最大、海拔最高、最年轻的高原，号称“世界屋脊”，是地球的“第三极”。青藏高寒区面积约占中国陆地总面积的25％，而人口稀少，不足总人口的1％。该区土地生态系统的特点表现在：

1）地势高，平均海拔在4000m以上，具有不少高度在6000m以上的高山。

2）空气稀薄，太阳辐射强，风力大，气温较低且年日较差大，由区外输入的水汽不多，气候寒冷干燥。

3）在高原面上，植被类型以高寒矮半灌木荒漠、温带高寒草原和高寒草甸为主，植被低矮、稀疏，生产力不高。在青藏高原的东南缘，发育有亚热带常绿阔叶林植被。

4）与气候和植被类型相对应，高山漠土、高寒草原土、高寒草甸土和高山草甸土等是本区主要的土壤类型。

5）本区高寒，大多数区域不适宜人类居住，是中国重要的高原牧场和东部地区的生态屏障。

参考文献

陈睿山，蔡运龙. 2010. 土地变化科学中的尺度问题与解决途径. 地理研究，29（7）：1244-1256.

陈彦光，刘继生. 2001. 城市土地利用结构和形态的定量描述：从信息熵到分数维. 地理研究，20（2）：146-152.

傅伯杰. 1985. 土地生态系统的特征及其研究的主要方面. 生态学杂志，1：35-38.

傅伯杰. 2001. 中国生态区划方案. 生态学报，21（1）：1-6.

侯学煜. 1988. 中国自然生态区划与大农业发展. 北京：科学出版社.

黄秉维. 1958. 中国综合自然区划的初步草案. 地理学报，24（4）：348-365.

黄秉维. 1989. 中国综合自然区划纲要. 地理集刊，21：10-20.

刘胤汉. 1992. 土地结构与土地演替研究. 地球科学进展，7（2）：61-67.

鲁学军，周成虎，张洪岩，等. 2004. 地理空间的尺度-结构分析模式探讨. 地理科学进展，23（2）：107-114.

任美锷，杨纫章，包浩生，等. 1979. 中国自然地理纲要. 北京：商务印书馆.

任美锷，杨纫章. 1961. 中国自然区划问题. 地理学报，27：66-74.

申元村，王秀红，岳耀杰. 2012. 土地类型的生态适宜性与合理生态系统结构研究——以甘肃省正宁县为例. 地理科学进展，31（5）：561-569.

申元村. 2010. 土地类型研究的意义、功能与学科发展方向. 地理研究，29（4）：575-582.
王仰麟，赵一斌，韩荡. 1999. 景观生态系统的空间结构：概念、指标与案例. 地球科学进展，14（3）：235-241.
杨万钟. 2004. 经济地理学导论. 上海：华东师范大学出版社.
赵松乔. 1983. 中国综合自然地理区划的一个新方案. 地理学报，38（1）：1-10.
郑度，杨勤业，吴绍洪，等. 2008. 中国生态地理区域系统研究. 北京：商务印书馆.
郑度. 1998. 关于地理学的区域性与地域分异研究. 地理研究，17（1）：4-9.
Forman R T T, Godron M G. 1986. Landscape Ecology. New York: John Wisley & Sons.
Frohn R C. 1998. Remote Sensing for Landscape Ecology: New Metric Indicators For Monitoring, Modeling and Assessment of Ecosystem. Boca Raton, FL: Lewis Publishers.
Krummel J R, Gardner R H, O' Neill R V, et al. 1987. Landscape patters in distributed environment. Oikos, 48: 321-324.
Lam N S, Quattrochi D A. 1992. On the issues of scale, resolution and fractal analysis in the mapping sciences. The Professional Geographer, 44 (1): 88-98.
Li H, Reynolds J F. 1993. A new contagion index to quantify spatial patterns of landscape. Landscape Ecology, 8: 155-162.
O' Neill R V, Krummel J R, Gardner R H, et al. 1988. Indices of landscape pattern. Landscape Ecology, 1 (3): 153-162.
Paul Cilliers. 2006. 复杂性与后现代主义. 曾国屏译. 上海：上海世纪出版集团.
Sugihara G, May R M. 1990. Application of fractals in ecology. Trends in Ecology and Evolution, 5: 79-88.

第四章　土地生态过程与功能

第一节　土地生态过程

土地作为一个开放的系统，和外界有密切的联系，并在土地生态系统中发生着一系列的生态过程，这些过程在不同层次上表现不同。从内容上来分，有生物过程、非生物过程和人文过程。从空间上来分，可分为垂直过程（vertical）和水平过程（horizontal）。垂直过程发生在某一土地单元或生态系统的内部，而水平过程发生在不同土地单元之间。总的来说，土地生态过程可以从能量流动和物质循环角度来展开，与生态系统内涵不同，对于土地来说，人们更关注土地景观层次上的生态过程。

一、能量流动

从生态学原理来看，土地生态系统的能量流动具有单向流动、逐级递减的规律。对于人类管理的土地来说，存在更多的人类物质能量的输入、输出流动，系统开发性强；对于自然土地系统来说，能量流动和食物网也结合起来。土地生态系统的生产者——植物通过光合作用，把太阳能固定在它们所制造的有机物中。植物所固定的太阳能的总量便是流经这个生态系统的总能量，其中一部分能量用于植物自身的新陈代谢等生命活动，也就是通过呼吸作用被消耗掉了；另一部分能量随着植物遗体和残枝、败叶等被分解者分解而释放出来；还有一部分能量则被初级消费者——草食动物摄入体内。植物被草食动物吃了以后，一部分作为粪便等排泄物被动物排出体外；其余大部分则被动物体所同化。这样，能量就由植物体流入了动物体，或者说，能量从第一营养级流入了第二营养级。草食动物所同化的能量，一部分通过呼吸作用被消耗掉了；另一部分用于生长、发育、繁殖等生命活动。次级消费者（肉食动物）、三级消费者（大型肉食动物）等体内的能量变化，与初级消费者的情况大致相同。消费者的尸体、粪便等与生产者的遗体、残枝、败叶一样，也被微生物所利用，并通过微生物的呼吸作用，将其中的能量释放到环境中去。

土地生态系统的能量流动是通过食物链而逐渐传递下去的。食物链是连接生态系统中生产和消费的桥梁。生产者所固定的能量和物质，通过一系列取食和被食的关系在生态系统中传递，各种生物按其食物关系排列的链状顺序称为食物链（food chain）。食物链彼此交错连接形成一个网状结构，就是食物网（food web）。土地生态系统中，只有在生物群落组成中成为核心的、数量上占优势的种类，食物链才是比较稳定的。一般地说，具有复杂食物网的生态系统，一种生物的消失不会引起整个生态系统的失调，但食物网简单的系统，尤其是在生态系统功能上起关键作用的种，一旦消失或受严重破坏，就可能引起这个系统的剧烈波动。例如，如果构成苔原生态系统食物链基础的地衣，因大气中二氧化硫含量的超标，就会导致生产力毁灭性破坏，整个系统遭灾。

土地生态系统中，生物与环境之间以传递和对流的形式相互传递与转化的能量是动能，包括热能和光能；通过食物链在生物之间传递与转化的能量是势能。土地生态系统的能量流动可视为动能和势能在系统内的传递与转化的过程，其特点如下：

1）生产者（绿色植物）对太阳能利用率很低，只有1%左右。

2）能量流动为不可逆的单向流动。

3）流动中能量因热散失而逐渐减少，且各营养级层次自身的呼吸所耗用的能量都在其总产量的一半以上，而各级的生产量则至多只有总产量的一小半。

4）各级消费者之间能量的利用率平均为10%。

5）只有当生态系统生产的能量与消耗的能量平衡时，生态系统的结构与功能才能保持动态的平衡。

能量流动和物质循环离不开对流的理解，土地生态系统中，流更多地强调土地某一功能的过程，更多的具有源-汇、扩散等内涵。流是过程的表现，有助于我们了解土地生态过程。

（一）流与土地生态过程

流的含义比生态过程要窄，如能流、物流、物种流实际上就是物质、能量和物种的流动过程，但生态过程所包含的内容更广，如生态系统的演替过程，风、火、地质和人为因素的干扰过程，土地景观和生物多样性的变化过程等。一个土地生态过程往往伴随着许多种流的发生，对流的大小和方向也会产生一定的影响（肖笃宁等，2003）。

土地生态过程的具体体现就是各种形式的流：物流、能流、物种流、人口流和信息流等。这些流还可以根据景观要素在景观中的作用或研究目的进一步细分，如物流可分为无机流、有机流，养分流、食物流，气流、地表流和土壤流等（Forman and Godron，1986）。

各物体都有高、中、低级流之分。将不同流按等级分类，反映在图上就是明显的土地类型等级空间结构（图4-1）。生态流的运动形式主要有三种：扩散（diffusion）与土地景观的异质性有关；物流（mass flow）包括河流、地表和地下径流；携带运动（locomotion）指动物和人在景观中的活动对能量、物质与生物体（包括人）在空间上的重新分配。一般而言，扩散最不容易导致聚集，携带运动则最容易导致聚集。受到土地单元格局的影响，这些流分别表现为聚集与扩散，属于跨生态系统间的流动，以水平流为主。

有些流的过程可以描述为“源-汇”系统。在地球表层系统普遍存在的物质迁移运动中，有的系统单元作为物质迁移源（source）；而另一些系统单元则作为接纳迁移物质的场所汇（sink）（图4-2）。源-汇模型在土地生态学模型研究中可解释生物个体在景观生境单元的各个部分具有不同分布特征的原因，并成为研究土地生态系统种群动态和稳定机制的基础。

（二）土地单元与能量流动

生态系统中能量的输入、传递和散失的过程，称为生态系统的能量流动。土地生态

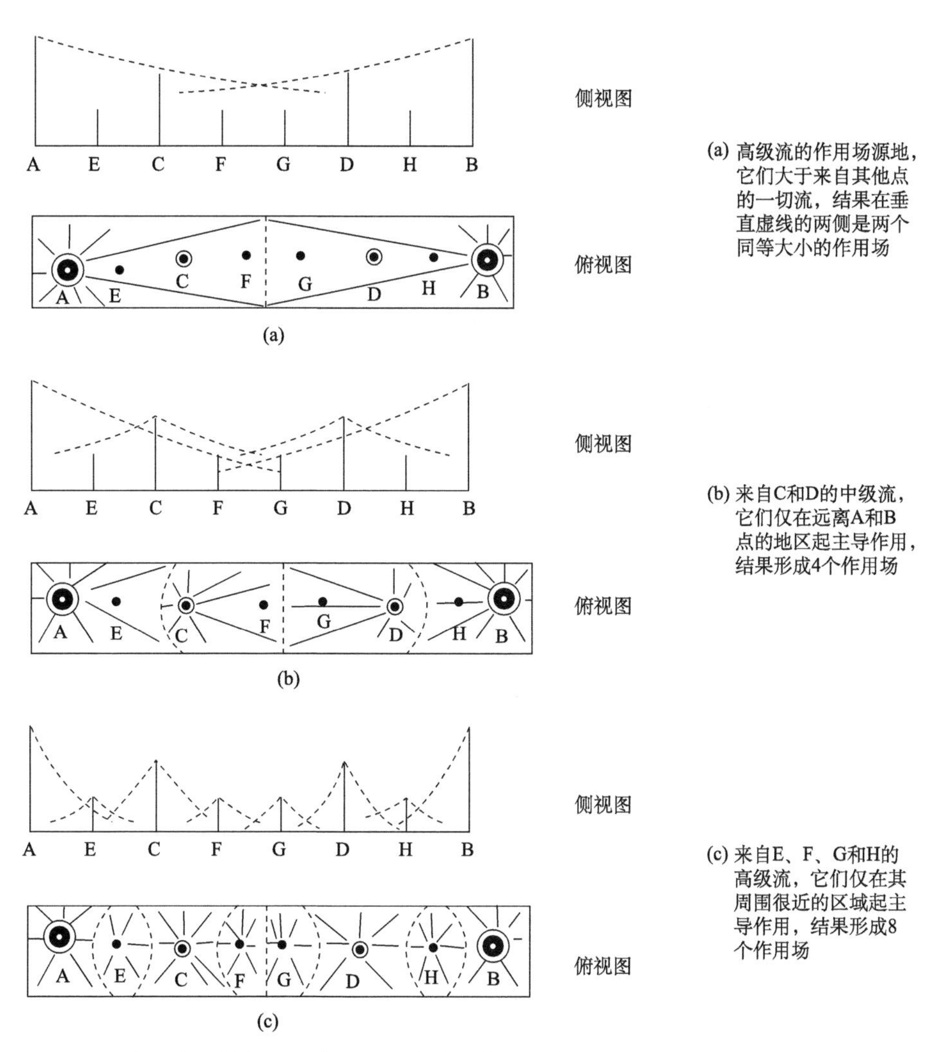

图 4-1　高、中、低级流及其相应影响范围等级示意图（Forman and Godron，1986）

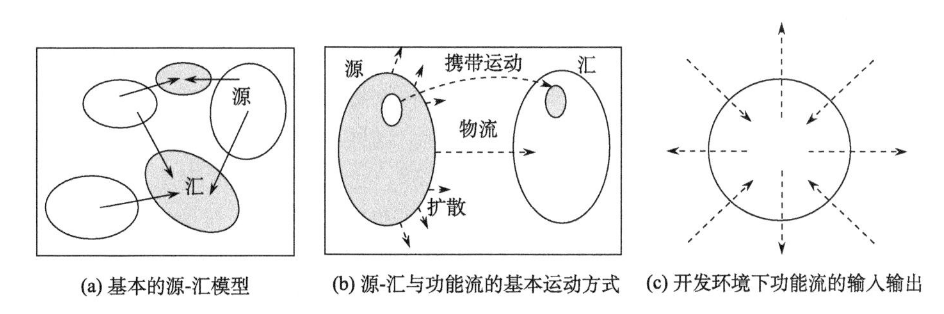

图 4-2　源-汇系统模型与功能流的关系（苏伟忠和杨英宝，2007）

系统的能量流动通过土地单元之间的相互作用产生，土地单元生态流的时间特征和空间范围的差异性，使土地单元之间不同类型的流表现出速度、范围的差异性，从而形成土地景观的差异性。土地单元作为一个土地生态系统，其能量流动遵循一定的规律性。

土壤中的能量一部分被植物吸收利用；另一部分则用于维持自身的肥力水平，植物吸收的那部分能量一部分通过收割被人类或其他动物获取，根系或残留于土地中枯枝落叶的能量则通过一系列的生物或非生物过程被土壤收回，循环利用（刘茂松和张明娟，2004）。

由于人类活动的影响，区域能流过程通常被赋予明显的人工特征。首先，区域自然能流的结构与能流通量被改变，人类根据经济的需要，扩大、提高植物的生产力及累积量，减少自然消费者的消耗，或者有目的地建立特定的植物群体与植食动物群体，以获取大量的农产品等；其次，大量增加辅助能，在农业生产中，以化学肥料、灌溉、农药、人力及其他生物能、机械能等形式投入辅助能，在工业及日常生活中，大量辅助能投入维持生产过程及日常生活的运行，而且社会越发达，辅助能投入越多。区域能流过程中，自然能流与人工辅助能流交织在一起，同时，既有高度依赖外部辅助能的城市系统，又有以自然能力为基础的农村及农业生产系统。在一个特定区域，城市与农村的能量交换很密切，使其形成一个复杂的能流网络（图 4-3）。

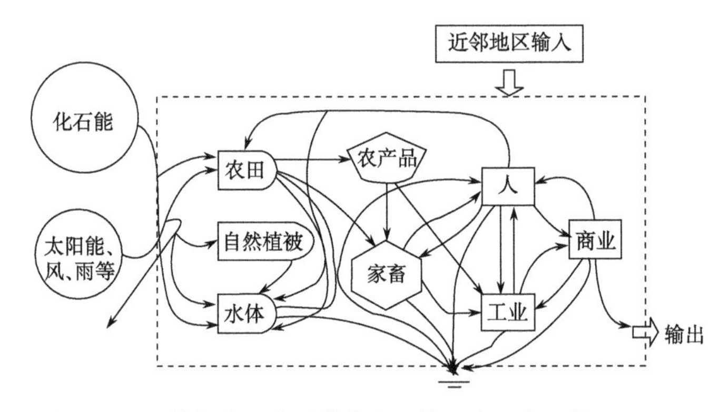

图 4-3　区域复合生态系统能流网络（欧阳志云等，2005）

二、物质循环

物质是生命活动的基础。生态系统中的物质，主要是指维持生命所需的各种营养元素，在各个营养级之间传递，并联合起来构成物质流。物质从大气、水域或土壤中，通过绿色植物为代表的生产者吸收进入食物链，然后流通转移到食草和食肉等消费者，最后被以微生物为代表的还原者分解转化到环境中。这些释放出的物质又再一次被植物利用，重新进入食物链，参与生态系统的物质再循环，这个过程就是物质循环。物质循环是带有全球性的，在生物群落与无机环境间物质可以反复出现，反复利用，循环运动，不会消失。

生态系统的物质循环是无机化合物和单质通过生态系统的循环运动，可以分为三大类型，即水循环（water cycle），气体型循环（gaseous cycle）和沉积型循环（sedimentary cycle）。生态系统中所有的物质循环都是在水循环的推动下完成的，因此，没有水的循环，也就没有生态系统的功能，生命也将难以维持。

土地生态系统作为生态系统的一种类型，其与其他圈层相互作用、相互联系、相互影响。其物质循环与全球变化紧密相连。碳、氮在自然界中的蕴藏量极为丰富，但绿色植物能够直接利用的仅仅限于空气中的二氧化碳（CO_2），绝大多数生物不能够利用分子态的氮，只有像豆科植物的根瘤菌一类的细菌和某些蓝绿藻能够将大气中的氮气转变为硝态氮加以利用。生物圈中的碳循环主要表现在绿色植物从空气中吸收二氧化碳，经光合作用转化为碳水化合物，并放出氧气（O_2）。在这个过程中少不了水的参与。碳水化合物经食物链传递，又成为动物和细菌等其他生物体的一部分。生物体内的碳水化合物一部分作为有机体代谢的能源，经呼吸作用被氧化为二氧化碳和水，并释放出其中储存的能量。由于这个碳循环，大气中的 CO_2 大约 20 年就完全更新一次。氮循环中，植物只能从土壤中吸收无机态的铵态氮和硝态氮，合成氨基酸并进一步合成各种蛋白质。在动物代谢过程中，一部分蛋白质被分解为氨、尿酸和尿素等排出体外，最终进入自然。一部分动植物残体中的有机氮被微生物转化为无机氮，完成生态系统的氮循环。其中碳、氮由与大气圈进行着气体的交换，从而改变和影响着大气圈。

生态学意义上的土地是一个由自然本底、土地类型单元及狭长地物单元构成的生态系统，其自然物流过程是通过自然生态系统的生物地化循环，以及自然本底和土地单元之间的物质交换来完成的。作为复合生态系统的土地，由于人类活动的影响、调节及管理，物质流的结构与形态均发生了改变。一是人工生态系统的营养结构简化，生产者、消费者与分解还原者分离，难以完成物质的循环再生。如农田系统，基本是由人控制物质输入-输出的系统。严格意义上，农田只扮演了生态系统中生产者的角色；二是区域生态系统及生态格局改变，许多城镇、农村土地类型单元及交通道路的增加，成为区域物流的控制器，使物流过程人工化；三是辅助物质投入大量增加，人与外部交换更加开放，以自然过程为基础的农业依赖于化学肥料的投入，工业则依赖于区域外原料的输入；四是由于工农业活动的影响，自然物流过程失去平衡，导致水土流失、土地退化加剧。而人工物流过程不完全，导致有害废弃物的积累，污染环境，引起大气污染、水体污染等环境问题。

这里所讲的土地物质循环是从大尺度上而言的，主要包括土地生物多样性的变化、土地系统中养分和水分的运动等。

（一）生物多样性与生态过程

1. 土地生物多样性的变化

生物多样性是所有生物种类、种内遗传变异和它们的生存环境的总称，包括所有不同种类的动物、植物和微生物，以及它们拥有的基因，它们与生存环境所组成的生态系统（陈灵芝，1994）。生物多样性包括遗传多样性、物种多样性、生态系统多样性和景观多样性（表 4-1）。

生物多样性的变化无疑会影响生态系统的稳定性和某些生态过程。生物的某些性状对生态系统功能比其他性状会有更大的影响。Vitousek（1990）和 Chapin 等（1996）认为物种能够改变生态系统过程，影响环境中的资源有效性，影响水分和养分的供给和周转；又如引入具有固氮能力的物种，将会改变系统的生产力和营养元素循环，也可能改变系统的结构和物种组成；引进深根植物可以增加水分和养分的获得；增加维持生态系统生产力的资源库的有效性；某些物种的特性可以控制对资源的消耗，如食物链中处

表 4-1　四个层次上陆地生物多样性调查、监测和评价指标（傅伯杰和陈利顶，1996）

层次	组成	结构	功能	调查、监测工具与方法
景观多样性	识别斑块(生境)类型的比例和分布丰度，复合斑块的景观类型，种群分布的群体结构(丰富度，特有种)	景观异质性，连接度，空间关联性，缀块性，孔隙度，对比度，景观粒级，构造，邻近度，斑块大小、概率分布，边长-面积比	干扰过程(范围、频度或反馈周期、强度、可预测性、严重性、季节性)，养分循环速率，能流速率，斑块稳定性和变化周期，侵蚀速率，地貌和水文过程，土地利用方向	航空像片、卫片和其他遥感资料，GIS 技术，时间序列分析方法，空间统计方法，数学参数模拟法(景观格局，异质性，连接性，边缘效应，自相关，分维分析)
生态系统多样性	识别相对丰度、频度、聚集度、均匀度，种群的多样性，特有种、外来种、受威胁种、濒危种的分布比率；优势度-多样性曲线；生活型比例；相似性系数，C_3-C_4 植物物种比率	基质和土壤变异；坡度与坡向；植被生物量与外观特征；叶面密度与分层；垂直缀块性；树冠空旷度和间隙率；物种丰度、密度和主要自然特征及要素分布	生物量；资源生产力；食草动物，寄生动物和捕获率；物种侵入和区域灭绝率；斑块动态变化(小尺度扰动)；养分循环速度；人类侵入速度和强度	航空像片和其他遥感资料；地面摄像观测；时间序列分析法；自然生境测定和资源调查；生境适宜度指数(HSI)；复合物种；野外观察、普查和物种清查；捕获和其他样地调查法；数学参数模拟法(多样性指数；异质性指数)
物种多样性	绝对和相对丰度频度；重要性和优势度；生物量，种群密度	物种扩散(微观)；物种分布(宏观)；种群结构(性别比、年龄结构)，生境变异；个体形态变化等	种群动态变化(繁殖力、再生率、存活率；死亡率)群体动态过程，种群基因种群波动，生理特征；生活史；物候学特征内秉生长率；富集度；适应能力	物种普查(野外观察，记录统计，捕获，做记号和无线电跟踪)；遥感方法；生境适宜性指数(HSI)；物种生境模拟；种群生存能力分析
遗传多样性	等位基因多样性，稀有等位基因的现状；有害的隐性或染色体变种	基因数量普查和有效基因数量；复合体；染色体或显性的多态性；跨代继承性	近亲繁殖的缺陷；远亲繁殖率；基因变异速率，基因流动，突变率；基因选择强度	等位酶电泳分析；染色体分析；DNA 序列分析；母体-子体回归分析；血缘分析；形态分析

于高营养级水平的物种常常有此现象，就是所谓的高级-低级的控制（top-down control)；也有一些物种的特征会影响土壤资源库的水分、养分供应速率，如固氮作用、凋落物的养分含量及其分解速率等；再如土壤微生物群落中，不同物种对硝化和反硝化速率的影响，这个过程就是所谓的低级-高级的控制，即低营养级水平生物对高营养级水平生物的控制；从生物对资源的消耗来看，生物个体的高度或大小及其生物量相对生长速率都是预测生物对资源消耗的最重要特征。

生物多样性对生物系统过程的作用，归结起来有 7 个方面：①生产力和生物量；②土壤结构、养分和分解作用；③水分的分布、平衡和质量；④大气性质及反馈；⑤生物世代/物种相互关系；⑥景观及流域的结构；⑦微生物活动。这 7 个方面在 Heywood 和 Watson（1995）编著的《全球生物多样性评估》一书中有详述的阐明。

不同的土地生态过程下农田生物多样性不同，其可能受到多种因素的影响，如地理位置、气候条件、田间作物类型、生物类群以及一些具体农田管理措施等。与常规农田相比，有机农业有助于农田生态系统生物多样性的维持或提高，并且有机农业能支持更多的稀有或濒危生物（Albrecht and Mattheis，1998），但是不同类群对于不同农业生产体系的反应也存在明显差异（Dritschilo and Wanner，1980）。对植物与环境的关系研究发现，在欧洲中部地区，大约只有25%的植物物种对富集氮素的生境有所偏好，农业活动导致的氮素富集过程，将促进这25%的植物种类的发展，同时更会直接或间接地抑制其他75%的植物种类的发展，甚至于对它们的生存构成威胁（Ellenberg et al.，1991）。

2. 土地生态系统中动物的运动

动物的运动主要有3种方式：①在巢域范围内运动；②疏散运动；③迁徙运动。

动物的巢域（home range）是指它们借以用作食物和进行其他日常活动的区域。动物的巢域有时与领地重叠，都是动物为保证足够的食物与空间的需求，一般以“家”（巢、窝、穴）为中心。

动物疏散（dispersal）是指动物个体从它的出生地向新的巢域的单向运动。这是一种相当有效的保证种群密度不至于过高的手段。

迁徙（migration）是指动物在不同季节所利用的相隔地区间进行的周期性运动。迁徙动物适应了气候和与之不同的季节的其他条件，因此能够避免不利的环境因素并利用有利的环境因素。迁徙运动有水平迁徙和垂直迁徙两种主要形式。如鸟类在寒冷与温暖地区间的迁徙就属于纬向的水平迁徙。高山动物还有一种在高低海拔之间的垂直迁徙，也较为常见，而且同样涉及对不利因素的避免和对有利因素的选择利用。如瑞士阿尔卑斯山欧洲山羊（Capra ibex）夏季在高山植被中觅食，冬天到低海拔区和草地食草。

动物的活动常常需要一种以上土地类型单元的组合，因为不同的土地类型可以满足动物的不同需求。如它们可能会在森林中育雏，在草地中觅食，在湖边饮水。动物运动过程也会绕过不适宜的土地单元，如城镇、湖泊、沼泽地等。

根据对一些哺乳动物、鸟类等活动的观察，对于动物运动的格局可作如下概括（Forman and Godron，1986）。

1）在许多情况下，大片均质性地区是不适合动物生存的，许多动物都要求一种以上的土地单元类型。土地单元之间的汇聚点或汇聚线（聚集点、聚集线）是非常重要的。

2）道路、河流等与动物运动的关系取决于道路、河流的类型和动物的种类，如小路可成为许多动物运动的通道，而大路则不行；小溪不会成为通行的障碍而大河则可能；河流、植被廊道一般不能作为主要通路，但对少数物种则可能是主要通路，树篱一般可作为动物的通路。

3）动物巢域常呈扁长形，有时呈线条形，不同巢区之间常存在有天然障碍，如溪流、沼泽、田地等，但有些动物的边界则是随季节和种群特征而变化的。

4）土地景观中的异常特征（水源地、湖泊、沼泽等）在土地生态过程中往往起着特别重要的作用。在充分了解与土地利用相关的各类物种之前，土地利用规划和管理上最好列举全部相关物种，并确定它们各自可能的反应。显然，土地利用结构对动物的习性和运动模式具有重要影响。土地利用规划中应充分保证动物生境及运动路径的有效性。

3. 土地生态系统中植物的运动

植物可通过再繁殖进行运动或迁移。植物传播是指繁殖体运动的过程。一种植物只有在一个新的生境成功固定并繁殖后，才被认为是传播。由于植物定居并完成生活史过程需要较长的时间，故植物定居的过程相对动物运动要慢得多。植物在土地景观中的变化能够改变植物在景观中的分布格局，当然植物分布格局的形成除受传播机制的制约外，还与土地单元的异质性等有关。一般地，植物运动可能出现 3 种结果。

1）植物分布边界在短期内发生波动，通常是周期性的环境变化。如草原地区年际降水量的不同，经常会产生植物分布范围在局部或小范围的扩张或收缩；不过在总体上，这类植物分布区的范围相当稳定。

2）长期的环境变化使得植物种类趋向灭绝、适应或迁移，如许多树种从最后一次冰川作用后越过了温带地区，适应了相应的气候变化。植物分布区随气候条件改变而成功迁移的物种一般有较高的传播效率，而传播机制缺乏灵活性的物种往往成为优先灭绝的候选种。

3）当一个物种到达一个新区域后，便广泛传播，即外来种、入侵种和引进种。如原产于美洲墨西哥的紫荆泽兰适应环境的能力很强，侵占性也极强，被称为“绿色杀手”，借助于风的力量、海的力量、还有汽车的力量，紫荆泽兰不断寻找新的家园。

（二）土地系统中养分和水分运动

土地生态系统中的养分主要来源于岩石和土壤中无机物的风化、溶解，以及有机质的分解。这些养分随水分被植物吸收后一部分可进入食物链，在景观中实现再分配，或者迁移到更远的地方；另一部分可能会被就地反复循环利用；还有一部分养分会随地表或地下径流进入河湖海洋，融入更大范围的物质循环。土地利用方式和土地覆被类型的空间组合影响着土壤养分的流动规律，不同的土地单元对营养成分的滞留和转化有不同的作用（王仰麟，1998）。

三、景观过程

土地景观过程是指一个由各种自然过程，如演替和干扰等驱动，土地本身的形态和类型发生改变。演替过程一般是渐进的，而干扰往往能迅速、深刻地改变系统的结构与功能。干扰可以看作是对生态演替过程的再调节。通常情况下，生态系统沿着自然演替的轨道发展。在干扰的作用下，生态系统的演替过程发生加速或倒退过程，干扰成为生态系统演替过程中一个不协调的小插曲。如土地沙化过程，在自然环境影响下，如全球变暖、地下水位降低、气候干旱化等，地球表面许多草地、林地将不可避免地发生退化；但在人为干扰下，如过度放牧、过度森林砍伐，将会加速这种退化过程。因此，可以说干扰促进了生态演替过程。但通过合理的生态建设，如植树造林、封山育林、退耕还林、引水灌溉等，可以使其向反方向逆转（陈利顶和傅伯杰，2000）。

（一）土地景观过程

在自然过程和人类无计划活动作用下所产生的土地景观过程包括五种：穿孔（perforation）、分割（dissection）、破碎化（fragmentation）、缩小（shrinkage）和消失（attrition）（Forman，1995）。

穿孔是土地开始变化时最普遍的方式，如一大片的林地由于伐木而产生的空地，即为穿孔。分割是另一种土地景观转化的方式，它是用宽度相等的带来划分一个区域，如我国三北地区的防护林网络。破碎化是将一个生境或土地类型划分成小块生境或小块地。显然，分割是一种特殊的破碎化。需要指出的是，这里的破碎化是狭义的理解，而广义的破碎化把这五个过程全包括在内。分割和破碎化的生态效应既可以类似，也可以不同，这主要依赖于分割带是否是物种运动或所考虑的过程障碍。缩小在景观转化中很普遍，它意味着研究对象（如生物生境）规模的减小，如林地的一部分被用于耕种或建房屋，那么残余的林地就会缩小。

不同的空间过程对生物多样性、侵蚀和水化学等生态特征具有重要的影响。穿孔、分割和破碎化等过程既可以影响到整个区域，也可以影响区域中的一个斑块。而缩小和消失过程主要影响某个土地类型或过渡带。土地生态系统中土地单元的数量或密度随分割过程和破碎化过程的加强而增大，而随消失过程的增强而减小。内部生境的总数量随着这五种过程的增强而减少。在连续的土地单元中，整个区域的连接性随着分割过程和破碎化过程的增强而减小。

在土地转化过程中，这五种过程的重要性不同（肖笃宁等，2003）。开始时，是穿孔和分割过程重要，而破碎化和缩小过程在经过变化的中间阶段重要。每个过程对土地空间布局产生不同的影响，进而对生态过程产生深刻的影响。诸如林地采伐、郊区化、沙漠化、野火等多样性机制使得土地单元从一种类型转化为另一种类型。不同原因所产生的土地利用转换的生态过程是不同的（表 4-2），土地利用转换的生态过程主要有 6 种，即边缘式、廊道式、单核心式、双核心式、散布式、随机式（Forman，1995）。

表 4-2 土地转化中变化的空间格局（Forman，1995）

土地转化原因	变化的空间格局	空间模式
森林砍伐	从一个边缘开始向里砍伐	边缘式
	从中心的一个砍伐带向两边扩展砍伐	廊道式
	从一个新的砍伐道扩张砍伐	单核心式
	从几个分散的砍伐道扩张砍伐	多核心式
	选择性的带状砍伐	选择性的带状模式
郊区化	从相邻城市向外同心圆式环状扩展	边缘式
	沿远郊交通廊道发展	廊道式
	从卫星城镇扩展，包括充填式发展	多核心式
	从城市向外不同时的冒泡式发展	边缘式

续表

土地转化原因	变化的空间格局	空间模式
廊道建设	在新的区域修建公路或铁路	廊道式
	在新的区域修建灌渠	廊道式
荒漠化	从相邻区域扩散颗粒物质	边缘式
	从区域内过牧的地方扩展	多核心式
	个别事件所产生的大量堆积物的堆积	瞬间式
	整个区域的盐渍化或地下水位下降	均匀式
住宅区的扩张和农业的发展	分散的农田和建筑物	散布式
	没有农田的村子	多核心式
	从景观边缘向外的扩展	边缘式
植树造林	废弃地上小的分散斑块	散布式
	大的具有一定几何形状的种植斑块	多核心式
火烧	从一个地方或多个地方传播的大火	瞬间式
洪水	堤坝决口或河水上涨和变宽	瞬间式

边缘式指新的土地单元类型从一个边缘单向地呈平行带状蔓延。土地利用类型转换从一个边缘开始。廊道式是指新的廊道（主要指道路或河流等呈带状的土地单元或土地利用类型）将原来的土地单元一分为二，从廊道的两边向外扩张。单核心式是指从土地单元中的一点或一个核心处蔓延。多核心式模式是指从土地单元中的几个点蔓延，如居民点或外来物种的侵入；散布式是指新的斑块广泛散布，排除了最初用地类型的大地块，产生了临时的最初的用地类型网络，防止新要素大地块的产生。

（二）土地景观过程驱动因子

土地景观过程的动力机制涉及土地的自然和社会两个属性，由于当今人类活动影响的普遍性和深刻性，对于作为人类生存环境的土地景观而言，人类活动对于土地景观变化过程无疑起着主导作用，人类活动对生物圈持续作用的重要结果就是土地景观的破碎化和土地形态的改变，如围湖造田、毁林开荒和城市扩展等。

1. 土地自然属性对土地景观过程影响

（1）地貌

地貌是土地生态过程的构成要素之一。作为一种生态要素，地貌通过地形的生态效应影响土地的生态过程。地貌过程包括对地貌形成有直接或间接影响的各种地质、气候、物理、化学、生物过程。一般在宏观上，地貌对土地总体格局有强烈的规定作用，并形成有特色的土地景观。地形通过坡位、坡度、地形、坡向直接影响着土地景观中各部分接受太阳辐射以及水分的状况。

(2) 气候条件

气候条件是影响土地生态过程的重要因素。在气候条件的影响下，土地类型不断更迭变化，如石灰岩，在冻融气候条件下易破碎、溶解；潮湿气候条件下则易形成凹凸地形，即喀斯特地貌；在炎热干旱区则形成坚硬山脊。不同的基岩对地貌、土壤的影响，叠加气候过程，最终体现在生境条件的异质性上，形成土地景观格局。由于气候条件的长期影响，在地球上不同气候带形成了特定的土地景观类型，如赤道森林景观、热带稀树草原或荒漠景观、亚热带荒漠景观、温带黄土地貌或地中海气候地貌景观、寒带地貌景观。

(3) 生命定居

在植物进化的过程中，植物群落的演替不断改变着地球的面貌。一般而言，先锋植物定居后，改变了群落环境，原来干燥、贫瘠的土壤变得湿润起来，肥力增加；改变了的环境有利于其他一些物种的侵入，这些入侵物种与原有物种展开竞争，竞争的结果是先锋植物又被后来的植物所代替，直到形成与当地气候相一致的顶极群落。在植物演替过程中，尤其是植物到达顶极群落后，为动物的定居提供了稳定的环境条件。而动物定居的结果在景观中形成一个重要的反馈环。在反馈环中，动物可以通过食草、授粉和传播种子来改变植被和土壤，进而改变土地景观生态过程。

(4) 土壤发育

土壤的形成是地质大循环和地表物质的生物小循环相互作用的结果。地质大循环是指地表岩石的风化及其产物的剥蚀、迁移、堆积和固结成岩等表生地质作用的过程。岩石经风化成为松散的物质以后，便有了一定的透水性和通气性，矿质养分元素就可以被释放出来成为可溶性盐类，为土壤形成奠定了必要的基础。而生物小循环则通过植物的吸收，使土壤风化释放的养分免于流失，以及微生物的作用，把这些养分以腐殖质的形式有效地保存起来。地质大循环和生物小循环相互补偿，由此决定了土壤特性并推动了土壤的形成和发展。土壤的发育过程也是土地生态过程变化的一个重要动力。

(5) 自然干扰

火烧可能是一种纯自然的干扰，火灾的影响面积大，发生的频率高，一直被认为是最重要的自然干扰。火烧最直接的结果是改变了景观嵌块体的分布格局；火烧也常常被看作管理自然生态系统的一种方式。比如火烧有助于提高土壤的肥力，清除枯枝落叶层，甚至增加物种的多样性。洪水、飓风、龙卷风等自然灾害常常导致大面积土地景观过程的发生，比如洪水泛滥造成大面积土地被淹；飓风、龙卷风可连根清除大树，席卷农庄、城镇。不过，定期的洪水淹积可看作是系统内正常变化的组成部分，一些特殊生态系统（如泛滥平原）的动植物甚至需要这种环境才能生存。蝗虫的爆发也是一种严重的自然干扰，它把农田变成裸地，明显改变了土地生态系统的结构和过程。

2. 土地的社会经济属性对土地景观过程的影响

(1) 社会经济发展

人口因素是引发土地景观过程变化的重要因素。人口增加导致住宅、公共设施、交通、城镇等各项建设用地需求量增加，建设用地增长会在很大程度上造成对农用地特别是耕地空间的挤压，造成耕地总量减少，耕地景观转换为其他土地景观，使得土地景观过程发生了转移。

经济发展对土地利用变化的驱动作用主要表现在两个方面：①二、三产业的发展增加了用地需求，占用耕地，致使耕地转化为工矿等建设用地；②市场导向下的农业资源配置引起农业结构调整不断深化，同样造成农业用地景观过程向建设用地景观过程转变。

(2) 政策文化

政策对土地景观过程起着重要的引导和规范的作用。正确的政策可以引导形成合理的土地利用格局，片面、错误的政策则会无视土地的本质特性，以短期的经济、政治目标选择不适当的土地利用方式。这方面的事例举不胜举（图 4-4），我国一些地区在“以粮为纲”政策的主导下，围湖造田、开垦湿地，对于江汉平原和三江平原等重要农业区的生态环境造成破坏，加重了洪涝灾害。20 世纪 50 年代末由于“大炼钢铁”的影响，一些地区毁林现象十分严重；90 年代初，一度兴起的“开发区热”“房地产热”造成了巨大的土地浪费。以上都是政策影响的负面例子；同样，政策因素对土地利用也起到正面影响，如我国实行的“退耕还林、还草”政策，保护基本农田政策；从国家“九五”（1996～2000 年）计划实施起，国家制定实施了一系列宏观战略政策，其中“包括调整优化产业结构，推动国民经济由粗放经营向集约经营的转变，实现经济与社会间的相互协调和可持续发展”等，将土地资源的可持续利用提升到了一个前所未有的高度。

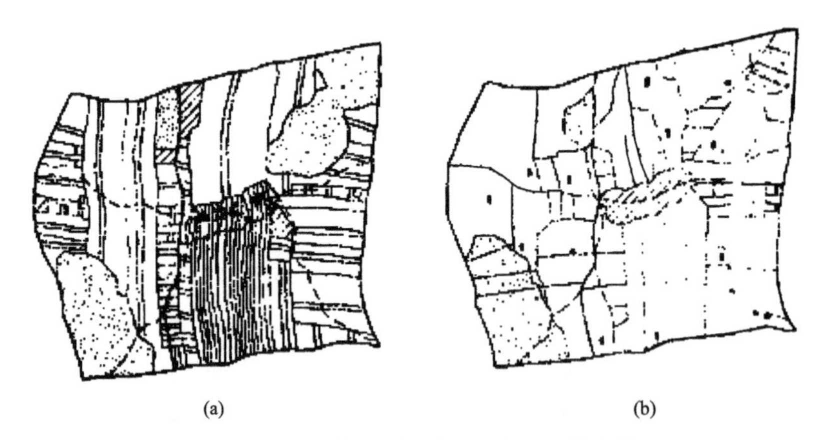

图 4-4　土地所有制变革引起的景观变化（肖笃宁等，2003）

(a) 村庄周围是有几百年土地划分历史的小网眼景观；(b) 土地重新分配后，村庄被废弃，房舍疏散在面上，小块田地组合成大块田地，原来的村庄变成农田

人类文化对景观有着深刻的影响，人们根据自己对环境的感知、认识、美学推测、信念等文化背景来开发利用土地，如我国东北地区大规模汉族移民是从1862年清政府解除封禁，实行放垦时开始的，来自山东、河北的大量移民，他们建屯垦荒，开发的理想之地是黑土漫岗。漫岗之间是雨季积水的甸子地，村屯较均匀地位于岗坡的中部。开垦的顺序是先坡地后沟地，先阳坡后阴坡，低洼的甸子地作为放牧用地。种植的主要作物是高粱、玉米、大豆、小麦，实行的是垄作制。与此同时，朝鲜族的居民或移民在东北东部地区也进行了大规模的土地开发活动，他们开发的对象是东部山区的宽谷盆地，先开垦水源条件好的平地，后开垦土层较厚的阳坡地。朝鲜族有种植水稻、喜食大米的习惯，他们善于集约经营灌溉农业，种植水稻的耕作特点是土地平整，水田成畦，渠系随地形而布置，土地单元细碎而多渠道，村庄群落疏密不均。

第二节　土地生态功能

土地生态系统是一个综合的功能整体，土地利用的可持续性是其功能目标。一个健康的土地系统不仅具有结构上的完整性，还必须实现功能上的连续性。土地作为一个生态系统，其主要功能体现在其基本的生态功能以及生产、服务功能方面。

一、土地生态系统自组织与自我调节功能

（一）自组织功能

一般来说，组织是指系统内的有序结构或这种有序结构的形成过程。德国理论物理学家Haken认为，从组织的进化形式来看，可以把它分为两类：他组织和自组织。如果一个系统靠外部指令而形成组织，就是他组织；如果不存在外部指令，系统按照相互默契的某种规则，各尽其责而又协调地自动地形成有序结构，就是自组织。自组织现象无论在自然界还是在人类社会中都普遍存在。一个系统自组织功能愈强，其保持和产生新功能的能力也就愈强。例如，人类社会比动物界自组织能力强，人类社会比动物界的功能就高级。

土地生态系统的自组织性主要表现在其较强的自我调节功能和代偿作用。土地生态系统是一个庞大的系统，具有多层次结构和众多的生物种群，物质与能量的转化和交换途径众多，从而使系统表现出较强的自我调节和代偿功能（吴次芳和徐保根，2003）。

（二）自我调节功能

生物系统与环境系统在一定的空间下共同组成了生态系统，即自然生态。生态系统永远处于运动变化之中。生态系统具有自我调节和自我修复的能力，在受到外来干扰之后，能通过自身的调节而维持其相对稳定的状态。在生态系统中，每一部分都互相联系、互相制约，从而取得生态平衡，一旦生态平衡被打破，生态系统内可通过自组织方

式起协调补偿作用。生态系统通过自我协调或人为协调，使物质循环与能量转化再次达到恰当的平衡状态。于是，生态又重归平衡，可以有一段时间的相对稳定。

例如，当水体生态系统受污染时，一些生物可能受害或死亡，如果污染不十分严重，经过一段时间的自净后，就又重新恢复到正常状态。自净过程包括水的流动、颗粒沉淀、微生物的分解和转化等理化过程与生物作用。又如，森林被砍伐一部分后，能通过自我更新和演替逐渐复原。但是，生态系统的自我调节能力又是有限的，如过多的污染物进入水体，就会使该生态系统遭受严重破坏，长时间无法复原。森林若被过量砍伐也将难以恢复。一般来说，结构和功能比较复杂的生态系统抵抗外界干扰的能力较强。例如，森林生态系统里植物种类较多，动物种类也相应地多。寒潮到来时，一些种类可能受害，一些种类却可能经受得住，所以一般不会出现毁灭性的破坏。发生病虫害时，由于系统中有许多竞争者，一些植物被害后，另一些植物便取而代之，加上天敌的抑制，因而也不会全部毁灭。由单一物种构成的农业生态系统却不同，一次寒潮、病虫害或严重干旱，都有可能使其遭受严重破坏，甚至彻底毁灭。目前对生态系统的研究仍不够深入，对其调节机制尚不清楚。

土地生态系统的定义表明：

1）土地生态系统经过由简单到复杂的长期演化，最后形成相对稳定状态，发展至此，其物种在种类和数量上保持相对稳定；能量的输入、输出接近相等，即系统中的能量流动和物质循环能在较长时间内保持平衡状态。此时，系统中的有机体将有效的空间都填满，环境资源能被最合理、最有效地利用。

2）土地生态系统具有一定的内部调节能力。

3）土地生态系统的生态平衡是动态的。在生物进化和群落演替过程中就包含不断打破旧的平衡，建立新的平衡的过程。人类应从此得到启示，不要消极地看待生态平衡，而是发挥主观能动性，去维护适合人类需要的生态平衡（如建立自然保护区），或打破不符合自身要求的旧平衡，建立新平衡（如把沙漠改造成绿洲），使生态系统的结构更合理，功能更完善，效益更高。

生态平衡具有时间上和空间上的有序性和自组性特点。其有序性表现在土地生态系统结构上的稳定；其自组能力依赖于有序性，有序性又以自组能力为目标，共同体现为结构与功能的辩证关系。所以，生态平衡的实质是结构与功能的相互协调与组合。土地生态系统的生产者、消费者、分解者之间，生物因子与非生物因子之间，以及生态系统与外部环境之间，通过物质、能量输入与输出，达到结构与功能上的最佳稳定状态。这种稳定状态，表现为三种形式，即相对静止状态、动态稳态和非平衡稳态。非平衡稳态是土地生态平衡的最主要形式，从物质输入和输出的关系来看，两者不仅不大体相当，甚至也不围绕一个饱和量上下波动。在土地生态系统中，物质输入包括光、热、气、动植物残体及无机元素等自然输入和种子、肥料、农药、其他物质及活劳动等经济输入，所有这些输入被有序组合，经过系统内的生物循环形成生物量。如果保持高输入低消耗，使系统始终远离平衡态，才能实现高输出。因此，我们所追求的生态平衡应是远离平衡态的“非平衡稳态”。

二、土地生态系统稳定性

（一）稳定性概念

目前，不同学者谈及土地生态系统的稳定性，往往赋予其许多不同的内涵和外延。

（1）不同内涵的稳定性概念

恒定性（constancy）：指土地生态系统的物种数量、群落生活型或环境的物理特征等参数不发生变化。这是一种绝对稳定的概念，在自然界几乎是不可能的。

持久性（persistence）：指土地生态系统在一定边界范围内保持恒定或维持某一特定状态的历时长度。这是一种相对稳定概念。

惯性（inertia）：土地生态系统在病虫害等扰动因子出现时保持恒定或持久的能力。

弹性（resilience）：指生态系统缓冲干扰并保持在一定阈限（threshold boundary）之内的能力。这与持久性概念类似，但强调生态系统受扰动后恢复原状的速度，即其对干扰的缓冲能力。

恢复性（elasticity）：与弹性同义。

抗性（resistance）：描述系统在受到扰动后产生变化的大小，即衡量其对干扰的敏感性。

变异性（variability）：描述系统在受到扰动后种群密度随时间变化的大小。

变幅（amplitude）：土地生态系统可被改变并迅速恢复原来状态的程度，即强调其恢复的受扰范围。

由此可以看出，稳定性包括两个方面的含义；一是系统保持现行状态的能力，即抗干扰的能力；二是系统受扰动后回归该状态的倾向，即受扰后的恢复能力。

（2）稳定性概念的外延（黄建辉，1995）

局部稳定性（local stability）：系统受较小的扰动后仍能恢复到原来的平衡点，而受到较大的扰动后则无法恢复到原来的平衡点，则称该平衡点的稳定为局部稳定，或邻域稳定（neighborhood stability）。

全局稳定性（global stability）：系统受到较大的扰动后远离平衡点，但最终仍能恢复到原来的平衡点，则该系统具有全局稳定性。

结构稳定性（structure stability）：在系统状态方程里，参数的变化（扰动引起），可通过转移矩阵的传递，在解空间里反映出来，当数学解在空间的变化小到可以忽略时，便说明该系统的传递矩阵性能较好，因而称该系统为结构稳定，强调系统组成的有序性。

循环稳定性（cyclic stability）：生态系统经过一系列变化后仍能恢复原来状态的特性，是具有循环演替功能的生态系统的另一种稳定形式。

轨道稳定性（trajectory stability）：生态系统在其原有状态被扰动并改变成各种不同的

新状态后恢复至某一最终状态的倾向。是具有递行演替功能的生态系统的特殊稳定形式。

相对稳定性（relative stability）：反映系统稳定程度的量化概念。

绝对稳定性（absolute stability）：反映邻域稳定和全局稳定的质的概念，因为在稳定域内外的系统状态有质的区别。

综上所述，可以从“抵抗力”和“恢复力”两方面来界定土地生态系统的稳定性：①土地生态系统的抵抗能力，即当变动发生后，系统的承受能力。②土地生态系统的修复能力，主要是系统在遭受外部干扰出现不同程度的损坏后，针对这种损坏，系统自行恢复的能力。从经验来看，系统修复能力的高低取决于系统自身的协调性。

（二）稳定性动态

土地生态系统中的生物和非生物都在不断地发展变化着，当其发展到一定阶段时，它的结构和功能就能在一定的水平上保持相对稳定而不发生大的变化。土地生态系统的稳定性是由于土地生态系统具有自我调节的能力。其稳定性来自抵抗力稳定性和恢复力稳定性两个方面（表 4-3）。

表 4-3　抵抗力稳定性与恢复力稳定性的比较（马风云，2002）

	抵抗力稳定性	恢复力稳定性
概念	生态系统抵抗外界干扰使自身结构功能维持原状的能力	生态系统受到外界干扰使其自身结构功能破坏后恢复原状的能力
来源	（1）生态系统中生物的种类、数量多，一定外来干扰造成的变化占总量的比例小； （2）能量流动与物质循环的途径多，一条途径中断后还有其他途径来代替； （3）生物代谢旺盛，能通过代谢消除各种干扰造成的不利影响	（1）生物繁殖的速度快，产生后代多，能迅速恢复原有的数量； （2）物种变异能力强，能迅速出现适应新环境的新类型； （3）生态系统结构简单，生物受到的制约小
特征	（1）各营养级的生物数量多，占有的能量多； （2）各营养级的生物种类多，食物网结构复杂	（1）各营养级的生物个体小，数量多，繁殖快； （2）生物种类较少，物种扩张受到的制约小； （3）各营养级生物能以休眠方式渡过不利时期或产生适应新环境的新类型

对于一个生态系统来说，在外界干扰的情况下，抵抗力和恢复力是生态系统达到新的稳定态的动力（Aber and Mellio，1991）。

大多数生态学家认为，土地生态系统稳定性与生态系统食物网结构的多样性和复杂性有关，并寻找它们之间的定量关系。MacArthur（1955）根据系统中流过每个能量路径的能量百分比，提出一个基于能量路径选择的指标作为系统稳定性度量。May（1973）采用稳定性经典数学分析方法，确定受扰动生态系统的稳定性。

度量生态系统稳定性的另一个途径是观测数据的直接分析方法。根据在自然或试验条件下生态系统动态行为的观测数据，直接从生态系统稳定定义出发，采用数理统计手段定量地确定标志生态系统稳定性的参数。Noy-Meir 和 Walker（1986）曾用这种方法度量了以色列和南非地区一些草地生态系统的稳定性，并研究了同一生态系统的稳定性随时间的变化。Harrison（1979）强调生态系统对干扰反应的分析来研究生态系统的稳定性。

设 y 为生态系统的状态变量，$\alpha(t)$ 是干扰因子参数，状态方程及其初始条件为

$$\begin{cases} \mathrm{d}y/\mathrm{d}t = f[y, \alpha(t)] \\ \alpha = \alpha_0(t), \ y(0) = y_0(0) \\ t < 0 \end{cases} \tag{4-1}$$

生态系统的抵抗力就是生态系统在干扰参数变为 $\alpha(t)$ 时，即在作用区间 $0 \leqslant t \leqslant T_d$ 上维持其状态变量 $y_1(t)$ 在 $y_0(t)$ 水平的能力。当干扰参数回到 $\alpha_0(t)$ 后，即 $t \geqslant T_d$ 时，状态变量 $y_1(t)$ 回到 $y_0(t)$ 的能力称为恢复力。

其状态方程可写为

$$\begin{cases} \mathrm{d}y/\mathrm{d}t = f[y, \alpha_1(t)] \\ y(0) = y_0(0) \\ t \in [0, T_d] \end{cases} \tag{4-2}$$

以及

$$\begin{cases} \mathrm{d}y/\mathrm{d}t = f[y, \alpha_1(t)] \\ t(T) = y_1(T_d) \\ t \in [T_d, \infty] \end{cases} \tag{4-3}$$

这里，$y_0(t)$、$y_1(t)$、$y_2(t)$ 分别是方程式（4-1）、式（4-2）、式（4-3）的解，它们所对应的区间和初值不同。

抵抗力可能用产生状态变化所需要的干扰强度来表征，记为 S_a。

$$S_a = \frac{1}{T}\int_0^{T_d} \left| \frac{\alpha_1(t) - \alpha_0(t)}{y_1(t) - y_0(t)} \right| \mathrm{d}t \tag{4-4}$$

恢复力可以定义为观察时间测度 T_0 上的平均恢复程度，记为 S_b，则有

$$S_b = \frac{1}{T}\int_{T_d}^{T_0+T_d} |y_2(t) - y_0(t)| \mathrm{d}t \tag{4-5}$$

对于 S_a，可以改写式（4-4）为

$$\begin{cases} S_a = \dfrac{1}{T_d}\displaystyle\int_0^{T_d} h^{-1}(t)\mathrm{d}t \\ h(t) = \left| \dfrac{y_2(t) - y_0(t)}{\alpha_1(t) - \alpha_0(t)} \right| \end{cases} \tag{4-6}$$

这里 $h(t)$ 反映了状态变量对于干扰因子的敏感性，因此，生态系统对于干扰的抵抗力依赖于其对干扰的敏感性，对于不同的干扰行为，生态系统的敏感性不同。在式（4-5）中，引入了一个观察恢复行为的时间尺度 T_0，由于自然生态系统的恢复过程是漫长的历史过程，T_0 的大小对于评价生态系统稳定性分析尤为重要（韩博平，1994）。

从生态系统对干扰的抵抗力以及干扰消除后，生态系统恢复力的定义中可以看出，两个时间尺度 T_d、T_0 是影响稳定性的两个重要参数。就时间意义上说，抵抗力是定义于整个干扰存在的时间区间，这种稳定性是具有绝对性质，恢复力是定义在观察区间上，而不是生态系统恢复的整个区间，因而具有相对性。

三、土地的生产功能

（一）土地生产功能的定义

土地的生产功能主要是指土地生态系统为人类提供食物、药材等生活必需品。由于土地具有肥力，因此土地具有生产力。土地生产力是土壤、大气、生物、水分以及人类活动等自然和人文要素共同作用的产物，能够综合反映土地利用对自然环境的影响，土地生产力的变化能够清晰地反映区域土地利用变化强度。不同的土地利用方式，土地质量以及生态过程都会影响到土地生产力。

（二）土地生产力估算

土地生产力分为自然生产力和人工生产力，自然生产力是土地自身存在的，人工生产力是土地开发、利用和保育过程中不断有外界物质输入而形成的。土地生产力具有动态性，受制于自然和社会两大因素，系统内的气候、土壤、地貌、水文、地质等自然因素及人地比例、区位条件、交通条件、经营收益等社会经济因素的变化，将使土地生产力受到影响。

许多学者已先后从多个层次研究了土地生产力估算的系统模型（周生路，2006）。

(1) 光合生产潜力模型

光合生产潜力是在其他因素（温度、水分、土壤肥力及农牧业生产措施等）处于最佳状况时，完全由光和有效辐射决定的生产潜力。

光合生产潜力把光照作为唯一的参考因素，假设其他因素都处于最佳状态。它是理论分析、计算作物高产上限、研究各级土地生产潜力的最初起点和依据。

$$Y_Q = f(Q) \tag{4-7}$$

$$f(Q) = (1-a)\times(1-b)\times(1-c)\times(1-d)\times(1+e)\times(1+w) \times F\times E\times Q\times K\times M\times A\times \mathrm{AL}/H = 2\,665\,783\times Q\times A/H \tag{4-8}$$

式中，a 为作物群体对光合有效辐射的反射率（$a=0.06$）；b 为植株非光合器官受光率（$b=0.10$）；c 为呼吸消耗率（$c=0.30$）；d 为茎叶死亡脱落率（$d=0.10$）；e 为植株灰分含量（$e=0.05$）；w 为风干植株含水率（$w=0.145$）；F 为光量子转换效率（$F=0.2177$）；E 为作物的光能利用率（$E=0.06$）；K 为光合有效辐射系数（$K=0.49$）；M 为单位换算系数（$M=1\,000\,000$）；AL 为作物群体辐射吸收系数（$\mathrm{AL}=0.65$）；Q 为作物生产期内的太阳总辐射；A 为作物的收获系数；H 为作物能量转换系数。

(2) 光温生产潜力模型

作物群体在其他自然条件适宜的条件下，以光能和温度作为作物产量的决定因素时，所产生的干物质的能力，称为光温生产潜力。其计算公式为

$$Y_T = Y_Q \times f(T) \tag{4-9}$$

式中，$f(T)$ 为温度对光合生产潜力影响的线性函数修正式，对喜凉作物（冬小麦）为

$$f(t) = \begin{cases} e^{-2\left(\frac{T-T_0}{10}\right)^2} & T > T_0 \\ e^{-\left(\frac{T-T_0}{10}\right)^2} & T \leqslant T_0 \end{cases} \tag{4-10}$$

式中，T_0 为最适温度；T 为实际温度。

对喜温作物（玉米、谷子等）为

$$f(T) = \begin{cases} 0, & t \leqslant 3℃ \\ \dfrac{t-3}{17}, & 3℃ < t < 20℃ \\ 1, & t \geqslant 20℃ \end{cases} \tag{4-11}$$

(3) 水分生产潜力模型

水分对作物生长和产量的影响很大，是制约作物生长和产量提高的重要因素之一，气候生产潜力是对光温生产潜力进行水分修正的结果。其计算公式为

$$Y_W = Y_T \times f(W) \tag{4-12}$$

其中，水分系数 $f(W)$ 的模型为

$$f(W) = 1 - \text{ky}\left(1 - \frac{\text{ETa}}{\text{ETm}}\right) \tag{4-13}$$

式中，ky 为作物产量反应系数；ETm 为作物需水量；ETa 为作物耗水量。

(4) 土地生产潜力

依据作物能量转化及产量形成过程，逐步“衰减”计算农业气候生产潜力，其函数式为

$$\begin{aligned} Y_W &= Q \times f(Q) \times f(T) \times f(w) \\ &= Y_Q \times f(T) \times f(W) = Y_T \times f(W) \end{aligned} \tag{4-14}$$

式中，Y_W 为气候生产潜力；Q 为生育期太阳总辐射；$f(Q)$ 为光合有效系数；Y_Q 为光合生产潜力；$f(T)$ 为温度有效系数；Y_T 为光温生产潜力；$f(W)$ 为水分有效系数。

（三）土地初级生产量

土地生态系统的功能研究着眼于能流量的分析，但各种有机物所含能量不等，需要折算为统一单位才能比较。生产力的通用量纲是能量，例如在计算初级生产力时可以用

光合作用固定的碳元素量（固碳量）来代替能量。土地生态系统中，生产者将固定的太阳能转化为自身组织的化学能的过程，称为初级生产过程。根据能量转化和储存的情况，初级生产量又可以分为两个部分，即总初级生产量和净初级生产量，前者是植物光合作用固定的总太阳能，后者则是初级生产量减去植物自身呼吸消耗后留在有机物质中的储存能量。

土地生态过程中，生产者固定能量生产有机物质的能力即为初级生产力。初级生产力的大小通常取决于总光合作用的速率。由于生产者自身的生命活动要靠呼吸作用提供能量，以致光合作用产物总有一部分及时地用于呼吸消耗，所以，测出的有机物质增加量是净初级生产力。对土地生态系统来说，土地的净初级生产力是重要的数量特征，也是衡量一个地区、一个国家乃至整个地球土地资源能够支撑人口正常生存发展的能力，即土地人口承载量的重要依据。据计算，地球初级生产量为 172×10^9 t 有机物质，其中农田初级生产量为 9.1×10^9 t、温带草原初级生产量为 5.4×10^9 t、热带稀树草原初级生产量为 10.5×10^9 t、海洋初级生产量为 55×10^9 t，河流、湖泊、苔原、沙漠等初级生产量合计为 7.47×10^9 t（吴次芳和徐保根，2003）。

净第一性生产力（net primary productivity，NPP）是指绿色植物在单位面积、单位时间内所累积的有机物数量，是由光合作用所产生的有机质总量（gross primary productivity，GPP）中扣除自养呼吸后的剩余部分，是评价土地生态系统可持续发展的一个重要生态指标。

NPP 研究旨在通过对土地生态系统 NPP 的模拟，正确评价植物群落在自然条件下的生产能力。1975 年 Lieth 等首先开始对植被净第一性生产力的模型进行研究，此后，Ulittaker、Uchijima 等也进行了研究，形成一些模型。根据模型的难易程度，对各种调控因子的侧重及对净第一性生产力调控机理解释的不同，模型分为三类：气候统计模型、过程模型和光能利用率模型。

国内应用较多的模型是采用周广胜和张新时（1995）根据水热平衡联系方程及植物的生理生态特点建立的自然植被的净第一性生产力模型，即

$$\mathrm{NPP}=\mathrm{RDI}^2\,\frac{r(1+\mathrm{RDI}+\mathrm{RDI}^2)}{(1+\mathrm{RD}^2)(1+\mathrm{RDI}^2)}\exp(-\sqrt{9.87+6.25\mathrm{RDI}}) \tag{4-15}$$

其中

$$\mathrm{RDI}=(0.629+0.237\mathrm{PER}-0.00313\mathrm{PER}^2)^2 \tag{4-16}$$

$$\mathrm{PER}=\mathrm{PET}/r=\mathrm{BT}\times58.93/r \tag{4-17}$$

$$\mathrm{BT}=\sum t/365\ \text{或}\ \sum T/12 \tag{4-18}$$

式中，RDI 为辐射干燥度；r 为年降水量，mm；NPP 为自然植被的净第一性生产力，$t/(hm^2\cdot a)$；PER 为可能蒸散率；PET 为年可能蒸散量，mm；BT 为年平均生物温度，℃；t 为大于 0℃与小于 30℃的日均值；T 为大于 0℃与小于 30℃的月均值。

国内一些学者对中国典型生态系统的第一性生产力进行了深入细致的测量以及研究，借助 RS、GIS 等技术得出了中国大陆不同生态系统的净生产力（表 4-4）。

表 4-4 中国陆地不同生态系统的净生产力（陈利军等，2002）

生态系统	面积/km^2	平均净生产力/(gC/m^2)
针叶林	695 936	1031.92
阔叶林	749 696	1023.60
灌丛	1 969 728	822.99
荒漠	1 634 752	132.21
草原	1 439 616	502.10
草甸	819 456	690.86
农业栽培植物	1 672 256	891.18
无植被地段	509 824	0.00
湖泊	57 280	571.75
总计	9 548 544	642.48

四、土地的服务功能

（一）生态系统服务的定义和内涵

1. 生态系统服务的定义

生态系统服务目前被普遍认可的概念是 Daily 等（1997）提出的："生态系统服务是指自然生态系统及其物种所提供的能够满足和维持人类生活需要的条件和过程"。即人类直接或间接从生态系统获得的收益，主要包括向经济社会系统输入有用物质和能量、接受和转化来自经济社会系统的废弃物，以及直接向人类社会成员提供服务（如人们普遍享用洁净空气、水等舒适性资源）。Cairns（1997）认为生态系统服务是人类生存和福利所必需的那些生态系统功能。千年生态系统评估（MA）（2003）中则将生态服务功能定义为："人类从生态系统中获得的效益，包括生态系统对人类可以产生直接影响的供给功能、调节功能和文化功能以及对维持生态系统其他功能具有重要作用的支持功能。"

Costanza 等（1997）将生态系统提供的产品（goods）和服务（services）统称为生态系统服务（ecosystem services）。产品（goods）主要表现为可以直接在市场上用货币加以表现的商品。自然生态系统及其生物种群作为生物资源被利用由来已久，主要给人们提供了食物、纤维、木材、燃料、药物等大量原料、产品。仅以药物为例，世界上25%～50%的药物来源于天然动植物产品，目前美国有大约 40%以上的药物来源于动植物，在一些发展中国家，比例甚至高达 80%以上；服务含义比较广泛，除近年来在部分国家发展起来的环境排污权交易外，这里所说的服务大多在当今的市场中还不能进行货币形式的交易。包括干扰调节（风暴防止、洪水调节、干旱恢复等）、养分循环（固氮、N、P 和其他元素及养分循环）等许多方面。Costanza 将生态系统服务分为 17 个类型：气体调节、气候调节、扰动调节、水调节、水供给、控制侵蚀和保持沉积物、土壤形成、养分循环、废物处理、传粉、生物控制、避难所、食物生产、原材料、基因资源、休闲、文化功能。

2. 生态系统服务的内涵

生态系统服务分为以下四个层次：生态系统的生产（包括生态系统的产品及生物多样性的维持等），生态系统的基本功能（包括传粉、传播种子，生物防治，土壤形成等），生态系统的环境效益（包括改良减缓干旱和洪涝灾害，调节气候、净化空气，废物处理等）和生态系统的娱乐价值（休闲、娱乐，文化、艺术素养、生态美学等）（傅伯杰等，2001）。

根据生态系统服务和利用状况可以将服务的价值分为四类：第一，直接利用价值，主要指生态系统产品所产生的价值，可以用产品的市场价格来估计；第二，间接利用价值，主要指无法商品化的生态系统服务，如维护和支撑地球生命支持系统功能。间接利用价值通常根据生态系统服务的类型确定；第三，选择价值，它是人们为了将来能够直接利用与间接利用某种生态系统服务的支付意愿，例如，人们为了将来能利用河流生态系统的休闲娱乐功能的支付意愿；第四，存在价值又称内在价值，它表示人们为确保这种生态服务继续存在的支付意愿，它是生态系统本身具有的价值，如流域生态景观的多样性，与人们是否进行消费利用无关（图 4-5）。

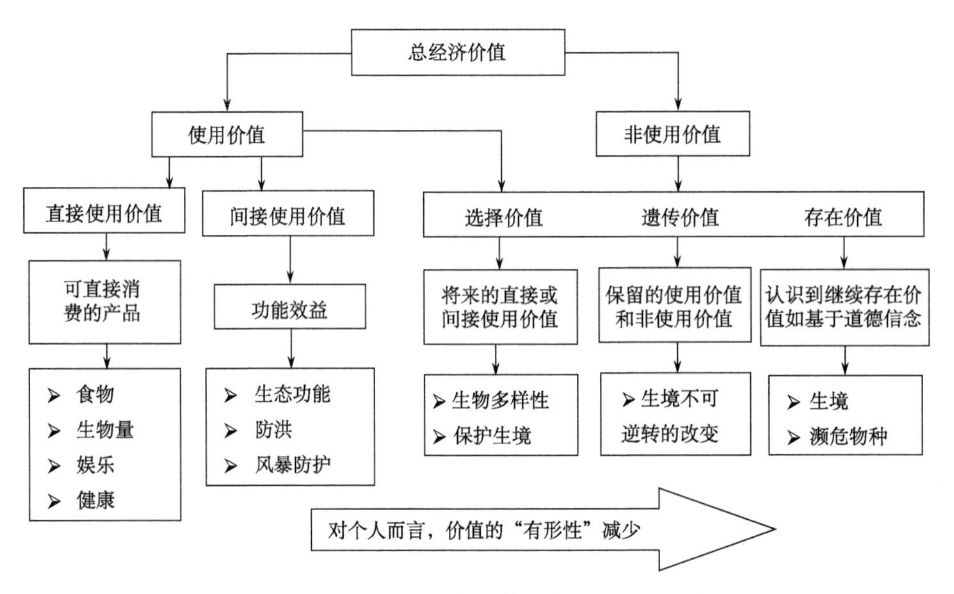

图 4-5　OCED 生物多样性经济价值分类系统（盛连喜，2002）

生态系统的服务未完全进入市场，其服务的总价值从经济角度来说也是无限大的。但是可以对生态系统服务的“增量”价值或“边际”价值（价值的变化和生态系统服务从其现有的水平上的变化比率）进行估计。许多研究者对生态服务的经济价值进行了评估，对于不同的生态系统来说，评价的指标不尽一致，但总体的评价方法有直接市场价格法，替代市场价格法，权变估值法，生产成本法，实际影响的市场估值法等。

从经济和社会的高度来看，生态系统服务的生命支持系统功能的特点有如下四个方面：第一，外部经济效益；第二，属于公共商品；第三，不属于市场行为；第四，属于社会资本。

（二）土地生态系统服务类型

1. 土地生态系统栖息地功能

（1）栖息地概念

栖息地（habitat）指生物出现的环境空间范围，一般指生物居住的地方或是生物生活的地理环境。Ables 于 1980 年认为野生动物的栖息地是指能为特定种的野生动物提供生活必需条件的空间单位。土地不仅为各类生物物种提供繁衍生息的场所，而且还为生物进化及生物多样性的产生和形成提供了条件。同时，土地生态系统通过生物群落的整体性创造了适宜于生物生存的环境。

（2）栖息地类型

土地生态系统为野生动植物提供的栖息地有以下几种类型：湿地生境、林地生境、农田生境、城镇生境。其中湿地生境和林地生境是野生动植物典型的栖息地，尤其是沿江沿海湿地。

1）湿地生境。

湿地在科学上被称为“地球之肾”，自然湿地遵循自然演替规律，生态系统结构的复杂性和稳定性较高，生物物种十分丰富。许多自然湿地不但为水生生物、水生植物提供了优良的生存场所，也为多种珍稀濒危野生动物，特别是水禽提供了必需的栖息、迁徙、越冬和繁殖场所。同时，自然湿地为许多物种保存了基因特性，使得许多野生生物能在不受干扰的情况下生存和繁衍。湿地生境的经济效益和社会效益主要是提供丰富的动植物食品资源。湿地生态系统物种丰富、水源充沛、肥力和养分充足，有利于水生植物和水禽等野生生物生长，使得湿地具有较高的生物生产力，且自然湿地的生态系统结构稳定，可持续提供直接食用或用作加工原料的各种动植物产品，如水稻、肉类、鱼类、水生植物等一直是人类赖以生存和发展的基础。

2）林地生境。

林地及其与其生物群落、生境相互作用形成相对稳定的系统，是土地生态系统中最复杂的系统之一，生物群落有乔木层、灌木层、草本层、地被层等四个层次。林地生境主要分布在湿润或较湿润的地区，主要特点是动植物种类繁多，群落结构复杂，种群密度和群落的结构能够长期处于稳定的状态。林地生境中植物以乔木为主，也有灌木和草本。由于林地生境中障碍物多，肉食性动物往往采用伏击的方式进行捕食，被捕食的动物往往采取隐蔽躲藏的方式来逃脱敌害。由于林地生境中地下树根密集，土壤潮湿，不利于动物挖洞和穴居，所以林地生境中挖洞和穴居的动物比较少见。

3）农田生境。

农田生境是在一定时间和地区内，人类从事农田生产，利用农田生物与非生物环境之间以及与生物种群之间的关系，在人工调节和控制下，建立起来的各种形式和不同发展水平的农田生产体系。与自然生境一样，农田生境由农田环境因素、绿色植物、各种动物和各种微生物四大基本要素构成的物质循环和能量转化系统，具备生产力、稳定性和持续性三大特性。与自然生境的主要区别是：系统中生物群落结构较简单，优势群落只有一种或数种作物，系统较为脆弱；伴生生物为杂草、昆虫、土壤微生物、鼠、鸟及少量其他小动物；大部分经济产品随收获而移出系统，留给残渣食物链的较少；养分循环主要靠系统外投入而保持平衡，由于缺乏复杂的食物网结构从而不能维持生态平衡。

4）城镇生境。

城镇生境是根据人类自身的愿望，改造城市环境所建立的人工系统，是人类与环境系统在城市（镇）这个特定空间的组合，是一个规模庞大、组成及结构十分复杂、功能综合的社会-经济-自然复合系统。由社会生态亚系统（人类）、经济生态亚系统（以能源、物质、信息、资金等资源为核心）、自然生态亚系统（包括自然环境和人工环境两部分）组成。主要特点是：①以人类为中心，表现为人口的增加与密集；②物流量、人流量、能量流量、价值流量、信息流量等巨大，密集且周转快；③食物链简化，系统自我调节能力小。城市绿地系统是城市土地生态系统的主体，它包括公共绿地、生产绿地、防护绿地、居住区绿地、单位附属绿地、道路绿地、风景林地等。

2. 土地生态系统的承载功能

承载功能是土地生态系统的基本功能之一，土地是保持植物直立以及生长、动物以及人类活动、各种工程建设以及储存各种资源的重要介质。

3. 土地生态系统的环境功能

土地生态系统的环境功能主要表现为保持水土、涵养水源、改良土壤、调节气候等方面。下面以森林生态系统为例进行详细阐述。

（1）水土保持与水源涵养

森林生态系统的大部分地域被森林覆盖着，最大限度地减轻了自然灾害，当暴雨降临时，森林通过树冠大大减缓了雨水对地面的直接冲刷，减少了地表径流，林下的枯枝落叶层将大量的水分储存起来。据资料表明，林冠截留量为降水量的8%，枯枝落叶持水量为降水量的60%，生长良好的森林，可蓄水375m^3/a。森林地表径流的减少，降低了暴雨对土壤冲刷强度，从而最大限度保持区域土地的表土不受或少受冲刷。森林涵养水源、保持水土功能主要是通过减少地表径流强度而实现的，森林减少地表径流的作用是很显著的。

（2）调节气候与减免灾害

森林可以通过改变太阳辐射和大气环流，对空气的温度、湿度、降水和风速产生不同程度的影响，形成良好的小气候（图4-6）。据研究，夏季每天可蒸腾70t/hm^2水。也就是说，在夏天，每天以近0.7t水的蒸腾量向空气和四周散发水气，在降雨集中的季节，林下的枯枝落叶层能蓄含大量的雨水，有效地避免了洪水的发生。森林对周边地区的气候起着至关重要的调节作用，并能抗御水、旱、风、霜、冰雹等自然灾害。森林还能降低风速，减弱风力。例如，在 5 级风时，人造林带外的风速 9.5m/s，而林内只有 7.7m/s，减弱近 20%。连片的森林能使台风减弱 1～2 级。

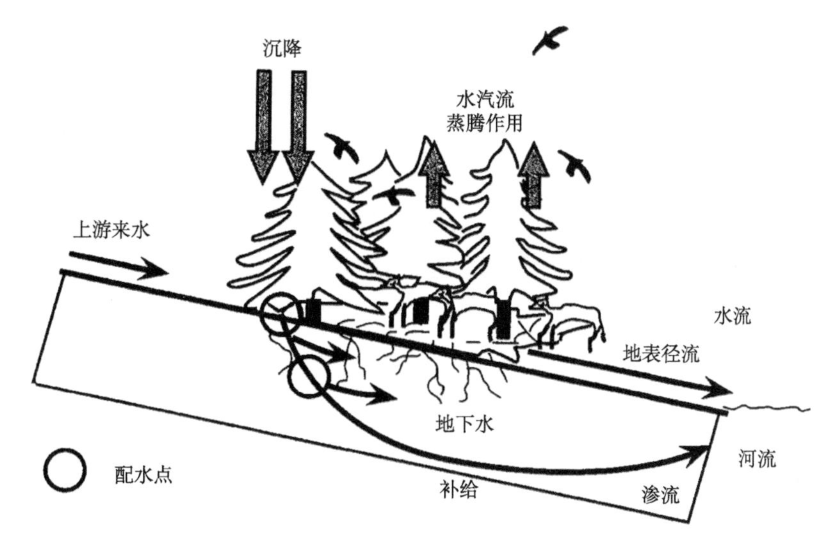

图 4-6　森林生态系统调节水分的作用（姜汉桥等，2004）

（3）吸尘杀菌与净化空气

森林吸收空气中的二氧化硫、二氧化碳等气体，放出新鲜氧气，同时，森林还可以固定空气中的尘埃，消灭空气中的细菌。研究表明，生长良好的森林，每年吸收二氧化硫 $12t/hm^2$，二氧化碳 $198t/hm^2$，放出氧气 $144t/hm^2$；同时每年还可以固定尘埃 $75t/hm^2$，杀灭空气中各类细菌无数。森林生态系统对 CO_2 和 O_2 在大气中的平衡起着调节作用。每公顷阔叶林，在生长季节每天能通过光合作用吸收近 1t 的 CO_2，释放 0.75t 的氧。能满足 973 人的需 O_2 量。据资料估计，森林每年以光合作用的方式可吸收约 50 亿 t 的 CO_2，这与人类燃烧化石燃料产生的 CO_2 量基本相当。

（4）能量平衡

地表植被类型的改变，通过粗糙度、反照率、叶面指数等参数的改变影响地面环流和能量平衡，从而引起降水和气温等发生变化，同时降水和气温等的变化又会反过来影响环流和地面能量平衡，它们之间存在着复杂的关系。植被变化对潜热的影响同样有直接和间接两个方面。直接影响为，地表粗糙度的降低使得表面混合减弱，从而降低潜热释放；反照率增加使得净辐射降低的同时蒸发减少；叶面指数降低引起的叶面截留降低以及气孔阻力增加，都会使得蒸发减少。间接作用方面更多的是降水-蒸发之间的反馈；降水是决定地表蒸发的主要因子，而地表蒸发是降水形成的重要水汽来源。

4. 土地生态系统的文化和社会功能

土地生态系统不仅具有生产功能，还兼具景观文化功能和社会功能。人类活动改变了自然环境及其景观，产生了新的土地利用和景观格局，包括农业景观、乡村景观、工业景观和城市景观等在内，都是不同程度的文化景观。土地生态系统的景观文化功能是人们对当地自然环境主动适应的结果，是人们生产生活与自然和谐的体现。例如城市生态系统中，农田不仅对水文和大气质量、温湿度等环境具有改善作用，而且具有增强绿化隔离带内物种和景观多样性、季相丰富性的作用，这些景观带给城市的活力是郊外的田园和城区的绿地所不能替代的。农田有着丰富的生物多样性和特有的乡土生境，田园风光是一种具有历史文化底蕴的自然与人文的复合景观。湿地为人类提供了集聚场所、娱乐场所、科研和教育场所，湿地具有自然观光、旅游、娱乐等美学方面的功能和巨大的景观价值。以云南哈尼梯田文化景观为例，梯田本身能防止山坡地极易产生的水土流失、滑坡、崩塌等自然灾害的发生，对生态环境有很好的保护作用；位于梯田之上的森林对生态环境也具有极为重要的保护作用，森林所涵养和截留的降水是哈尼梯田的主要水源。

土地生态系统的社会功能可分为资源性与资产性两个方面。第一，土地的资源性方面。①生产性功能，它为人类社会提供生活空间及通过绿色植物提供人类社会有机食物的能量与蛋白质等供养功能；②生态性功能，通过土地生态系统提供人类生活环境的总体生态功能；③土宜性功能，通过某些动植物对某些土地条件的特殊要求而生长一些特殊名优产品的生产功能以满足社会的特殊需要；④土地动态变异与更新功能，人类社会可通过此功能来科学地改善土地生态环境和生产功能；⑤多用途性功能，既可用于农、林、牧、渔业生产，也可用于工业、交通和城市建设用地。第二，土地资源的资产性功能方面。①产权功能，这是社会经济发展的基础；②增值性功能，由于不可展延性和社会经济发展及人口的不断增长对土地的需要，使土地成为稀缺资源而使土地具有自行增值特性；③不动产功能，由于土地的不可移动性而成为社会经济的不动产资本。

第三节　土地利用与土地生态过程

土地利用是环境属性的综合反映，是土地用途与经营管理方式的集成，不同的土地利用方式具有不同的生态过程。随着人口急剧增长，人类活动对自然环境的影响日趋显著，土地利用方式的变化导致土地利用结构和格局改变。合理的土地利用格局有利于水分、养分的循环以及社会经济功能的协调发展，不适宜的土地格局将导致水分和养分循环的失调，带来一些负作用，如非点源污染、土地退化和水土流失等。

一、土地利用方式与土地生态过程

土地利用是指人类通过一定的活动，以土地为劳动对象或手段，利用土地的特性来满足自身需要的过程。土地利用方式就是在这个过程中，人们确定的土地用途、利用类型与采取的具体经营管理措施的结合。比如，人们为了生产粮食，开垦土地种植粮食作物，这种土地利用类型就是耕地；可是，同样的耕地却有不同的经营管理措施，具体表现在种植制度、农业生产资料投入、耕作栽培措施等。显然，同一土地利用类型因采用的经营管理措施不同，其土地产出和效益必然也不同。

（一）土地利用方式转换对土地生态过程的影响

土地利用方式及其结构的变化不仅能够改变土地自然景观的面貌，而且深刻影响着土地生态系统中的物质循环和能量流动。土地利用方式变化可引起许多自然现象和生态过程的变化，如土壤养分和水分的变化，地表径流与侵蚀，生物多样性的分布和生物地球化学循环等。土地利用方式的变化可导致水土流失、土地沙漠化等土地退化现象发生，亦可以控制水土流失和沙漠化，提高土壤质量的目的。

1. 土地利用类型转换与生态过程

土地利用及其管理措施是影响元素分布的重要因素，它的变化可引起许多自然和生态过程的变化。土地利用类型的转换影响着土壤水分和土壤元素的迁移转化过程，对土壤性质的改变产生较大影响，而且对土壤生物也产生一定影响。

（1）植被恢复对土壤特性的影响

植被覆盖可以有效地减少土壤侵蚀，并将植被减蚀作用归结于植被茎叶对降雨的截留作用，植被根系对土壤的固结作用和植被对径流传递的阻碍作用。但由于土壤全氮多是有机氮，它主要和土壤颗粒相结合。因此，植被在防止土壤颗粒流失的同时，相应地减少了土壤全氮的流失，其减少作用随覆盖度的增加而增大（张兴昌和邵明安，2000）。人工林的种植可以提高土壤养分的含量（Condron et al.，1996），且随着种植年龄的增加，土壤性状和土壤肥力有所改善，有机碳与总氮的含量也相应增加，并且呈现较强的相关性，但人工林种植50年后仍没有达到自然林的水平。植被恢复或退耕还林可以提高土壤养分含量，不同的植被类型下土壤养分含量也不同。植被恢复，如灌丛、林地、草地等的种植以及弃耕措施的实施，可以提高土壤有机质含量，而农业生产过程中，作物收割则造成土壤有机质的损失，农田作物生产降低土壤肥力，但退耕还林还草则可以缓解土壤肥力的降低（Gong et al.，2006）。

（2）森林采伐对土壤特性的影响

森林采伐则对土地生态过程具有不同的影响，主要表现在土壤物理结构、化学特性、生物特征三个方面。

森林采伐对土壤物理结构的影响主要表现在温度、湿度和土壤结构三方面。森林采伐移走了森林的冠层，林地表层物质直接暴露于表面，从而增加了对太阳辐射的吸收，地表温度将有所提高（Chapin et al.，2002）；Smethurst和Nambiar（1990）发现皆伐地同临近未采伐林地相比，表层土壤温度高出1～2℃。而森林采伐对湿度的影响要比对温度的影响更加复杂，一般来说，采伐能够通过减少林冠对降水的阻截和植物蒸腾来增加土壤湿度（Fisher and Binkley，2000），Smethurst和Nambiar（1990）发现皆伐后到达林地表层的降水增加146%；同时，皆伐后温度的增加，林地表层的蒸散增加，从而又会引起地表湿度的下降。

森林采伐后对土壤化学特性的影响主要表现在pH、C、N、P等物质的循环方面。

通常森林采伐后由于林地表层硝化作用的增强，同时，酸性有机物质易被淋洗出来，因而 pH 降低（Zhang et al.，1999），土壤有机质及土壤养分（N、P、K）采伐初期明显增加，但若不及时造林，这些增加的养分不能及时被迹地植物吸收和利用，大量养分则被雨水冲刷而流失，从而土壤养分迅速降低以至低于原来水平。

森林采伐对土壤生物的影响主要表现为对土壤动物的影响。采伐通常能够减少土壤动物的数量，如线虫、飞虫、蚯蚓、蜘蛛、环节动物等类群会减少，而一些其他的类群可能不变，也可能增加，如节肢动物增加（Uhia and Briones，2002），而步甲虫通常不受影响。采伐对土壤生物的影响程度随着强度的加强而加大，一般表现为皆伐＞带伐＞轮伐。总的来看，采伐对林地表层物质理化特性的影响，将明显地影响到林地表层的土壤生物群。

(3) 土地利用方式转换的生态效应

土地利用是人类改造地球的主要方式。土地利用通过土地覆被的变化影响全球和区域环境，土地覆被对气候、生物地球化学循环、土壤质量、陆地生物种类的丰度和组成有重要影响。合理的人类活动，即在尊重客观规律的前提下，适度的利用土地，将会产生良好的生态效益；相反，过度的、不合理的土地利用，会导致土地退化，水土流失等环境问题，进而影响当地居民的生存和发展，由于局部环境问题的放大作用，在区域尺度上的环境问题也会在整个区域、全国甚至在世界范围内造成一定的影响，如沙尘暴的产生。

1）土地利用变化与土地荒漠化

土地沙化是土地退化的主要标志之一，它是在干旱、多风、沙质的地表环境下，由于高强度的不合理的工农业生产活动，破坏了本来就很脆弱的生态平衡，即干扰了土壤表层的结构，使表土更松散，为降雨对地表的直接冲刷或风吹走表层土壤提供了条件，使生态环境脆弱区的土地退化程度加重，造成地表出现风沙活动或水土流失。从一定的角度看土地利用方式和强度与荒漠化过程密切相关，联合国环境规划署在分析全球荒漠化的人为因素时指出，过度放牧造成的荒漠化占土地退化面积的 34.5%，不适当的农业利用占土地退化面积的 28.1%，其他如水资源利用不当、工矿交通用地占土地退化面积的 7.9%。由于人口的增长，增加了对现有生产性土地的压力，极易使生态脆弱区的土地荒漠化程度加剧。

2）土地利用变化与水土流失

黄土高原是我国乃至全球水土流失最严重的地区，侵蚀模数在 5000t/(km^2·a) 左右，这一方面是由于黄土高原特殊的自然因素所引起的；另一方面是人类活动导致了水土流失的加剧。即土壤侵蚀是植被、土地利用、气象、地形和土壤等多种因子综合作用的结果。其中土地利用方式对水土流失的影响主要是对径流的影响以及对侵蚀泥沙的影响。不合理的土地利用方式导致的土壤性质变化可以通过“级联效应”对土地利用格局产生影响，通过影响土地利用格局变化进而影响水土流失（傅伯杰等，2002）。

3）土地利用变化与土壤养分

土地养分是在土壤形成及培育中积累下来的，国内外大量研究表明，不同的土地利用方式可以加剧或缓解土壤养分的流失。土地利用与土壤养分的关系复杂，不同的土地利用类型，土壤养分种类和含量不同。并且同一种土地利用类型，在不同的地段养分含量也有显著的差异，如土壤水分在同一坡面的不同部位，水分含量有着一定的差异。还要注意的是不同的土地利用类型其养分在不同的时间也有差异，即在植物的生长季和非生长季土壤养分有一定的差异。石辉等（2002）的研究表明，陕北风沙土表层养分含量较低，有机质含量中流动风沙土和半固定风沙土的含量最低，固定风沙土和耕灌固定风沙土的含量最高。土地利用对土壤养分的影响在农牧交错带变化最为明显，由于农牧交错带种植业的发展有的仅数十年历史，但由于广种薄收、经营粗放，有机质减少，土壤严重退化。反过来，植树种草，尤其是豆科类的植物有利于氮的固定，增加了土壤肥力，土地养分增加，这有利于植物的生长，使得土地朝良性方向发展。

2. 城市扩展与土地生态过程

城市是区域系统的中心和最具影响力的时空复合系统，城市用地扩展是区域土地利用演化的主导过程，城市土地利用所引起的地表景观格局的变化是引起地表各种地理过程变化的主要原因，也是区域环境演变的重要组成部分（史培军等，2001）。城市化发展对区域社会、经济、环境产生巨大影响，尤其是城镇化快速发展及其不合理的土地利用方式，不仅导致土地资源的巨大浪费和破坏，而且带来严重的生态与环境问题（刘彦随，1999；战金艳等，2003）。

城市、交通及矿物资源的开采等均可对土壤产生影响，主要表现在土壤的侵蚀加剧，物理结构的变化以及有毒化合物在土壤中的积累等方面。工业对土壤的影响主要表现在污染物质在土壤中的沉降与积累，并通过酸雨对土壤物理、化学性质及生物群落产生影响（欧阳志云等，2005）。城市中废水、废气等大量产生、生活废物向周边的排放影响原有土地生态系统，如果这种影响超过了周边土地系统的自净能力，就会形成土地污染，威胁土地生态过程。城市地表灰尘和土壤都不同程度地受到重金属的污染（孟飞等，2007）。一方面，土壤和地表灰尘重金属可以通过扬尘与土壤、灰尘直接接触从而对高度聚集的城市人群产生危害（卢瑛等，2004）；另一方面，在地表径流的冲刷下，土壤与地表灰尘重金属进入受纳水体，可引起地表水污染等环境问题。

土壤被称为土地资源的第二项财富。像光合作用本身一样，表土层的形成过程是一种反馈过程，土壤是陆地生态系统的基础，是生物圈生态循环的重要环节。目前城乡建设基本上是以硬质化的覆盖使土壤自然属性消失殆尽，直接影响到土地生态功能的发挥，关系到生态系统的物质流、能量流、信息流、价值流，以及生物流的循环流动、传输与交换。现有的建设方法导致人类聚居地日益“石漠化”，这种土壤结构被彻底破坏的建设行为不仅影响了人类生活空间的适居性（如引起热岛效应），而且将生物生产、生态系统循环的主要媒介破坏殆尽，导致生物多样性降低等环境质量下降，易产生洪水等灾害现象。

3. 土地集约利用与生态过程

土地集约利用是相对粗放利用而言的，指通过优化土地利用结构和布局，加大土地投入强度，提高土地利用的经济效益、社会效益和生态环境效益，提高土地利用系统的自组织能力，协调好土地利用系统的关系，增加外部生态环境对土地利用系统的正外部效用，进而提高土地利用系统的可持续生产能力。

土地过度利用对生态环境的负面影响更大。首先是土地过度利用造成了土壤的快速退化。由于生产要素的超量投入，特别是化肥、农药滥用，在微观上表现为土壤结构的破坏，有机质含量下降；宏观上表现为土壤退化，土壤沙化，土壤贫瘠板结等。由此必然伴随着地下水资源的超量开采，这就进一步加大了水资源危机。其次是土地过度利用极易形成水土流失。如坡地种植、土地翻耕频繁、毁林开荒、过度放牧等行为均会导致水土流失；伴随着土地过度利用的农用化学品的大量使用，使环境和农产品污染严重。

与土地粗放利用相反，土地利用越集约，单位土地产品的资源消耗和环境破坏也越来越少，生态环境建设越来越多。而且在土地集约利用过程中，土地集约利用也在为了自身的需要而努力改善环境，如抗洪排涝，灌溉农田，修筑梯田，施肥养地，改良土壤提高地力等。可以说，土地集约利用与生态环境之间的关系是一种辩证统一的关系（董秀茹，2006）。

土地集约利用不仅影响土壤有关的生态过程，而且也影响着土壤养分的迁移，不同的土地利用类型对养分的吸收与转化作用不相同，转化途径也不同。此外，由于对土地进行合理的集约利用，还可以整理出大量的耕地后备资源，可以使过度开垦的耕地得以休养生息，提高土壤的质量。

土地集约利用对水文的影响主要体现在对地表水和地下水水质的影响。史培军等（2001）通过研究深圳市土地利用变化对流域径流的影响中得出，随着人类活动的加剧，土地利用的变化使径流量趋于增大的结论。根据史培军的研究结果，可以得出，由于城市化进程的加快，城市建设用地的集约化发展加速，城市人口密度增大，城市建设用地的集约化也可以使径流量趋于增大。此外，随着工业用地的集约化，许多企业污水的任意排放以及污水的处理率不够，还可以导致河流水质的污染。

二、土地利用格局与土地生态过程

土地利用格局及其变化如何影响各种生态过程尤其是土地生态过程，一直是土地生态学研究的中心问题。土地利用格局是各种生态过程或流在不同尺度上作用的结果，已形成的土地利用格局对土地生态过程或流具有基本的控制作用；土地单元内部的流在一定程度上决定土地单元的个体行为，而土地单元的空间组合则影响系统整体的水平过程。

（一）土地利用格局对生态过程的影响

不同土地利用方式的组合形成不同的土地利用格局，土地利用格局变化必然对土壤、水文和侵蚀特征产生影响（Fu et al.，2000；Qiu et al.，2001；邱扬等，2002）。如陕北黄土丘陵区从梁底到梁顶，土地利用组合分别为草地-坡耕地-林地、坡耕地-草地-林地、梯田-草地-林地和坡耕地-林地-草地。通过测定土壤全氮、全磷、有效氮、有效磷和有机质，农耕地中表层土壤的有机质、全氮含量分别比流失泥沙中的平均有机质和全氮含量低 71.9%和 11.85%，该区域土壤养分含量：林地＞草地＞坡耕地，而水分含量：林地＜草地＜坡耕地；坡耕地-草地-林地和梯田-草地-林地有较好的土壤养分保持能力和水土保持效果（傅伯杰等，1999），因此农田退耕可以显著降低泥沙量和径流量，林草地与坡耕地相比，一般可以减少侵蚀量60%以上，减少径流量50%以上，有些可以高达99%以上（杨文治和余存祖，1992）。对于北京地区，不同土地利用方式的水土保持效应明显不同，与免耕（玉米）、梯田（玉米）相比，人工草地、荒草地和林地水土保持效益显著（符素华等，2002）。

土地利用方式的不同是土地系统中氮、碳、磷等养分运动的主要影响因素，也是影响地表径流和水土流失的主要原因。如黄土沟壑区流失的大量泥沙和径流不仅造成当地土地生产力下降，而且加速下游水体的富营养化。在不同的土地利用方式中，径流中磷的流失主要取决于敏感期的一两次降雨，其流失总量由径流中磷的含量决定，与径流量的关系不明显，在各种土地利用方式中，农田流失泥沙量最多，坡位影响农田产沙量和径流量，农田中径流量和径流中流失的磷存在一个坡度临界值（孟庆华等，2002）。

土地利用及格局的变化对生态系统结构和功能均产生重要影响，对生态系统结构的影响主要表现在生物入侵和生物多样性损失。土地利用格局变化对陆地生态系统最直接的影响是生境转换。转换的生境是生物入侵和物种消失的主要发生地，生物入侵大量发生，使侵入植物急剧繁殖。许多岛屿＞50%的物种，一些陆地＞20%的植物不是乡土植物（Drake，1989）。毁掉的森林有相当一部分转换为农田甚至沦为退化土地，极大威胁着生物多样性。以农业扩张或集约化为主要特征的农业土地利用是陆地生态系统生物入侵和生物多样性损失的重要因素，并直接影响生态系统伴生生物的组成和丰富度，如集约化农业减少了植物种类，改变了生态系统病虫害复合体中害虫及其天敌比例的平衡格局，导致土壤生物种类的减少等（Grenland and Szabolcs，1994）。

（二）城市土地利用格局与生态过程

土地利用格局及其规划多针对城市而言，城市土地利用格局的机制研究是城市土地利用格局与规划的前提与基础。概括起来，目前城市土地利用格局的机制研究主要有四类（苏伟忠和杨英宝，2007）（图4-7）。

第一类：分析其动力因子。一般认为，影响城市土地利用扩展的动力因素包括自然和社会经济两大类，其中又以社会经济因素的影响为主。Form（1954）把影响城市土地利用变化的动力分为两大类：市场驱动力和权力行为力。Stern等（1992）则把土地利用变化的社会驱动力分为：人口变化、贫富状况、技术变化、经济增长、政治和经济结构以及观念和价值等。

第二类：分析影响城市景观的各方社会力量的相互关系。主要包括政府力、社会力和市场力。城市土地利用布局就是这些力相互作用的共同结果。在某种程度上，动力因子和动力理论就是探讨这些社会力量实施影响城市运行的规律。

第三类：土地单元间的动力因子综合比较。包括两类：一是基于源-汇系统理论和生态位概念的生态位势差分析；二是空间相互作用模式。两者的共性就是对土地单元进行动力因子的综合比较，分析土地单元间的动力级别差异，这些差异就是功能流产生的前提。只有功能流的运动才能影响土地利用布局的形成和演化。

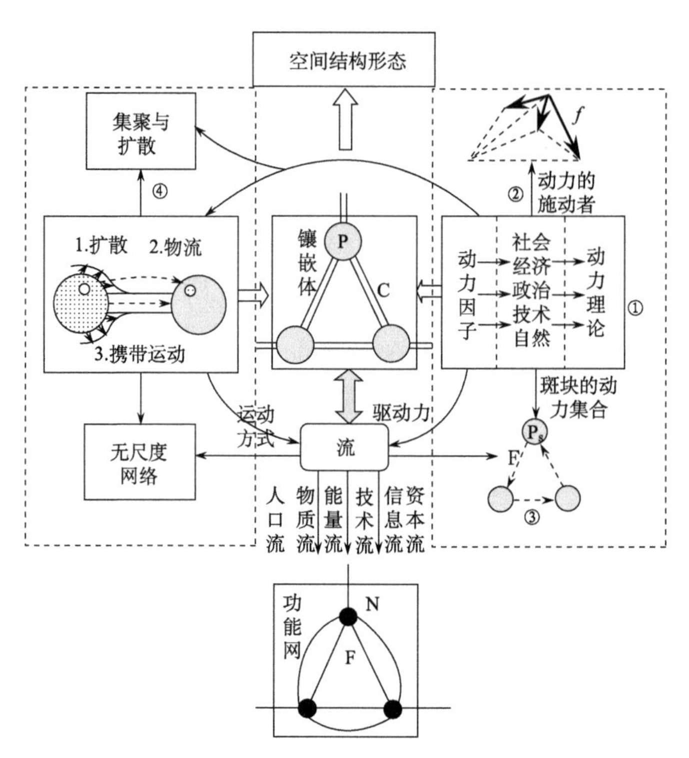

图 4-7　城市空间结构的机制分析图（苏伟忠和杨英宝，2007）

第四类：分析流的运动方式。流的运动方式主要为集聚与扩散，这些流的运动方式影响城市土地利用布局和形态的演化，具有社会学和经济学的理论基础。

城市化过程一般从城市中心向外扩展，城市的扩容、高新技术区、工业园区的建设以及基础设施的铺建，大量侵占城市边缘区，尤其是占用大量耕地，造成土壤层次的颠倒与扰乱，同时也破坏城市建设区域的土壤结构，另外由于工业企业的建设以及城市化过程中人口的剧增、城市垃圾的大幅度增加，大量垃圾被运往近郊区填埋，相对加重了近郊区的环境污染，对城市土地利用造成巨大压力。而工业生产过程中产生大量污染物，雨水可能淋洗出大量有毒有害物质，污染土壤，破坏土壤结构，损害土壤质地；再加上比较利益的差距使城市边缘区域的农民务农积极性降低，减少了对土地的投入，甚至造成土地撂荒，致使土地质量下降，土地系统功能退化。

城市扩展侵占大量城市边缘区，大量农用地通过各种途径实行了“农转非”，致使大量的耕地或绿地被人工地貌所替代。土地生态系统的生产者——绿色植物生存的空间遭到破坏，绿色植物减少，大大降低了系统的初级生产功能。城市化进程中，土地“农转非”，山地被夷平，河流被裁弯取直，建设活动过程中造成的水土流失相当严重，城市化建设期土壤侵蚀率是农田的 10～350 倍（平均 180 倍），是森林的 1500 倍（范晓军和唐欣，2001）。大量的水土流失造成表层内土壤养分的锐减，土壤贫化，制约着绿色植物的生长发育，使得城市边缘区相对脆弱的生态系统遭受破坏而难以恢复，同时，水土流失造成沟渠被阻，河道淤塞，也加重了水体的富营养化。

城市土地利用格局的改变对非点源污染的影响也十分显著（陈利顶等，2002；梁涛等，2003；León et al.，2001）。城市土地利用是非点源污染产生的根源，也是污染物迁移的媒介，城市化改变了非点源污染物的种类、数量及浓度，同时也改变了非点源污染的过程（杨柳等，2004）。因此，通过土地规划对城市土地利用进行调整，能够实现对非点源污染的有效控制（郭青海等，2005）。非点源污染主要是由于农田大量施用化肥、农药、农村家畜粪便与垃圾堆放、城镇地表径流、林区地表径流、农田污水灌溉及大气降雨降尘等而引起的。随着城市化的发展，土地利用类型以农业景观为主时，非点源污染的污染物主要为营养物质，如氮、磷等；而城市化地区，土地利用类型以城市景观，如高密度住宅区、低密度住宅区、工业区、商业区等为主时，非点源的污染物中除营养物质外，出现了诸如大肠杆菌之类的病菌污染物（Kelsey and Porter，2003）、硝酸盐（Prakash et al.，2000），以及铅、铜、锌等重金属。污染物数量/浓度的变化在城市化过程中表现得也相当明显（Kelsey and Porter，2003；Prakash et al.，2000）。城市化地区，由于缺乏地表径流的缓冲区和自然过滤器，城市暴雨径流中含有高浓度的污染物，以重金属最为突出。城市化对非点源污染“过程”的影响，主要体现在城市化对降雨-径流过程的影响，改变了区域的水文过程。城市化前后，降雨径流的峰值、径流形成的时间和流量等均发生了变化，从而改变了污染物的累积和冲刷规律。

（三）土地利用规划与生态过程

土地利用规划是通过土地利用数量、结构和空间格局变化实现的，主要表现在居民点、工矿用地及交通用地的面积的增加及分布范围的增加。且大多数规划中面积减少最快的土地利用类型是耕地，主要原因就是农业结构的调整及各类建设用地的迅速扩展所致。从土地利用布局变化上看，土地利用规划未来土地利用布局的变化多是考虑城市住宅、工业、商业、服务业及公共设施管理等用地的空间格局，在此基础上构建城市绿化带格局，防止环境污染，从生态环境考虑，构建生态型社区、生态型产业及生态型城市等。

土地利用规划引起的土地利用格局变化对水文生态过程、非点源污染和土壤环境的影响主要表现在土地利用格局变化改变了地表反射率并影响大气温度和湿度，倾向于增强大气稳定性，减少对流雨，进而影响地表径流和土壤表层水分含量，影响土壤物理、化学及生物特性。若土地利用格局变化向着植被覆盖度增加的方向发展，则可以减少水土流失，增加土壤养分含量，提高土壤肥力，改善土壤质量。但多数土地利用规划是在减少耕地面积的基础上增加建设用地。建设用地面积的增加，路面铺设水泥不透水层，使得地表径流和地下径流被阻隔，水资源循环被打断，土壤透水性也降低，土壤生态系统被破坏，土壤质量下降。反过来，土壤特性的变化又会对土地利用规划起到一定的反馈作用，用以指导下一步土地利用规划工作的进行，使土地利用规划行动和目标向更优的方向发展。

因此，土地利用规划与土地生态过程之间是一种复杂的相辅相成的关系，土地利用规划引起土地数量结构和利用格局的变化，从而改变土地表层水文过程和表层土壤特性，反过来，土地表层水文过程、表层土壤特性及生物特征的变化又可以指导和调整土地利用规划的实施，保证区域土地利用向着持续、高效的方向发展。

三、土地利用工程与土地生态过程

（一）土地利用工程的概念和分类

1. 土地利用工程的概念

土地利用工程是有关土地开发利用、治理改造、保护管理的各种工程的总称，如荒地耕垦、滩涂围垦、水利灌溉、水土保持、植树造林种草、草原建设和改良、盐渍化、沙漠化、沼泽化土地的治理、土地污染防治、大江大河治理、堤防圩垸、水库、水闸、塘坝的修建等。其主要任务是合理开发利用土地资源，提高土地利用率和土地生产率，防止土地退化和破坏，促进土地利用实现良性循环与建立新的生态平衡，提高土地利用的集约化程度。

土地利用工程不同于其他工程之处在于它的整体性和综合性，它必须利用和改造土地资源的各个要素，将工程措施和生物措施作为一个整体，综合进行整治，才能有效治理土地。

2. 土地利用工程的分类

土地利用工程主要包括：①土地开发工程。即对土地资源尚未被利用或利用还不充分的地区进行合理垦殖，发展交通，建设居民点，进行综合开发利用的工程措施，以充分发挥土地资源的生产潜力，提高土地利用率。②土地整理工程。在传统意义上是指在一定的区域内，按照土地利用规划或城市规划所确定的目标和用途，采取行政、经济、法律和工程技术手段，对土地利用状况进行综合整治、调整改造、以提高土地利用率，改善生产、生活条件和生态环境的过程。而现代意义上的土地整理是指景观生态型的土地整理，即在上述传统土地整理内涵的基础上还要达到保证土地的可持续发展、保证生物的多样性以及生态平衡的目标。③土地治理工程。采取工程措施和生物措施相结合的方法，对各种难以利用或由于使用不当而退化了的土地，进行有计划的综合治理，以恢复和提高土地生产力，建设有利于集约利用的土地生态系统。④土地改良工程。为改变土地的不良性状，防止土地退化，恢复和提高土地生产力而采取的各种措施的总称。⑤土地保护工程。为防止土地遭受破坏、导致土地退化和保护土壤防止污染的各种科学技术措施和工程设施的总称。

（二）土地开发与生态过程

土地开发对自然系统与生态景观的影响主要反映在植被的减少，动物区系的变化，生态景观类型人工化及结构的趋同化，并导致生物多样性的降低等方面。

土地开发过程中，首先往往是生物资源的开发及大片的自然景观被改造成单一群落结构的农田或人工森林，自然植被的丧失，使野生生物生境发生变化，甚至消失，许多生物将随之消失或绝灭，当今全球性物种绝灭速度大大加快，生物多样性丧失严重的最重要的原因就是区域土地的开发所导致的生境的破坏。区域土地的开发也往往伴随人为有目的或无意识引进各种动植物，导致外源物种的侵入，单一种物种结构的农田及森林也常诱发少数物种种群速度增长，如农作物及森林的病虫害大发生（欧阳志云等，2005）。此外放牧作为草地生态系统开发的一种利用工程，其放牧强度及放牧制度的不同对草原植被和土壤质量、土壤理化性质具有不同的影响。

在草原生态系统中，过度放牧导致草原植被退化和土壤质量退化，特别是春季的过度放牧对草原植被和土壤质量造成了更为严重的不利影响。草原生态系统易变性和易退化特点决定了放牧容易引起一系列生态环境问题，甚至引起土壤盐碱化、荒漠化和深部土层干化等严重的生态环境问题发生（贾树海等，1995；李瑜琴和赵景波，2005）。对于水土流失极其严重的黄土高原，放牧对林草地土壤生态系统的负面影响更为明显，持续的放牧是该区域水土流失发生发展的主要成因之一（蒋定生等，1997）。

不同放牧强度对土壤理化性质的影响是不同的。土壤 pH 和电导率在不同地段间的变化均达到差异显著水平，且随放牧压力增大而逐渐增加。这主要有两个原因，一是放牧越重的地段，接受家畜粪尿量相对越多，加快了土壤离子循环速度；二是放牧造成植被盖度和地表凋落物量减小，导致地表土壤水分蒸发量加大，从而增加了盐分积累量。放牧强度增加，可导致土壤养分不同程度的下降。但不同土壤养分指标对放牧反映的敏感度不同。有机质含量只有在重度放牧时才出现显著下降；放牧对全 N 的影响最明显，轻牧即可造成有机质含量显著下降，但几个放牧段之间差异不显著；全 P 和全 K 的含量重牧段下降比较迅速（周丽艳等，2005；高雪峰等，2007）。这些主要与不同强度放牧对土壤养分的不同消耗和土壤理化性质的变化有关。

不同放牧制度对草地土壤的影响也不同，连续放牧、延迟轮牧和短周期轮牧对草地土壤的紧实度和渗水速度无明显影响，而不同载畜率对土壤容重和渗水速度发生显著变化。划区轮牧区土壤表层速效氮、磷、钾和有机质含量较自由放牧区高，划区轮牧更有利于土壤养分的供给。卫智军等（2005）基于短花针茅荒漠草原，对比研究了划区轮牧和自由放牧两种放牧制度对草地土壤理化性状的影响，结果表明：划区轮牧与自由放牧相比，表层土壤容重下降、孔隙度增加、土壤机械组成优化；划区轮牧表层土壤质地有所改善；土壤中全氮、碱解氮、全磷、速效磷、速效钾以及有机质含量均比自由放牧区有所提高，划区轮牧更有利于土壤养分的供给。

（三）土地整治与生态过程

土地整理的内容主要有四个方面：一是农村土地整理，主要是通过对田、水、路、林、村进行综合整治，来增加有效的耕地面积，提高耕地质量，改善农业生产条件和生态环境；二是城镇土地整理，是指对城市建设用地进行的配置和再规划，包括旧城改造，城市用地的置换及调整，盘活存量等，通过土地重划和整理，达到内涵控潜，控制外延，集约用地的目的，以推进城市的现代化建设；三是大型建设项目用地的整理，包括大型独立工矿、交通、水利、能源等建设直接破坏土地以及水库下游河道土地的整治开发等；四是生态环境及自然环境的保护，包括防洪设施的建设，沙化土地及盐碱地的改造，荒山开发。

土地治理应因地制宜，根据不同的土地退化现象，制定不同土地治理措施。在规划中要明确划出沙耕地、宜林地、牧业用地等不同类型，进而分类开发。首先应根据一定区域的自然地理特点，林、牧、水综合开发。就林地而言，要点、片、网、线并用。所谓“点”即居民点造林绿化。抓好这一部分绿化，可以在一个大的区域内形成一块块的“绿洲”；“片”即选择沙丘、碎地造林，建设片林；“网”是指沙耕地上的农田林网，网格应视地力而设，不宜太大；“线”是指公路、铁路、水系周边绿化，建成条条“绿龙”。其次是抓好配套设施建设，形成规模，在开发上坚持林田路渠相配套，在农田治理上坚持治沙改土与施肥相配套，在造林植果上坚持林、果、桑等相配套，在作物安排上坚持粮油草菜等相配套。通过综合开发，配套建设，促进沙区农、林、牧、副、渔全面开发，既改善沙区生态环境，又促进农村经济发展。

目前在土地治理过程中，对路、沟、渠的改造往往使用混凝土作为施工的材料，影响了土地生态环境，而生物生存环境的破坏在一定程度上阻碍了农田物种的扩散，使嵌块体的栖息地未能连接，造成群体趋向不稳定，导致生物多样性的下降，同时使种间多样性和种内异质性降低，系统的适应能力下降，造成农业系统过分依赖外部能源和人工控制。

在工程施工的技术方面，要做到尽量少使用混凝土。混凝土沟渠虽然能提高输水功能，但也降低了沟渠内生物对耕地内施用的化肥和农药的分解和消化的功能，使大量的化肥和农药随着排水系统加速进入河道，造成水源的污染。并且混凝土的沟、渠、路阻碍了农田物种的扩散，降低了种间多样性和种内异质性。在渠道的周围规划种植各种植物，不但可以降低由于阳光的直接照射所造成的水温差异，人为的创造野生动植物栖息的条件，而且可以利用水中微生物的自身分解和降解功能减少农田内的农药和化肥直接排入渠道所造成的污染。在工程施工中减少机械化的填埋，机械化的施工改变了土壤的物理性质容易造成土壤板结，使土壤的团聚体变差，破坏表土的熟化层，使有机质含量减少，易发生结构退化。

土壤重构（soil reconstruction，soil restoration）即重构土壤，是土地治理工程的基础和核心工程，本身也可以看作一种土地生态过程，是以工矿区破坏土地的土壤恢复或重建为目的，采取适当的采矿和重构技术工艺，应用工程措施及物理、化学、生物、生态措施，重新构造一个适宜的土壤剖面与土壤肥力条件以及稳定的地貌景观，在较短的时间内恢复和提高重构土壤的生产力，并改善重构土壤的环境质量。

土壤重构所用的物料既包括土壤和土壤母质，也包括各类岩石、矸石、粉煤灰、矿渣、低品位矿石等矿山废弃物，或者是其中两项或多项的混合物，在人工措施定向培肥条件下，重构物料与区域气候、生物、地形和时间等成土因素相互作用，经过风化、淋溶、淀积、分解、合成、迁移、富集等基本成土过程而逐渐形成的。

在矿区土壤重构过程中，人为因素是一个独特的而最具影响力的成土因素，它对重构土壤的形成产生广泛而深刻的影响，可使土壤肥力特性短时间内即产生巨大的变化，减轻或消除土壤污染，改善土壤的环境质量。另外，人为因素能够解决土壤长期发育、演变及耕作过程中产生的某些土壤发育障碍问题，使土壤的肥力迅速提高。但是，自然成土因素对重构土壤的发育产生长期、持久、稳定的影响，并最终决定重构土壤的发育方向。

（四）土地改良与生态过程

土地改良是指为改变土地的不良性状，防止土地退化，恢复和提高土地生产力而采取的各种措施的总称。主要包括：农业工程措施，如兴建农田水利工程、修筑梯田、改造坡耕地、平整土地、实行耕地园田化等；生物措施，如营造护坡林、护田林、固沙林、固沙草等；农业技术措施，如采用合理的施肥制度等。

通过深翻土地打破黏土板结层，可以增加土壤的通透性，使土壤容重变小，孔隙度增加，土温升高，土壤湿度下降，好气性微生物活动增强，养分得到释放，盐碱淋溶加快。灌水后和雨后要及时中耕松土，截断毛细，可以减缓地表水分强烈蒸发而造成的土表盐分积聚。

通过施肥改良土地，能够增加土壤有机质，起到疏松土壤，协调土壤中的水、气、温状况，并促使微生物活动等作用。施用矿物性化肥，补充土壤中氮、磷、钾、铁、钙等元素，不但能改善土壤结构，而且在植物腐烂过程中，还能产生酸性物质中和盐酸，有利于树木根系生长。

施用土壤改良剂对土地生态过程也产生一定影响，如施用营养型酸性土壤改良剂影响土壤对氮素的吸收利用，施用土壤营养型酸性土壤改良剂，导致土壤碱解氮量下降，碱解氮的下降，一方面可以减少由于土壤pH上升引起氮的挥发损失，提高氮素的吸收利用效率，增强土壤对氮的保蓄能力；另一方面也可以减少由于硝化作用造成氮的淋失，防止地下水污染。

工程技术措施可以有效地改良土壤，如盐碱土壤改良，通过换土来改变局部土质性状，利用含盐量低的优质土来维持栽培树木的生命力，树木发芽后，树木耐盐能力逐渐提高。而铺设渗水管控制高矿化度的地下水位升高，可防止土壤的急剧反盐，土壤含盐量降低，土壤盐基离子钙、镁、钾、钠等含量相应降低，土壤理化性质被改变，土壤养分和有机质含量也随之发生变化，原来生长的植被物种通过自然和人为干扰发生演替，新生植物群落兴起，从而影响水圈、生物圈及土壤圈的物质能量循环，改变土地生态过程。

（五）防护林建设的生态效应

在农业上，防护林对固沙保土和防风保苗具有重要的意义。研究人员曾比较过三种防风林类型的效率：①缓坡，最矮的树在迎风面，最高的树在背风面；②陡面，最高的树在迎风面，逐渐降低至背风面的矮树；③圆面，最高的树接近中心。结果表明：在三种防风林类型下风向距离相等处，风速减少50%～70%。其中，圆面下风处风速降低的延伸距离比其他两种长，并且湍流最小，因此防风效果最佳。林地一般起密实风障的作用，因此在林地下风处通常存在湍流，但林地的透风度往往随风速和叶密度的季节性变化而变化。此外，防风林带的下风方向如果有第二条防风林带，或者林带本身有间断，就会改变气流形式，随风携带的其他物质的沉积部位也会发生改变。

我国学者在三北防护林地区的研究表明（傅梦华等，1992；姜风岐等，1994），在主害风盛行的5～6月（全叶期），具不同疏透度的杨树林带均在迎风面10倍树高至背风面20倍树高范围内产生明显作用，30倍树高处风速均恢复到旷野水平。他们还建立了有叶期和无叶期疏透性（β）与100m林段所有林木胸高断面积总和（G），以及林带相对枝下高（h_0=枝下高/林带高）之间的定量关系：

$$\beta_{有叶期}=0.27430-0.49418\times\log(G)+0.93034h_0;\ (r=0.97)$$

$$\beta_{无叶期}=0.56253-0.41059\times\log(G)+0.47902h_0;\ (r=0.97) \tag{4-19}$$

实验结果表明，当疏透度为0.25时，林带具有最佳防风效果和最大的有效防护距离。

长城沿线风沙区，草地土壤多为沙壤土、轻壤土，有些草地还覆盖着沙，有的有伏沙带，地表物质组成疏松，容易造成风蚀和沙埋。建造防护林后，减少了草地土壤养分的无效输出，使有机质、营养物质稳定在草地系统中，同时防护林还可截留随风携带飘移的细粒，使其养分沉降在其防护区域内，因此能有效地改善草地土壤结构，增加营养物质。

（六）退耕还林的生态效应

退耕还林还草工程包括退耕还林、荒山造林及封山育林，其中，退耕还林是最为重要的部分。退耕还林还草工程作为一项生态恢复工程，带来的生态效益是多方面的，包括土壤保持、拦蓄保护水资源、净化空气、增加生物多样性等。退耕还林还草工程的实质是将低产的、环境危害严重的农田生态系统转变为林草生态系统，其土壤保持效益可看作是由农田生态系统转变为林草生态系统所带来的土壤保持服务功能的增加（李蕾等，2004）。

由于退耕还林的目的就是为了减少水土流失和尽可能的恢复森林生态系统的多种功能，因此，作为森林生态系统中起载体作用的土壤，其物理化学特性在退耕后植被恢复过程中必定发生变化，一定程度上可以改善土壤的物理性质，增强土壤的渗透性能，提高坡地的水土保持能力（杨会侠等，2007）。退耕还林后，土壤养分的各项指标较退耕前也有了明显的提高（王珠娜等，2007）。退耕还林后，由于枯枝落叶层的存在，一方面拦蓄了地表径流的发生，从而减少了表土养分的流失；另一方面由于枯枝落叶层自身的分解，也对森林土壤的有机质和养分含量起到补充作用，有助于土壤有机质的积累。退耕还林能促进土壤N素的积累，有效提高土壤N素的供应能力；退耕还林后通过改变局地范围内的小气候，影响了土壤无机态铵的固定与释放及土壤有机N的矿化过程（杨丁丁等，2007）。

不同的退耕还林（草）模式对生态过程的影响不同。地被物影响林地的水文过程，促进降水再分配，影响土壤水分运动，改变产流、汇流条件。地表径流是衡量林地植被群落对土地生态过程影响的一项重要指标，在其他条件相同的状况下，不同植被对降雨的截留与下渗及形成径流的能力不同，退耕后任何一种模式（乔灌区、乔木区、自然区）都能大大提高对降雨的调蓄能力，且随着植被的恢复和植物种类的逐年增加，生态防护功能进一步加强。从不同退耕模式下地表径流的差异来看，乔木区植被对降雨的截留与调蓄能力优于自然区和灌木区，乔灌区相对能力最差。地被物除了具有调控水文过程的作用外，也能在很大程度上控制土壤侵蚀（杨会侠等，2007；王珠娜等，2007）。

参考文献

陈利顶，傅伯杰，张淑荣，等. 2002. 异质景观中非点源污染动态变化比较研究. 生态学报，22（6）：808-816.

陈利顶，傅伯杰. 2000. 干扰的类型、特征及其生态学意义. 生态学报，20（4）：581-586.

陈利军，刘高焕，励惠国. 2002. 中国植被净第一生产力遥感动态监测. 遥感学报，6（2）：129-135.

陈灵芝. 1994. 生物多样性保护及其对策. 生物多样性研究的原理与方法. 北京：科学技术出版社.

董秀茹，石水莲，王秋兵. 2006. 土地集约利用与生态环境的辩证关系研讨. 水土保持应用技术，（3）：33-34.

范晓军，唐欣. 2001. 城市边缘带土地可持续利用的对策. 山东农业：发展论坛，（3）：19.

冯建民，李晓华，孟艳. 2008. 沙漠化对土地生产力的影响——以通辽市为例. 安徽农业科学，36（9）：3819-3823.

符素华，段淑怀，李永贵. 2002. 北京山区土地利用对土壤侵蚀的影响. 自然科学进展，12（1）：108-112.

傅伯杰，陈利顶，马克明，等. 2011. 景观生态学的原理及其应用（第二版）. 北京：科学出版社.

傅伯杰，陈利顶，马克明，等. 1999. 陵区小流域土地利用变化对生态环境的影响. 地理学报，54（3）：241-246.

傅伯杰，陈利顶，邱扬，等. 2002. 黄土丘陵沟壑区土地利用结构与生态过程. 北京：商务印书馆.

傅伯杰，陈利顶. 1996. 景观多样性的类型及其生态意义. 地理学报，51（5）：454-462.

傅梦华，姜凤岐，杨瑞英. 1992. 杨树林带疏透度的研究及其在林带结构调控中的应用//姜凤岐主编. 林带经营技术与理论基础. 北京：中国林业出版社：102-113.

高学杰，张冬峰，陈仲新，等. 2007. 中国当代土地利用对区域气候影响的数值模拟. 中国科学 D 辑：地球科学，37（3）：397-404.

高雪峰，韩国栋，张功，等. 2007. 荒漠草原不同放牧强度下土壤酶活性及养分含量的动态研究. 草业科学，24（2）：10-13.

顾江. 2001. 生态系统稳定性统计模型分析运用. 数量经济技术经济研究，1：98-100.

关卓今，裴铁璠. 2001. 生态边缘效应与生态平衡变化方向. 生态学杂志，20（2）：52-55.

郭青海，马克明，赵景柱，等. 2005. 城市非点源污染控制的景观生态学途径. 应用生态学报，16（5）：977-981.

韩博平. 1994. 生态系统稳定性：概念及其表征. 华南师范大学学报（自然科学版），2：37-45.

胡小飞，陈伏生，葛刚. 2007. 森林采伐对林地表层土壤主要特征及其生态过程的影响. 土壤通报，38（6）：1213-1218.

黄建辉. 1995. 生物多样性和生态系统稳定性. 生物多样性，3（1）：31-37.

贾树海，崔学明，李绍良，等. 1995. 牧压梯度上土壤理化性质的变化. 中国科学院内蒙古生态系统定位站：草原生态系统研究（第 5 集）. 北京：科学出版社.

姜凤岐，周新华，傅梦华，等. 1994. 林带熟透度模型及其应用. 应用生态学报，5（3）：251-255.

姜汉桥，段昌群，杨树华，等. 2004. 植物生态学. 北京：高等教育出版社.

蒋定生，王宁，王煜，等. 1997. 黄土高原水土流失与治理模式. 北京：中国水利电力出版社.

李光录，高存劳. 2007. 黄土高原南部土地生产力及其与侵蚀的关系. 干旱地区农业研究，25（4）：42-46.

李蕾，刘黎明，谢花林. 2004. 退耕还林还草工程的土壤保持效益及其生态经济价值评估. 水土保持学报，18(1)：161-164.
李明贵，李明品，邓玉芹. 2001. 呼盟水蚀区不同土地利用的水土流失观测与分析. 泥沙研究，(6)：67-70.
李瑜琴，赵景波. 2005. 过度放牧对生态环境的影响与控制对策. 中国沙漠，25 (3)：404-408.
李忠武，蔡强国，曾光明. 2007. 黄土丘陵沟壑区土地利用类型与土地生产力关系模拟研究——以王家沟小流域为例. 地理科学，27 (1)：53-57.
梁涛，王浩，张秀梅，等. 2003. 不同土地类型下重金属随暴雨径流迁移过程及速率对比. 应用生态学报，14 (10)：1756-1760.
刘茂松，张明娟. 2004. 景观生态学——原理与方法. 北京：化学工业出版社.
刘彦随. 1999. 沿海地区区域城镇化带型扩展的机制与规律. 地理研究，18 (4)：413-419.
卢瑛，龚子同，张甘霖，等. 2004. 南京城市土壤重金属含量及影响因素. 应用生态学报，15 (1)：123-126.
罗为检，王克林，刘明. 2003. 土地利用及其格局变化的环境生态效应研究进展. 中国生态农业学报，11 (2)：150-152.
马博虎，刘毅，李世清，等. 2007. 黄土高原生态环境建设与土壤质量演变. 生态经济，(3)：39-46.
马风云. 2002. 生态系统稳定性若干问题研究评述. 中国沙漠，22 (4)：401-407.
毛汉英，2001. 余丹林. 区域承载力定量研究方法探讨. 地球科学进展，16 (4)：549-555.
毛文永. 1998. 生态环境影响评价概论. 北京：中国环境科学出版社.
孟飞，刘敏，侯立军，等. 2007. 上海中心城区地表灰尘与土壤中重金属累积及污染评价. 华东师范大学学报 (自然科学版)，(4)：56-63.
孟庆华，傅伯杰，邱扬，等. 2002. 黄土丘陵沟壑区不同土地利用方式的径流及磷流失研究. 自然科学进展，12 (4)：393-397.
欧阳志云，王如松，李伟峰，等. 2005. 北京市环城绿化隔离带生态规划. 生态学报，25 (5)：965-971.
欧阳志云，王如松，赵景柱. 1999. 生态系统服务功能及其生态经济价值评价. 应用生态学报，10 (5)：635-640.
欧阳志云，王如松. 2005. 区域生态规划理论与方法. 北京：化学工业出版社.
邱仁辉，周新年，杨玉盛. 2002. 森林采伐作业环境保护技术. 林业科学，38 (2)：144-151.
邱扬，傅伯杰，王军，等. 2002. 黄土丘陵小流域土壤物理性质的空间变异. 地理学报，57 (5)：587-594.
石辉，吴金水，陈占飞. 2002. 陕北沙区不同土地利用方式风沙土的养分特征. 植物营养与肥料学报，(4)：385-389.
史培军，袁艺，陈晋. 2001. 深圳市土地利用变化对流域径流的影响. 生态学报，21 (7)：1041-1049.
苏伟忠，杨英宝. 2007. 基于景观生态学的城市空间结构研究. 北京：科学出版社 .
孙飞，李青华. 2004. 耗散结构理论及其科学思想. 黑龙江大学自然科学学报，21 (3)：76-95.
王仰麟. 1998. 农业景观格局与过程研究进展. 环境科学进展，6 (2)：29-34.
王珠娜，王晓光，史玉虎，等. 2007. 三峡库区秭归县退耕还林工程水土保持效益研究. 中国水土保持科学，5 (1)：68-72.
威廉·福格特. 1981. 生存之路. 张子美译. 北京：商务印书馆.
卫智军，乌日图，达布希拉图，等. 2005. 荒漠草原不同放牧制度对土壤理化性质的影响. 中国草地，27 (5)：6-10.
邬建国. 2007. 景观生态学：格局、过程、尺度与等级. 北京：高等教育出版社.
吴次芳，徐保根. 2003. 土地生态学. 北京：中国大地出版社.

吴建寨，李波，崇洁，等. 2008. 天山北坡不同景观区域土地利用与生态系统功能变化分析. 资源科学，30（4）：621-627.
肖笃宁，李秀珍，高峻，等. 2003. 景观生态学. 北京：科学出版社.
徐凤君. 2002. 内蒙古草地退化原因分析及其恢复治理的科技支撑. 科学管理研究，20（6）：1-6.
徐艳梅，张健，梁剑. 2007. 四种退耕还林（草）模式土壤理化性质动态研究. 四川农业大学学报，25（3）：294-300.
杨丁丁，罗承德，宫渊波，等. 2007. 退耕还林区林草复合模式土壤养分动态. 林业科学，43（增刊）：101-105.
杨会侠，张景根，张雨鹏，等. 2007. 不同退耕还林模式对地表径流及土壤物理形状影响的研究. 吉林林业科技，36（4）：29-33.
杨柳，马克明，郭青海，等. 2004. 城市化对水体非点源污染的影响. 环境科学，25（6）：32-39.
杨培峰. 2005. 城乡空间生态规划理论与方法研究. 北京：科学出版社.
杨文治，余存祖. 1992. 黄土高原区域治理与评价. 北京：科学出版社.
杨志峰，刘静玲. 2004. 环境科学概论. 北京：高等教育出版社.
战金艳，江南，李仁东，等. 2003. 无锡市城镇化进程中土地利用变化及其环境效应. 长江流域资源与环境，12（6）：515-521.
张兴昌，邵明安. 2000. 黄土丘陵区小流域土壤氮素流失规律. 地理学报，55（5）：617-626.
赵哈林，张铜会，常学礼. 1999. 科尔沁沙质放牧草地植被分异规律的聚类分析. 中国沙漠，19（增刊）：40-44.
郑佳丽，高国雄，吕粉桃，等. 2007. 青海省大通县脑山区退耕还林土壤质量演变评价. 水土保持通报，27（1）：6-10.
中国土地资源生产能力及人口承载量研究课题组. 1991. 中国土地资源生产能力及人口承载量研究. 北京：中国人民大学出版社.
周宝同. 2004. 土地资源可持续利用基本理论探讨. 西南师范大学学报：自然科学版，29（2）：310-314.
周广胜，张新时. 1995. 自然植被净第一性生产力模型初探. 植物生态学报，19（3）：193-200.
周丽艳，王明玖，韩国栋. 2005. 不同强度放牧对贝加尔针茅草原群落和土壤理化性质的影响. 干旱区资源与环境. 19（7）：182-187.
周生路. 2006. 土地评价学. 南京：东南大学出版社.
Aber J D，Melillo J M. 1991. Terrestrial Ecosystems. USA，Florida，Orlando：Saunders College Publishing.
Albrecht H，Mattheis A. 1998. The Effects of Organic and Integrated Farming on Rare Arable Weeds on the Forschungs verbund Agraroko systeme Munchen（FAM）Research Station in Southern Bavaria. Biological Conservation，86（3）：347-356.
Brumwell I J，Craig K G，Scudder G G E. 1998. Litter spiders and carabid beetles in a successional Douglas-fir forest in British Columbia（special issue）. Northwest Science，72（2）：94-95.
Cairns J. 1997. Defining goals and conditions for a sustainable world. Environmental Health Perspective，105：1164-1170.
Chapin F S III，Matson P A，Mooney H A. 2002. Principles of Terrestrial Ecosystem Ecology. New York：Springer-Verlag，97-223.
Chapin III F S，Reynolds H L，D'Antonio C M，et al. 1996. The functional role of species in terrestrial ecosystems//Walker B，Steffen W（eds）. Global Change and Terrestrial Ecosystems（Vol. 2）. Cambridge：Cambridge University Press：403-428.

Condron L M，Davis M R，Newman R H，et al. 1996. Influence of conifers on the forms of phosphorus in selected New Zealand grassland soils. Biological Fertility Soils，21：37-42.

Connell J H. 1978，Diversity in tropical rain forests and coral reels. Science. 199：1302-1310.

Costanza R，Agre R，Oroot R，et al. 1997. The value of the world' s ecosystem and natural capital. Nature，387：253-260.

Daily G. 1997. Nature's Services：Societal Dependence on Natural Ecosystems. Washington D C：Island Press.

Drake J A. 1989. Biological Invasion：A Global Perspective. Chichester，U K：Wiley and Son.

Dritschilo W，Wanner D. 1980. Ground beetle abundance in organic and conventional corn fields. Environmental Entomology，9：629-631.

Ellenberg H，Weber H E，Dull R，et al. 1992. Zeigerwerte von Pflanzen in Mitteleuropa. Scripta Geobotanica，18：248.

FAO. 1996. Fishery statistics，catches and landings. FAO Yearbook of Fishery Statistic 78. FAO，Rome.

FAO. 1996. Fishery statistics. Commodities. FAO Yearbook of Fishery Statistic79. FAO，Rome.

Fisher R F，Binkley D. 2000. Ecology and Management of Forest Soils，3rd Edition. Toronto：John Wiley & Sons.

Form W H. 1954. The place of social structure in the determination of land use. Social Forces，(32)：317-323.

Forman R T T，Gordon M. 1986. Landscape Ecology. 肖笃宁译. New York：John Wiley & Sons.

Forman R T T. 1995. Land Mosaics：the Ecology of Landscape and Region. Cambridge：Cambridge University Press.

Fu B J，Chen L D，Ma K M，et al. 2000. The relationships between land use and soil conditions in the hilly area of the Loess Plateau in northern Shanin，China. Catena，39 (1)：69-78.

Gong J，Chen L D，Fu B J，et al. 2006，Effects of land use on soil nutrients in the Loess Hilly area of the Loess Plateau，China. Land degradation and Development，17：453-465.

Grenland D L，Szabolcs I. 1994. Soil Resilience and Sustainable Land Use. Wallingford，U K：CAB International.

Hall D O，Rosillo-Calle F，Williams R H，et al. 1993. Biomass for energy：supply prospects//Johansson T B，Kelly H，Reddy A K N，Williams R H (eds). Renewable Energy：Sources for Fuels and Electricity. Washington D C：Island Press：593-651.

Harrison G W. 1979，Stability under environmental stress resistance，persistence and virility. The American Naturalist，113 (5)：659-669 .

Heywood V H. 1995. Global Biodiversity Assessment. Cambridge：Cambridge University Press.

IUCN，UNEP，WWF. 1992. Caring for the Earth：A strategy for sustainable living. 国家环保局外事办公室译. 北京：中国环境科学出版社.

Kelsey H，Porter D E. 2003. Using geographic information systems and regression analysis to evaluate relationships between land use and fecal coliform bacterial pollution. Journal of Experimental Marine Biology and Ecology，3：1-13.

Lal R. 1990. Soil erosion and land degradation：the global risks. Adv. in Soil Science，11：129-173.

León L F，Soulis E D，Kouwen N，et al. 2001. Nonpoint source pollution：A distributed water quality modeling approach. Water Reservation，35 (4)：997-1007.

MacArthur R. 1955. Fluctuations of animal population and a measure of community stability. Ecology，

36: 533-536.

May R M. 2001. Stability and Complexity in Model Ecosystem (Vol. 6). Princeton: Princeton University Press.

Millennium Ecosystem Assessment Group. 2003. Ecosystems and Human Well-being: A Framework for Assessment. Washington: Island Press.

Noy-Meir I, Walker B H. 1986. Stability and resilience in rangelands//Joss P J, Lynch P W, Williams O B (eds). Rangelands: a resource under siege. Proceedings of the Second International Rangeland Congress. Cambridge: Cambridge University Press: 21-25.

Peter. john M T and correll D L. 1984. Nutrient dynamics in a agricultural watershed: observations on the role a riparian forest. Ecology, 65 (5): 1466-1475.

Prakash B, Teeter L D, Lockaby B G, et al. 2000. The use of remote sensing and GIS in watershed level analyses of non-point source pollution problems. Forest Ecology and Management, 128: 65-73.

Qiu Y, Fu B J, Wang J, et al. 2001. Soil moisture variation in relation to topography and land use in a hills lope catchment of the Loess Plateau, China. Journal of Hydrology, 24 (3-4): 243-263.

Smethurst P J, Nambiar E K S. 1990. Distribution of carbon and nutrients and fluxes of mineral nitrogen after clear-falling a Pinus radiata plantation. Canadian Journal of Forest Research-Revue Canadienne De Recherche Forestier, 20: 1490-1497.

Stern P C, Young O R, Druck Man D. 1992. Global Environmental Change: Understanding the Human Dimensions. Washington D C: National Academy Press.

Uhia E, Briones J I. 2002. Population dynamics and vertical distribution of enchytraeids and tardigrades in response to deforestation. Acta Oecologica-International Journal of Ecology, 23 (6): 349-359.

Vitousek P M. 1990. Biological invasions and ecosystem processes: Towards and integration of population biology and ecosystem studies. Oikos, 57: 7-13.

World Resources Institute (WRI). 1994. World Resources: A Guide to the Global Environment. Oxford: Oxford University Press.

Zhang Y, Mitchell M J, Driscoll C T, et al. 1999. Changes in sulphur constituents in a forested watershed 8 years after whole-tree harvesting. Canadian Journal of Forest Research-Revue Canadienne De Recherche Forestier, 29: 356-364.

第五章　土地生态分类与调查

土地分类是土地资源评价、土地资产评估和土地生态规划研究的基础和前期性工作。传统的土地分类系统的主要缺陷是对土地系统的生态特性考虑得不深入，大多只强调土地资源的应用，而缺少对土地生态的保护与管理。随着可持续发展理论日益受到人们的重视，人们意识到对土地系统也要进行生态保护，土地生态分类系统由此开始建立和发展。土地生态分类是土地生态学中的重要组成部分，也是将生态学概念引入土地管理的关键环节。它在原来土地分类方案的基础上，着重考虑生态因素，因此对土地的分类更加科学合理，进而为土地资源的开发利用、整治、保护和管理提供更加科学的依据。

第一节　土地生态分类的理论与方法

土地生态分类是以土地生态系统的特性与演变特征、人类对土地生态系统的扰动程度和利用方式等为标准，以土地生态系统的结构和功能特征为依据，按系统内各组分要素在空间上的组合特点，对土地生态系统进行的类型划分。土地生态系统结构是功能的基础，功能是结构的反映，结构的差异反映在区域地质、地貌、土壤、水文、植被和气候的空间组合上，为土地生态系统的分类提供了依据（吴次芳等，2003）。

科学的土地分类始于20世纪30年代，至今经历了70多年的发展历程。美国人Veatch以系统综合观点看待土地，最早提出自然土地类型的概念。他认为，自然土地类型是由各种自然要素组成，包括气候、地貌、植被、动物及土壤等，突出了土地的生态学含义。1972年，在荷兰瓦格宁根召开的土地评价专家会议上，给出的土地定义为："土地包括地球特定地域表面及其以上和以下的大气、土壤及基础地质、水文和植被。它还包括这一地域范围内的过去和目前人类活动的种种结果，以及动物就它们对目前和未来人类利用土地所施加的重要影响"（FAO，1972；石玉林，2006）。这两个土地定义都提到了土地在生态学方面的性质，建立了土地与生态学之间的联系。目前，这种观点已经被各国学者和管理者所广泛接受，并且成为土地分类所倚重的基本原则。20世纪40年代到70年代末是各国生态土地分类从理论发展到广泛应用的时期，许多国家设立了专门机构进行有计划的土地调查（徐化成和郑均宝，1997）。如美国、加拿大、澳大利亚等国家在60年代末和70年代初进行土地评价和土地调查过程中，运用生态学思想先后分别提出了"土地生态单元"、"土地生态分类"等概念。荷兰等国也开展了大量的土地生态调查。

加拿大和美国为土地生态分类工作做出了重要贡献。加拿大政府于1976年成立了生态（生物-物理）土地分类委员会，为了强调生态方法，在专业名词中把前缀"土地"换为"土地生态"，但分类研究中依然存在着强烈的地貌倾向。该委员会开展了全国土地生态调查工作，并建立了一个6级土地生态系统：生态省（ecoprovince）、生态区（ecoregion）、生态县（ecodistrict）、生态组（ecosection）、生态立地（ecosite）和生态要素。美国则受生态系统思想的影响，更多地立足于生态分类系统（ecological classification system）的构建，根据生态原则进行土地分类等级体系研究。有关自然资源部门开始制定的一个全国通用的土地分类系统，以协助评价全国的可更新自然资源（林超，1986；肖宝英等，2002）。

20世纪80年代后，随着GIS、RS和GPS等技术的广泛应用和对综合自然资源管理需求的逐渐增强，土地生态分类取得了很大发展，全球许多国家和地区开始进行国家尺度或者区域性的土地分类系统方案研制，及其相应地图的制作。土地生态分类系统在区域和景观尺度上取得了快速发展。生态学原理运用在土地分类上，使得等级系统扩展到区域，绘制出区域尺度的土地生态分类图。运用GIS对土地覆盖进行数字化处理，并建立空间分析模型，使得土地生态分类研究更加深入。

一、土地生态分类的原则、方法

（一）土地生态分类的特点

Bailey（1981）指出，土地生态分类是将土地作为一个生态系统来看待。土地生态系统由4个成分组成，即植被、土壤、地形和水，各个组分不能单独作为独立成分起作用，而是彼此相互联系，形成一个有机整体。必须以结构视角去看待各种成分之间的相互联系，也必须从地理和空间等级角度去看待生态系统及其格局。将土地生态系统综合为较大地理单元，可以将它们与其周围有交互作用的单元联系起来。因为子系统通常只有在更大尺度的系统范围内才容易理解。因此，土地生态系统的分类途径通常是自上而下的，即由最大的单位（元）开始，逐级向下区分。尽管构成土地生态系统的各个组分都具有同等重要性和不可替代性，但在不同的层次等级上，它们并非同等重要。在分类时，在不同的层次使用生态系统的不同组分作为分类依据。一般是在较高的等级中使用作用范围尺度大的组分，而在较低的等级中，使用作用范围尺度小、局域化的因素。不管是哪一级土地单元（类型），既然将它们划分为一个单元（类型），都有同质性的一方面，但是同质性程度则随着层次的提高而降低，最低一级单元（类型）同质性最强。（徐化成和郑均宝，1997）。

Klijn（1994）认为生态系统是一个基本单元或类型，而景观则是较高等级和较复杂的生态系统。从本体论角度看，不仅生态系统的各组分存在等级（等级顺序是大气、母质、地下水、地表水、土壤、植被、动物），并且在水平分布方面也是如此。因此，可以将一个生态系统与其周围的其他生态系统区分开。然而，这种区分不是绝对的，而是相对的，等级层次不同，区分的结果就有所不同。因此，应该从不同的空间尺度上来认识生态系统：从整个陆地或者整个气候带到一个小池塘、树丛或者更小的空间单元。实际上，整个自然界就是由嵌套式的生态系统等级体系构成的。可见，生态系统不同等级系统的本体论的存在，是土地生态分类的客观基础。

Zonneveld（1995）认为景观等价于土地。在景观生态学中，景观是作为一个由不同要素组成的整体来被研究的。为了研究景观的空间分布特性，Zonneveld 提出 4 种不同的等级水平：①生态点（ecotope，等同于立地 site）是最低的整体土地单元，以最低限度在一个属性（如大气、植被、土壤、岩石和水等）方面的同质性为特点；②土地片（land facet 或称 microchore，微域）是形成一定的空间关系格局以及显著地与最低限度的一种土地属性（如地形）有关的各个生境的综合；③土地系统（land system 或称 mesochore，中域）是土地片（土地调查尺度上常用的制图单位）的组合；④主景观（main landscape 或称 macrochore，大域）是一个地理区域的土地系统的组合。对于地理事物的分类，两种可能的途径，其一是类型途径，如一般的生物分类和土壤分类等；其二是区域途径，以在空间上的特征差异来划分，如土地生态分类等。

由此可见，土地生态分类是一种生态系统途径的分类，面向的分类对象是土地生态系统。通过分析已有的研究成果，土地生态分类的特点可以归纳为以下几个方面。

第一，土地生态分类突出“生态”特性。与一般分类对象所面向的土地和土地系统不同，土地生态分类特别强调“生态”属性，即重视生命有机成分的核心地位，重视土地生态过程尤其是物质循环、能量流动和信息交换。这种重视尤其体现在划分指标的选择和使用上，即倚重植被和土壤因子。

第二，土地生态分类强调“综合”特性。根据生态系统原则的土地分类是一种综合分类体系，突出土地生态系统的综合性，即全面考虑地质、地貌、土壤、植被、水文和人文因素等方面的信息，将某一地区的土地系统按其综合整体属性的异同进行合并或区分。

第三，土地生态分类凸显“等级”特性。依据生态系统的等级体系，分类的主导因子随生态系统等级而不同，分类系统层级体系应尽可能地体现生态系统的嵌套结构。

第四，土地生态分类应当表征生态系统尺度依存特性。将宏观区域的自然区划和中小尺度的基于景观途径的土地分类相结合，统一进行生态分类。大空间尺度划分出的土地单元，可以包括若干小尺度下划分出的小土地单元。同时，在分类依据的选择上，要注重考虑土地生态系统组分的时空尺度范围，并注意与相应的分类等级相对应。

第五，土地生态分类除了分析和表达各个要素组分之间的相互联系之外，还特别重视不同等级分类单元之间的内在联系。

第六，土地生态分类的主要应用领域为土地生态系统管理，尤其是土地生态重建与恢复、土地生态管护等。

（二）土地生态分类的原则

分析国内外目前使用比较广泛的土地分类系统，我们认为科学合理的土地生态分类，要体现下面几个原则。

1）综合性原则。土地生态系统是一个有机综合体，由各组分要素组成的次一级的系统单元也是综合的。土地是生态系统自然更替和人类活动的承载体，它既含有土壤、地形、植被、气候和水文等要素的类型、结构、功能和空间分布等自然特征，也含有人类利用和扰动的信息，如耕作、放牧、开垦和污染等。因此，在土地生态分类中应综合考虑各种自然和人文要素。

2）完备性原则。这一原则要求，土地生态分类系统必须涵盖所有的生态系统类型，土地生态系统分类方案必须包括区域内的所有土地单元，不能有遗漏或短缺。

3）主导性原则。生态系统具有不同的等级和规模，系统内部结构也千差万别。各类各级生态系统的群落特征种差别大，表现也不同。无论何种类型或哪个区域的土地生态系统，各要素在系统中所起的作用不同，其生态位亦有差异。因此，土地生态分类过程中，应强调在不同等级上选择不同的控制因素，突出主导因素的作用。

4）结构完整性和功能统一性相结合原则。结构是功能的前提，功能是结构的表征。不同的土地生态系统类型，具有相异的内部结构，功能自然就不同。土地生态分类要从功能着眼，从结构着手，通过对土地生态系统类型的划分，揭示其空间结构与生态功能特征。

5）尺度扩展性原则。土地生态分类指标体系必须具备良好的可扩展性。就国家尺度的土地生态分类而言，进行两级分类就基本能够满足国家级的宏观土地管理需求。地方根据需要，可以在国家级分类的基础上，进一步细分至三级甚至更低的类别。但对一个完整的系统而言，也应该具备应用于较小尺度（区域）的能力。

6）科学性与实用性兼备原则。在尽量满足当前国家土地管理工作需要的前提下，提高土地分类的科学性。建立土地生态分类系统时，应注意实现分类名词专一化、科学化、城乡分类一体化、部门应用统一化，从而使土地分类体系更加规范和完善，并尽可能与其他用地分类系统和国际惯例保持一致。同时，还要考虑到现行的《中华人民共和国土地管理法》等其他要求。建立土地生态分类系统要适应土地管理信息化的需要，使土地生态分类系统与土地信息管理与决策充分结合起来。

（三）土地生态分类的方法

从具体操作层面看，现存的各种土地分类中，就其对土地内在属性认识的差异，选择分类的指标和要素不同，大致可以划分为发生法、景观法及景观生态法三种（王仰麟，1996）。

发生法是着眼于土地生态系统的形成过程，以发生的关联性与相似性为依据进行分类。土地分类是对复杂土地系统整体属性和特征抽象综合的结果，是一种理性的简化归类过程。因此，弄清土地发生和形成过程是土地生态分类的基础工作。土地是复杂开放的等级系统，其形成要素的种类多样，而且不同等级不同类型间的主要发生形成要素往往各不相同。在目前认识水平下，发生法的可靠依据主要表现在气候和地质构造两个方面。大尺度地域范围的土地分异特征是以气候和地质构造分异为主要框架，发生分类的结果易于统一且较为严谨。至于小尺度地域范围土地分异因素则与地貌形态发生及与之相应的水文、物质组成等有关，在小尺度上应用发生法时着重以地貌形态及其与之相应的水文状况作为主导分异因素。

景观法是通过对土地空间形态相似相异性的识别进行土地生态分类的方法。其主要依据是比较明确的、空间上易于确定的土地生态特征。强调同一类型内部特征的均质性和不同类型之间的异质性，即景观形态结构的一致性和差异性。对空间形态特征的强调，使得遥感影像成为景观法最为重要甚至不可缺少的手段。景观要素在遥感影像上的色阶、形状及组合结构等，能够给研究者提供直观的土地单元及其镶嵌体的完整空间概念，尤其适合于单元边界确定。但大尺度地域范围内高层次土地单元类型及其边界识别，因其内部异质性强，任意性也比较大。

景观生态分类是在近30年才提出并开始发展起来的一种土地生态分类方法。主要特点是在景观法中叠加了发生法的优点，旨在得到一种更为综合和实用的土地生态分类。英国和澳大利亚等国的“土地综合调查”，加拿大的“生态土地分类”，实际在很大程度上已具备这种特点。景观生态分类方法不仅强调土地水平方向的空间异质性，还力图综合土地单元的过程关联和功能统一性，把土地视为特殊的生态系统，这就与发生法的过程研究殊途同归。

二、作为土地生态分类基础的土地分类系统

土地生态分类是土地分类系统中的重要组成部分，是土地分类发展到一定程度的必然产物。土地生态分类是在土地分类的基础上，充分考虑生态系统的结构与功能，对土地所作的进一步的生态类型划分。尽管土地生态分类在分类目的、分类指标以及人文因素重要性等方面与其他土地分类有所不同，但在本质上，作为土地分类的组成部分，两者在分类的对象本体、程序步骤和方法手段上都有较大的相似性。

（一）国外的土地分类系统

目前，国际上的土地分类系统主要有美国地质调查局（United States Geological Survey，USGS）的Anderson分类方案，欧盟的CORINE分类方案、国际地圈生物圈计划（International Geosphere-Biosphere Program，IGBP）的LUCC分类方案和联合国粮食业组织（Food and Agriculture Organization of the United Nations，FAO）的LCCS土地分类方案。

Anderson（1976）的土地分类方案提出时间最早，目前应用最为广泛。该土地分类方案是基于遥感数据的土地覆盖分类系统，分为两级，第一级包括6个土地覆盖类型，分别是城市或建城区、农业用地、林地、水域、湿地、荒地；第二级包括18个亚类，该系统很多类别借用了土地利用的类别，如城市和建城区的类别中的一些亚类，如居住用地、商服用地、工业用地等。1976年USGS在Anderson分类系统基础上发展了一种应用于遥感的分类系统。该分类系统当中最小的土地覆盖分类单元的划分依赖于制图比例尺和遥感数据的分辨率等条件。分类系统分为四级，第一级和第二级适用于全国性的或全州范围的研究，适用于当时条件下的地球资源技术卫星遥感。其中，第一级包括9个土地覆盖类型，第二级包括35个土地覆盖类型。第三级、第四级提供更详细的土地覆盖资料，适用于州内的、区域性的、县域的研究，适合于利用航空遥感资料。

CORINE分类方案是基于欧洲自然环境特点而建立的土地分类系统，一级分类共有人造区域、农业区、森林和半自然区、湿地和水体五大类，二级分类分为15类。该分类系统强调人类对自然环境的影响，重视各土地利用子类的连续性，对各子类的最小

面积有明确规定。

FAO也提出了一套土地覆被分类系统（land cover classification system，LCCS）。FAO分类系统主要分两个分类阶段：一是二分法（dichotomous）阶段，由一系列独立的诊断属性（分类器）来定义8个主要的土地覆被类型；第二个阶段是模块化的分层分类阶段（modular-hierarchical phase）。这一阶段土地覆被类型通过一系列分类器的组合在上一阶段确定的8大类的基础上进一步细分。FAO的土地覆盖分类系统建立后，对世界范围的土地覆盖分类产生了较大影响。

（二）中国的土地分类系统

中国的土地分类系统主要包含土地基础理论分类系统和土地应用分类系统两大类。

（1）土地基础性理论分类系统

该分类系统有两种类型：一是多系列的分类系统，由于土地个体单位是多级的，土地分类只对每一级土地单位进行类型划分，因而土地分类系统是多系列的；二是单系列的分类系统。1985年中国科学院地理科学与资源研究所赵松桥和申元村等主持制定的《中国1∶100万土地类型图分类系统》是对中国土地类型的一次系统划分，具有开创意义。该系统把土地类型分为三个级别：土地纲—土地类—土地型。土地纲是分类系统中最高级分类单位，主要是按照水热条件的地域组合类型进行划分，主要指标是≥10℃的积温、干燥度、无霜期及作物熟制（青藏高原和黄土高原主要根据地貌条件），据此将全国土地分为12个土地纲，并用英文字母A、B、C……表示。土地型是从土地类划分出的第二级土地类型，是土地类型图的基本制图单位。每个土地型都具有相同的土壤（土类或亚类）和植被（植被型或植被亚型）。在土地类中划分土地型的主要依据是土壤亚类、植被亚型，在山地垂直自然带亚带划分中，土地型的代号，是在土地类代号右上角用阿拉伯数字表示。

（2）土地应用性分类系统

土地应用性分类系统是从实际出发，为特定区域土地利用和管理目的服务的土地划分类型。目前主要有为土地评价服务的土地资源类型分类系统、土地适宜性分类系统，为土地利用现状调查服务的土地利用现状分类系统，为城乡地籍管理服务的城镇土地分类系统等（吴次芳等，2003）。

土地资源类型分类系统是以土地资源为划分本体对象，主要目的是评价土地资源对农林牧副渔的支撑作用。该分类系统以中国科学院自然资源综合考察委员会所建立的土地分类系统为代表，采取土地潜力区、土地适宜类、土地质量、土地限制型和土地资源单位等五级分类制。围绕土地质量评价这一土地科学研究的重要工作，出现了依据土地生产潜力和土地适宜性进行评价的两种途径，相应地形成了土地适宜性分类（land suitability classification）和土地潜力分类（land capability classification）两种不同的土地评价分类系统。土地评价也由早期的纯自然一般目的的评价发展到现在融入社会经济属性的特定用途的综合性评价。

中国最早的土地利用现状分类系统建立于20世纪80年代初。分类系统于1980年初拟定，后经有关部门、专家讨论修改和各土地利用现状调查试点县的应用实践，全国农业区划委员会和土地资源调查专业组于1981年7月提出了《土地利用现状分类及其含义（草案）》。经随后3年的应用实践及广泛征求意见后，全国农业区划委员会和农牧渔业部于1984年7月修改和完善了土地利用现状分类及含义，制定了全国土地利用现状调查技术规程，将一级分类由11个压缩为8个，二级分类由48个减少为46个。2007年，中国颁布了《土地利用现状分类》国家标准，该标准采用一级、二级两个层次的分类体系，共分12个一级类、56个二级类。其中一级类包括：耕地、园地、林地、草地、商服用地、工矿仓储用地、住宅用地、公共管理与公共服务用地、特殊用地、交通运输用地、水域及水利设施用地和其他土地。现行《土地管理法》对土地利用分类系统又进行了修改，将其分为三大类，即农用地、建设用地与未利用地。

原国家土地管理局按用地性质和用途将城镇土地分为10个一级类型和24个二级类型。国家城市规划部门在“七五”期间也对城市用地分类标准做了大量工作，编制了《城市用地分类与标准》规范，将城市用地分为十大类和73个小类，供编制城镇规划使用。2002年，国土资源部依照《土地管理法》颁布新的土地分类方案中，将城镇土地分类并入土地利用现状分类系统中。

除了上述土地基础理论分类系统和土地应用分类系统之外，一些学者尝试考虑人类活动对土地生态系统的影响，并进行相应的分类工作（表5-1）（梁留科等，2003）。

表5-1　土地生态系统分类（梁留科等，2003）

土地类型	土地子类	生态特性	利用与保护
1自然土地	11天然森林；12天然草地；13天然湿地；14天然水域；15荒漠；16沙漠；17冰川与永久积雪；18盐碱地	指尚未受到人类影响或受其影响较小的土地类型。生态系统尚处于天然状态，具有天然生态功能	管护的前提是保护；尽量少利用；利用中要减少对自然生态系统的扰动；对扰动造成的破坏要及时补偿；对生态脆弱区要进行保护与改善
2自然保护用地	21有代表性的自然生态系统；22动植物保护地；23水源保护用地；24有独特意义的地质构造；25地质剖面和化石产地；26其他	是指为了自然保护的目的，把包含保护对象的一定面积的陆地和水域或水体划分出来，进行特殊保护和管理的区域	土地保护与管理
3休养与休闲用地	31贴近自然的用地（风景区、郊游用地）；32疗养地；33野外体育用地；34生态农业旅游用地；35城市绿地；36水库用地	是指为维护和促进人类身体健康，维护和合理利用自然景观，在适宜的地区建立休养区	管理、维护与塑造
4农业用地	41耕地；42林地；43园地；44草地；45水产养殖用地	本身具有生态功效	生态建设与塑造——维护生态功能土地整理高效配置——经济上高效
5居住与工矿用地	51居住用地；52独立工矿用地；53军事用地；54其他人工建筑物	人为属性极大增强，生态属性减弱	生态建设、塑造与重建

续表

土地类型	土地子类	生态特性	利用与保护
6 线状用地	61 铁路用地；62 公路用地；63 防护林地；64 管道用地；65 其他	生态功能混合型	生态构建——构建生态廊道
7 退化土地	71 废弃地；72 垃圾地；73 污染地；74 板结地；75 人为盐碱地；76 水土流失地；77 沙化地；78 其他用地	生态功能丧失	生态恢复与重建

第二节 中国的土地生态分类系统

一、已有的中国土地分类方案评述

中国大规模地开展土地利用分类系统研究开始于 20 世纪 80 年代初。因各项社会经济建设和管理的需要，国土、建设、农林等国家有关部门先后拟定了不同的土地利用专项调查分类方案。

中国科学院的土地利用分类方案主要应用于土地资源调查。该方案采用三级分类体系：一级划分依据土地的自然生态和利用属性，分为耕地、林地、草地、水体、城乡和工矿及居民用地、未利用土地 6 类；二级主要依据土地经营特点、利用方式和覆被特征进行划分，分为 25 个类型；三级主要根据地形特征，将耕地进一步分为山区、丘陵、平原和坡度大于 25°等几种类型。该分类体系面向土地资源调查工作，针对性强，可操作性大，在中国当时的土地资源调查中发挥了重要作用。

国土资源部的土地利用分类工作主要是为了摸清土地资源利用状况，总结土地利用经验和存在的主要问题，提出科学合理的土地利用目标、途径和潜力，强化土地资源管理。该分类体系共分八大类，47 小类。这一土地利用分类体系能比较好地满足土地管理部门对土地利用动态变化监测的工作需求，及时发现土地利用中存在的问题，为宏观管理提供依据。这一方案的主要缺陷是分类体系中的多数用地类型必需依赖于地面调查或勘察的资料辅助，单纯利用遥感影像无法分类，自动分类的难度则更大。上述两个土地利用分类方案在各自服务领域都发挥了重要作用，但偏重土地利用现状特征，缺少生态特色，难以服务于对土地生态系统的管护工作。

随着人们对土地可持续利用理念的广泛接受，以及对土地生态保护认识的逐步提高，中国许多学者开始尝试进行土地生态分类研究。王令超和王国强（1999）将黄土高原地区土地生态系统分成平地生态系统、坡地生态系统和（沟）谷地生态系统三种基本土地生态类型。邵国凡等（2001）将生态系统分类引入了林地规划中，分析了生态分类系统在中国天然林保护与经营中的应用，并以东北东部山地地区为试点进行了生态土地类型划分的实践。肖宝英等（2002）根据吉林省东部山区的地形图和卫片信息，结合劲松林场 480 个样点植被现状的调查数据，绘制了基于坡度、坡向、植被和海拔四个分类因素的生态土地类型图。崔海山和张柏（2005）以吉林省为例，综合运用主成分分析、聚类分析、模糊综合评判等方法探讨了黑土资源的生态分类，将吉林省黑土分为4个生态类型：农业生态土地类型、农牧业生态土地类型、农林牧业生态土地类型、林牧业生态土地类型。张军民（2007）以新疆地区为例，综合地考虑了土地生态分类与土地利用之间的关系，并以此对干旱区生态安全进行了评价。

在国家尺度上，罗海江等人（2006）依据基本的土地生态分类原则和一些新技术手段，提出了可以应用于国家级、大区级或省级尺度的生态遥感监测、生态状况评价、生态规划和生态管理等方面土地生态分类方案。该土地生态分类方案采用两级分类体系(应用到小尺度时可进行三级分类)，一级分类将中国土地生态系统划分为10种类型；二级分类主要采用类型完备性、遥感数据可用性和尽可能与历史数据衔接等原则，划分出31个类型（表5-2）。

表5-2 中国土地生态分类方案（罗海江等，2006）

分类体系	含义
1 城镇及工矿用地	指自然地表完全或绝大多数为人工建成环境所替代的土地，是地表被人类影响最深的区域。显著特征就是由高密度建筑物组成的区域。包括：城市、乡镇村庄、高速公路边的发展条带、交通用地、电站、交通设施、矿山、商业中心、工商业混合区和远离城镇的公共机构等
11 乡村居民点	农村居民点所占用的土地及规模较小的乡镇企业和商业网点所占用的土地。乡村居民点特点是数量多，规模小；在解译时通常易与小城市发生混淆，通常可以根据占地规模进行区分，如将连续占地面积超过3km^{2}的划分为城市，小于3km^{2}的划分为农村居民点。农村居民点与其他地物发生混淆时，采用的标准与一级分类的判断标准相同
12 城市	指连片城市建筑、市内交通及工业区等所占据的土地，包括市内住宅、工商业、交通、教育、公共安全、娱乐休闲等发挥城市职能所占用的土地。城市的特点是占地范围较大，与农村居民点的区别主要体现在占地规模上，标准是连续占地超过3km^2。城市还有一个特点是城市至乡村存在一个明显的过渡区域，即通常所说的城乡过渡带。从城市往乡村的剖面呈现出城市用地比例逐步降低的圈层结构
13 工矿及交通用地	指城市外工矿企业或交通路网、机场及相关辅助设施所占据的土地。主要有工矿用地、公路、铁路、港口、机场及其辅助设施等
2 农田	直接用于从事农业生产，产品为粮食和纤维的土地，包括水田、旱地、休耕地和短时间撂荒地
21 水田	从事水稻生产的土地。水田主要分布于我国中东部比较湿润的地区，西部地区也有部分水稻产区，但比例远比中东部地区小。水田通常有比较完善的灌溉设施，纵横交错的引水渠可作为水田解译的辅助信息
22 旱地	从事小麦、玉米、棉花、红薯等粮食与经济作物生产和蔬菜生产的土地。旱地的灌溉设施相对水田较差，对水分的要求也显著降低。我国相当大面积的旱地实际是靠天吃饭的望天田，生产能力受气候尤其是降水变率的制约，极容易受旱灾的影响。西部地区由于水分条件差，耕地大多为旱地，而中东部地区，旱地往往分布在坡度比较大的山坡上，沟谷往往是水田，这种地区的旱地往往是我国退耕还林、退耕还草的主要对象，生产力也比较低
23 休耕地（含退耕地）	至少两年时间以上未从事农业生产，且近期不会恢复农业生产的土地，包括撂荒地、休耕地、退耕地等

续表

分类体系	含义
3 森林（地）	最高层建群种由乔木组成的连片林，树冠郁闭度不低于20%，物种多样性相对较高，生态系统较为复杂。森林中的树木高度不低于5m。主要生产木材和木材制品，并对区域气候和水分产生影响
31 落叶林（地）	落叶林占三分之二以上，其他林不超过三分之一
32 常绿林（地）	常绿林占三分之二以上，其他林不超过三分之一
33 混交林（地）	常绿林和落叶林都在三分之一和三分之二间，没有明显的优势群
4 灌木林（地）	由木本高位芽植物组成。高度一般在5m以下，覆盖度在30%以上的林地。灌木林中可以有乔木，但乔木的覆盖度在10%以下
41 灌木林（地）	
5 人工种植林（地）	为经济目的或生态目的人工种植的连片林地。人工种植林与天然林相比主要是林种单一，生物多样性比较差，比较容易发生病虫害等灾害
51 果园（地）	用于生产干鲜水果的林地
52 速生经济林（地）	由种植的速生经济用材林组成
53 其他人工种植林（地）	其他用于防风的防护林、海防林，生产油料、工业原料、药材等林地
6 草地	草地由夏绿干燥草本群落组成，以旱生、多年生丛生禾草、杂类草为主，覆盖度在5%以上。草地可以杂生部分乔木、灌木。通常，乔木的覆盖度低于10%，灌木的覆盖度低于30%
61 高盖度草地	覆盖度＞50%的自然半自然草地
62 中盖度草地	覆盖度在20%～50%间的自然/半自然草地
63 低盖度草地	覆盖度在5%～20%的自然/半自然草地
7 人工种植草地	人工栽培的草地。可用于生态保护、绿化、休闲等目的
71 人工种植草地	
8 湿地	湿地是处于陆地生态系统和水生生态系统的转换区域，通常其地下水水位达到或接近地表，或处于长期或季节性被水淹覆状态。而河流、水库、溪流和深水湖泊等稳定水体都不包括在内
81 木本湿地	水生植物以木本植物为主的湿地，如红树林等
82 草本湿地	水生植物以草本植物为主的湿地，如沼泽等
83 滩地	没有植被（或植被极为稀少）的河滩、海滩地
9 水体	包括天然河流、溪流和人工运河等流动水体和湖泊、水库、坑塘等相对静止水体，还包括永久积雪、冰川等固定水体
91 河流	线形的流动水体
92 湖泊及水库	指天然形成的大片积水区或人工修建的规模较大的蓄水区
93 坑塘	指人工修建的规模比较小的蓄水区
94 永久积雪/冰川	指常年被冰川和积雪覆盖的区域
10 裸露以及难利用土地	地表植被覆盖低于5%的裸露土地及目前难以进行利用的土地
101 开矿/采石场	指采矿、采石后的裸露土地
102 沙地	指地表为沙覆盖、植被覆盖度在5%以下的土地，包括沙漠，不包括水系中的沙滩

续表

分类体系	含义
103 戈壁	指地表以碎石为主、植被覆盖度在5%以下的土地
104 盐碱地	地表盐碱聚集、植被稀少，只能生长强耐盐碱植物的土地
105 裸土地	指地表土质覆盖、植被覆盖度在5%以下的土地
106 裸岩	指地表覆盖为岩石或石砾，其覆盖面积>50%的土地
107 其他	指其他难以利用的土地，包括高寒荒漠、苔原等

中国1∶100万陆地地表覆被分类系统（程维明等，2004）将陆地地表覆被类型（一级）划分为森林、草地、荒漠、稀疏或无植被地、水体湿地、农田、人工建筑等七大类（表5-3），其中前3类沿用植被分类方案，后3类沿用土地利用分类方案，而将稀

表5-3　中国1∶100万陆地地表覆被分类系统（程维明等，2004）

第一级	第二级	第三级
10 森林	11 针叶林	01 寒温带和温带落叶针叶林
		02 寒温带和温带常绿针叶林
		03 暖温带常绿针叶林
		04 亚热带常绿针叶林
		05 热带常绿针叶林
	12 针阔混交林	06 温带针叶、落叶阔叶混交林
		07 亚热带针叶、常绿阔叶、落叶阔叶混交林
	13 阔叶林	08 温带、暖温带落叶阔叶林
		09 温带、暖温带落叶小叶林或疏林
		10 亚热带常绿落叶阔叶混交林
		11 亚热带常绿阔叶林
		12 热带常绿阔叶林
		14 亚热带竹林
		15 热带雨林
	14 灌丛与矮林	16 高寒灌丛
		17 温带矮灌木植被
		18 温带、暖温带和亚热带落叶灌丛
		19 暖温带、亚热带常绿革质叶灌丛
		20 亚热带热带酸性土常绿阔叶落叶灌丛
		21 亚热带、热带钙质土常绿阔叶落叶灌丛
		22 热带海滨硬叶阔叶常绿灌丛与矮林
		23 热带磷质石灰土肉质常绿阔叶灌丛与矮林
	15 人工林	24 防护林
		25 经济林

续表

第一级	第二级	第三级
20 草地	21 草地	01 高寒草原 02 温带丛生矮禾草、矮半灌木荒漠草原 03 温带、暖温带禾草、杂类草草甸草原
	22 草甸	04 温带、暖温带丛生禾草典型草原 05 亚热带、热带稀树灌木草原 06 温带禾草、杂类草典型草甸 07 温带禾草、杂类草盐生草甸 08 温带禾草、薹草及杂类草沼泽化草甸 09 薹草、杂类草高寒草甸 10 亚热带、热带草甸
	23 草丛	11 温带草丛 12 亚热带草丛 13 热带草丛
30 农田	31 灌溉水田 32 望天田 33 水浇田 34 旱田	
40 人工建筑	41 城镇 42 农村居民点 43 独立工矿 44 港口码头 45 飞机场 46 城市人工绿地公园 47 其他	
50 水体湿地	51 河流 52 湖泊 53 水库 54 池塘 55 永久性冰雪	
	56 沼泽	寒温带、温带沼泽 亚热带、热带沼泽 热带红树林 高寒沼泽

续表

第一级	第二级	第三级
60 荒漠	61 盐漠	温带、暖温带半乔木、灌木盐漠
	62 沙漠	温带、暖温带半灌木、灌木沙漠
	63 砾漠	温带、暖温带矮半乔木砾漠 温带灌木、矮禾草草原化砾漠 温带、暖温带灌木、半灌木砾漠
	64 壤漠	温带、暖温带半灌木壤漠
	65 石漠或高山岩屑	温带、暖温带半灌木、矮灌木石漠
	66 高寒荒漠	温带高寒匍匐矮半灌木荒漠
70 稀疏及无植被地	71 干盐滩 72 流动沙丘 73 戈壁 74 裸岩	
	75 稀疏植被地段	暖温带、亚热带稀疏植被和垫状植被

疏或无植被地合并为一类。在该分类方案中，森林植被按照群系组成及外貌形态可分为针叶林、针阔混交林、阔叶林、灌丛与矮林和人工林等；草地植被按照种类过程和外貌形态分为草地、草甸和草丛；荒漠植被按照有无植被及物质组成分为盐漠、沙漠、砾漠、壤漠、石漠或高山岩屑和高寒荒漠；水体湿地类型则按照成因和利用状况分为河流、湖泊、水库、池塘、永久性积雪和沼泽，该类型可按照地域特征和制图过程的资料详细程度继续细分，例如湖泊可按照盐分状况分为咸水湖和淡水湖等；稀疏或无植被地按照物质组成可分为干盐滩、流动山丘、戈壁、裸岩和稀疏植被地段等类型，稀疏植被地则指位于高山、极高山冰雪带与高山草甸带之间的植被稀少的荒原或苔原地带；农田按照地域水热条件和作物种类，参照土地利用分类方案，其二级类型可分为灌溉水田、望天田、水浇田、旱田。该二级分类结果还可按照作物种类进行细分，如可分为小麦、玉米、棉花等；人工建筑类型按照规模和人为作用可分为城镇、农村居民点、独立工矿、港口码头、飞机场、城市人工绿地公园等其他类型。

二、中国土地生态分类的新方案

（一）制定土地生态分类新方案的意义

20 世纪 80 年代，中国科学院地理科学与资源研究所会同国内几十个科研与教学单位成立中国 1∶100 万土地类型图编辑委员会，提出了全国 1∶100 万土地类型分类系统。该分类系统采用土地纲、土地类和土地型 3 级分类，并从自然地区和自然地带出发，综合考虑地貌、土壤、植被等自然要素分别对各自然地区的土地进行了级别划分。当时这种全国性大范围的土地资源类型划分，重点强调土地作为农业生产资料和劳动对象所表现出来的生产特性，主要为农业发展服务。

然而，随着经济的快速发展和科学认知水平的大幅度提高，土地资源的多功能性及如何有效地利用这种多功能性越来越受到人们的重视。快速城市化过程造成耕地面积的大量减少及土地生态系统服务的降低，给保护土地生态安全、合理进行国土资源开发与利用提出了新的、挑战性的问题。这就要求我们构建一个完整的、全面的土地生态分类系统，以指导土地资源的合理利用及土地管理的决策分析，为更好地解决人地矛盾提供数据基础和科学依据。

当前进行新一轮的土地分类和土地生态分类具有很强的理论和现实意义。①土地分类和土地生态分类是认识自然地理环境分异规律和区域自然地理特征的必要途径；②土地分类和土地生态分类是科学、准确地统计和评估土地利用结构与格局的前提和基础；③土地分类和土地生态分类是调整现有土地利用结构，充分合理地开发利用土地资源、实施动态监测和有效控制的重要环节；④土地分类和土地生态分类是可持续土地利用的必然要求；⑤土地分类和土地生态分类是完善土地科学、景观生态学等学科的理论与方法，深化其研究领域，提高其研究水平的重要途径。

近年来，GIS、RS、GPS等技术的广泛应用，为土地分类和土地生态分类提供了强有力的技术支持，极大地促进了相关领域的发展。从遥感影像中我们可以清晰地获得不同尺度的、实时更新的地理数据；借助GIS技术可建立各种数据库和空间模型，以实施对不同土地类型的查询与管理。目前，全球许多国家和地区已经开展了全国性的或者区域性的土地生态分类系统研制和对应的相关地图的制作，为中国新的土地生态分类系统的建立提供了宝贵的经验。

郑度等（2008）在总结前人研究成果的基础上，拟定了较为完善的中国生态地理区域系统框架方案。该方案将全国划分出11个温度带、21个干湿地区、49个自然区。自然区划是土地分类的大背景，也是土地等级划分的出发点。本节尝试在中国生态地理区域系统框架方案的基础上，结合中国资源环境数据（1∶400万）和中国自然地理图集，利用GIS技术对全国土地生态类型进行划分，并对不同土地生态类型做编码设计与命名。这个区划方案是本次土地分类的重要依据。

（二）中国生态地理区域系统方案

中国生态地理区域系统采用与自然地域分异规律相适应的原则和方法，并参照地表自然界地势特点和地貌结构的实际差异、温度水分状况的不同组合以及地带性植被和土壤类型进行区域划分。方案运用自上而下的演绎途径从高到低予以划分，划分出类型区划和区域区划两种。前者划分出较高级的地域单元，后者则体现在较低级的地域单元。温度带和地带性水分状况的划分具有类型区划的特点，所形成的温度-水分区域是从类型区划向区域区划转变的过渡性的地域单元。该方案选用的等级单元是温度带、干湿区域和自然区。

在第一级温度带划分中，方案采用的主要指标是日平均气温≥10℃期间的日数和积温，辅助指标为1月平均气温、7月平均气温和平均年极端最低气温。在全国范围内，划分出寒温带至赤道热带9个带，另将青藏高原划分为高原亚寒带和高原寒带，总共11个带。

第二级干湿区域划分的主要指标为年干燥指数，同时结合天然植被等其他条件加以判断。在温度带内，按干湿状况引起的生态地域差异划分为湿润、半湿润、半干旱、干旱等 4 种类型。

在划分温度带与干湿地区的基础上，按照地形因素来划分第三级的自然区。在地形的分类方案中，主要考虑基础地貌类型的起伏高度和海拔高度。依据起伏高度的差异，分为平原（包括台地）、小起伏丘陵地、中起伏山地和大起伏山地 4 类。根据海拔高度的不同，分为低海拔、中海拔、亚高海拔、高海拔和极高海拔 5 种，组合成 16 个基本生态地貌类型，作为生态地理区域系统中三级区域划分的重要依据。

根据上述生态地理区域系统的划分原则、方法，采用的地域单元等级体系以及划分的指标体系，拟订出中国生态地理区域系统的框架方案，将全国划分出 11 个温度带，21 个干湿地区，49 个自然区（图 5-1 和表 5-4）。

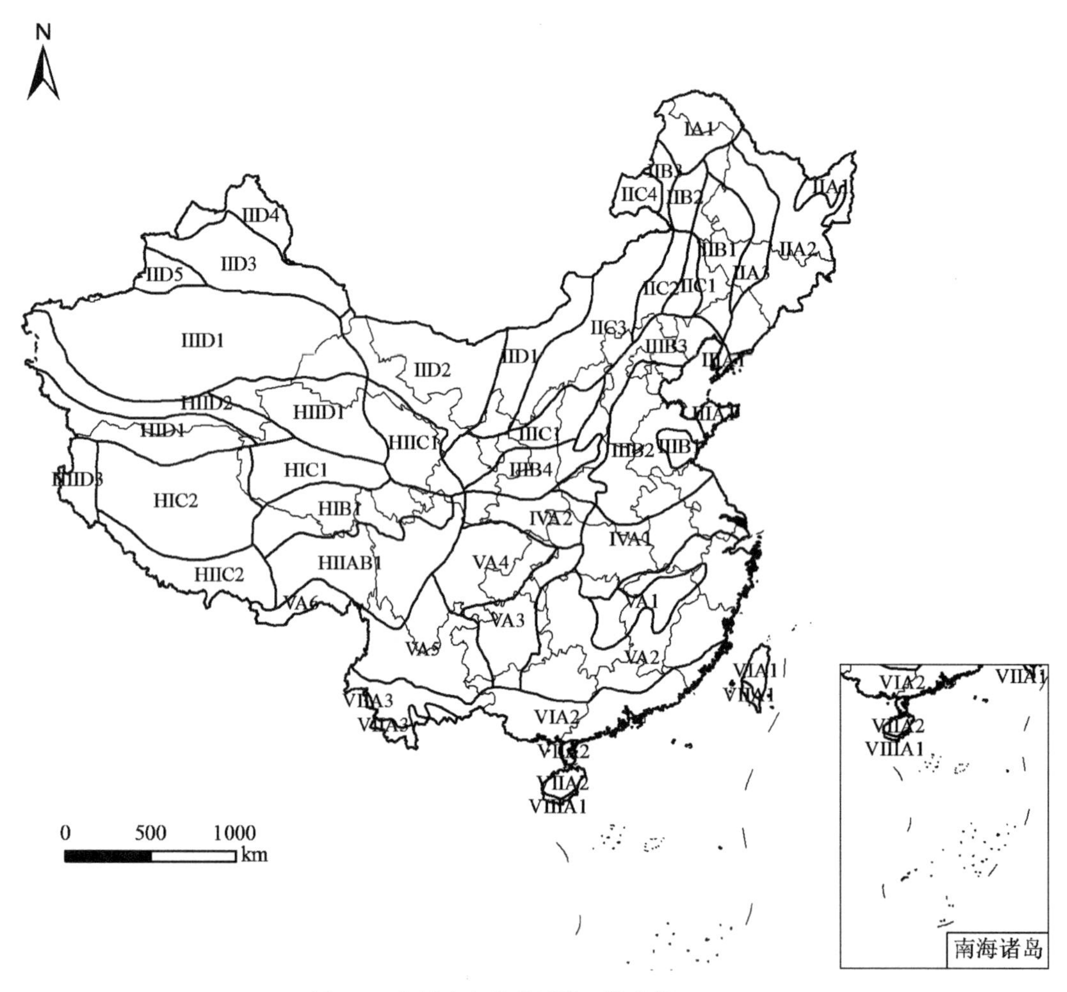

图 5-1　中国生态地理区域（郑度等，2008）

表 5-4 中国生态地理区域（郑度等，2008）

温度带	干湿地区	自然区
Ⅰ 寒温带	A 湿润地区	IA1 大兴安岭北段山地落叶针叶林区
Ⅱ 中温带	A 湿润地区	IIA1 三江平原湿地区 IIA2 小兴安岭长白山地针叶林区 IIA3 松辽平原东部山前台地针阔叶混交林区
	B 半湿润地区	IIB1 松辽平原中部森林草原区 IIB2 大兴安岭中段山地森林草原区 IIB3 大兴安岭北段西侧丘陵森林草原区
	C 半干旱地区	IIC1 西辽河平原草原区 IIC2 大兴安岭南段草原区 IIC3 内蒙古高原东部草原区 IIC4 呼伦贝尔平原草原区
	D 干旱地区	IID1 鄂尔多斯及内蒙古高原西部荒漠草原区 IID2 阿拉善与河西走廊荒漠区 IID3 准噶尔盆地荒漠区 IID4 阿尔泰山地草原、针叶林区 IID5 天山山地荒漠、草原、针叶林区
Ⅲ 暖温带	A 湿润地区	IIIA1 辽东胶东低山丘陵落叶阔叶林、人工植被区
	B 半湿润地区	IIIB1 鲁中低山丘陵落叶阔叶林、人工植被区 IIIB2 华北平原人工植被区 IIIB3 华北山地落叶阔叶林区 IIIB4 汾渭盆地落叶阔叶林、人工植被区
	C 半干旱地区	IIIC1 黄土高原中北部草原区
	D 干旱地区	IIID1 塔里木盆地荒漠区
Ⅳ 北亚热带	A 湿润地区	IVA1 长江中下游平原与大别山地常绿落叶阔叶混交林、人工植被区 IVA2 秦巴山地常绿落叶阔叶林混交林区
Ⅴ 中亚热带	A 湿润地区	VA1 江南丘陵常绿阔叶林、人工植被区 VA2 浙闽与南岭山地常绿阔叶林区 VA3 湘黔山地常绿阔叶林区 VA4 四川盆地常绿阔叶林、人工植被区 VA5 云南高原常绿阔叶林、松林区 VA6 东喜马拉雅南翼山地季雨林、常绿阔叶林区
Ⅵ 南亚热带	A 湿润地区	VIA1 台湾中北部山地平原常绿阔叶林、人工植被区 VIA2 闽粤桂低山平原常绿阔叶林、人工植被区 VIA3 滇中南山地丘陵常绿阔叶林、松林区
Ⅶ 边缘热带	A 湿润地区	VIIA1 台湾南部山地平原季雨林、雨林区 VIIA2 琼雷山地丘陵半常绿季雨林区 VIIA3 西双版纳山地季雨林、雨林区
Ⅷ 中热带	A 湿润地区	VIIIA1 琼南与中北部诸岛季雨林、雨林区
Ⅸ 赤道热带	A 湿润地区	IXA1 南沙群岛区

续表

温度带	干湿地区	自然区
HⅠ　高原亚寒带	B 半湿润地区	HIB1 果洛那曲高原山地高寒草甸区
	C 半干旱地区	HIC1 青南高原宽谷高寒草甸草原区 HIC2 羌塘高原湖盆高寒草原区
	D 干旱地区	HID1 昆仑高山高原高寒荒漠区
HⅡ　高原温带	A/B 湿润/半湿润地区	HIIA/B1 川西藏东高山深谷针叶林区
	C 半干旱地区	HIIC1 祁连青东高山盆地针叶林、草原区 HIIC2 藏南高山谷地灌丛草原区
	D 干旱地区	HIID1 柴达木盆地荒漠区 HIID2 昆仑山北翼山地荒漠区 HIID3 阿里山地荒漠区

（三）数据及来源

本分类系统采用的数据基础主要是中国资源与环境数据（1∶400 万）。它由中国科学院、国家测绘局、北京大学等单位共同研制。该套数据的内容主要包括两部分：数据部分和文档部分。数据部分包括空间数据和属性数据；文档部分包括规范研究、数据格式说明、数据要素说明、编码说明、数据集说明、数据库参考资料等。较高的数据精度、完备的数据说明已使其在教育科研等领域得到了广泛应用。本分类系统中主要采用了总计 17 个数据层中的中国地貌数据、中国土壤数据和中国植被数据等 3 个数据层的信息。

借助中国资源与环境数据提供的详细编码系统，可以快速、准确地查找各地理要素的空间分布状况进而对不同类型的要素做统计信息。

其中，中国地貌编码是在 1∶400 万地貌图基础上设计的。代码采用 6 位字字码（表 5-5）。

表 5-5　地貌代码结构表

××	××	××
地貌类型（两位数字码）	海拔高度或水深（两位数字码）	山地起伏或台地平原成因或海洋地貌亚类型（两位数字码）

表 5-6 中，第一位代码为 1 或 2，分别表示陆地地貌类型和海洋地貌类型。这里我们仅使用陆地地貌类型。对于陆地地貌类型，第二位代码为 1～9，分别表示山地、黄土梁峁、台塬、塬、冈蚀地貌、台地、平原、冲积扇平原和低河漫滩。第三、四位代码为 01～05，分别表示低海拔（＜1000m）、中海拔（1000～2000m）、高中海拔（2000～4000m）、高海拔（4000～6000m）和极高海拔（＞6000m）。部分地貌类型编码见表 5-7。

表 5-6　部分地貌编码表

ID	含义
110202	低海拔小起伏山地
140322	中高海拔黄土塬
160419	高海拔洪积台地
300000	现代冰川
400000	湖泊

中国土壤编码设计是建立在 1∶400 万中国土壤图基础上，直接按照 1∶400 万土壤图的分类系统进行编码，其编码采用三位数字码，左边第一、二位表示土类（一级类），第三位数字表示土类中的亚类。编码结构见表 5-7，部分土壤分类及其编码见表 5-8。

表 5-7　土壤编码结构表

××	×
土类	亚类

表 5-8　部分土壤编码表

DL	土类	ID	亚类
01	南方水稻土	11	泥肉田
		12	油沙田
		13	潮泥田
		14	红黄泥田
		15	紫泥田
		16	青格田
		17	冷浸田
		18	石灰泥田
		19	咸酸田
		261	黑土
26	黑土	262	白浆化黑土
		263	草甸黑土
90	湖泊	900	湖泊

中国植被编码设计是以 1∶400 万中国植被图为基础，采用 1∶400 万中国植被图的分类系统进行编码（表 5-9）。其编码采用七位数字码，左起第一位数字分别为 1、2、3、4，对应表示自然植被、农业植被、无植被地段、湖泊。对于自然植被，第二位数字表示植被纲组；第三、四位数字表示植被群系纲；第五、六、七位数字表示植被群系组。对于农业植被，第二位数字表示几年几熟的连作的耕作制度结合并具有一定生活型的经济林；第三、四位数字为空位，用 0 来表示；第五、六、七位数字表示最基本的制图单位或一定的生态地段。部分植被编码见表 5-10。

表 5-9　植被编码结构表

×（ls1）	×（ls2）	××（ls3）	×××（ls4）
表示自然植被、农业植被、无植被地段、湖泊	表示植被纲（自然植被）几年几熟的连作的耕作制度结合并具有一定生活型的经济林	表示植被群系纲	表示植被群系（自然植被）或最基本的制图单位（农业植被）

表 5-10　部分植被编码表

ls123	含义	ls1234	含义
1101	寒温带、温带山地落叶阔叶针叶林	1101001	落叶松林和黄花松林
		1101002	西伯利亚落叶松林
3000	无植被地段	3000104	盐壳
		3000105	流动沙丘
		3000106	裸露戈壁
		3000107	裸露石山
		3000108	高山碎石、倒石堆和高寒荒漠
		3000109	冰川雪被
4000	湖泊	4000000	湖泊

（四）土地生态分类方法与技术流程

本土地生态分类的工作范式属于自上而下，上层为生态地理区划方案，是宏观控制层；中层是地貌、土壤和植被等空间数据操作层，采用组合分类方式；下层为分类结果整饰层，主要是对一些局部类型和图斑进行合并、删除等修饰，并对相应的类型进行编码设计与命名（图 5-2）。空间数据操作层中的数据处理工具为 ArcGIS 9.3（ESRI Inc.）。结果整饰层中使用的统计分析工具为 Excel2003（Microsoft Inc.）。

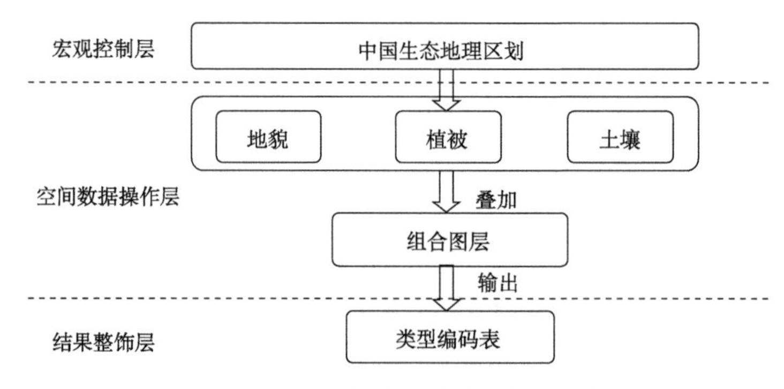

图 5-2　土地生态分类技术操作流程图

1. 基于 GIS 的空间数据处理与分析

由于数据来源多样，有必要对数据作前期处理，主要包括：地图配准、投影转换等。进行地图配准时，选取的标准图层为中国生态地理区划层。所有地图的投影统一采用 Albers 等面积圆锥投影，对应的投影参数为：第一标准纬线为 25°N，第二标准纬线为 47°N，中央经线为 110°E。

中国生态地理区域系统将全国分为 49 个自然区，属于三级划分方案。第一级温度带的划分重点揭示了冷热变化的纬度地带性因素的区域差异；第二级干湿地带的划分，着重阐述了地带性因素控制下的干湿状况等非地带性因素的影响；第三级自然区的划分中，重点考虑了地形因子的影响。土地生态分类是在大气候的水热类型的基础上综合考虑地貌、土壤、植被等地理要素逐级划分的。这里的大气候的水热类型应该对应中国生态地理区划下的二级区划，即温度带控制下的 21 个干湿气候区。这 21 个干湿气候区就是本次土地生态类型划分的出发点。

中国资源与环境 1∶400 万数据已经给出了建立分类系统所需的地貌、土壤、植被等数据的分类编码，为更好的保持类型间的一致性，需要对地貌、土壤、植被等的相关类别进行合并。例如，在详细划分的三级地貌类型划分的基础上，将其合并为湖泊、平原、黄土地貌、风蚀地貌、台地、山地、丘陵、沙丘、冰川等 9 种类型；将 107 种土壤亚类合并为山地灌丛草原土、暗棕壤、棕钙土等 53 个土类；将 110 个植被群系组合并为温带亚热带落叶阔叶林、寒温带温带山地落叶针叶林、温带亚热带高寒草甸等 50 个植被群系纲。最后，在类别合并与划分的基础上，对相应类别进行编码设计。地貌、土壤和植被的类型统一采用两位数字表示，具体编码见下表（表 5-11～表 5-13）。

表 5-11　地貌类型及编码

编号	类型
1	01 湖泊
2	02 平原
3	03 黄土地貌
4	04 风蚀地貌
5	05 台地
6	06 山地
7	07 丘陵
8	08 沙丘
9	09 冰川

使用 ArcGIS 工具箱提供的识别叠加工具——Identity，将先前合并的地貌、土壤、植被等图层作识别叠加分析。叠加后的图层将包含以上 3 个图层的信息，即每条记录的属性都含有地貌、土壤、植被等的属性。这样就可以得到不同地貌、土壤、植被等的类型组合。

表 5-12　土壤类型及编码

编号	类型	编号	类型	编号	类型
01	亚高山草甸土	19	漂灰土	37	绵土
02	内陆盐土	20	潮土	38	绿洲土
03	冰川和雪被	21	灌淤土	39	褐土
04	南方水稻土	22	灰棕漠土	40	赤红壤
05	北方水稻土	23	灰漠土	41	风沙土
06	娄土	24	灰色草甸土	42	高山漠土
07	寒漠土	25	灰褐土	43	高山草甸土
08	山地灌丛草原土	26	灰钙土	44	鲜血水稻土
09	山地草甸土	27	灰黑土	45	黄刚土
10	暗棕壤	28	熟黑土	46	黄垆土
11	暗色草甸土	29	燥红土	47	黄堰土
12	栗钙土	30	白浆土	48	黄壤
13	棕壤	31	盐土	49	黄棕壤
14	棕漠土	32	盐壳	50	黑土
15	棕钙土	33	石灰土	51	黑垆土
16	沼泽土	34	砖红壤	52	黑钙土
17	湖泊	35	紫色土	53	龟裂土
18	滨海盐土	36	红壤		

表 5-13　植被类型及编码

编号	类型
01	一年一熟粮作和耐寒经济作物
02	一年两熟或二年三熟旱作和暖温带落叶果树园经济林
03	一年水稻两熟粮作和亚热带常绿落叶经济林果园
04	亚热带山地酸性黄壤常绿阔叶落叶混交林
05	亚热带常绿阔叶林
06	亚热带热带山地常绿针叶林
07	亚热带热带常绿针叶林
08	亚热带热带石灰岩具有多种藤本的常绿落叶灌丛矮林
09	亚热带热带稀树灌木草原
10	亚热带热带酸性土常绿落叶阔叶灌丛矮林和草甸结合
11	亚热带石灰岩落叶阔叶林
12	亚热带硬叶常绿阔叶林
13	亚热带竹林
14	亚热带高山亚高山常绿革质叶灌丛矮林
15	单季稻连作喜凉旱作或一年三熟旱作和亚热带常绿经济林
16	双季稻或双季稻连作喜温旱作和热作常绿经济林果园

续表

编号	类型
17	寒温带温带山地落叶针叶林
18	无植被地段
19	暖温带半灌木荒漠
20	暖温带山地矮禾草矮灌木草原
21	温带丛生矮禾木矮半灌木草原
22	温带亚热带亚高山落叶灌丛
23	温带亚热带山地落叶小叶林
24	温带亚热带落叶灌丛矮林
25	温带亚热带落叶阔叶林
26	温带亚热带高寒草原
27	温带亚热带高寒草甸
28	温带亚热带高山垫状矮半灌木草本植被
29	温带从生禾草草原
30	温带半乔木荒漠
31	温带多汁盐矮半灌木荒漠
32	温带山地丛生禾木草原
33	温带山地常绿针叶林
34	温带山地矮禾草矮半灌木草原
35	温带常绿针叶林
36	温带灌木半灌木荒漠
37	温带禾草杂类草草原
38	温带草原沙地常绿叶疏林
39	温带草本沼泽
40	温带草甸
41	温带落叶小叶疏林
42	温带落叶阔叶常绿针叶林
43	温带高寒匍匐矮半灌木荒漠
44	温带高寒草本沼泽
45	温带高山灌木苔原
46	湖泊
47	热带半常绿阔叶季雨林及次生植被
48	热带常绿阔叶雨林及次生植被
49	热带海滨硬叶常绿阔叶灌丛矮林
50	热带雨林性常绿阔叶林

21个大气候水热类型是本次分类的出发点，可认为是土地生态分类的零级。在不同自然地理要素组合的基础上，使用ArcGIS工具箱提供的裁剪工具——clip，分别用21个大气候水热类型与组合图层作裁剪运算，即可得到不同温度带和干湿地区下的土地生态类型。另外，还可以使用ArcGIS提供的空间统计分析功能，对每个自然地区的土地生态类型作空间统计分析，以计算不同类型的面积、周长等信息。空间分析的整个

过程见图 5-3。

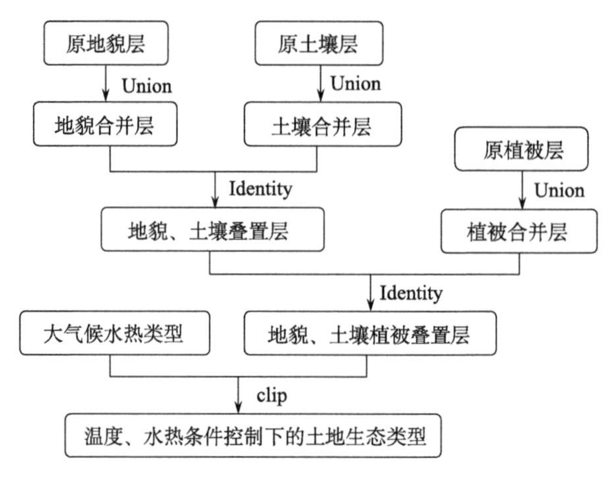

图 5-3　土地生态分类空间分析流程

2. 土地生态类型的命名

通过 GIS 空间分析，可以得到不同温度与水分条件控制下的土地生态类型分布状况及其属性信息。将这些不同自然地区的土地生态类型的属性进行统计分析，并对每种土地类型作编码设计与命名。关于土地生态类型的命名，力求能够体现土地综合性和地域分异性的特点，第一级采用植被-地貌二名法，第二级采用植被-土壤-地貌三名法，其他类型如湖泊、冰川和雪盖等可特殊对待。

（五）中国土地生态分类新方案

1. 土地分类体系

本研究采用三级分类体系，即土地纲、土地类和土地型。土地纲采用中国生态地理区划方案（郑度，2008）中第一、二级的合并单元，采用温度和干湿作为划分指标；土地类采用植被和地貌作为划分依据，土地型则依据植被、土壤和地貌组合作为划分依据。

2. 分类结果

根据上述工作流程和划分依据，对中国土地生态系统进行分类，在全国尺度，共划出 21 个土地纲，203 个土地类（图 5-4 和表 5-14），3200 个土地型。由于土地型类别数众多，在全国尺度难以表达，故不再图示。

我国国土面积广阔，各地区所处的地理位置不同，自然条件各异，建立一套科学完备的土地分类系统已成为实现我国土地资源管理的有效途径。本研究利用 GIS 技术，在中国生态地理区划的基础上，综合考虑地貌、土壤、植被等自然因素自上而下地对我国土地生态类型进行分类。

随着经济的快速发展和大规模的开发建设，人类对土地的利用和改造使得原有的土地生态类型发生了很大的改变。然而由于本研究缺少必要的社会统计信息，在土地生态分类的过程中仅仅考虑了自然因素的作用，忽略了人文因素的影响，这对于建立科学完备的土地生态分类系统来说是远远不够的。而自然因素与人文因素的综合研究又是地理学所要求的。另外，现有的土地生态分类系统中，分类指标的选取方面还没有统一的标准，这与不同地区不同时段的分类标准不一致也是相关的。尺度问题同样也是分类中必须考虑的一个方面，这和土地类型划分的级别密切相关。本节是以 21 个大气候干湿地区为分类的出发点来做的下一级土地生态分类，而如何进行更小尺度的土地生态分类还值得下一步继续探讨。

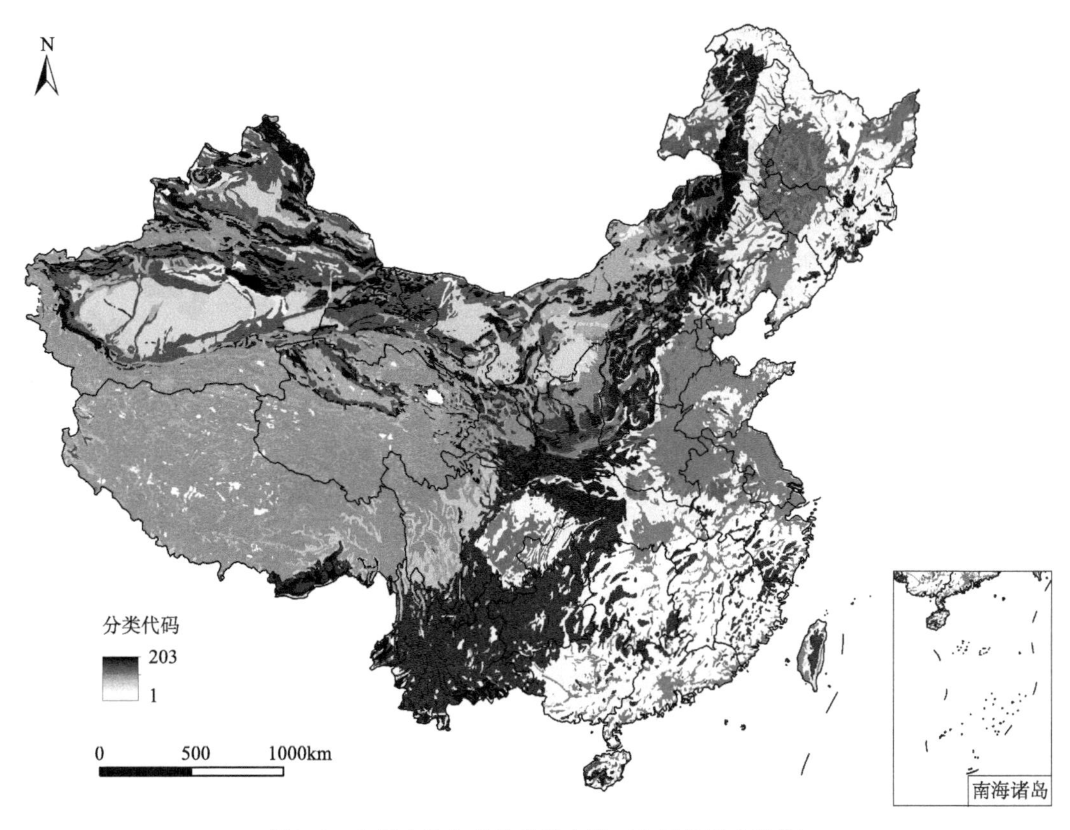

图 5-4　中国土地生态分类新方案（全国尺度土地类）

表 5-14　中国土地生态分类方案（全国尺度土地类）

分类代码	名称
1	寒温带、温带山地落叶针叶林—低山丘陵
2	寒温带、温带山地落叶针叶林—中山
3	一年一熟粮作和耐寒经济作物—低山丘陵
4	一年一熟粮作和耐寒经济作物—风蚀地貌
5	一年一熟粮作和耐寒经济作物—高山
6	一年一熟粮作和耐寒经济作物—高原平地

续表

分类代码	名称
7	一年一熟粮作和耐寒经济作物—黄土梁峁
8	一年一熟粮作和耐寒经济作物—平原及丘陵
9	一年一熟粮作和耐寒经济作物—台地
10	一年一熟粮作和耐寒经济作物—台塬
11	一年一熟粮作和耐寒经济作物—中山
12	温带、亚热带高寒草甸—高原平地
13	温带、亚热带高寒草甸—高原山地
14	温带、亚热带高寒草甸—台地
15	温带、亚热带高寒草甸—中山
16	温带、亚热带高寒草原—高原山地
17	温带、亚热带高寒草原—中山
18	温带、亚热带高山垫状矮半灌木、草本植被—高原平地
19	温带、亚热带高山垫状矮半灌木、草本植被—高原山地
20	温带、亚热带落叶灌丛、矮林—低山丘陵
21	温带、亚热带落叶灌丛、矮林—风蚀地貌
22	温带、亚热带落叶灌丛、矮林—高山
23	温带、亚热带落叶灌丛、矮林—高原平地
24	温带、亚热带落叶灌丛、矮林—黄土梁峁
25	温带、亚热带落叶灌丛、矮林—台塬
26	温带、亚热带落叶灌丛、矮林—中山
27	温带、亚热带落叶阔叶林—低山丘陵
28	温带、亚热带落叶阔叶林—黄土梁峁
29	温带、亚热带落叶阔叶林—平原及丘陵
30	温带、亚热带落叶阔叶林—台塬
31	温带、亚热带落叶阔叶林—中山
32	温带、亚热带山地落叶小叶林—低山丘陵
33	温带、亚热带山地落叶小叶林—高山
34	温带、亚热带山地落叶小叶林—黄土梁峁
35	温带、亚热带山地落叶小叶林—中山
36	温带、亚热带亚高山落叶灌丛—高原山地
37	温带、亚热带亚高山落叶灌丛—中山
38	温带矮半灌木荒漠—低山丘陵
39	温带矮半灌木荒漠—风蚀地貌
40	温带矮半灌木荒漠—高山
41	温带矮半灌木荒漠—台地
42	温带矮半灌木荒漠—中山
43	温带半乔木荒漠—低山丘陵
44	温带半乔木荒漠—风蚀地貌
45	温带半乔木荒漠—高山
46	温带半乔木荒漠—高原平地

续表

分类代码	名称
47	温带半乔木荒漠—台地
48	温带半乔木荒漠—中山
49	温带草本沼泽—低山丘陵
50	温带草本沼泽—平原及丘陵
51	温带草本沼泽—台地
52	温带草甸—低山丘陵
53	温带草甸—高原平地
54	温带草甸—丘陵及平原
55	温带草甸—台地
56	温带草甸—中山
57	温带草原沙地常绿针叶疏林—低山丘陵
58	温带草原沙地常绿针叶疏林—台地
59	温带常绿针叶林—低山丘陵
60	温带常绿针叶林—平原及丘陵
61	温带常绿针叶林—台地
62	温带常绿针叶林—中山
63	温带丛生矮禾草、矮半灌木草原—低山丘陵
64	温带丛生矮禾草、矮半灌木草原—风蚀地貌
65	温带丛生矮禾草、矮半灌木草原—高山
66	温带丛生矮禾草、矮半灌木草原—高原平地
67	温带丛生矮禾草、矮半灌木草原—黄土梁峁
68	温带丛生矮禾草、矮半灌木草原—台地
69	温带丛生矮禾草、矮半灌木草原—台塬
70	温带丛生矮禾草、矮半灌木草原—中山
71	温带丛生禾草草原—低山丘陵
72	温带丛生禾草草原—风蚀地貌
73	温带丛生禾草草原—高原平地
74	温带丛生禾草草原—黄土梁峁
75	温带丛生禾草草原—台地
76	温带丛生禾草草原—台塬
77	温带丛生禾草草原—中山
78	温带多汁盐生矮半灌木荒漠—风蚀地貌
79	温带多汁盐生矮半灌木荒漠—高原平地
80	温带多汁盐生矮半灌木荒漠—台地
81	温带多汁盐生矮半灌木荒漠—中山
82	温带高寒草本沼泽—高原平地
83	温带高寒草本沼泽—高原山地
84	温带高寒草本沼泽—中山
85	温带高寒匍匐矮半灌木荒漠—高原平地
86	温带高寒匍匐矮半灌木荒漠—高原山地

续表

分类代码	名称
87	温带高山矮灌木苔原—低山丘陵
88	温带高山矮灌木苔原—高山
89	温带高山矮灌木苔原—中山
90	温带灌木、半灌木荒漠—低山丘陵
91	温带灌木、半灌木荒漠—风蚀地貌
92	温带灌木、半灌木荒漠—高山
93	温带灌木、半灌木荒漠—台地
94	温带灌木、半灌木荒漠—中山
95	植被稀疏或裸地—低山丘陵
96	植被稀疏或裸地—风蚀地貌
97	植被稀疏或裸地—高原平地
98	植被稀疏或裸地—高原山地
99	植被稀疏或裸地—高原山地
100	植被稀疏或裸地—中山
101	温带禾草、杂类草草原—低山丘陵
102	温带禾草、杂类草草原—风蚀地貌
103	温带禾草、杂类草草原—黄土梁峁
104	温带禾草、杂类草草原—平原及丘陵
105	温带禾草、杂类草草原—台地
106	温带禾草、杂类草草原—台塬
107	温带禾草、杂类草草原—中山
108	温带落叶阔叶树—常绿针叶树混交林—低山丘陵
109	温带落叶阔叶树—常绿针叶树混交林—台地
110	温带落叶阔叶树—常绿针叶树混交林—中山
111	温带落叶小叶疏林—低山丘陵
112	温带落叶小叶疏林—台地
113	温带落叶小叶疏林—中山
114	温带山地矮禾草、矮半灌木草原—低山丘陵
115	温带山地矮禾草、矮半灌木草原—风蚀地貌
116	温带山地矮禾草、矮半灌木草原—高山
117	温带山地矮禾草、矮半灌木草原—高原平地
118	温带山地矮禾草、矮半灌木草原—高原山地
119	温带山地矮禾草、矮半灌木草原—台地
120	温带山地矮禾草、矮半灌木草原—中山
121	温带山地常绿针叶林—低山丘陵
122	温带山地常绿针叶林—高山
123	温带山地常绿针叶林—黄土梁峁
124	温带山地常绿针叶林—台地
125	温带山地常绿针叶林—中山
126	温带山地丛生禾草草原—低山丘陵

续表

分类代码	名称
127	温带山地丛生禾草草原—风蚀地貌
128	温带山地丛生禾草草原—高山
129	温带山地丛生禾草草原—高原平地
130	温带山地丛生禾草草原—黄土梁峁
131	温带山地丛生禾草草原—台地
132	温带山地丛生禾草草原—中山
133	一年两熟或两年三熟旱作和暖温带落叶果树园、经济林—低山丘陵
134	一年两熟或两年三熟旱作和暖温带落叶果树园、经济林—风蚀地貌
135	一年两熟或两年三熟旱作和暖温带落叶果树园、经济林—平原
136	一年两熟或两年三熟旱作和暖温带落叶果树园、经济林—平原及丘陵
137	一年两熟或两年三熟旱作和暖温带落叶果树园、经济林—台地
138	一年两熟或两年三熟旱作和暖温带落叶果树园、经济林—台塬
139	一年两熟或两年三熟旱作和暖温带落叶果树园、经济林—中山
140	一年两熟或两年三熟旱作和暖温带落叶果树园、经济林—高原谷地
141	一年水旱两熟粮作和亚热带常绿、落叶经济林、果园—低山丘陵
142	一年水旱两熟粮作和亚热带常绿、落叶经济林、果园—高原谷地
143	一年水旱两熟粮作和亚热带常绿、落叶经济林、果园—平原
144	一年水旱两熟粮作和亚热带常绿、落叶经济林、果园—台地
145	一年水旱两熟粮作和亚热带常绿、落叶经济林、果园—中山
146	亚热带、热带常绿针叶林—低山丘陵
147	亚热带、热带常绿针叶林—高山
148	亚热带、热带常绿针叶林—高原山地
149	亚热带、热带常绿针叶林—中山
150	亚热带、热带山地常绿针叶林—高山
151	亚热带、热带山地常绿针叶林—高原山地
152	亚热带、热带山地常绿针叶林—中山
153	亚热带、热带石灰岩具有多种藤本的常绿和落叶灌丛、矮林—低山丘陵
154	亚热带、热带石灰岩具有多种藤本的常绿和落叶灌丛、矮林—高山
155	亚热带、热带石灰岩具有多种藤本的常绿和落叶灌丛、矮林—中山
156	亚热带、热带酸性土常绿、落叶阔叶灌丛、矮林和草甸结合—低山丘陵
157	亚热带、热带酸性土常绿、落叶阔叶灌丛、矮林和草甸结合—高山
158	亚热带、热带酸性土常绿、落叶阔叶灌丛、矮林和草甸结合—高原山地
159	亚热带、热带酸性土常绿、落叶阔叶灌丛、矮林和草甸结合—平原及丘陵
160	亚热带、热带酸性土常绿、落叶阔叶灌丛、矮林和草甸结合—中山
161	亚热带、热带稀树灌木草原—低山谷地
162	亚热带、热带稀树灌木草原—低山丘陵
163	亚热带、热带稀树灌木草原—高山谷地
164	亚热带、热带稀树灌木草原—中山谷地
165	亚热带常绿阔叶林—低山丘陵
166	亚热带常绿阔叶林—高山

续表

分类代码	名称
167	亚热带常绿阔叶林—平原及丘陵
168	亚热带常绿阔叶林—中山
169	亚热带高山、亚高山常绿革质叶灌丛矮林—高原山地
170	亚热带高山，亚高山常绿革质叶灌丛矮林—中山
171	亚热带山地酸性黄壤常绿阔叶树-落叶阔叶树混交林—低山丘陵
172	亚热带山地酸性黄壤常绿阔叶树-落叶阔叶树混交林—高山
173	亚热带山地酸性黄壤常绿阔叶树-落叶阔叶树混交林—高原山地
174	亚热带山地酸性黄壤常绿阔叶树-落叶阔叶树混交林—平原及丘陵
175	亚热带山地酸性黄壤常绿阔叶树-落叶阔叶树混交林—中山
176	亚热带石灰岩落叶阔叶树-常绿阔叶树混交林—低山丘陵
177	亚热带石灰岩落叶阔叶树-常绿阔叶树混交林—平原及丘陵
178	亚热带石灰岩落叶阔叶树-常绿阔叶树混交林—中山
179	亚热带硬叶常绿阔叶林—高山
180	亚热带硬叶常绿阔叶林—中山
181	亚热带竹林—低山丘陵
182	亚热带竹林—平原及丘陵
183	亚热带竹林—中山
184	单（双）季稻连作喜凉旱作或一年三熟旱作和亚热带常绿经济林、果树园—低山丘陵
185	单（双）季稻连作喜凉旱作或一年三熟旱作和亚热带常绿经济林、果树园—平原
186	单（双）季稻连作喜凉旱作或一年三熟旱作和亚热带常绿经济林、果树园—平原及丘陵
187	双季稻或双季稻连作喜温旱作和热作常绿经济林、果树园—低山丘陵
188	双季稻或双季稻连作喜温旱作和热作常绿经济林、果树园—平原
189	双季稻或双季稻连作喜温旱作和热作常绿经济林、果树园—平原及丘陵
190	热带半常绿阔叶季雨林及次生植被—低山丘陵
191	热带半常绿阔叶季雨林及次生植被—台地
192	热带半常绿阔叶季雨林及次生植被—中山
193	热带常绿阔叶雨林及次生植被—低山丘陵
194	热带常绿阔叶雨林及次生植被—高山
195	热带常绿阔叶雨林及次生植被—台地
196	热带常绿阔叶雨林及次生植被—中山
197	热带海滨硬叶常绿阔叶灌丛、矮林—低山丘陵
198	热带海滨硬叶常绿阔叶灌丛、矮林—平原及丘陵
199	热带海滨硬叶常绿阔叶灌丛、矮林—台地
200	热带雨林性常绿阔叶林—低山丘陵
201	热带雨林性常绿阔叶林—平原及丘陵
202	热带雨林性常绿阔叶林—台地
203	热带雨林性常绿阔叶林—中山

第三节　土地生态调查与监测

土地生态调查是指以生态学原理为理论基础，利用物理、化学、生化、社会学、生态学等各种技术手段，在一定的时间和空间上，获取土地生态系统和生态系统组合体的类型、要素、结构、功能特征信息和数据的过程。土地生态监测和土地生态调查的概念基本一致。土地生态监测可以看作是周期性的土地生态调查。但从环境科学的角度，土地生态监测更多地被看作一种技术。套用联合国环境规划署（1993）对生态监测的概念，可以认为土地生态监测也是一种综合技术，是通过地面固定的监测站或流动观察队、航空摄影及太空轨道卫星，获取包括土地生境的、生物的、经济的和社会的等多方面数据的技术。土地生态调查与监测对于评价和预测人类活动对土地生态系统影响具有重要意义，是为合理利用资源、改善生态环境提供决策的重要依据。本节内容将土地生态调查与监测作为一体进行论述。

一、土地生态调查与监测的目标

土地生态调查与监测的目标是在已有土地调查基础上，扩展土地调查内容，从原有的土地数量调查向土地条件和土地质量和生态调查发展；掌握区域土地生态状况；发展土地生态调查与监测技术方法，为土地资源数量管理、质量管理和生态管护提供技术支撑。

二、土地生态调查与监测的原则

（一）宏观监测和微观监测相结合

土地生态调查监测的目的就是准确掌握区域土地生态状况，评估人类活动对土地生态系统的影响，为合理利用资源，保护生态环境提供决策依据。因此，土地生态调查监测必须要坚持宏观和微观相结合的原则。一方面，通过宏观调查监测，整体把握一定时间和空间范围土地生态系统的状况和趋势；另一方面，通过微观调查监测，掌握局部的、重要的和关键的生态因素和现象的发展变化情况。宏观和微观相结合的原则要求要注重发展土地生态宏观监测的技术方法，也要注重发展微观监测的技术方法手段。

（二）常规监测和重点监测相结合

土地生态调查监测涉及的内容较多，一般说来，很难把土地生态调查的各个方面全部加以调查监测。因此，土地生态调查监测需要采取常规和重点相结合的原则。首先，对表征土地生态状况的一般指标进行常规的调查监测。其次，针对某些区域重要的土地生态问题，比如土壤污染、土地退化等可以进行专项的重点调查。

（三）长期监测与实时监测相结合

土地生态调查监测是针对某些重要和关键的土地生态现象和土地生态问题等进行长期的系统的跟踪监测，因此，土地生态调查监测必然是长期的。也只有通过长期的定点的观测，才能发现土地生态变化的趋势，从而为决策提供依据。但是，土地生态调查监测也不排斥快速性和实时性。通常是利用先进的技术方法手段，对某些在土地利用过程中产生的突发的或者是十分重要的土地生态问题，展开集中调查监测。

三、土地生态调查与监测的内容与类型

（一）土地生态调查与监测的内容

一些研究界定了生态监测的主要内容（罗泽娇和程胜高，2003）。与之类似，从土地生态调查与监测的概念出发，广义上，土地生态调查与监测的内容可以分为以下几个方面。

1. 土地生态系统中非生命成分的调查与监测

主要是土地生态因子的调查与监测，如气候、水文、地质、土壤、植被等自然环境条件的调查监测。

2. 土地生态系统中生命成分的调查与监测

包括对生命系统的个体、种群、群落的组成、数量、动态的调查、统计和监测。

3. 土地生态系统相互作用和其发展规律的调查与监测

包括对一定区域范围内土地生态系统以及系统的组合方式、镶嵌特征、动态变化、功能特征等的调查与监测，也包括生态系统受到干扰、污染的程度以及恢复、重建、治理后的结构和功能的调查和监测。

4. 土地生态经济系统的调查与监测

包括土地生态系统所涉及的一定时间和空间尺度上人口、收入、投入、产出等一系列社会、经济等方面情况的调查和监测。

（二）土地生态调查与监测的类型

从不同的角度来看，土地生态调查与监测可以有不同的类型。

从土地生态调查与监测的内容来划分，土地生态调查与监测可以分为生物监测和环境监测。生物监测就是土地生态系统中生命成分的调查与监测，环境监测就是土地生态系统中非生命成分的监测，主要是自然环境条件的监测。与环境科学中的环境监测不同，土地生态调查与监测中的环境监测不包括自然环境中物理、化学指标的异常，比如

大气污染物、水体污染物、土壤污染物、噪声、热污染、放射性等的监测。

从不同土地生态系统的角度变化出发，可分为城市土地生态监测、农村土地生态监测、森林土地生态监测、草原土地生态监测及荒漠生态监测等。这类划分突出了土地生态调查监测对象的价值尺度，旨在通过生态监测得到关于各生态系统生态价值的现状资料、受干扰（特别指人类活动的干扰）程度、承受影响的能力、发展趋势等（李玉英等，2005）。

从土地生态调查与监测两个基本的空间尺度来看，土地生态调查与监测可分为两大类：宏观土地生态监测和微观土地生态监测。宏观土地生态监测研究对象的地域等级应在区域生态范围之内，最大可扩展到全球。区域土地生态监测是宏观监测的重要内容（贾良清和欧阳志云，2004）。微观土地生态监测研究对象的地域等级最大可包括由几个生态系统组成的景观生态区，最小也应代表单一的生态类型（孙巧明，2004）。

四、土地生态调查与监测的指标体系

土地生态调查与监测指标体系主要指一系列能敏感清晰地反映生态系统基本特征及生态环境变化趋势的并相互印证的项目，是生态监测的主要内容和基本工作（孙巧明，2004）

（一）土地生态调查与监测指标体系选取原则

选择与确定土地生态监测指标体系应遵循以下几个方面的原则（宫国栋，2002；贾良清和欧阳志云，2004；张建辉等，1996）。

1. 代表性

指标应能反映土地生态系统的主要特征，表征主要的生态问题。

2. 敏感性

确定那些对特定环境敏感的生态因子，并以结构和功能指标为主，以此反映生态过程的变化。

3. 可行性

指标体系的确定要因地制宜，同时要便于操作。

4. 可比性

不同监测台站间同种生态类型的监测应按统一的指标体系进行。

5. 经济性

尽可能以最少费用获得必要的土地生态信息。

6. 阶段性

根据现有水平和能力，先考虑优先监测指标，条件具备时，逐步加以补充，已确定的指标体系也可分阶段实施。

（二）土地生态调查与监测指标体系框架

由于土地生态调查监测涉及的内容比较广，不同研究从不同的角度设计了生态监测指标体系，举例如下。

1. 基于生态监测内容的指标体系框架

罗泽娇和程胜高（2003）基于生态监测内容，涉及了比较全面的生态监测指标体系，对于建立土地生态调查监测指标体系具有一定的参考意义。具体指标如下。

（1）非生命系统的监测指标

气象条件：包括太阳辐射强度和辐射收支、日照时数、气温、气压、风速、风向、地温、降水量及其分布、蒸发量、空气湿度、大气干湿沉降等，以及城市热岛强度。

水文条件：包括地下水位、土壤水分、径流系数、地表径流量、流速、泥沙流失量及其化学组成、水温、水深、透明度等。

地质条件：主要监测地质构造、地层、地震带、矿物岩石、滑坡、泥石流、崩塌、地面沉降量、地面塌陷量等。

土壤条件：包括土壤结构、土壤颗粒组成、土壤容重、孔隙度、透水率、土壤温度、饱和含水量、凋萎含水量、土壤有机质、土壤肥力、土壤盐度、交换性酸、交换性盐基、阳离子交量土壤微生物量、土壤酶活性等。

化学指标：包括大气污染物、水体污染物、土壤环境监测污染物、固体废弃物等方面的监测内容。其他指标如噪声、热污染、放射性物质等。

（2）生命系统的监测内容

生物个体的监测，主要对生物个体大小、生活史、遗传变异、跟踪遗传标记等的监测。

物种的监测包括对优势种、外来种、指示种、重点保护种、受威胁种、濒危种、对人类有特殊价值的物种、典型的或有代表性的物种的监测。

种群的监测主要对种群数量、种群密度、盖度、频度、多度、凋落物量、年龄结构、性别比例、出生率、死亡率、迁入率、迁出率、种群动态、空间格局的监测。

群落的监测包括对物种组成、群落结构、群落中的优势种统计、生活型、群落外貌、季相、层片、群落空间格局、食物链统计、食物网统计等的监测。

生物污染的监测。

（3）生态系统的监测指标

主要对生态系统的分布范围、面积大小进行统计，分析生态系统的镶嵌特征、空间格局及动态变化过程。

（4）生物与环境之间相互作用关系及其发展规律的监测指标

生态系统功能指标：生物生产量（初级生产、净初级生产、次级生产、净次级生产）、生物量、生长量、呼吸量、物质周转率、物质循环周转时间、同化效率、摄食效率、生产效率、利用效率等。

（5）社会经济系统的监测指标

包括人口总数、人口密度、性别比例、出生率、死亡率、流动人口数、工业人口、农业人口、工业产值、农业产值、人均收入、能源结构等。

2. 区域生态监测指标体系框架

贾良清和欧阳志云（2004）认为区域生态监测不能局限于对微观指标，实现生态系统多项指标面面俱到，而必须选择反映区域宏观生态质量的主要因子，如地表覆被、水土流失强度、水生态系统质量、湿地生态质量、农田生态系统质量、景观与生境的完整性等，从区域（如省域、市域）的高度对生态环境质量进行判断，体现生态压力与生态效应。

区域生态监测指标可根据上述主要因子进行如下选择：

1）地表覆被：森林覆盖率、植被覆盖率、林相、草地变化等；

2）水土流失强度：侵蚀模数；

3）水生态系统：水生生物种类与数量、水体主要污染指标、富营养化水平、地下水位变化；

4）湿地生态质量：面积变化、泥沙淤积、物种变化、植被群落变化；

5）农田生态系统：降水、日照与辐射、土壤有机质、产量、农用化学品使用强度等。

3. 农业生态监测指标体系框架

王洪庆等（1996）认为农业生态监测指标体系应当包括条件指标和生态压力指标两大类。

（1）条件指标

1）生境亚类：能够表明一定区域农业生态系统所处的区域生态环境特征，包括大气、水、土壤、气候、景观等方面；

2）资源亚类：能够表明一定区域农业生态系统的资源特点，包括土地、水、气候资源等方面；

3）生物状况亚类：能够表明一定区域的农业生态系统的生物组分的结构和功能特征，包括目标生物（如农产品等）和非目标生物；

4）社会经济亚类：能够表明一定区域农业生态系统内的社会经济发展水平及发展潜力等特性，包括人口、劳力、技术、产品、产值等方面。

（2）生态压力指标

生态压力指标能够表明一定区域农业生态系统内社会经济的发展给生态环境带来的巨大压力，以及这些压力反过来影响农业生态系统持续发展的特征，包括生态破坏和环境污染两个亚类。

4. 土地资源综合监测指标体系框架

在“土地资源数量质量生态监测”国家公益项目的支持下，国土资源部土地利用重点实验室设计了土地资源综合监测指标体系框架，并已应用于土地生态状况调查工程中。具体如下。

(1) 基础地理信息数据

包括研究区域（县、区）地形图（DEM）、行政区划图、植被图、水系图、道路图等。基础地理信息数据主要通过收集的方式获取，以五年为一周期。

(2) 土地基础业务数据

包括研究区域（县、乡）遥感影像、土地利用图、第二次土地调查数据库、土地利用变更调查数据、新一轮土地利用规划修编成果、农用地分等定级成果、多目标地球化学调查数据、涉及土地利用的遥感监测成果数据、城市地价动态监测数据、重点城市实际新增建设用地季报工作、土地利用开发整理规划等。土地基础业务数据主要通过收集方式获取。严格按照国家保密规定对数据、资料等进行规范化管理。

(3) 样点观测数据

以实地采集和监测为主，收集为辅。强调地面调查和遥感影像相结合，突出土地质量和生态状况监测。

(1) 土地资源数量监测

利用第二次全国土地利用调查数据、土地利用变更调查数据和高分辨率遥感影像，结合实地调查，开展研究区域所在县（区、市）和村的土地资源数量监测。包括土地利用类型转移、土地利用集约度监测（表 5-15)、农用地流转状况监测（表 5-16）等。

表 5-15　土地利用集约度监测指标

监测类型	监测指标	数据来源	上报周期/(次/年)
农用地	复种指数	固定样点与问卷调查	1
	化肥使用量	固定样点与问卷调查	1
	农药使用量	固定样点与问卷调查	1
	除草剂用量	固定样点与问卷调查	1
	机械总动力	固定样点与问卷调查	1
建设用地	容积率	遥感与固定样点监测	1
	建筑密度	遥感与固定样点监测	1

表 5-16　农用地流转状况监测

监测指标	数据来源	上报周期/(次/年)
农用地租赁价格	固定样点监测与问卷调查	1
劳动力价格	固定样点监测与问卷调查	1
撂荒土地面积	固定样点监测与问卷调查	1

(2) 土地资源质量监测

土地资源质量监测中的“质量”特指维持和提高耕地的综合生产能力。从三个方面进行监测，一是针对不易变化的土地质量指标，在地块（样点），开展土地基础背景调查（表 5-17）；二是针对县（区、市），利用高分辨率遥感影像，开展作物长势监测（表 5-18）；三是针对地块（样点），采取实地样点观测和调查（表 5-19），每年至少监测一次；四是针对个别土壤质量指标（表 5-20），选择有条件的试验基地，开展土壤（地）质量指标的高光谱测量，购买试验区高光谱影像，开展土壤（地）质量指标反演。建议在资金条件允许的情况下，进行剖面采样。

表 5-17 土地基础背景调查

数据类型	监测指标	数据格式	上报周期/年
土壤	耕作层厚度	固定样点监测	5
	障碍层厚度	固定样点监测	5
	土体构型	固定样点监测	5
	土壤质地	固定样点监测	5
地形	坡度	固定样点监测	5
	高程	固定样点监测	5

表 5-18 作物长势监测指标

监测指标	区域	监测方法	监测周期/(次/年)
NDVI	县（区、市）	遥感	1
生物量	县（区、市）	遥感	1

表 5-19 土壤样点观测指标

数据类型	监测指标	数据格式	上报周期/(次/年)
土壤	全量氮磷钾	固定样点监测	1
	有机质	固定样点监测	1
	土壤水分（雨季和旱季）	固定样点监测	2
	土壤氨态氮	固定样点监测	1
	土壤含盐量①	固定样点监测	1
基于样点（地块）的问卷调查数据	根据实际情况设计调查问卷	固定样点监测	1

注：①可根据实际情况选测

表 5-20 土壤（地）质量高光谱反演指标观测指标

监测指标	监测对象	监测方法
土壤有机质	样方（样点）、区域	高光谱遥感
土壤水分	样方（样点）、区域	高光谱遥感

(3) 土地资源生态状况监测

土地资源生态状况监测从三个方面进行，一是基于样点的土壤污染监测（表5-21）；二是遥感与样点监测相结合，开展土地生态状况监测（表5-22）；三是针对地区实际情况，开展有针对性土地退化监测。

1）基于样点的土壤污染监测。

表5-21　土壤污染监测指标

监测指标		监测方法	监测周期/(次/年)
土壤污染	有机污染	固定样点	1
	重金属污染	固定样点	1

2）利用遥感技术，开展针对表征土地生态状况指标的监测（表5-22）。

表5-22　土地生态状况监测指标

	监测指标	监测方式	上报周期/(次/年)
村（耕地、林地、草地）	生物量	遥感与固定样点监测相结合	1
	指示种	遥感与固定样点监测相结合	1
	植被覆盖度	遥感与固定样点监测相结合	1
	林网密度	遥感监测与地面调查	1
	渠网密度	遥感监测与地面调查	1
	叶面积指数	遥感与固定样点监测相结合	1
	光合有效辐射	遥感与固定样点监测相结合	1
城市土地（县域）	城市绿地	遥感	1
	城市水面	遥感	1
	非渗透性表面	遥感	1

3）针对地区实际情况，开展有针对性土地退化监测。

以县（区、市）为单位，采用多目标地球化学调查数据，开展土地污染监测；基于遥感手段和地面调查，开展地质灾害评价、土地损毁、土壤侵蚀和草地退化等监测。

(4) 社会经济数据

包括研究区域（县、乡（镇）、村）社会经济统计数据和问卷调查数据。其中社会经济统计数据通过收集方式获取，问卷调查数据主要针对农户，通过实地调查，采集获取。

(5) 其他部门相关数据

包括研究区域（县、乡（镇）、村）其他部门相关资料与数据，通过收集获取。

五、土地生态调查的基本方法手段

（一）传统生态学的野外调查方法

传统生态学的野外调查可以分为植被调查和土壤调查。通常通过设定样方、样线和样带来进行。样方是面积取样中最常用的形式，也是植被调查中使用最普遍的一种取样技术。样方的大小、形状和数目，主要取决于所研究群落的性质。一般地，群落越复杂，样方面积越大，形状也多以方形为多，取样的数目一般也不少于 3 个。因工作性质不同，样方的种类很多，如记名样方、面积样方、质量样方和永久样方等。样带法是为了研究环境变化较大的地方，以长方形作为样地面积，而且每个样地面积固定，宽度固定，几个样地按照一定的走向连接起来，就形成了样带。样线法是用一条绳索系于所要调查的群落中，调查在绳索一边或两边的植物种类和个体数。测定的指标包括植物种类、优势种、密度、多度、盖度、生物量、生活力、物候期等，不同类型的生态系统还有不同的指标要求。土壤调查包括土壤剖面设置、挖掘、观察、描述和记录等，土壤样品的采集和测定等。

（二）测试分析化学技术

测试分析化学技术主要是测定研究物质的含量、结构、形态以及组成等化学信息的分析方法，土地生态状况的重要表征之一就是土壤、水体、植物或动物的某些要素指标的异常，通过测试分析化学技术可以测试这些物质的化学信息，从而得出对土地生态状况情况的判断。因此，测试分析化学技术也是重要的土地生态调查监测技术方法。一般而言包括土壤性质的化验分析技术、污染物的测试分析技术、动植物的测试分析技术等。

（三）“3S”技术

“3S”技术即地理信息系统技术、全球定位技术和遥感技术的综合。由于土地生态调查与监测涉及大范围生态系统的宏观监测，“3S”技术具有覆盖面广、高效、快速的优势，成为大区域土地生态监测的重要技术方法。当前，“3S”技术已经广泛应用于土地资源与生态环境监测、土地退化监测、土地生态价值评估等方面，并取得了显著的成果。需要指出的是，当前宏观层面的以“3S”技术为代表的土地生态监测技术与微观层面传统生态学的土地生态地面调查与定点观测技术的结合越来越受到科学家的重视。这也是土地生态调查监测技术发展的一个显著趋势和特点。

（四）社会学调查方法

在某些情况下，定量化的方法并不能获取足够的土地生态状况信息。这时，社会学调查方法就显得十分重要了。土地生态调查的社会学方法主要是通过人对周围环境的感知来获取土地生态状况知识，社会学调查方法通常得出的是某些定性的信息。问卷调查是社会学调查方法的重要内容，通过一系列的问卷设计，可以得到土地生态状况的变化情况。此外，座谈、访谈、研讨也是社会学调查的重要方法。

参考文献

程维明，刘海江，张旸. 等. 2004. 中国1∶100万地表覆被制图分类系统研究. 资源科学，26（6）：2-8.

崔海山，张柏. 2005. 吉林省黑土资源生态分类. 华中师范大学学报（自然科学版），39（2）：278-282.

宫国栋. 2002. 关于“生态监测”之思考. 干旱环境监测，16（1）：47-49.

贾良清，欧阳志云. 2004. 区域生态监测的概念、方法与应用. 城市环境与城市生态，17（4）：7-9.

李玉英，余晓丽，施建伟. 2005. 生态监测及其发展趋势. 水利渔业，25（4）：62-64.

联合国环境规划署. 1994. 生态监测手册. 北京：中国环境科学出版社.

梁留科，曹新向，孙淑英. 2003. 土地生态分类系统研究. 水土保持学报. 17（5）：142-146.

林超. 1986. 国外土地类型研究的发展. 中国土地类型研究. 北京：科学出版社.

罗海江，白海玲，王文杰，等. 2006. 面向生态监测与管理的国家级土地生态分类方案研究. 中国环境监测，22（5）：57-62.

罗泽娇，程胜高. 2003. 我国生态监测的研究进展. 环境监测，3：42-44.

邵国凡、张佩昌、柏广新，等. 2001. 试论生态分类系统在我国天然林保护与经营中的应用. 生态学报，9，21（9）：1564-1568.

石玉林. 2006. 资源科学. 北京：高等教育出版社.

孙巧明. 2004. 试论生态环境监测指标体系. 生物学杂志，21（4）：13-16.

王洪庆，陶战，周健. 1996. 农业生态监测指标体系探讨. 农业环境保护，15（4）：173-176.

王令超，王国强. 1992. 黄土高原地区土地生态系统基本类型研究. 生态经济，（2）：26-28.

王仰麟. 1996. 景观生态分类的理论方法. 应用生态学报，7（增刊）：121-126.

吴次芳，徐保根，等. 2003. 土地生态学. 北京：中国大地出版社.

肖宝英，陈高，代力民，等. 2002. 生态土地分类研究进展. 应用生态学报，13（11）：1499-1502.

徐化成，郑均宝. 1997. 生态土地分类和我国立地分类系统的比较. 河北林果研究，12（1）：15-19.

徐化成. 1996. 景观生态学. 北京：中国林业出版社.

张建辉，王丈杰，吴忠勇，等. 1996. 农业生态监测目标与监测指标体系选择探讨. 中国环境监测，12（1）：3-6.

张军民. 2007. 干旱区生态安全问题及其评价原理——以新疆为例. 生态环境，16（4）：1328-1332.

郑度，等. 2008. 中国生态地理区域系统研究. 北京：商务印书馆.

中国科学院自然资源综合考察委员会. 1983. 中国1∶100万土地资源图土地资源分类系统（试行草案）//土地资源研究文集（第二集）. 北京：科学出版社.

Anderson J，Hardy R E，Roach J，et al. 1976. A land use and land cover classification system for use with remote sensor data//U. S. Geological Survey Profession Paper. Washington，D C：24.

Bailey R G. 1981. Integrated approach to classifying land as ecosystems. The Netherland，95-105.

FAO. 1972. Background document for expert consultation on land evaluation for rural purposes//Brinkman R，Smyth A J（eds）. Land Evaluation for Rural Purposes. Wageningen：International Institute of Land Recmation and Improvement publication：17.

Klijn F. 1994. A hierarchical approach to ecosystems and its implication for ecological land classification. Landescape Ecology，9（2）：89-104.

Zonneveld I S. 1995. Land Ecology. Amsterdam：SPB Academic Publishing.

第六章　土地生态变化

生态学中生态一词的含义是指生物与其生存环境的关系。土地生态是土地各组成要素之间，及其与环境之间相互联系、相互依存和制约所构成的开放的、动态的、分层次的和可反馈的系统。该系统是一个由土地、自然环境、技术、政策、人等生态因子组合而成的有机整体，是一个复杂的巨系统。系统中的任何一种因子的变化都会使自然界原有的土地生态平衡被打破，尽管土地生态系统自身具有一定的恢复功能，但这个功能是有他自身的限度的，超过了这个限度将不能恢复。

由于土地生态系统不断受到外界驱动力的干扰，诸如自然灾害、人类对土地资源的利用过程等，使得土地生态系统处于一个动态变化过程之中。一般来说，土地生态系统层次越多，结构越复杂，系统就趋于稳定，受到外界干扰后，恢复其功能的自我调节能力也愈强。相反，系统越单一，越趋于脆弱，稳定性也越差，稍受干扰，系统就可能崩溃。随着社会经济高速发展和人口数量的不断增加，人类已极其显著地改变了陆地表层土地生态系统的面貌。由于土地生态系统具有自身的特殊性，遵循自身的运动规律不断发展和演替，人类只有尊重土地生态系统的规律来利用土地，才能达到理想的目标。

通常来说，土地生态变化具有正负两种效应，即土地生态往好的方向发展变化抑或土地生态恶化。影响土地生态变化的因素包括自然、经济和社会等多方面因素，土地生态变化可由其中的一种或多种因子及其相关过程引起，但不合理的人为活动所引起的土地生态恶化无论在范围上还是在程度上均比自然因子引起的恶化要严重得多。这是因为就土地的自然状态而言，土地生态系统其状态变化是相对稳定的，它是气候、水文、岩石、土壤、植被、地形六大土地资源自然构成要素长期相互作用而形成的产物，土地生态系统处于一种相对稳定的平衡态。而通过人类的各种社会生产活动，打破了这种相对稳定的平衡态，其生态系统状态变化频度加快，从而导致土地生态系统不断发生变化（吴次芳等，2004）。

土地生态变化与土地利用变化不同。土地利用变化的含义比较明确，包括两种情况，一是土地利用类型的变化，二是土地利用方式的变化。土地生态变化包含有两个方面的含义，一方面是类型的变化，及土地生态系统的变化，这个变化和土地利用类型的变化有些类似；另一方面是结果的变化，即区域土地生态状况的变化。一般说来，土地利用变化一定会导致土地生态变化；但土地生态变化不一定导致土地利用变化。但在通常情况下，土地生态变化多为土地生态系统类型变化，这时和土地利用类型的变化差异不大。

第一节 土地生态变化的影响因素

一、自然环境与土地生态变化

土地生态系统具有明显的区域性，与地域分异规律有密切的关系。地带性分异和非地带性分异的结果，使地球表面各部分的自然地理特征发生明显的地域分异，存在着显著的空间分异。由于气候条件多样、地形等自然环境条件各异，森林、草地、农田和水域等土地生态系统地域性特征明显。因此，土地生态系统的保护和发展要遵循因地制宜的原则。

（一）新构造运动与土地生态变化

由于地球的内力作用引起地壳乃至岩石圈变形、变位的作用，叫做构造运动。构造运动塑造了多种多样的地貌类型。根据构造运动发生的时间，可以分为两类：一类是老构造运动；另一类是新构造运动。一般认为，新近纪和第四纪的构造运动称为新构造运动，现今全球基本的大构造和海陆分布格局是在第四纪期间形成的，但是新构造运动仍然在时时刻刻进行。土地退化包括土壤侵蚀和水土流失等自然地质灾害，这些地质灾害与新构造运动关系密切。地球内动力作用形成了自然地质灾害的生态地质环境背景，它对区域土地生态变化具有明显的控制作用（张凤荣，2006）。

新构造运动导致侵蚀基准面变化，影响土壤侵蚀，从而导致区域土地生态变化。新构造运动是引起侵蚀基准面变化的根本原因。根据戴维斯侵蚀循环理论，新构造运动导致地面隆起或侵蚀基准面下降，促使水土流失加剧，抬升面将不断被夷平，最终形成起伏和缓的侵蚀准平原，达到地貌发育的“老年期”，如果再有一次新的地面升降运动，将会使侵蚀再度活化，地表侵蚀再次进入一个新的循环。曾发生过强烈地震的地区，地面物质松散，易破碎滑塌，水土流失速度和土壤侵蚀强度都要大得多。

在新构造运动比较强烈的地区，断块间差异性抬升非常显著，区域侵蚀基准面下降的结果，将会加剧河流的溯源侵蚀。海平面是全球性的基本侵蚀基准面，由于冰期或新构造运动导致的海平面升降，将导致全球性的土壤侵蚀和水土流失强度降低或增加，从而引起区域乃至全球土地生态变化。

青藏高原的隆起是第四纪以来最重大的新构造运动，使世界气候发生了巨大的变化，它极大地改变了亚洲环流的形势，导致了世界上最强大的季风系统发生，并对北半球的环流产生重大影响，对中国气候与土地生态变化影响巨大。随着青藏高原的逐渐隆升，喜马拉雅山的崛起，阻挡了印度洋暖流季风向北运移，使中国西北部变得干旱、少雨和寒冷。在冬季，亚洲北部形成了强大的西伯利亚-蒙古高压，黄土高原的形成与西北干旱地区的沙化，与冬季风的出现有密切的关系。青藏高原隆升造成的地形差异导致中国西北内陆干旱化程度明显加剧。中更新世时期的荒漠气候使沙漠和戈壁不断扩展，形成了巴丹吉林沙漠、腾格里沙漠以及塔克拉玛干沙漠。塔克拉玛干沙漠正是在青藏高原隆升的构造背景下，受构造气候系统的耦合作用发育形成一个典型范例。总而言之，青藏高原隆起使亚洲形成季风环流系统，造成了我国北方大部分地区的干旱、半干旱气候，是形成现代戈壁、沙漠等自然景观的根本原因。

（二）气候与土地生态变化

气候变化与土地生态系统的演替有着密切的关系，它不仅影响到土地生态系统的生存与发展，而且还对水土流失和沙漠化等自然灾害起到推波助澜的作用。纵观全球生态环境演变史，气候在土地生态变化中具有重要作用，尤其是在工业革命以前。

气候变化对自然植被、土地退化和农业布局等都有重大的影响，而自然植被最为敏感。一种自然植被类型的出现，代表着环境要素的一种组合，不同植被类型之间的过渡带则反映了两种环境状态的临界点。当外界环境条件发生变化时，必然影响到临界点的变化，即表现为植被过渡带位置的推移。因此，不同植被类型之间的过渡地带成为对气候变化响应最为敏感的地带。在很大程度上，一定时间内植被类型过渡带的变化幅度反映了土地生态变化的速率（张凤荣，2006）。

很多的研究表明，我国植被带曾数次迁移，5000aB. P. ～3500aB. P. 我国东南地区的植被带曾向南推移1～3个纬度，过渡类型的植被增多，而在2500aB. P. ～500aB. P. 向北推移1～2个纬度。在地域分布上，我国南方的植被带变化比较稳定，而北方植被带变化比较敏感，即在自然状况下，中低纬度地区变化较中高纬度地区相对稳定。

从植被带迁移和变化的规律可以看出，人类历史时期的气候变化对北方生态系统的影响更为剧烈，其中以对北方农牧交错带的影响最为严重。南方地区降水量非常丰富，冷期和暖期降水量的变化对其生态系统和土壤发育影响不大；西北内陆的沙漠地区由于本来降水稀少，降水量的增加也不足以使其生态环境得到根本好转，沙漠中的少量绿洲主要是受冰雪融水的补给，气候变化对其影响也有限；而北方地区，尤其是农牧交错带，降水量处于临界状态，降水变率大，暖期和冷期干湿交替对其生态系统能够产生根本性的影响。在历史上，农牧交错带的位置多次波动，主要是受气候变化的影响所致。我国北方在历史上土地退化的方向和程度主要与气候变化相关。

在人类历史时期，土地退化的程度是非常严重的。气候变化可能比人类影响扮演了更重要的角色。土地退化地区受气候变化影响最大的莫过于气候脆弱地区（当然有些地区也可能有好的影响）。

我国西北地区，在人类历史时期主要呈现出冷湿—暖干交替出现的气候波动，直接影响到土地的退化方向和速率。水是干旱区绿洲赖以生存的基础，水量的变化直接影响到各绿洲的繁荣与消失。而气候的变化控制着水量大小，水量周期性的波动特性决定了绿洲系统的可变性和脆弱性。在冷湿期，不仅蒸发量小，而且降水偏多，两者相互配合，有利于土地生产条件的改善，在农业上的表现就是绿洲面积扩大。在暖干期，不仅降水偏少，而且蒸发量大，区域的干旱化趋势显著，结果导致绿洲萎缩甚至消失，土地荒漠化扩展。沙尘暴的发生频度也显示出周期性变化，它与地质时期气候变化和地面沙尘物质的消长有关，当遇到气候湿润时期，地面植被生长茂密，生态环境条件好，沙尘暴发生频率低；反之，在干旱气候时期，则沙尘暴发生频率高。

东部地区以暖湿—冷干期相互交替为主，间或有暖干、冷湿期出现。由于受东南亚季风的影响，东部地区的降水量要比西部大得多。在气候的暖期，往往降水丰沛，植被生长茂盛，粮食生产丰富，尽管有的地区因为开发利用不当导致土壤肥力下降，但总体来讲土地的生产力和肥力是提高的。夏商（公元前25～前12世纪）、春秋（公元前8世纪～前5世纪中叶）、西汉中叶至汉末（公元前2世纪中叶～2世纪末）、隋至盛唐（6世纪中叶～8世纪初）、五代至元前期（10世纪初～13世纪末）是我国东部的暖期，在我国历史上，这些时期大多社会稳定、经济繁荣、人民安居乐业。其他时期是相对的寒冷期，降水变率增大且降水量偏少，灾害频度和强度增加，北方出现旱年的次数增加，土壤盐渍化和沙化发展，土地生态退化严重，遇到连年大旱的年景，常常闹饥荒，往往是战争不断、诸侯割据、社会经济发展停滞；冷干期南方的生态环境比北方要好，水涝灾害出现的强度减小，频次降低，土地的进一步开发为社会、经济发展提供了良好的基础。元明清时期（13世纪末～19世纪末）是5000年来的最后一次冷干期，从13世纪末，中国进入现代“小冰期”，气候变冷，尤以17世纪末和19世纪为甚。这一时期，元、明、清三代的政治中心虽然都在北方，但其经济中心却在南方，由于北方生态环境恶化，经济支撑主要依靠南方。

纵观5000aB.P.以来气候变化与社会、经济和生态环境之间的关系，可以看出，植被类型分布、农作物分布和种植、社会经济发展等与之都有相应的匹配关系，尽管有人类活动等因素的干扰，但是气候变化的影响无疑是决定性的。

近代，随着社会经济的快速发展，人类活动的强烈干预已成为全球气候变化的主要因素，气候变化速率之快也是前所未有。如果目前这种趋势继续下去，则地球将面临突破任何历史记录的气候冲击。全球气候变化造成的灾害性天气，如干旱、大风、暴雨等，直接导致土地生态退化。

自工业革命以来由于化石燃料的使用及工农业生产等影响，排放到大气中的二氧化碳等温室气体量呈急剧增加趋势，而各种大气科学的研究都得出了一致的结论，即温室气体的排放将使全球平均温度增加。工业革命以来，全球海平面有了较大幅度的提高。由于海平面上升引起海岸侵蚀、盐水入侵、地下水位上升、红树林枯竭、内陆咸化加剧、风暴潮增加等环境问题，已成为当今国际科学界研究的热点。工业革命以来大气中CO_2含量上升和气温升高是影响平均海平面上升的主要因素。20世纪人为因素造成CO_2等温室气体排放量增加形成的“温室效应”导致全球气温不断升高。大气中CO_2浓度由19世纪末的265ppm上升到20世纪末的350ppm。自工业革命以来，人类大量使用煤、石油等化石燃料，使大气中CO_2浓度急剧增加了25%，若不采取有效措施，还将以每年0.5%的速度继续增加。据计算，大气CO_2浓度每增加一倍，地球气温就会升高4.5℃。甲烷是仅次于CO_2的温室气体，另外大气中的CO、N_2O和O_3等也对“温室效应”产生重要影响（Jacobson，2001）。

联合国环境规划署和世界气象组织发表的一份报告认为，按目前人类活动对自然气候的影响计算，地球气温将每10年上升0.3℃，到21世纪中叶，地球气温将升高1.5℃左右。自工业革命以来，全球海平面上升了约12cm，有缓慢的上升趋势。在过去100年里，全球海平面上升了18cm，相应的不确定范围为10～25cm，21世纪的全球海平面上升量可能数倍于这个数字（IPCC，1995）。中国沿海1998年、1999年和2000年海平面分别比常年平均海平面高 55mm、60mm 和 51mm（图 6-1）。从历史上看，这 3 年的海平面是最高的，上升速率有所加快，达 2.5mm/a（庄丽华等，2003）。

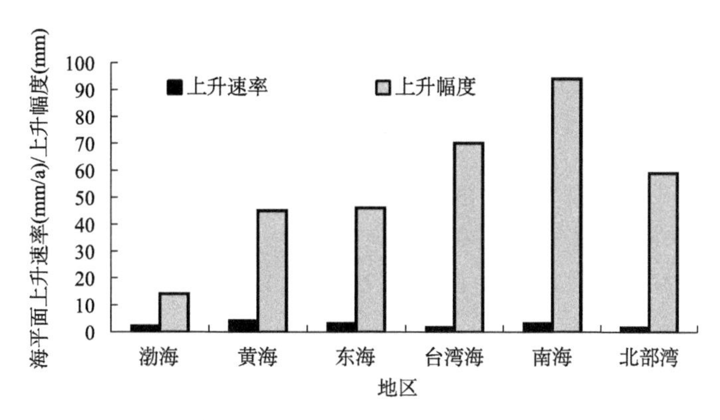

图 6-1　中国各海区海平面上升幅度与速率（庄丽华等，2003）

近年来，全球气候不断变暖，极端天气出现的频率和强度都在增加，这可能是自然因子（气候波动）和人为因子（温室效应）相互叠加的结果。虽然区域气候对全球温室气体积累的响应还不甚明确，但从古气候记录和其他证据可知，地表平均温度哪怕是很小的异常变化，也足以对地方气候产生严重的影响。相关研究表明，近百年来全球陆地平均温度和降水量呈整体上升趋势，自 19 世纪中叶以来，全球平均地面温度上升了 0.6℃，而全球陆地降水则以平均每年 1%～2%的量级增加（杨昕等，2002）。气候变化影响了全球水文及元素循环，这一系列连锁反应，必将导致区域乃至全球土地生态的变化。

在全球变化条件下，温度的升高和降水格局的变化，导致淡水资源更加匮乏。环境因子胁迫，如干旱和高温等，它们单独或联合的作用将导致作物大幅度减产，引发自然生态系统退化。干旱通过抑制光合作用来降低陆地生态系统总初级生产力，干旱还可以降低生态系统的自养呼吸和异养呼吸。同时干旱还可以通过影响其他干扰形式来间接影响陆地生态系统生产力，如增加火干扰的发生频率和强度，增加植物的死亡率，增加病虫害的发生等。在生态系统水平上干旱可以降低碳固定，减弱碳汇功能，甚至把生态系统从碳汇改变成碳源（田汉勤等，2007）。

气候变暖对土地利用/土地覆被变化的影响主要表现在农业上。由于气候变暖对作物产量的影响在不同地区以及对不同作物会有明显不同，从而对各个地区的土地利用产生影响。例如，在热带半干旱地区，若降水量不变，气温的升高将加速水分的蒸发，从而使土壤水分条件恶化，作物产量将因此而下降。气温升高所导致的蒸发、风蚀、干旱的加强和台风频率的加大，将使农业产量降低，部分森林将变为稀树草原；而且气候变暖无疑会使病虫害发生频度增大，将有害于作物的生长（张建明，2007）。

全球变暖在我国已引起气候带边界位置的相应摆动，以及农作物种植制度的相应改变，干旱半干旱地区许多生态环境方面的问题可能与此密切相关（周廷儒和张兰生，1992），利用气象观测资料研究已成为研究气候变化与土地生态变化关系的重要信息源。罗海江等（2007）利用遥感影响、气象观测数据等资料，对我国典型的农牧交错带鄂尔多斯地区近50年来生态环境变化研究表明，气候变暖和降水量的变化在土地生态变化过程中起了重要作用，降水量的变化与土地生态变化吻合良好，而温度的升高增加了潜在蒸发能力，使气候更加干燥，植被生长更加困难，导致土地生态恶化。

二、经济发展与土地生态变化

土地生态变化不仅受自然因素的影响，而且受社会经济因素的综合作用。在较短的时间尺度内，社会经济因素是土地利用变化的主要外部驱动力，社会经济因素的易变性和时空尺度上的错综复杂性，导致了土地利用变化具有很大的不确定性，从而引起土地生态变化。

龙花楼等（2002，2006）研究表明，几年或几十年的土地利用变化主要是由人类的社会经济活动影响所导致。通常情况下，经济发展影响土地利用形态，土地利用形态又反过来作用于经济发展，经济发展与土地利用形态的这种相互作用、相互影响促成了土地利用转型。短时期（几年或几十年）的土地利用变化，主要是人类的社会经济活动影响所致。因此，区域土地利用形态的变化基本上都能从与人类生产活动最为密切的耕地和城乡建设用地的变化上得到反映。

随着经济发展，引起GDP增加，则土地开发投资相应增加，对土地开发治理力度相应加大，如开荒、盐碱地治理、牧草地开发、植树造林、城镇建设等，从而引起相应土地面积的增加，使土地总收益增加，进一步促进经济的发展，形成正反馈环路，并不断影响到土地生态变化（汤发树等，2007）。陈百明等于2006年运用脱钩理论，进行了我国耕地占用与GDP增长的脱钩研究，揭示了我国各类区域耕地占用与GDP增长的相互关系的典型模式。

产业结构是各产业生产能力配置的构成方式，产业结构与土地利用结构之间存在着关联性，产业结构的变化引起土地资源在产业部门间重新分配，从而导致土地利用结构变化。由于各产业部门的土地生产率、利用率不同，因此在一定的产业结构下形成的土地利用结构也不同。

工业化和城镇化是人类社会发展到一定阶段的产物，是现代经济发展的两种不同过程，也是促使土地利用发生快速变化的两个强有力的推进器。它们不仅通过人口、产业集中、地域扩散占用土地，使土地利用非农化，而且通过生活方式和价值观念的扩散，改变原来的土地利用结构。史培军等（2000）分析了深圳市土地利用变化的驱动力，指出人口增长、外资的投入和第三产业的发展是特区内城镇用地扩大的主要外部驱动力，在外部驱动力的作用下，土地利用变化主要取决于交通条件、地形条件和土地利用现状内在要素对它的限制。许月卿于2001年对河北省耕地数量动态变化的驱动因子进行了分析，指出农业结构调整、非农建设、灾害毁损、开荒等因素是引起耕地变化的直接驱动因子，而技术进步、经济利益和农业政策等因素是引起耕地变化的间接驱动因子。

区域土地利用-经济发展之间的相互作用关系既十分紧密、又相当复杂。土地作为经济发展不可或缺的基础资源和立地空间，其数量与质量变化不仅影响到区域农业、工业等产业的发展，而且还影响到城市发展与布局等经济发展的各个方面；区域经济发展不仅通过占用土地引起土地利用结构的改变，而且通过物质消耗与排放等影响区域土地质量，乃至整个生态环境状况。

由经济发展引起土地生态恶化的事件比比皆是，其中较典型例子如震惊世界的各国“黑风暴”事件。以美国为例，19世纪60年代，随着资本主义经济的迅猛发展，资本由美国本土的东部向中部和西部开拓，对西部的大片土地进行开发，拓荒者潮水般地涌进了西部草原，无节制地开垦和过度放牧造成了地表土的严重流失，土壤的物理化学性质变坏，水、土、气、热的生态平衡被打破，大风呼啸，龙卷风夹带着黑色的土粒和泥沙，铺天盖地，形成1934年5月11日开始的一连串的震惊世界的“黑风暴”灾难，使美国的土地资源遭到了严重的破坏。类似的经验教训，在我国土地利用历程中也有不少，今后应避免类似悲剧的重演。

三、社会发展与土地生态变化

土地利用是社会的一面镜子。土地在国民经济中，具有与众不同的特点。其与社会结构、社会运行、社会变迁、社会分层、社会流动、社会心理、乃至各种社会问题都有密切关系，社会发展的每一个细微的变化，或多或少都会反映到土地当中来（叶剑平，2005）。土地是人类赖以生存和发展的基础，也是一切社会生产活动存在的物质基础。土地利用是随着人类的出现而产生的，土地利用作为人类有目的、有意识的社会经济活动，贯穿在人类生存与发展的整个历史过程中，是人类社会与大自然相互影响与作用，共同发展与不断进化的产物。从一定程度而言，人类社会发展的历史就是土地生态变化的历史。社会发展对土地生态的变化体现在制度、体制、政策、文化、人口以及科技管理水平等诸多方面。

任何一种自然资源的开发活动都是在一定的文化背景和制度条件下进行的，土地资源也不例外，文化和制度的外在约束性作用对人们的包括土地资源在内的自然资源开发利用形式产生重要影响。土地利用类型都是在特定的经济系统、制度和政策水平下形成的，所以土地利用结构的变化深受国家宏观经济体制和政策的影响和制约。政治因素在我国的社会经济发展中一直起着十分重要的作用，政治经济政策指引着社会经济发展的方向。在我国，政治经济政策对土地利用的影响十分显著，是土地利用的直接决定因素，它通过地权制度、价格制度、经营机制等直接影响土地利用及其结构的形式。土地利用的实践表明，随着不同的政治经济政策的实施，土地利用结构随之发生明显的变化（章家恩和徐琪，1999；李江南，2006）。

土地利用活动是人类有意识的一种选择行为。一定环境下的社会体制（政治的、法律的、经济的、传统的）制度在相当大的程度上影响或制约土地利用个体的微观决策行为。在土地利用活动中，人类主体会根据自身的规则或策略选择土地利用行为，其选择行为会不同程度地受到周围其他主体的土地利用行为的影响，也会对其周围主体的土地利用活动发挥重要作用。

人口数量的增加，为区域土地利用变化提供了人文动力。尽管土地利用变化是自然和人文因素综合作用的结果，但现有的研究表明，在较短的时间尺度内，人类活动对区域土地利用变化的影响往往居于主导地位（Lambin et al.，2001）。人类活动的影响已经渗透到全球变化的各个要素之中，人类的生存和发展，正处于土地覆被变化的要素环节之上。从人类食物的生产，对生产、生活场地占有、践踏，到人类生产、生活垃圾排放及对周围环境的影响等，均对土地利用造成影响。随着人口的增加，产品和服务（农产品、住宅、交通）的需求必然增大，这样就加大了产品和服务的供需差，要求土地有更多的产出，在一定的技术条件下，迫使人们增加土地（耕地、建设用地）面积来获取更多的土地服务价值，随着土地面积的增加，土地产出相应增大，从而反过来缓解了人们的需求，形成负反馈回路，从而导致土地生态发生变化。

石瑞香于 2000 年从 IGBP 全球变化陆地样带中国东北样带（North-east China Transect，NECT）内的农牧交错区选择典型样点作为研究单元，通过对可能影响耕地变化的自然气候因素和人口、社会经济因素等分别进行相关分析，得出人口是农牧交错区对耕地变化影响最大的驱动力，次之为经济发展，再次为技术水平。葛全胜等（2003）借助历史文献分析了我国耕地资源的变化及其驱动因素，结果表明：过去 300 年间内地 18 省区的耕地资源数量呈抛物线式变化，清前期的增长趋势明显，但至清晚期逐渐稳定下来，民国时期略有下降；其驱动因素是人口增长、政策调整、战争等。1949 年以来，尤其是近期我国耕地面积逐年减少，其驱动因子主要是政策、人口和经济增长、农业结构调整等（封志明等，2005；龙花楼和李秀彬，2006）。

伴随着社会的发展，各种科技和管理水平不断提高，农产品单产相应提高，而随着农产品产量的提高，对农产品的需求就会相应减少，从而导致农产品供需差减小，对耕地产出的需求相应减小，耕地产出也相应减少，对于耕地的需求和依赖性相对减小，从而影响土地利用，导致土地生态发生变化。此外，随着社会的发展，人们的消费、饮食结构等发生变化，如减少对粮食等的需求，而对畜牧产品需求增加，导致畜牧产品供需差增加，就需要喂养更多的牲畜，随着牲畜数量的增加，牧草需求就会加大，在技术水平一定、开发能力有限的情况下，由于增大的牧草消耗，加上牲畜的踩踏，致使牧草地退化，进而引发一系列土地生态问题。

自改革开放以来，我国城市化、工业化、农业现代化步伐不断加快，城市化率由 1978 年的 17.92%上升到 2010 年的 47.5%（国家统计局，2011），发展速度为世界同期平均速度的 2 倍（李明月和胡竹枝，2012）。从 20 世纪 90 年代以来，我国城市化加速，农业劳动力和农村人口大量减少，物质资本和人力资本向城市集聚和集中。城市化、工业化、农业现代化的快速推进，促进了我国生产力的迅猛发展，推动了我国城市和农村经济的快速发展，缩小了城乡之间的差距。这个过程对土地生态影响十分巨大。

第一，城市化的过程导致城市建设用地增加。资料显示，我国城市建设用地面积从 1978 年的 6720km^2 增加到 2010 年的 39758.4km^2（国家统计局，2011），其中，1989 到 2005 年平均每年建设用地占用农用地为 2267km^2（Qu et al.，2011）。同时，有大量的农村土地得不到及时耕种甚至撂荒，国土资源部数据显示我国每年的撂荒耕地近 3000 万亩。

第二，保护生态环境成为区域发展的重要课题。以重化工业为核心的经济规模快速扩张给环境带来越来越大的压力。圈地铺摊子大量占用耕地并破坏自然植被，工业废水排放污染土壤和水源，大量二氧化硫排放污染空气，都使生态环境承载着越来越大的压力。2009 年我国农村的化肥使用量已经高达 5404.4 万 t，占全球使用量的 1/3，居世界第一位。同时在农业集约化背景下，随着有机质投入的减少及土壤的侵蚀，30～50 年的耕种能使0～20cm厚的土层土壤有机碳库减少50%（舒琳，2010），必然导致土地质量下降。而城市化、工业化的快速发展导致2009年我国城市生活污水和工业污水排放量总量达到589.7亿t，二氧化硫排放总量达到2214.4万t，固体废物排放总量达到710.6万t（中国环境年鉴，2010），对城市的环境造成很大的影响。

第三，城市化、工业化、农业现代化的同步快速推进也导致我国传统的城乡二元体制发生着重大变化。“三化”同步快速推进使得农村劳动力的凋零以及与此相对应的城镇人口的锐增。我国目前平均每年有一千万的农村人口变为城镇人口[①]，2010年农民工数量已经增加到2.53亿人[②]。统计数据显示，近十年来我国每年消失的自然村数量达到9万之多[③]，由此涌现出大量的空心村以及农村人口的老龄化和妇女化。与此相对应的城市人口压力倍增，在生活、就业、社会保障、社会安全等等均造成很大的影响。

第二节　土地生态变化的环境影响

土地生态变化不仅导致景观格局发生变化，而且影响到景观中的物质循环和能量分配，极其深刻地影响着区域气候、土壤、水文、生态系统结构与功能和区域生态安全。土地利用变化是土地生态变化的重要表现形式和核心内容。

一、对气候的影响

土地生态变化引起的气候变化，自Charney（1975）的开创性研究后，引起了越来越多的关注，成为当今全球气候变化研究中的热点问题之一，是除温室气体和气溶胶外，人类活动影响气候的另一重要方面（曹丽娟等，2008）。从影响机理来看，区域土地利用对气候因子的影响主要有两条途径（图6-2）：一是土地利用方式变化导致了土地下垫面性质的改变，即地表反射率、粗糙度、植被覆盖比例等因素的变化，进而引起区域温度、湿度、风速以及降水等发生变化，最终驱动区域气候改变。其中，城市热岛效应就是城市化带来的土地利用改变对局地气候产生影响的明显例证；二是土地利用方式转变的时空积累产生了区域土地利用结构变化，如工业用地、交通用地增多、森林等生态用地减少等，而这种变化直接或间接的带来了温室气体（CO_2，CH_4等）排放的增多，改变了大气成分，随着时空积累最终导致全球气候变化，进而又对区域气候产生了影响（李边疆，2007）。

---

① 中国青年报. 中国每年有一千万农村人口转移到城镇. http://news.163.com/08/0820/08/4JPBE5SB000120GU.html，2008-08-20

② 国家统计局. 2011年我国农民工调查监测报告. http://www.stats.gov.cn/was40/gjtjj_detail.jsp?searchword=%C5%A9%C3%F1%B9%A4&channelid=6697&record=20，2012-04-27

③ 中国文化报. 我国年均消失9万个自然村落. http://www.ce.cn/culture/gd/201206/07/t20120607_23387142.shtml，2012-06-07

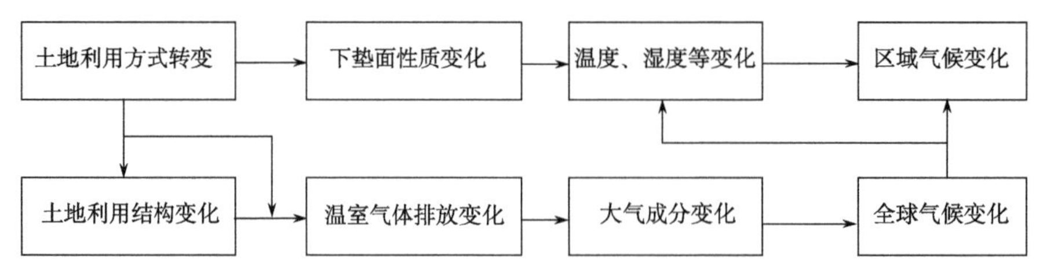

图 6-2 区域土地利用对气候因子影响的机制

(一) 对区域气候的影响

土地利用通过引起地表粗糙度、反照率等的变化，影响环流及地表能量平衡，从而影响气候（高学杰等，2007）。Hendrson 和 Wilson（1983）总结了影响地表反射率的过程。总的来说，基于人类利用方向的土地利用变化倾向于增加发射率，使得更多的能量返回到大气中，上对流层温度增加，大气的稳定性增强并减少对流雨（Shukla and Nobre，1990）。Gornitz（1985）根据历史记录、调查数据、描述性报告等资料总结了西非土地利用变化情况，计算了由于土地利用变化而导致反射率的变化，认为西非沙化的主要原因是人类破坏植被引起土壤侵蚀和地表水的减少。

Changnon 和 Semonin（1979）总结了大城市气象实验（metropolis meteorology experiment，METROMEX）、区域大气污染研究（regional atmosphere pollution study，RAPS）和其他有关城市气候研究的结果，发现土地利用/土地覆被变化极大地影响了城市气候和城市水资源的供给。在城市化的过程中，几乎所有地表大气环境都发生了变化，如太阳辐射、温度、湿度、能见度、风速和风向及降雨等。城市化过程中，大量人口向城市聚居，工业、商业迅速发展，污尘排放量显著增加，城市上空的灰尘成为降雨的催化剂，同时使城市温度明显提高，产生“雨岛效应”和“热岛效应”，造成市区降水量增加。Singh 等（2000）认为城市化过程造成城市相对于农村而言雨量增多 5%～10%，而 2 英寸以上降雨日数则增多 10%。史培军等（2000）通过研究深圳市土地利用/土地覆被变化对局地气候的影响模拟结果表明，深圳城市的快速发展对气候影响极显著，呈现出气温升高、湿度下降、日照减少的趋势，在 20 世纪 80 年代后期至 90 年代尤为明显，降水则呈波动变化，城市高楼群对风向风速也产生了一定的影响。另外，在美国落基山脉地区的研究表明，一个地区土地利用/土地覆被变化（land use and land cever change，LUCC）还会对周边地区的气候产生影响，在美国大平原地区人类活动所引起的 LUCC，使落基山脉夏日温度有逐渐变化的趋势（王佳，2007）。

高学杰等（2003）利用区域气候模型研究表明，当代土地利用/土地覆被变化加强了中国地区冬、夏季的季风环流，同时改变了地表能量平衡状况，从而对各气候要素产生重要影响。冬季，植被改变引起长江以南降水减少、气温降低，长江以北降水增加。夏季，植被改变显著影响了南方地区的气候，使得南方降水增多，黄淮、江淮气温降低，华南气温上升；同时引起中国北方降水减少，气温在西北部分植被退化地区升高。植被变化对日最低、最高气温的影响更大。总体而言，土地利用引起了年平均降水在南方增加、北方减少，年平均气温在南方显著降低。

郑益群等（2002）利用区域气候模式对中国植被变化的气候影响进行了模拟研究，结果表明：江淮流域洪涝灾害增多及华北干旱的加剧可能是北方草原沙漠化与南方常绿阔叶林退化共同影响的结果，而且南方植被退化对其影响似乎更严重。严重的植被退化会导致降水与植被退化之间的正反馈，易使退化区不断向外扩展难以恢复。而程度较轻的植被退化，退化与降水减少之间是一种负反馈，当人为压力减弱后，退化较易恢复，但由于地表径流的增加，易导致洪涝灾害的发生。植被退化使气候变得更加恶劣，而北方草原植被增加使气候变得温和。

（二）对温室气体的影响

土地利用变化对19世纪全球大气CO_2含量增加起着重要的作用，其作用仅次于化石燃料的燃烧（Stuiver，1978；李晓兵，1999；王佳，2007）。大量研究已表明，大气中温室气体浓度增加引起全球气候变化，严重地威胁着人类生存与社会经济的可持续发展（刘纪远等，2003；谭少华和倪绍祥，2006）。不合理的土地利用方式与人类活动，导致土壤储存的碳和植被生物量减少，使更多的碳素释放到大气中，致使陆地生态系统碳循环不平衡（陈庆强等，1998）。在过去150年间，土地利用变化和矿物燃料的燃烧已向大气层排放了大致相等数量的CO_2（Turner et al.，1994），导致大气中CO_2的含量大约增加了30%（Vitousek et al.，1997）。Houghton和Hackler（1999）研究表明，美国自1700年以来土地利用变化（包括农业开垦、撂荒、林业生产和燃烧等）已对碳储量产生深刻影响。1945年前共向大气释放了27±6Pg碳，1945年以后通过扑灭林火及撂荒地植林共积累释放了2±2Pg碳，而且在20世纪80年代，通过土地利用管理共减少了化石燃料燃烧所释放的碳通量的10%～30%。

土地利用变化也是大气中CH_4和N_2O浓度增加的主要原因（Maston and Vitousek，1990；Fung et al.，1991）。稻田、生物燃烧、牲畜等释放出CH_4，土壤、肥料、生物燃烧释放出N_2O。从1750年以来，大气中CH_4的浓度增加了一倍多，主要是人类工农业活动共同作用的结果（Cicerone，1988）。根据Cicerone等人对CH_4来源的研究，土地利用/土地覆被变化，如农业的扩张（水稻种植）、城市化过程、森林的退化、生物量的燃烧等是CH_4的直接来源。湿地是CH_4的最大来源，Matthews和Fung估计湿地CH_4释放量是115Tg/a，Harris等估计湿地释放CH_4量占大气中CH_4总释放量的20%。草地也是CH_4的重要来源，主要通过动物粪便，释放量可以通过世界牛、羊及野生动物的量来估计。森林的砍伐和焚烧也导致CH_4的增加（李晓兵，1999）。N_2O增加的速度较慢，其增加的原因现在并不能完全肯定，可能与热带的土地利用变化及农业活动有关（Maston and Vitousek，1990）。在所有的N_2O来源中，土地利用/土地覆被变化占到80%。人类以不同的土地利用方式，通过对局部生态系统的强烈影响，改变了温室气体的全球收支平衡（Houghton et al.，1987）。

2001年，政府间气候变化专业委员会（Intergovernmental Pauel on Climate Change，IPCC）出版的第三次气候变化评估报告指出，越来越多的观测事实表明，前工业化时期以来，地球气候系统在全球和区域尺度上出现了可以证实的变化。人类活动增加了大气中温室气体和气溶胶的浓度，主要是由化石燃料燃烧、农业和土地利用变化引起的。

二、对水文的影响

水文因子作为生态环境最为重要的因子之一，与土地、植被构成一个稳定的三角形框架，决定了生态环境的整体质量（郑宏刚等，2000）。同时，它又是随气候变化而变动的动态资源，并受着土地利用的强烈干扰。土地利用/土地覆被变化对水文的影响包括对水文特征与水分循环的改变和水资源（地表水和地下水）的影响。其中对水资源（地表水和地下水）的影响主要包括水质、水量和空间分布的变化。

（一）对地表径流的影响

关于土地利用对水文因子的影响，现有的研究表明林地、草地、湿地、灌溉用地、建设用地等用地类型数量结构与空间结构的变化都会对水的蒸发、降水、地表径流产生影响。森林的砍伐影响反射率、树冠的截流、地表的粗糙度，这些同水分和能量平衡有重要联系。灌溉用地的增加在一定程度上扩大了蒸发面积，增加了地表大气中的水分，提高了湿度，降低反射率和日温，有助于降雨的形成。城市化过程中树木和植被的减少降低了蒸发和截流，增加了河流的沉积量；工业用地、住宅用地、道路等不透水用地的建设降低了地表的渗透和地下水位，增加了地表径流量，相应地加剧了潜在的洪水威胁（李边疆，2007）。

土地利用变化通过对气候等的影响，在流域和区域尺度作用于水文系统（Potter，1991），导致水资源变化，从而对流域生态、环境以及经济发展等多方面产生显著影响。土地利用/土地覆被变化改变了地表植被的截流量、土壤水分入渗能力和地表蒸发等因素，进而对流域径流产生影响。而流域植被覆盖变化对水文的影响，因流域面积、气候和植被类型等因素的不同而有差异（邓慧平，2001）。曹丽娟等（2008）使用区域气候模式（RegCM3）和大尺度汇流模型（LRM），研究了中国地区土地利用/土地覆被变化对黄河流域降雨径流过程的影响，发现当代土地利用变化引起黄河流域年平均降雨的减少，土地利用引起的植被退化造成黄河径流的大幅度减少，并且越向下游减少幅度越大。太湖流域土地利用变化的研究表明，下垫面的改变不仅影响流域的水量，还影响到流域内的产汇流过程，同时下垫面的改变可以改变河流与河流、河流与湖泊及湖荡之间的水力联系，影响洪水的排泄过程（高俊峰和闻余华，2002）。

联合国教科文组织（United Nations Educational，Scientific and Cultural Organization，UNESCO）对城市化的水文效应进行的论述如下：需水量增大；废水增加，加重河流湖泊的负担，并危害生态；洪峰流量增大；下渗减小；地下水应用增加，对农业和林业产生不利影响，减小了河流的基流，加剧污染问题；局部微气候变化；城市化使各种废物增加，减小了废物处理空间，使水质问题更加复杂。

城市规模的不断扩大，森林、农作物、草地等面积逐步减小，取而代之的是更多的工业区、商业区和居民区。土地利用变化改变了地表蒸发条件、土壤水分状况及地表覆被的截留量，进而对流域的水量平衡产生影响。城市化过程中相当数量的地表变成透水性差、水泥化程度高的硬化路面、房屋等，不透水表面的增多，减少了蓄水洼地，增大了流域的径流系数。而绿地、林地这类渗透性好，径流系数小的地表对降雨径流有一定的蓄渗作用，在降雨期间可以调蓄径流，减轻排水系统的压力，对洪峰量和汇流时间起到一定的缓解作用。所以，绿地、林地和耕地等农业用地转换为住宅、建设用地等高强度土地利用用地，不仅仅提早地表产流时间，势必会增加流域的产流总量。同时，城市下垫面对雨水的蓄渗能力较大幅度下降，地下水补给量相应减小，造成地面下沉等不良的影响（刘兰，2007）。史培军等（2001）应用 SCS 流域水文模型对深圳市部分流域进行降雨-径流过程的模拟，分析了土地利用变化对流域降雨-径流关系的影响，结果表明，随着人类活动的加剧，土地利用的变化使径流量趋于增大；降雨强度越大，前期土壤湿润程度越大，土地利用变化对径流量的影响就越小。降雨-径流的空间分布随土地利用类型、土壤类型、前期土壤湿润程度而发生变化。

邓慧平（2001）根据以往相关研究工作的结果，对土地利用/土地覆被变化的水文效应进行了总结和评价（表 6-1）。

表 6-1　土地利用/土地覆被变化的水文效应

土地利用与土地覆被变化	地表径流	河川径流	径流系数	蒸散发	洪涝	水土流失	水质
连片大面积森林遭受破坏、森林覆盖率下降	湿润地区 增加	减小	减小	增加	增加	增加	下降
	干旱地区 增加	减小	增加	减小	增加	增加	下降
城市化不透水面积增加	增加	减小	增加	减小	增加		下降
围垦水域	增加	减小	增加	减小	增加	增加	下降
旱荒地改水田、旱地改水浇地	减小	增加	减小	增加			下降

（二）对水资源数量的影响

区域土地利用变化对水量的影响也成为近年来人们普遍关注的焦点。进入 20 世纪以来，一方面，由于农业的扩张和工业的发展，全世界用水量剧增。其中，农业用水增加了 7 倍，工业用水增加了 20 倍。造成了区域地下水超采、水资源供求紧张等。另一方面，水利设施用地的大幅度增加改变了原有水文网络的特征，在干旱、半干旱区往往造成主流流量减少、甚至断流，湖泊水位下降、湖面收缩等现象，间接地影响了区域水资源总量（刘贤赵和谭春英，2005）。

此外，土地利用变化带来的土地覆被变化也对区域产水量产生重要的影响。水资源短缺不仅严重影响居民的日常生活，威胁工农业生产，还造成河水断流、海水入侵等严重的生态环境问题。20 世纪 90 年代以来，黄河年年断流，而且断流时间增长，一个重要的原因就是用水量增加。我国的大环渤海地区由于水资源紧缺，地下水超采，地面下沉，造成沿海地区海水入侵。山东莱州湾地区是大环渤海地区海水入侵的最严重地区，20 世纪 70 年代以来，莱州湾地区的莱州、广饶等地相继发现地下淡水受到海水和苦咸水的侵染，20 世纪 80 年代末更趋于严重；进入 90 年代，海水入侵的速度和面积都有扩大的趋势（郭旭东等，1999）。

（三）对水资源质量的影响

土地生态变化对水质的影响主要是通过非点源污染。在美国，非点源污染已成为环境污染的第一因素，60 %的水资源污染起源于非点源污染（DelRegno and Atkinson，1988）。几乎所有非点源污染来源都和土地利用/土地覆被变化紧密联系。土壤侵蚀是规模最大、危害程度最为严重的一种非点源污染（郭旭东等，1999）。农业被美国国家环境环保局列为全美河流污染的第一污染源。化肥、农药的使用，农田污水灌溉都是非点源污染的重要来源。农业的非点源污染，如农药、化肥的流失和畜禽粪便的肆意排放都是河网污染的重要污染因子。Colin Neal 等于 2000 年对英格兰南部 Thames 的水质研究表明，水体中氮的浓度峰值出现在降水丰富的春季，溶解态磷则在水流小的夏季较高，氮、磷的主要污染来自农业非点源污染。Whitehead 等于 2002 年发现 1930 年至 1990 年间土地利用变化对英国 Kennet 河水质的影响研究表明，随着当地谷物种植面积、产量的增加以及人口的增加，禽畜养殖业的发展，河中及地下水中氮的浓度不断增加。在对密歇根州西南部的 Rouge 河流域的研究中，人们发现土地利用形式的改变，特别是工业化的发展，使得大量的重金属和有机化学物质排入地下，这不仅造成了浅含水层的污染，而且还对 Rouge 河的水质产生了很恶劣的影响（Murray and Rogers，1999）。瑞典、瑞士、芬兰、荷兰和澳大利亚等地的研究也表明，20 世纪下半叶以来，人为土地利用区域向河流输移的营养物质加剧，已成为发达地区的主要水环境问题之一。

由于人类耕作（特别是化学肥料和杀虫剂的使用）和定居（城市污水）引起的土地覆被的变化已造成了世界性的水污染（Smil，1990；Roger，1994）。森林的开采（特别是高地上的森林）增加了下游洪水泛滥的频率和强度（Richey et al.，1989），一般会减少每年的流量，并使得降水的再分配不平均；草地的变化有类似的效果（Meyer and Turner，1992）。Carpenter 等（1992）回顾了全球气候变化对淡水生态系统的影响，指出，当今，对淡水生态系统最严重的压力来自于流域的改变和利用以及人类造成的水产资源的污染。

随着农业特别是种植业的发展，灌溉面积迅速扩大，明显改变了地表水文状况；跨流域调水、大型水库等水利工程的兴建，改变了水系和水资源的时空分布；对河流上游水源涵养林的滥砍滥伐增加了下游洪水泛滥的频率和强度，草地过度放牧造成的植被盖度降低亦有类似的效果。人类的生产和生活引起的土地覆被的变化也造成了世界性的水污染。由于化学肥料和杀虫剂的施用造成地表水体富营养化并污染地下水；城市生产和生活污水的任意排放造成河流、湖泊、海洋的污染及其生态环境的恶化，不仅影响了水的化学成分，改变了水的化学过程，而且还影响水平衡和水循环。据统计，目前全世界每年被污染的水量占河流稳定流量的 40%以上。水体的严重污染，加剧了水源的紧张状况（张建明，2007）。

城市化水平不断提高，建设用地面积大幅增加，使得污染物含量增加。同时，地表污染物也因径流量的增大而得以更彻底的冲刷，导致地表径流中的污染负荷增加。

三、对土壤的影响

土壤具有高度的天然肥力和生产植物的能力，是农业生产的最基本条件。人类活动对土壤产生重要影响并引起一系列的环境问题。由于人类活动范围扩大、强度增加，加速了地表岩石的风化，改变了土壤发育的局部条件，从而加速了土壤形成，特别是灌溉和耕作加速了土壤的熟化过程。同时，人类活动导致森林、草原的大面积破坏，生长季节之外的土壤裸露，加剧了土壤侵蚀和水土流失，使地表大面积肥沃疏松的土壤丧失并引起土地大范围的沙化和贫瘠化。由于工业文明的发展和现代农业技术的应用，大量使用的化肥农药使土壤遭到不同程度的污染，土壤结构、性状发生改变；工业和城市排出的大量污染物经灌溉等途径污染土壤，造成土壤环境的恶化。

土地利用对土壤环境的影响研究，主要集中在土壤养分迁移与土壤侵蚀两个方面。近年来，土地利用变化对土壤微生物和土壤碳库的研究也逐渐成为关注的热点。土地利用变化通过方式转变、结构变化及覆被变化等方式，影响土壤理化性质、养分循环、生态过程及土壤有机碳储量，进而驱动土壤质量的演化过程（图 6-3）。

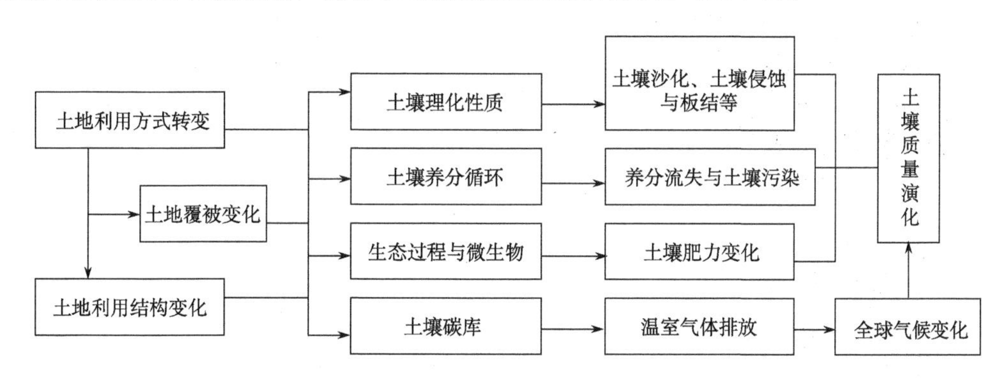

图 6-3　区域土地利用对土壤因子影响的机制

（一）对土壤理化性质的影响

因土地利用方式转变引起的土壤理化性质变化是土地利用对土壤影响最明显的特征，也是引起土壤侵蚀、土壤沙化或板结的主要原因。从影响介质来看，主要表现在土壤团粒性质、土壤孔隙度、土壤容重、土壤湿度及酸碱度等几个方面。一般而言，从天然林地转变为耕地后，土壤容重明显增加（郭旭东等，2001），土壤湿度与土壤团聚体含量显著降低（刘梦云等，2006），土壤侵蚀强度也相应加大；且随着农业化肥的施用与机械化程度的提高，土壤酸性日趋增强，土壤沙化与板结现象日益严重（刘硕，2002）。从农用地转变为建设用地，土壤压实效应明显，具体表现为结构破坏严重，容重和硬度增大，孔隙度和渗透性降低，从而对土壤水分、养分循环等产生更加深远的影响（杨金玲等，2004）。

土地利用方式和土地覆被类型的空间组合影响着土壤养分的迁移规律，不同的土地单元对营养成分的滞留和转化有不同的作用，氮、磷等重要营养成分在景观中的转化途径也不同。因此土地利用类型之间的转化必然对养分循环产生重要影响。毁林耕种会带来氮、磷、钾养分的损失，建设占用耕地会完全破坏原有土壤的养分循环模式，并带来土壤的重金属污染；而退耕还林、还草则对土壤起到良好的保肥效果。根据联合国粮农组织在非洲多个国家所作的研究，在1982～1984年间，农业生产活动对土壤养分平衡带来了极大的影响，平均每公顷损失22kg的氮素、2.6kg的磷以及15kg的钾，个别国家的情况更加严重，使得土壤养分日渐衰竭（Smaling and Fresco，1993）。

此外，土地利用结构在区域层面上对土壤养分循环起到重要作用。傅伯杰等（2002）研究了陕北黄土丘陵区持续15年的4种典型土地利用结构对土壤养分的影响，结果表明在黄土丘陵沟壑区，从梁底到梁顶，坡耕地-草地-林地和梯田-草地-林地两种土地利用结构类型有较好的土壤养分保持能力和水土保持效果。

（二）对土壤微生物的影响

土地生态变化对土壤微生物群落组成也有重要的影响。土壤微生物的多样性与地表植被群落的生产力和多样性呈正相关，并随着植被群落存在的年限而增加（夏北成等，1998）。植被通过影响土壤有机碳和氮的水平、土壤含水量、温度、通气性及pH等来影响土壤微生物多样性。植被是土壤微生物赖以生存的有机营养物和能量的重要来源，影响着土壤微生物定居的物理环境，如植物凋落物的类型和总量、水分从土壤表面的损失率等。植被的存在有利于增加土壤微生物多样性和微生物生物量；反之，植被的破坏可能改变微生物组成并降低微生物多样性（周桔和雷霆，2007）。

大量实验研究证明，土壤类型是土壤微生物群落结构和密度的主要影响因素（Chiarini et al.，1998；Gelsomino et al.，1999）。Yang等（2000）研究了土壤有机碳与土壤微生物功能多样性的关系，结果表明，两者之间存在明显的相关性，维持土壤有机碳含量对保持微生物多样性很重要。Sessitsch等（2001）用T-RFLP技术研究了长期不同施肥条件下的土壤颗粒中微生物多样性，结果表明土壤颗粒越细小，有机质含量越高，土壤颗粒中的微生物群落结构越复杂，多样性越高。Staddon等（1998）对加拿大西部不同气候带的土壤微生物多样性和结构进行了研究，结果表明土壤微生物功能多样性与土壤pH呈正相关，但随纬度增加而降低。O’Donnell等（2001）研究也发现，土壤pH是影响土壤微生物多样性的重要因子。相关研究表明，微生物数量与土壤大多数养分含量之间存在一定的正相关关系，即土壤微生物数量随土壤养分含量的增加而增加（章家恩和徐琪，2002；周桔和雷霆，2007）。

同时，人类还通过使用农药、化肥以及不同的耕作方式等，改变土壤的理化性质，从而影响土壤微生物多样性。

（三）对土壤碳库的影响

土壤碳库是陆地生态系统碳库中最大的分量，而且土壤碳在陆地中存储的时间最长。在陆地生态系统碳循环中，土壤碳是全球生物地球化学循环中极其重要的生态因子。同时，土壤碳的微小变化可能引起大气 CO_2 浓度的较大变异，因此，土壤碳库及其变动被视为影响大气 CO_2 浓度的关键生态过程（Pacala et al.，2001；李长生，2000；胡云锋等，2004）。相应地，土壤碳的分布及其转化日益成为全球碳循环研究的热点，也是国际全球变化问题研究的核心内容之一。土地利用变化不仅是影响陆地生态系统碳循环的最大因素之一，也是仅次于石油、煤等化石燃料燃烧而使大气 CO_2 浓度急剧增加的最主要的人为活动（Quay et al.，1992；Houghton and Hackler，2003）。现有研究表明，随着人类活动的加剧，土地利用对土壤碳库储量与通量的影响逐渐超过自然变化影响的速率与程度，成为主导因素（欧阳婷萍等，2008）。

根据作用方式与机理，可将其土地利用时土壤碳库影响分为直接影响与间接影响两个部分（李边疆，2007）。直接影响主要是土地利用方式与管理方式变化而导致的土壤有机碳含量变化（图 6-4）。其中，土地利用方式的变化是影响土壤碳库储积的关键，土地利用方式的变化直接改变了生态系统的类型，从而改变了生态系统的净初级生产力（NPP）及相应的土壤有机碳输入。这包括自然植被土地类型向农牧业利用转变和耕地等农用地向多年生植被和轮作转变两个方面。一般而言，自然系统转换为耕作农田，其结果会导致土壤有机碳的迅速损失，表层 1m 土壤中大约 20%～40%的碳储量会在开垦后前几年丢失，此后 20～50 年将逐渐降低，其中森林砍伐最为明显。如果森林转变为牧场，土壤有机碳含量将减少 20%；如果转变为农田，则会在 5 年之内使土壤有机碳含量减少 40%。

此外，土地利用管理措施的改善也在很大程度上影响土壤有机质的输入率与分解率。根据管理目的，可将土地利用管理措施分为提高生产力措施、保护性耕作与稻田管理三类。提高土地生产力的措施可以使更多碳积累在作物中，并伴随更多秸秆还田，有利于土壤碳储存。保护性耕作则作为一种使用秸秆还田的耕作措施，不仅改善了水质，减少了侵蚀，而且也在很大程度上有利于土壤碳的储积。同时，稻田管理也被认为具有改善土壤有机碳的功能，如施入稻草和粪便等。

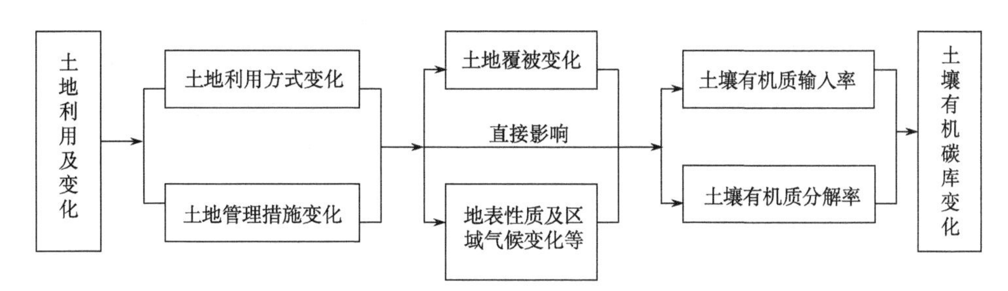

图 6-4　区域土地利用对土壤碳影响的机制

间接影响则是指由土地利用变化引起的土地覆被变化、地表性质、湿度、反射率等变化与区域气候变化一起而引起的土壤有机碳含量变化。土地覆被变化是造成全球碳循环不平衡的重要原因，特别是为农业目的、修建公路和房屋而进行的森林破坏和森林开垦等活动。必然导致植被破坏和土壤有机质输入的减少，同时破坏了土壤有机质的物理保护，增加了土壤有机质分解率，致使土壤碳库储量减少。这种情况已经在温带与热带得到了很好的证实。同时，由于土地利用变化而导致的地表性质的变化也对土壤碳库带来了重要的影响，其中土壤侵蚀带来的土壤表层有机质含量减少最为明显。此外，由土地利用变化导致的区域气候变化也明显地改变了土壤有机质的分解率，进而导致了土壤有机碳储量的变化。

尽管土地利用变化已成为目前影响土壤碳含量的公认的主要因素之一，但是土地利用变化对土壤碳储量的影响具有很大的不确定性。据 IPCC（1990）估算，土地利用变化及其引起的 CO_2 排放量相当于人类活动引起的总排放量的 1/3。Houghton 和 Hackler（1999）根据 1700～1990 年美国的土地利用变化，推算出陆地生态系统碳储量的变化，发现过去近 300 年间土地利用变化使美国生态系统碳储量总体趋于减少；认为在北半球中纬度的大部分地区，目前土地利用变化对碳汇的贡献已明确，但对中国的记述却很少。他们试图利用历史信息来重建 300 年来中国的土地利用变化，特别是森林面积的变化，来探讨中国土地利用变化导致的碳源/汇问题，结果发现 1700～2000 年，有 17～33Pg 碳释放到了大气，大约 25%的碳来自土壤，但 20 世纪 70 年代以后，毁林率的降低及植被面积的扩展导致了碳通量的反转，到 90 年代末，中国陆地已从源变成了汇（Houghton and Hackler，2003）。

葛全胜等（2008）通过历史文献资料重建了历史土地数据，分析了过去 300 年中国土地利用/土地覆被变化的主要特征及其对陆地生态系统碳储量的影响，研究表明，过去 300 年间受土地利用与覆被变化影响，中国陆地生态系统的碳储量也随之变化。其中，地上植被破坏引起的碳排放量大约为 3.70Pg 碳；土壤有机碳排放量介于 0.80～5.84Pg 碳，最适估计为 2.48Pg 碳；植被和土壤变化引发的碳排放量总计达 4.50～9.54Pg 碳，最适估算为 6.18Pg 碳，这远小于国外学者估算所得的 17.1～33.4Pg 碳的排放量。

在土地利用/土地覆被变化研究和中国陆地土壤有机碳库估算的基础上，我国学者和相关研究机构近年来比较重视不同土地利用方式对土壤有机碳的影响研究，针对土地利用/土地覆被变化对区域陆地生态系统碳循环影响的研究也已经取得了一定的进展。Fang 等（2001）探讨我国近半个世纪以来森林覆盖变化及其对陆地生态系统生物质碳储量的影响。刘纪远等（2004）利用 20 世纪 80 年代末和 90 年代末的 TM 数据和第二次全国土壤普查资料，估算了中国 1990～2000 年的土地利用变化对林地、草地和耕地土壤有机碳蓄积量的影响。周涛和史培军（2006）利用生态系统碳循环过程模型（CASA 模型）讨论了中国土地利用变化对土壤碳储量的间接影响，认为土地利用变化不仅直接改变了生态系统的类型，从而改变土壤有机碳的输入，还潜在地改变了土壤的理化性质，从而改变土壤的固碳能力。此外，许多研究者针对不同地区就土地利用变化与土壤碳效应开展了大量的研究。

四、对生态系统的影响

（一）对生物多样性的影响

土地生态变化对生物多样性的巨大影响超过了其他任何全球变化成分，并且这种影响仍会保持几十年。土地利用变化速率对生物多样性变化预测的重要性与 CO_2 增加对预测气候变化的重要性是相同的。土地利用变化不是生物多样性变化的唯一驱动力，但却是最重要的一个，它与其他许多全球变化因子相互作用，共同影响着生物多样性（Vitousek，1994）。

土地利用变化对生物多样性的影响，主要表现在栖息地的破坏、栖息地的破碎化以及森林和森林砍伐区连接带的边缘效应等三个方面，直接影响着物种的生存与灭绝（谭少华和倪绍祥，2006）。农业开垦向森林区的延伸，改变了残留森林区的生态环境，导致风在短距离急剧改变的微气候条件下变化，同时带来家畜、其他外来动物、狩猎者等的侵入，进一步产生其他生物与物理方面的影响，最终导致生态边缘区动植物物种的大量减少。20 世纪 70 年代以来，由于农业开垦已造成全球热带森林减少了 50%，仅 80 年代全球热带森林砍伐面积每年就已达到 6.9 万 km^2，而在 80 年代后期则达到每年 10～16.5 万 km^2，且有 50%～70%集中在巴西的亚马孙地区（Skole and Tucker，1993）。亚马孙地区集中了大约世界物种的 50%，该地区大面积的森林砍伐与栖息地的破坏对全球生物多样性造成了很大影响。非洲热带雨林地区的情况同样如此，如非洲东南部的马达加斯加岛，是世界上物种最丰富的地区之一，含有近 8000 种的本地花卉种属，1950～1985 年间的土地利用变化与森林砍伐，造成了该岛近 50%的热带雨林灭绝，而且由于森林砍伐主要集中在地形平坦和人口密集区，使这些地区的动植物生存处在了最危险的边缘（Green and Suasman，1990）。

LUCC 所造成的景观的破碎化、物种的灭绝与引进以及养分与水汽通道的改变，使大面积上的植被群落的组成发生很大的变化，同时使自然群落的发展演替过程受到极大的干扰和破坏。在对法属 Montagnede kaw 地区的研究中，人们发现，由于热带雨林的砍伐及公路修建使当地的鸟类群落的结构和组成受到了极大的影响。总的来说，当地的鸟类物种丰度与分布的均匀度在不同程度的减少，其中有 118 种鸟类的丰度在下降，45 种鸟类的分散维持不变，但同时也有 89 种鸟类的丰度在增加，其中不少还是新出现的种类。同时，在群落的物种组成上受干扰地区与未受干扰的地区相比，两者之间的相关性很小，前者有 18%的种类与后者相同，而其余的种类则是与新的土地利用类型相适应的种类。研究也发现，各种鸟类受到这种变化的影响程度是与各种鸟类对自然生境的需求、饮食习惯以及体型的大小有很大的关系。对欧洲农业区的研究表明，随着中欧与北欧农业区生产集约性的加强及长期使用的工作方式的改变，该地的生物多样性在不断地降低（王佳，2007）。

全球 1/3～1/2 的陆地表面已经被人类活动改变。一些重要的生态系统破碎成斑块，有的实际上已消失（如高草草原，干季落叶的热带森林）。大量的种和遗传学上独立的种群已消失（Myers，1993）。拥有全球 50% 物种栖息地的热带雨林比原有面积减少了一半；温带森林面积的 1/3 已被砍伐；温带雨林已成为濒危生态系统；澳大利亚、新西兰、美国加利福尼亚的湿地已消失一半；亚洲、拉丁美洲、西非的红树林损失严重，印度、巴基斯坦、泰国至少有 3/4 的红树林受到损害；热带森林大部分被橡胶园和热带作物园取代，老龄的落叶阔叶林已消失，现存的主要为中龄的次生落叶阔叶林；常绿阔叶林是生物物种最丰富的一个森林类型，同样遭到严重破坏，保存较好的呈片状分散在不同的山地上。由于过度放牧，退化草场占可利用草场面积的 1/4，由于各种原因引起的土地沙化面积达 1.26 亿 hm^2。热带、亚热带沼泽的主要类型——红树林受破坏面积达

50%。此外，土地利用模式的改变使物种栖息地斑块化，造成了许多交错带，产生了边界效应，引起生物多样性变化（陈灵芝，1994；李晓兵，1999）。

（二）对生态系统能量流动与物质循环的影响

土地生态变化对生态系统功能的影响主要表现在对其物质循环和能量流动方面。对区域生态系统净初级生产力的影响是区域土地利用对生态系统能量流动影响的集中体现，也是影响区域生态系统功能的基础。净初级生产力（NPP）是指绿色植物在单位面积、单位时间内所固定的有机物质总量，是由光合作用所产生的有机质总量中扣除自氧呼吸后的剩余部分。作为陆地生态过程的关键参数，它反映了植被对自然资源的利用能力，是生物地球化学碳循环的关键环节（陶波等，2003）。NPP的时空变化是植被、土壤、气候之间的复杂相互作用的结果，并受人类土地利用活动的强烈影响（Schimel et al.，1995）。根据其影响途径，可以分为直接影响和间接影响两种类型。直接影响是由于土地利用类型发生改变而直接使区域生态系统初级生产力发生的变化，是目前人为影响区域生态系统初级生产力变化的主要形式，具有直观性与瞬间性；间接影响则是指土地利用/土地覆被变化所导致的自然环境的变化给生态系统初级生产力带来的影响，是在大的时空尺度内缓慢变化的过程，具有隐蔽性与持久性。目前随着土地利用/土地覆被变化全球效应的日益明显，这一研究日益成为理论界关注的热点。

对区域碳循环的影响则是区域土地利用对物质循环影响的核心内容，也是人与生物地球化学循环相互作用的重要体现。植被碳库是陆地生态系统碳库中最有活力的部分，大约储存了610Gt碳，相当于大气碳库存量的81%左右。土地利用对植被碳库的影响，主要是通过土地利用变化引起的地表覆被变化而导致地表生态系统结构、群落组成和生物量的改变，进而影响植被碳库的平衡。现有研究表明，植被类型不同，单位面积净初级生产力不同，生物量与碳密度也相差很大。根据IPCC（2000）最新估算，在植被碳存储中面积仅占28%的森林碳储积为359Gt碳，约占整个植被储积的77%以上，其中面积仅占12%的热带雨林储积量为212Gt碳，占整个森林储积的59%，约占整个植被储积的46%。据此计算，热带雨林的平均碳密度为120tC/hm^2，而草原与农田的平均碳密度仅为7.20tC/hm^{2}与1.88tC/hm^2，极差达60倍之多。可见，森林砍伐变为牧场与农田后必然带来碳密度大幅度降低，对植被碳库储量产生严重影响。

另外，据Fang等（2001）对中国森林生物量碳储存的变化状况的研究结果表明：1949～1998年，中国森林释放了大约6.8×10^8t的碳，年均释放量为2.2×10^7t，20世纪70年代后期以来，由于森林面积的增加，碳储存量显著增加。吴建国等（2003）在研究六盘山林区生态系统碳循环规律时，结合碳源/汇概念，综合分析了土地利用/土地覆被变化对生态系统碳汇功能的影响，结果表明，陆地生态系统碳源/汇功能体现在碳库的储量稳定性和碳库的输入与输出强度方面。天然次生林和人工林生态系统的碳储量、碳汇功能较强，农田和草地较弱；在土壤有机碳过程源/汇方面，天然次生林生态系统是强汇，人工林生态系统是弱汇，草地和农田生态系统是源（贺世杰和高忠玲，2007）。

（三）对生态系统服务的影响

生态系统服务是指人类从生态系统中获得的效益，包括生态系统对人类可以产生直接影响的供给功能、调节功能和文化功能，以及对维持生态系统的其他功能具有重要作用的支持功能（Millennium Ecosystem Assessment，2005）。土地生态变化会影响生态系统服务，不同的土地生态变化其生态效应不同。土地利用/土地覆被变化影响区域生态系统的类型和结构，改变生态系统所提供的服务功能，造成区域生态系统服务功能发生冲突，即在一种服务功能得到加强时，其他服务功能受到弱化甚至丧失。如草地开垦为耕地，强化了生态系统的产品供给功能，但弱化了其在保持水土方面的调节和支撑功能（吕昌河和程量，2007）。

土地利用变化对生态系统服务功能的影响分为积极影响与消极影响两种。积极影响方式主要指生态适宜的土地复垦与整理活动等。消极影响方式为边际土地的开发、化工农业的普及、森林的砍伐、过度放牧以及快速城市化与工业化等，损害了生态系统维持生物多样性和提供生态系统产品的能力。李志等（2007）对黄土高原王东沟流域的土地利用变化分析表明，1994～2004 年土地利用变化带来了良好的生态效益，但不同土地类型和不同土地变化类型的生态效应不同，提高和降低生态系统服务功能的作用并存。农地减少对生态环境产生负面作用，林草和果园的增加改善了生态环境，提高了其生态服务价值；土地利用变化类型中，改善生态环境的主要是转为林地和果园的变化类型，降低生态系统服务功能的主要是林地转出类型和农地转为非生产地类型。

五、对生态安全的影响

随着人类活动不断加剧和范围逐步扩大，导致生态环境问题越来越突出。森林砍伐、土地退化、水土流失、生物多样性丧失、水资源短缺、环境污染等越来越严重地威胁人类社会的可持续发展，保障生态安全因而成为迫切的社会需求。生态系统决定了一个社会发展的最大限度，一个国家或区域的生态环境是否安全，决定着社会经济是否安全（Bonheur and Lane，2002；Huang et al.，2006. 任志远等，2003），维持生态安全是实现区域可持续发展的基础（Costnaza et al.，1997；Singh，2000）。

一般认为，生态安全具有广义和狭义之分（肖笃宁等，2002）。广义的生态安全概念以国际应用系统分析研究所（International Institute for Applied Systems Analysis，IIASA）提出的定义为代表，认为生态安全是指在人的生活、健康、安乐、基本权利、生活保障来源、必要的资源、社会秩序和人类适应环境变化的能力方面不受到威胁的状态，包括自然生态安全、经济生态安全和社会生态安全（方创琳和张小雷，2001）；狭义的生态安全是指自然和半自然生态系统的安全，即生态系统完整性和健康的整体水平反映（肖笃宁等，2002）。一般所说的生态安全是指国家或区域尺度上人们所关心的气候、水、环境、生态系统的状态，是人类进行开发规模的阈限。

土地生态变化与生态安全水平密切相关。土地利用变化不仅客观地记录了人类改变地球表面的空间格局，而且再现了地球表面景观的时空动态变化过程。土地生态环境是一切资源与环境的载体，然而随着经济的快速发展，严重的土地生态环境问题已逐步上升发展成为国土生态安全问题，并已成为国家安全的一个重要方面。全国范围的国土生态安全问题，一方面大大削弱了国土对国民经济的承载能力；另一方面降低了工农业生产能力和人民生活水平，而且这种影响将是长期的，其代价将是巨大的。

土地生态环境是生态环境的重要组成部分，是区域生态安全的基础，它关系到区域的可持续发展和国家的安全等问题。目前，由于不合理的土地利用的及人们的掠夺式经营，引起了水土流失、荒漠化、盐碱化、沙化等，土地生态系统服务功能急剧衰减，严重威胁到区域生态环境安全，直接影响到区域乃至国家的可持续发展。东南亚是全球变化的热点区域，人口的剧增以及90%的人居住在近海100km的范围内，从而对这一带的近海生态系统产生巨大的改变；土地利用格局的变化，使海岸湿地生态系统遭到了明显的破坏，严重影响了这一地区的生态安全水平。

近年来，随着我国人口的增加和经济的快速发展及开发强度加大，加之以往粗放的增长方式对土地资源的过度开发利用，导致一系列的土地资源破坏与浪费，土地环境污染现象相当严重，生态破坏日趋突出，并最终影响到区域社会经济的可持续发展，业已引起社会各界的广泛关注。

土地生态变化与区域/全球生态安全密切相关，是土地资源安全研究的一个重要方面。水土流失、土地沙化、土地污染、土地酸化和盐渍化、湿地和优质土地减少等土地退化问题，已直接或间接导致了河流断流、湖泊淤积、赤潮频发、森林功能衰退、草地生物量下降、生物多样性减少、珍稀野生动植物面临灭绝威胁等。

土壤侵蚀作为引起LUCC的主要环境效应之一，是自然和人为因素叠加的结果。土壤侵蚀是气候、土壤、地质、地貌、水文和生物等因素相互影响、相互制约的综合结果，其他因素对土壤侵蚀的影响很大程度上取决于植被因素，特别是人为活动对植被的影响（关君蔚，1996）。不合理的土地利用，改变了地形条件，恶化了土壤特性，破坏了植被资源，从而加剧了土壤侵蚀，是土壤侵蚀的主要原因之一（贾志伟和江忠善，1991；傅伯杰等，1999）。

我国的黄土高原地区，从秦汉时期到南北朝，森林面积还不少于25万km^2，覆盖率大于40%，但由于人口的不断增加，导致大面积的毁林开荒，到明清时期，森林面积达8万多km^2，覆盖率约15%，1949年以后全区林地面积只有3.7万km^2，覆盖率只有6.1%。毁林造田的直接影响是增加了水土流失，据研究黄土高原子午岭林区在森林恢复前土壤垦殖率为25%～30%，土壤侵蚀模数8000～10 000t/km^2；森林恢复后，土壤侵蚀模数只有122t/km^2，仅相当于恢复前的1.2%～1.5%（陈永宗等，1988；王斌科和唐克丽，1991）。煤田开发所带来的修路、建电站各种大规模基本建设，如不注意水土保持，也将会造成生态环境的严重恶化。据有关资料分析，晋、陕、内蒙古接壤区的神府、东胜、准格尔和河东四大煤田在2000年之前，因煤炭开发每年将向黄河输沙2523.9万t，加上原生地面产沙总量4660万t，四大矿区每年向黄河输沙总量将达到7183.9万t（蒋定生，1997）。

草地的过度使用导致土壤板结，草质下降，草地生产力低下，很容易引起草场的退化和沙化。由于人类活动和气候的影响，我国潜在沙漠化的总面积是256.6万km^2，占国土总面积的26.7%。目前我国荒漠化土地面积为262.2万km^2（包括沙漠和荒漠化土地），占国土总面积的27.3％，且以每年24 600km^2的速度扩展（慈龙骏，1998）。

毫无疑问，人们长期对土地资源的开发利用，已成为地球生态环境变化的基本动力源泉，并强烈而广泛的影响着地球生态过程。深入研究土地利用决策和实践所潜伏的生态后果，查明土地利用与发生在某一时空范围内生态过程及其变化的相互作用机制，寻求有效解决土地生态系统危机的方法和途径，已经成为人类生存和发展的必然选择（吴次芳等，2004）。

第三节 土地生态变化的模拟与预测

一、概　述

影响土地生态变化的因素包括自然、经济、社会等多方面，时空差异很大，而模型是深入理解和分析土地生态变化过程、机理和环境影响的重要手段，可对其变化情况进行描述、解释和预测。模型的建立不仅有助于基本过程的研究，提供人类和自然扰动对土地生态影响的定量认识，而且有助于调整土地利用和提供决策支持。模型的作用可以概括为①对土地生态变化的历史和现状进行描述；②对土地生态变化与社会和自然影响因子之间的因果关系进行揭示；③对土地生态未来变化的可能情景进行预测，指导相关政策和对策的制定。简而言之，土地生态变化模型是将复杂的、现实的土地生态变化进行简单、抽象和结构性的处理，用以研究土地生态变化过程、驱动力机制、变化影响及变化趋势等。

土地生态变化模型经历了由静态到动态，由简单到复杂的演变过程。早期的土地利用变化模型着重于理解静态的空间格局，如德国经济学家杜能的农业区位论、韦伯的工业区位论、德国城市地理学家克里斯泰勒和德国经济学家廖什提出的中心地理论等。随着全球变化研究的兴起，结合现代科技手段，对不同地区的土地生态变化现象进行了大量的案例研究，并在此基础上提出了一系列分析区域土地利用变化的模型和模型框架。

随着研究的深入，近年来土地利用变化模型发展呈现出三种重要趋势（史培军等，2000；田梓文，2005）：首先是时间动态模型模拟与空间格局分析和地理信息系统的结合。由于土地具有区域差异性，在区域和全球环境的研究中，空间的异质性受到越来越广泛的重视，空间格局分析成为分析和理解地区内空间现象、过程和机制的重要因素。随着空间信息及其分析技术的改进，系统过程模拟与空间格局分析的结合成为必然，而地理信息系统在这一结合中发挥着关键作用。其次是遥感数据的广泛应用。遥感数据的特点在于其相对客观性和高分辨率，对于辨别和分析土地生态变化发挥着至关重要的作用。它在很大程度上弥补了传统统计数据的不足。再者就是对自然要素和社会、经济和人文要素的结合。人类社会和经济活动是近代和现代土地生态变化的最根本的推动力。因此，要研究和模拟土地生态变化的动力和原因，就必须将社会经济要素和过程纳入模型之中。近年来的模型都强调了人类社会经济系统与自然生态系统之间的动态反馈关系，强调在模型中纳入社会经济因素进行研究的重要性。

二、土地生态变化模型

随着对土地资源认识的深入及科学技术的不断进步，多学科知识交叉渗透，有关土地利用变化的各种模型得以蓬勃发展，多种形式、方法各异的模型大量涌现。根据具体的研究目的，模型可能采用不同的形式和结构，不同的研究者对于模型有着不同的划分，整体而言，当前有关土地生态变化的模型包括诊断模型、机理模型和综合模型三类（Lambin，2002；汤发树等，2007）。诊断模型是用概率统计方法寻求土地生态变化规律及其驱动因素之间的相关关系，能在一定程度上发现土地生态变化的驱动因素，但不能揭示土地生态变化过程及其驱动力内部作用机制，具有一定的局限性；机理模型从分析复杂系统作用机制出发，能全面而深入地理解事物发展过程及动因，有助于深入理解土地生态变化过程与驱动力作用机制，但其在研究尺度上存在一定局限性；综合模型是一种利用多学科知识与技术，将不同的模型技术结合起来，针对不同的问题，综合不同的模型方法，从而寻求最合适的解决手段。随着研究对象及研究尺度等的不同，单一的模型很难说明问题所在，而综合模型大大拓宽了单一模型的应用范围和模拟功能，近年来越来越受到广泛的关注与应用。以下，将当前土地生态变化研究中应用较多的主要模型做简要介绍。

（一）回归分析模型

经验统计模型采用多元统计方法，分析每个外在因子对土地利用变化的贡献率，从而找出土地利用变化的外在原因。该方法有助于从复杂的土地利用系统中分离出主要的驱动因子，并确定土地利用变化与驱动因子之间的定量关系。

经验统计模型利用外部经验确定变化速率，并进行多元分析，从而确定土地利用/土地覆被变化的驱动因子，通常应用较多的是回归分析方法。回归分析是研究因变量之间变动比例关系的一种方法，最终结果是建立某种经验性回归方程。土地利用变化受自然、社会、文化等多因子驱动，因而一般建立多元回归模型。回归模型预测的基础是回归方程自变量即土地利用变化影响因素的预测。可用于土地利用预测的多元回归模型包括多元线性回归模型和多元非线性回归模型。但是这种统计联系不是建立在因果关系的基础上，此外，回归模型虽然能够很好地拟合原始数据所对应的变量空间，但对于研究区域以外，却无法发挥作用。因此，回归模型不能被用于大范围的推断，这样的模型只能用作具有校准数据的土地利用/土地覆被变化预测，只能对已有土地利用/土地覆被变化历史记录的、且土地利用/土地覆被变化强烈的地区进行预测（张华和张勃，2005）。

回归模型存在以下问题：一是因变量问题。在回归模型中通常很难找到一种统一的、对分析问题有利的方法来量化因变量。因此，开展各种量化方法的对比研究，找出更合适的量化方法，对分析和解决问题都有重要的意义。二是自变量问题。影响土地利用变化的驱动因子（自变量）很多且往往是相互作用的，这种作用可能会增强或者削弱因子的驱动作用。通常用一个既能表达单因素的作用又能表现因素之间交互作用的回归模型来描述这种驱动作用。三是研究范围问题。在研究中需要尽可能地延长研究对象的时间、空间序列使因变量数目最大化。如果不能，就需要发展一种较严格的、能够处理小样本量的方法来满足统计分析要求。四是假设的因果关系问题。在很多情况下，统计推理只能建立一种不确定的因果关系，而这种假设的因果关系不一定成立，这主要是因为人—境之间的相互作用通常表现为单因子作用和因子之间的交互作用。自变量往往又很难与因变量明确区分开来。统计模型对这两种作用的认识和描述都有不足。如果在这个不确定的因果关系的基础上做进一步分析，很容易使错误累积。因此，在研究中建立对立假设和与事实相反的假设是十分必要的。

（二）灰色模型分析

灰色预测的理论与方法核心是灰色动态模型。灰色动态模型是以灰色生成函数概念为基础、以微分拟合为核心的建模方法。应用灰色生成函数对原始数据序列作一次累加，生成一条变化曲线，弱化其波动性，增强其规律性，易于函数拟合。运用灰色数列预测法进行土地生态变化预测，主要是采用 GM（1，1）模型。土地利用类型的原始数据序列，其往往为不平稳的随机数列。灰色数列预测方法简单，易于实现，而且对数据质量要求不高。其缺点主要是只适用于短期预测，对于中长期预测有较大偏差。

灰色系统综合预测，是在分析与研究系统变量间相互关系的基础上，通过建立灰色动态模型群进行求解预测。一般而言，灰色系统综合预测主要按照以下程序进行：一是以土地利用结构为系统变量，对变量间的关联作用做定性分析，深入了解系统的结构特征；二是依据变量间的关联关系，分别建立 GM（1，1）模型或 GM（1，N）模型，组成 GM 模型群；三是根据 GM 模型群，列出系统状态方程矩阵并求解，获取系统各变量的时间响应函数；四是对各时间响应函数的解作累减还原，即得所需预测值（解靓等，2008）。

（三）系统动力学模型

系统动力学模型（system dynamics，SD）是建立在控制论、系统论和信息论基础上的，以研究反馈系统的结构、功能和动态行为为特征的一类动力学模型。其突出特点是能够反映复杂系统结构、功能与动态行为之间的相互作用关系，对复杂系统进行动态仿真实验，从而考察复杂系统在不同情景（不同参数或不同策略因素）下的变化行为和趋势，提供决策支持。系统动力学引入了系统分析的概念，强调信息反馈控制，是系统论、信息论、控制论和决策论的综合产物，非常适于研究复杂系统的结构、功能与动态行为之间的关系（周成虎等，1999）。

土地系统的整体性、动态性、多目标性和高阶非线性多重反馈特征决定了可以用系统动力学方法来研究土地生态系统结构及其变化。系统动力学方法是从系统内部的元素和系统结构分析入手来建立数学模型，其优势在于能动态跟踪和不受线性约束，以现实存在为前提，通过改变系统的参数和结构，测试各种战略方针、技术、经济措施和政策的滞后效应，寻求改善系统行为的机会和途径。用系统动力学法研究土地系统结构，旨在从整体上反映人口、资源、环境和经济发展之间的相互关系，通过建立系统动力学模型，模拟不同策略方案下人口变化、经济发展与土地利用结构之间的动态变化及各种决策方案的长期效果，清晰地反映人口、资源、环境和发展之间的关系，并对多个方案进行比较分析而得到较为满意的方案。系统动力学方法适于这类复杂而具有动态时变性和多重反馈机制的土地利用结构系统的长期趋势性研究（高永年，2004）。

其突出特点是：能够从宏观上反映土地利用系统的结构、功能和行为之间的相互作用关系，从而考察系统在不同情景下的变化和趋势，为决策提供依据（蔺卿等，2005）。利用系统动力学进行土地利用变化预测的步骤是：一是运用系统动力学理论与方法，对区域土地利用系统进行结构分析，把系统分成 P 个相互关联的子系统 $\{S_i \in SL_{i-p}\}$。其中，S 代表整个系统，$S_i(i=1,\ 2,\ L,\ p)$ 代表子系统；二是分析系统各要素功能，定性分析系统内部的反馈关系，建立系统动力学流程图；三是建立规范的数学模型，对各个子系统及母系系统的结构与功能进行准确描述；四是以系统动力学的理论为指导，进行参数输入，模拟预测；五是对系统动力学模型进行历史检验和参数灵敏性检验。

系统动力学作为一种从系统内部关系入手的系统与综合的研究方法，可以很全面的考虑驱动因子，对于数据不足的区域也有很好的可行性。建模中常常遇到数据不足或某些数据难以量化的问题，系统动力学可以借助各要素间的因果关系、有限的数据和结构关系进行推算分析，仍能获得主要信息。国内外众多研究已表明，系统动力学模型能够从宏观上反映土地系统的复杂行为，是进行土地系统情景模拟的良好工具（张汉雄，1997；Li and Simonovic，2002）。然而，作为一种自上而下的宏观数量模型，系统动力学模型在反映土地利用空间格局特征方面还存在明显不足（何春阳等，2004）。

（四）元胞自动机模型

元胞自动机（cellular automata，CA）是一种时间、空间和状态都离散，空间上的相互作用及时间上的因果关系皆局部的网格动力学模型。散布在规则格网（lattice grid）中的每一元胞（cell）取有限的离散状态，遵循同样的作用规则，依据确定的局部规则作同步更新。大量元胞通过简单的相互作用而构成动态系统的演化。不同于一般的动力学模型，元胞自动机不是由严格定义的物理方程或函数确定，而是由一系列模型构造的规则构成。凡是满足这些规则的模型都可以算作是元胞自动机模型（周成虎等，1999）。

元胞自动机模型具有强大的空间运算能力，可以比较有效地反映土地利用微观格局演化的复杂特征（何春阳等，2005）。它能够描述局域中相互作用的多主体系统的集体行为随时间的演化情况，也能表现出区域的环境条件、周围的土地利用类型及土地利用类型之间的相互作用关系。其简单的规则和对复杂系统强大的模拟能力已经引起了地学领域的广泛关注（胡茂桂等，2007）。近年来，地理信息系统的迅速发展大大地推动了CA技术在土地生态变化模拟、预测等方面的应用。

元胞自动机由元胞单元、元胞空间、邻居和规则四个部分组成。常规的CA模型主要依据邻域的状态来决定中心元胞单元状态的转换，最普通的CA模型可以表达为

$$S^{t-1}=f(S^t,\ N)$$

式中，S 为状态；N 为邻居；f 是转换函数；t 是时间；S^{t-1} 表示 $t-1$ 时刻元胞空间

的构形；S^t 为 t 时刻元胞空间的构形。模型的元胞空间对应研究区域的整个地理空间，元胞则为划分该地理空间的最小单元。

土地生态系统的变化具有随机性和不确定性，一般的计算很难达到预测土地利用变化的效果，但元胞自动机模型根据邻域关系和影响因素判断预测土地利用是如何变化的，符合土地利用随机性的特点，可以计算这种复杂系统的变化。元胞自动机“自下而上”的建模方式，符合复杂的土地利用系统的形成规律及其研究方法；对于土地利用系统这一复杂的系统，从此系统每一个系统元素的状态和行为规则入手，即每一种土地利用类型元胞单元的状态和行为规则入手，去研究模拟各元素之间的相互作用，从局部到整体，得出整体的变化趋势。

元胞自动机“自下而上”的研究思路、强大的复杂计算功能、固有的并行计算能力和时空动态特征，使得它在模拟空间复杂系统的时空动态演变方面具有自然性、合理性和可行性。元胞自动机不同于其他一些模型，它在地学中应用的核心并不是描述和解释各种土地生态变化现象的复杂特征，而是模拟和预测复杂的土地生态变化过程，这正是揭示土地生态变化本质规律的关键。大量实践表明 CA 模型可以比较有效地反映土地利用微观格局演化的复杂性特征（Fang et al.，2005），但是，作为一种自下而上的建模方式，CA 模型主要取决于自身和邻域状态的组合，因素过于单一，难以反映影响土地利用变化的社会、经济等宏观因素（Yeh and Li，2006；邱炳文和陈崇成，2008）。而土地利用变化往往是不同尺度的自然和人文因素综合作用的结果，如何把自下而上的元胞自动机模型与其他空间模型，特别是经济学模型相互耦合来进一步提高元胞自动机模型对土地利用复杂系统的表达能力，是当前基于元胞自动机模型的土地利用模型非常关注的问题（何春阳等，2005）。

（五）人工神经网络

人工神经网络（artificial neural networks，ANN）是从模拟人脑生物神经网络的信息存储和加工机制入手，以数学和物理方法以及信息处理的角度对人脑神经网络进行抽象，然后建立的某种简化模型。神经网络具有并行处理、自适应性、自组织性、自学习性和联想记忆及鲁棒性（丛爽，1999）。其采用自下而上的方法，它的自学习、联想存储和寻找优化解的能力能够自动挖掘出多种土地覆被类型之间转换的复杂关系，同时减少了传统 CA 模型中人为因素干扰。BP 神经网络是前馈式分层神经网络，它的一个重要特点是各层神经元仅与相邻层神经元之间有连接、各层神经元之间无反馈连接。神经网络理论研究表明，具有单隐层的前馈式分层神经网络可以以任意精度逼近任何非线性连续函数。

与传统的数学方法相比，神经网络实现的是一种在不同维数空间之间并非简单线性关系的映射（胡茂桂等，2007）。其具有一系列优点，特别适用于模拟复杂的非线性系统。它比一般的线性回归方法能更好地模拟复杂的曲面；它能很好地从不准确或带有噪音的训练数据中进行综合，从而获取较高的模拟精度；神经网络对自变量本身没有很严格的要求，允许它们可以是相关的，这比常规的回归方法要优越（黎夏和叶嘉安，2005）。

目前，主要 ANN 模型有感知器、多层映射 BP 网络、径向基函数（radial basis function，RBF）网络、自组织特征映射（Self-organizing feature map，SOFM）网络以及 Hopfield 网络等。其中，BP 网络是最主要的一种前向网络，在函数逼近、模式识别、分类与数据压缩等方面都有良好的表现，是神经网络研究中最深入，应用最广泛的一种模型，具有广泛的适应性和有效性。其网络结构由输入层、隐含层和输出层构成，每一层包含若干神经元，层与层之间的神经元通过连接权重及阈值互连，同层的神经元之间不存在相互连接。

BP 神经网络除输入节点 p、输出节点 a 外，具有 1 层或多层隐层节点，且同层节点间没有耦合关系。在 BP 网络中，信号从输入层节点输入经过各隐层节点，最后传到输出节点，其中每一层节点的输出只影响下一层的输出，所以 BP 网络可以看做是一个从输入到输出的非线性映射，其函数表达为 $F: R^n \rightarrow R^m$，$f(X)=Y$。

BP 神经网络常用的传递函数有 Tan-Sigmoid 型函数 tansig（n），Log-Sigmoid 型函数 logsig（n）以及纯线性函数 pureline（n）。其中，Log-Sigmoid 型函数可将 ANN 网络的输出约束在 0～1 之间，应用较广。

BP 神经网络的输入和输出之间是一个非线性的映射关系，是从输入层 n 维欧式空间到输出层 m 维欧式空间的映射。可以通过调整 BP 神经网络中的连接权值以及网络的规模，实现非线性分类问题。在确定了 BP 网络的结构后，需要利用输入、输出样本集对其进行训练，对网络的权重和阈值进行学习和调整，使网络实现给定的输入、输出映射关系。经过训练的 BP 神经网络，对于不是样本集中的输入也能给出合适的输出，这是网络的“泛化”功能。基于 BP 神经网络的土地利用动态模拟模型，首先通过从现有已知的各种土地覆被类型之间的类型转换关系，让神经网络自动找出其内在的映射关系，将此映射关系作为元胞自动机的转换规则，然后基于此规则对未来土地覆被的可能转换情况进行模拟，从而达到预测模拟的目的。

（六）马尔可夫模型

马尔可夫分析是利用系统当前的状况及其发展动向预测系统未来的状况，是一种概率预测分析方法与技术。20 世纪初，俄国数学家马尔柯夫在研究中发现自然界有一类事物的变化过程仅与事物的近期状态有关，而与事物的过去状态无关。这种特性称为无后效性。具有这种特性的随机过程称为马尔可夫过程。

马尔可夫过程分析是一种动态随机数学模型。它是建立在系统“状态”和“状态转移”的概念上。所谓系统，就是我们所研究的事物。所谓状态，是表示系统的最小一组变量。当确定了一组变量的值时，也就确定了系统某一时刻的行为，并说系统处于某一状态。系统状态常用向量表示，故称为状态向量。在土地利用变化中，系统指的是土地利用及其变化过程，状态是土地利用类型，状态转移即为土地利用各类型之间的转化。系统土地利用变化适用于马尔可夫过程的原因：①在一定的区域内，一定时期的土地利用类型之间具有相互转化的可能性；②土地利用类型之间的转化包含很多难以用函数关系准确描述的事件。

马尔可夫过程是指具有“无后效性”的特殊随机运动过程。所谓“无后效性”即为某随机过程第（$n+1$）次状态与$x(0)$，$x(1)$，$x(2)$，…，$x(n-1)$等n步以前的状态无关，只与第（n）次的状态有关。运用马尔可夫过程的关键在于确定土地利用类型之间相互转化的初始转移概率矩阵。

马尔可夫模型首先把所有研究的动态系统划分为n个可能的状态：E_1，E_2，E_3，…，E_n，然后计算各个状态之间相互转化的状态转移概率，根据状态转移概率建立状态转移概率矩阵：

$$\boldsymbol{p}_{ij}=\begin{bmatrix} p_{11} & p_{12} & \cdots & p_{1n} \\ p_{21} & p_{22} & \cdots & p_{2n} \\ \vdots & \vdots & & \vdots \\ p_{n1} & p_{n2} & \cdots & p_{nn} \end{bmatrix}$$

式中，p_{ij}为从状态E_i转变为状态E_j的状态转移概率；如果某一事件目前处于状态，那么在下一刻，它可能由状态E_i转向状态E_1，E_2，E_3，…，E_n中的任何一个状态。所以p_{ij}满足条件：

$$\begin{cases} 0 \leqslant p_{ij} \leqslant 1 \ (i,\ j=1,\ 2,\ \cdots,\ n) \\ \sum_{j=1}^{n} p_{ij}=1 \ (i=1,\ 2,\ \cdots,\ n) \end{cases}$$

状态转移概率矩阵建立以后，即可根据下式对事件发展过程中状态出现的概率进行预测：

$$\boldsymbol{E}(k)=\boldsymbol{E}(k-1)p=\cdots=\boldsymbol{E}(0)p^k$$

式中，$\boldsymbol{E}(k)=[E_1(k),\ E_2(k),\ \cdots,\ E_n(k)]$为动态系统在$k$时刻的状态概率向量；$\boldsymbol{E}(0)$为初始状态概率向量。

利用马尔可夫模型可以描述土地利用类型的转移情况即每年各种变化的土地利用类型增加面积的来源、减少面积的去向。在具体操作中，利用地理信息系统的空间分析功能对研究区几年的土地利用现状进行叠加，结合土地利用数据库各年的土地利用项目提取，得出土地利用变化情况。根据土地利用变化数据可以列出土地利用转移矩阵。由于土地利用变化与土地政策、经济发展紧密相关，如果某一年的政策变化比较大，那么如果利用该年的土地利用变化数据参与预测的话就会产生很大的误差，所以通常需要对土地利用变化概率矩阵进行修正。在宏观经济运行比较平稳，土地政策没有突然变化的情况下，运用马尔可夫模型预测可直观地反映出土地利用结构变化的程度。

（七）CLUE及CLUE-S模型

土地利用变化及其效应模型（conversion of land use and its effects，CLUE）是由荷兰Wageningen农业大学的研究学者所提出的，它是一种基于系统理论的、通过考虑社会经济和生物物理驱动因子以及综合分析土地利用变化的多尺度动态模型（图6-5）。CLUE模型是一个动态的多尺度的框架模型，该模型从土地利用的角度多层次的描述土地利用变化，分析复杂的土地利用系统在多层次的社会和生态系统上的运行情况。该模型认识到了规模对土地利用变化的影响问题，并对这种影响土地利用的规模效应进行了量化，从而可以对不同规模的土地利用进行研究。其能够定量说明不同尺度之间的关系，并通过引入多种驱动因子把土地利用系统结构和功能的复杂性及其相互关系较好地揭示出来。此外，还充分考虑到了影响土地利用动态变化的各种因素，能够对土地利用非线性变化的过程及空间格局变化相互作用的因素进行模拟分析。

CLUE 模型，虽然具有较强的模拟不同尺度的土地利用情景格局的能力，但由于其在局部土地利用格局的演化分配上主要以统计和经验模型为基础，也难以充分反映土地利用微观格局演化的复杂性特征（Veldkamp and Fresco，1996；何英彬和陈佑启，2004；何春阳等，2005）

CLUE-S（conversion of land use and its effects at small regional extent）模型是在CLUE 模型基础上发展的高分辨率土地利用变化模型，适用于较小尺度的区域土地利用变化研究。CLUE-S 模型的假设条件是：一个地区的土地利用变化是受该地区的土地利用需求驱动的，并且一个地区的土地利用分布格局总是和土地需求以及该地区的自然环境和社会经济状况处在动态平衡之中。其运用系统论方法处理不同土地利用类型之间的竞争关系，在模拟区域土地利用的时空动态变化方面具有明显优点，近年来在多个国家和地区得到了有效应用，成为土地利用变化过程研究的有效工具之一。

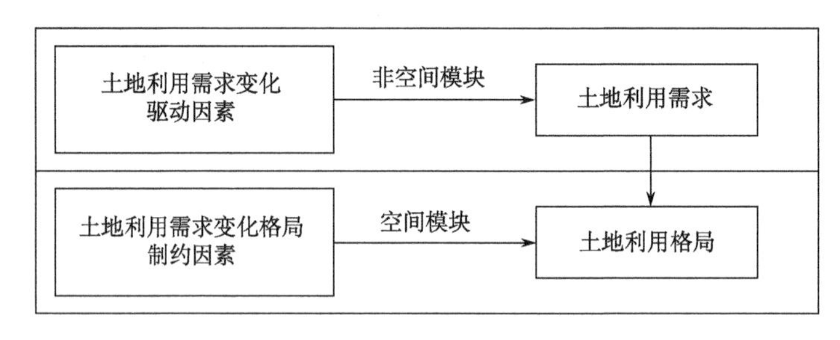

图 6-5　CLUE-S 模型结构示意图

CLUE-S 模型由空间模块与非空间模块两个主要模块组成。非空间模块通过对人口、社会经济及政策法规等土地利用变化驱动因素的分析，计算不同土地利用类型的需求变化，实现对土地利用时空动态变化的模拟；土地利用需求在空间模块中的分配是综合对土地利用的经验分析、空间变化分析及动态模拟实现的。其中，经验分析和空间变化分析主要揭示土地利用空间分布与其备选驱动因素及空间制约因素的关系，生成不同土地利用类型概率分布适宜图，衡量不同土地利用类型在每一空间单元分布的适合程度。此外，空间模块还允许研究者根据土地利用类型变化的历史情况以及未来土地规划的实际情况设置不同的土地利用类型的稳定程度，即根据土地利用的实际情况定义一组规则对不同土地利用转化的难易程度进行控制，如可以通过规则保证研究地区内的保护用地（自然保护区）等在预测期内不发生转变等（谢峰，2007）。

（八）智能体模型

复杂性科学理论指出，复杂系统中大量的微观主体（agent）之间的相互作用随时间的推移能够在系统宏观尺度上突现新的结构和功能，局部的规则转换可以导致系统宏观全局的变化（薛领和杨开忠，2002）。由此，基于 Agent 的模型（agent-based model，ABM）逐步受到国内外研究学者的广泛重视，是目前进行复杂系统分析与模拟的重要手段之一（刘小平等，2006）。

不同领域的学者对 Agent 给予了不同的定义，如“代理”、“智能体”、“主体”等，目前为止还没有一个统一而明确的关于 Agent 的概念，但从众多的定义中可以发现大多学者对 Agent 本质认识的一致性。即从根本上说，Agent 是彼此相互独立、自主的实体或者对象，具有学习和适应能力，可以与其他 Agent 在同一环境中并存、协同工作和相互作用（吴文斌等，2007）。一般认为智能体更能体现 Agent 的主要特性，ABM 可以译为智能体模型。在智能体模型中，多数情况下不是单个的智能体，而是多个智能体相互作用的系统，是多智能体模型（multi-agent system，MAS）。

Agent 包括以下特性：①自治能力（autonomy），主体运行不受外界干预和控制，对其自身行为和内部状态有自控能力，具有较强的学习能力；②主动能力（activity），主体的决策行为是主动的，不是简单的响应环境，还能够主动采取目标定向的行为；③反应能力（reactivity）和适应能力（adaptability），主体可以感知所处的环境变化，并通过其行为响应并适应这种变化；④交互能力（interactivity），主体在一定的环境下通过某种方式与其他主体进行相互作用和交互行为。Agent 生活在某些特定环境，具有对信息反馈和问题求解能力。

智能体模型由能自主决策的智能体、环境及定义智能体的规则所组成。智能体的作用既可以是智能体之间的相互作用，也可以是智能体和环境之间的相互作用。智能体通过感知器（sensor）来感知环境，并对环境状态的改变（事件）来作出响应（effector），从而体现智能体的能动性（图 6-6）。它们通过交互作用和协调，可以形成一定的系统群体和组织结构，具有自组织、涌现性和非线性等特征（田光进和邬建国，2008）。

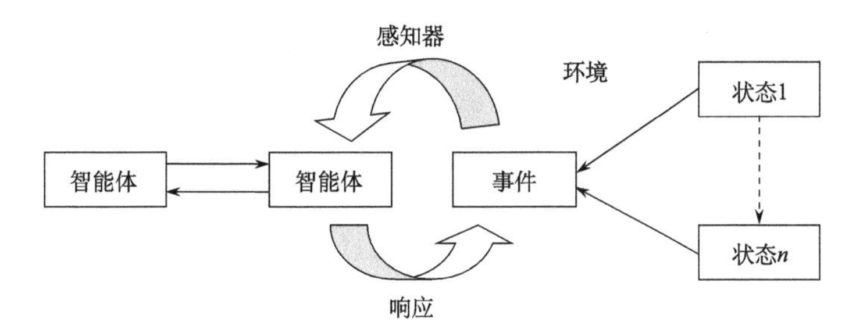

图 6-6　智能体与环境的作用（田光进和邬建国，2008）

智能体模型通过对人类行为及决策等复杂系统的模拟，对复杂性问题产生重要影响，从而为解决复杂的环境问题、生态问题、决策问题、经济问题、社会问题等提供新的方法。土地利用动态过程是复杂的而且难以定义的，很难提出统一的规则去控制。作为土地利用活动的人类个体，由于其所处的社会经济环境不一，各自的知识背景、心智品质、能力及个性呈现出较大的差异。这种主体的异质性特征往往在土地利用选择或决策行为中发挥重要作用，直接导致土地利用显现出显著的差异性和动态变化性。同样，人类主体所依存或作用的地理环境也是千差万别的，这些差异对人类土地利用方式或土地开发活动起着限制或约束作用，也是土地利用景观格局形成的重要原因之一。这些人类或环境主体的异质性不仅具有明显的空间变异特征，还具有较强的时间变化特性，如人类个体特性会通过诸多主体行为（如学习和交流等）而随着时间发生变化，地理环境本身也会由于自身内因或人类活动的外因进行时间演变或更替。

智能体模型可以模拟复杂的人类行为及决策，描述不确定性的状态和行为，从而确定不同的行为模式及决策模式对土地利用动态的影响，从而优选最好的决策变量。相对其他模型而言，在微观与中宏观尺度上，智能体模型可以反映景观中具有自动性、异质性和分散性的人类决策，利于阐明智能体对自然与社会经济环境的适应机制（陈海等，2008）。

智能体模型关注的是地理系统中大量异质性个体间的相互关系，通过为个别的决策者建立微观行为模型，并且观察大量的微观 Agent 的相互作用来研究宏观上整个地理系统的空间演化过程（古琳和程承旗，2007）。基于 Agent 的土地利用变化模型就是以土地利用的各种主体为研究对象，分析研究这种异质性及其时空变化，并预测模拟主体异质性变化对未来土地利用/土地覆被变化所带来的影响。与传统土地利用变化机制研究相比，这种模型体现了将土地利用变化机制从“自然向人类”进行转换。智能体模型在土地利用变化中的研究主要集中在智能体决策模拟、智能体之间相互作用、多尺度模型研究以及对模型的检验与验证等方面（陈海等，2008）。

虽然智能体模型在理论与实践方面取得了很大发展，但仍然存在许多问题，诸如个体决策行为的复杂性研究有待进一步加强、社会体制因素影响等方面的分析、模拟尺度的转换及模拟结果的可靠性和科学性进行验证等，都是今后需要亟待解决的问题。

(九) 分形模型

土地利用格局的形成由于受到自然和社会经济多方面时空因素影响，具有高度的多维性、复杂性和综合性，传统经典欧氏几何在其研究上具有很大的局限性。欧氏几何只适于描述简单、规则的人造物体，而分形与分维则更适于描述大自然中复杂的真实物体。分形理论已经广泛应用于诸多领域，构成了一个被广义称为“分形学”的当代前沿学科（朱晓华和蔡运龙，2005）。

分形作为研究不规则自相似体系的理论，通过分形维数测度能够表征各种土地类型分布的特征，具有标度不变性，在很多复杂系统的研究中已经得到成功应用。因此，从土地利用结构的自相似和自组织特征出发，将分形理论引入到土地利用复杂体系，建立相应的土地利用的分形模型，是实现定量描述土地利用结构在空间上变化的有效途径（吴浩等，2008）。

分形具有自相似性和标度不变性两个主要特征。分形维数是表征自相似性系统或结构的定量指标之一（杨国安和甘国辉，2004）。分形由分维数 D（fractal dimension）来定量描述，通常用下式计算（朱晓华和蔡运龙，2005；吴浩等，2008；刘淑苹等，2008）：

$$\ln A(r) = (2/D)\ln P(r) + C$$

式中，$A(r)$为某一斑块面积，$P(r)$为同一斑块周长，D 为分维数值，C 为待定系数。该式即为土地利用类型分维公式，根据该式，如果研究区内的土地利用类型的分布具有分形结构，则 $\ln P(r) \sim \ln A(r)$ 散点在一定标度域内的一条直线上，如此就可以通过求取直线的斜率而得到各土地利用类型分维数 D 的值，即 $D=2/k$（k 为直线斜率）。分维 D 值取值在 1～2 之间，D 值越大，代表图形形状越复杂；当 $D=1.5$ 时，表示图形处于一种自相关为 0 的布朗随机运动状态，即最不稳定状态；D 值越接近 1.5，就表示该景观要素越不稳定。由此，可以定义各景观要素镶嵌结构的稳定性指数 SK（朱晓华和蔡运龙，2005）：

$$\mathrm{SK} = | 1.5 - D |$$

SK 值越大，表明景观结构越稳定。

三、存在问题与发展建议

土地生态变化模型已在理论与实践方面取得了很大的发展，在多学科背景下，已有许多模拟方法和技术，与此同时，各种模拟方法和技术的集成也取得了很大的进展。但在这一领域仍然存在许多问题。

由于土地系统是一个复杂的巨系统，由土地利用引起的土地生态变化是一个相当复杂的现象和过程。许多研究试图通过建立模型来探讨土地利用的变化，但是，真正将土地利用变化与其空间分布相结合，探讨土地利用时空演变规律的动态模型并不多见。特别是受认识程度和技术手段的限制，在建立分析模型时往往难以成功地将社会经济因子的驱动力贡献加以定量分析和模拟（谭永忠，2004）。此外，区域土地生态变化受到不同尺度的自然和人文因素的综合作用，土地利用变化过程的驱动和约束机制十分复杂，具有复杂性特征。如何充分反映土地利用系统变化的宏观驱动因素的复杂性和微观格局演化过程的复杂性特征，提高区域土地利用情景模型的可靠性，仍然是当前区域土地利用情景模型亟待解决的问题（Lambin et al.，2001；何春阳等，2005）。

鉴于土地系统及土地利用的复杂性，必须进一步重视模型、模拟方法在描述和反演地理真实中的作用；强调从系统、综合的思想出发，以对过程和要素的深入理解带动对景观格局变化的研究；强调自然与人文综合研究，宏观与微观研究结合；关注新经济要素、社会、文化、政治在人文过程中的作用；强调从人类需求和空间行为入手，研究人对环境的作用以及人对环境变化的适应性（宋长青和冷疏影 2005；龙花楼和李秀彬，2006）。

今后，在进一步研究模型时，应在相关理论的支持下综合考虑数量变化、空间位置变化和具体过程（倪绍祥，2005）。注意对土地利用变化的尺度特征、时间机制及模型方法的综合，建模上应做以下努力：①所建模型应能同时模拟相互联系的不同空间尺度或不同时间尺度上的土地利用/土地覆被变化的具体过程；②模型中不仅要包含决定土地利用/土地覆被数量变化的驱动因子，还应包含决定其空间位置变化的驱动因子；③所建模型在结构上必须考虑到土地利用/土地覆被变化系统的一些特殊性质，如系统在受到干扰或外部影响情况下在结构上的相对稳定性和可恢复性；④所建模型须有相关理论的支持，且须对其进行验证（倪绍祥，2005）。

参 考 文 献

曹丽娟，张冬峰，张勇，等. 2008. 中国当代土地利用变化对黄河流域径流影响. 大气科学，32 (2)：300-308.

陈海，梁小英，高海东，等. 2008. Multi-agent system 模型在土地利用/覆盖变化中的研究进展. 自然资源学报，23 (2)：345-352.

陈灵芝. 1994. 生物多样性保护现状及其对策//钱迎倩，马克平主编. 生物多样性研究的原理与方法. 北京：中国科学技术出版社：13-33.

陈庆强，沈承德，易惟熙，等. 1998. 土壤碳循环研究进展. 地球科学进展，13 (6)：555-563.

陈永宗，景可，蔡强国. 1988. 黄土高原现代侵蚀与治理. 北京：科学出版社，

陈志强，陈健飞. 2007. 福州城市用地变化的 CA 模型动态模拟研究. 地球信息科学，9 (2)：70-74.

慈龙骏. 1998. 我国荒漠化发生机理与防治对策. 第四纪研究，(2)：97-105.

丛爽. 1999. 面向 MATLAB 工具箱的神经网络理论与应用. 北京：中国科技大学出版社.

邓慧平. 2001. 气候与土地利用变化对水文水资源的影响研究. 地球科学进展，16 (3)：436-441.

方创琳，张小雷. 2001. 干旱区生态重建与经济可持续发展研究进展. 生态学报，21 (7)：1163-1170.

封志明，刘宝勤，杨艳昭. 2005. 中国耕地资源数量变化的趋势分析与数据重建：1949～2003. 自然资源学报，20 (1)：35-44.

傅伯杰，陈利顶，马克明，等. 1999. 黄土丘陵小流域土地利用变化对生态环境的影响——以延安市羊圈沟流域为例. 地理学报，54 (3) ：241- 247.

傅伯杰，陈利顶，邱扬，等. 2002. 黄土丘陵沟壑区土地利用结构与生态过程. 北京：商务印书馆.

高俊峰，闻余华. 2002. 太湖流域土地利用变化对流域产水量的影响. 地理学报，7 (2)：194-200.

高学杰，张冬峰，陈仲新，等. 2007. 中国当代土地利用对区域气候影响的数值模拟. 中国科学 (D辑)，37 (3)：397-404.

高学杰，赵宗慈，丁一汇. 2003. 区域气候模式对温室效应引起的中国西北地区气候变化的数值模拟. 冰川冻土，25 (2)：165-169.

高永年. 2004. 区域土地利用结构变化及其动态仿真研究. 南京：南京农业大学硕士学位论文.

葛全胜，戴君虎，何凡能，等. 2003. 过去 300 年中国部分省区耕地资源数量变化及驱动因素分析. 自然科学进展，13 (8)：825-832.

葛全胜，戴君虎，何凡能，等. 2008. 过去 300 年中国土地利用、土地覆被变化与碳循环研究. 中国科学 (D 辑：地球科学)，38 (2)：197-210.

古琳，程承旗. 2007. 基于 GIS-Agent 模型的武汉市土地利用变化模拟研究. 城市发展研究，14 (6)：47-50.

关君蔚. 1996. 水土保持原理. 北京：中国林业出版社.

郭旭东，陈利顶，傅伯杰. 1999. 土地利用/土地覆被变化对区域生态环境的影响. 环境科学进展，7 (6)：66-75.

郭旭东，傅伯杰，马克明，等. 2001. 低山丘陵区土地利用方式对土壤质量的影响——以河北省遵化市为例. 地理学报，(4)：447-455.

国家统计局. 2011. 中国统计年鉴 (1979-2011) . 北京：中国统计出版社.

何春阳，史培军，陈晋，等. 2005. 基于系统动力学模型和元胞自动机模型的土地利用情景模型研究. 中国科学 (D 辑：地球科学)，35 (5)：464-473.

何英彬，陈佑启. 2004. 土地利用/ 覆盖变化研究综述. 中国农业资源与区划，25 (2)：58-62.

贺世杰，高忠玲. 2007. 土地利用变化/土地覆盖变化对生态环境的影响. 鲁东大学学报，23 (2)：172-177.

胡茂桂，傅晓阳，张树清，等. 2007. 基于元胞自动机的莫莫格湿地土地覆被预测模拟. 资源科学，29（2）：142-148.
胡云锋，王绍强，杨风亭. 2004. 风蚀作用下的土壤碳库变化及在中国的初步估算. 地理研究，23（6）：760-768.
贾志伟，江忠善. 1991. 黄土高原中部地区土壤侵蚀人为影响因素的分析. 水土保持通报，11（1）：28-33.
蒋定生. 1997. 黄土高原水土流失与治理模式. 北京：中国水利水电出版社.
解靓，钟凯文，孙彩歌，等. 2008. 土地利用与土地覆盖模型研究进展概述. 农机化研究，7：8-13.
黎夏，叶嘉安. 2005. 基于神经网络的元胞自动机及模拟复杂土地利用系统. 地理研究，24（1）：19-27.
李边疆. 2007. 土地利用与生态环境关系研究. 南京：南京农业大学博士学位论文.
李长生. 2000. 土壤碳储量减少：中国农业之隐患——中美农业生态系统碳循环对比研究. 第四纪研究，20（4）：345-350.
李江南. 2006. 巴州土地利用动态变化的驱动机制研究. 乌鲁木齐：新疆农业大学硕士学位论文.
李明月，胡竹枝. 2012. 广东省人口城市化与土地城市化速率比对. 城市问题，（4）：33-36.
李晓兵. 1999. 国际土地利用——土地覆盖变化的环境影响研究. 地球科学进展，14（4）：395-400.
李志，刘文兆，杨勤科，等. 2007. 黄土高原沟壑区小流域土地利用变化及其生态效应分析. 应用生态学报，18（6）：1299-1304.
蔺卿，罗格平，陈曦. 2005. LUCC 驱动力模型研究综述. 地理科学进展，24（5）：79-86.
刘纪远，王绍强，陈镜明，等. 2004. 1990～2000 年中国土壤碳氮蓄积量与土地利用变化. 地理学报，59（4）：483-496.
刘纪远，于贵瑞，王绍强，等. 2003. 陆地生态系统碳循环及其机理研究的地球信息科学方法初探. 地理研究，22（4）：397-405.
刘兰. 2007. 上海市中心城区土地利用变化对径流的影响及其水环境效应研究. 上海：华东师范大学硕士学位论文.
刘梦云，常庆瑞，齐雁冰. 2006. 不同土地利用方式的土壤团粒及微团粒的分形特征. 中国水土保持科学，4（4）：47-51.
刘淑苹，张文开，陈文慧，等. 2008. 基于分形理论和神经网络模型的土地利用分析. 福建师范大学学报（自然科学版），24（5）：90-95.
刘硕. 2002. 国际土地利用与土地覆被变化对生态环境影响的研究. 世界林业研究，15（6）：38-44.
刘贤赵，谭春英. 2005. 黄土高原沟壑区典型小流域土地利用变化对产水量的影响——以陕西省长武王东沟流域为例. 中国生态农业学报，13（4）：99-102.
刘小平，黎夏，艾彬，等. 2006. 基于多智能体的土地利用模拟与规划模型. 地理学报，61（10）：1101-1112.
刘彦随. 2006. 中国土地资源战略与区域协调发展研究. 北京：气象出版社.
龙花楼，李秀彬. 2006. 中国耕地转型与土地整理：研究进展与框架. 地理科学进展，25（5）：67-76.
龙花楼，王文杰，翟刚，等. 2002. 安徽省土地利用变化及其驱动力分析. 长江流域资源与环境，11（6）：526-530.
吕昌河，程量. 2007. 土地利用变化与生态服务功能冲突——以安塞县为例. 干旱区研究，24（3）：302-306.
罗海江，白海玲，方修琦，等. 2007. 农牧交错带近五十年生态环境变化评价. 干旱区地理，30（4）：474-481.
蒙吉军. 2005. 土地评价与管理. 北京：科学出版社.
倪绍祥. 2005. 土地利用/覆被变化研究的几个问题. 自然资源学报，20（6）：932-937.

欧阳婷萍，张金兰，曾敬，等. 2008. 土地利用变化的土壤碳效应研究进展. 热带地理，28（3）：203-208.

邱炳文，陈崇成. 2008. 基于多目标决策和CA模型的土地利用变化预测模型及其应用. 地理学报，63（2）：165-173.

任志远，张艳芳，李晶，等. 2003. 土地利用变化与生态安全评价. 北京：科学出版社.

史培军，宫鹏，李晓兵. 2000. 土地利用覆盖变化研究的方法与实践. 北京：科学出版社.

史培军，袁艺，陈晋. 2001. 深圳市土地利用变化对流域径流的影响. 生态学报，21（7）：1041-1049.

舒琳. 2010. 城市化对土地资源的负面影响. 牡丹江教育学院学报，(2)：28-29.

宋长青，冷疏影. 2005. 21世纪中国地理学综合研究的主要领域. 地理学报，60（4）：546-552.

谭少华，倪绍祥. 2006. 20世纪以来土地利用研究综述. 地域研究与开发，25（5）：84-90.

谭永忠. 2004. 县级尺度土地利用变化驱动机制及空间格局变化模拟研究. 杭州：浙江大学博士学位论文.

汤发树，陈曦，罗格平，等. 2007. 新疆三工河绿洲土地利用变化系统动力学仿真. 中国沙漠，27（4）：593-599.

陶波，李克让，邵雪梅，等. 2003. 中国陆地经初级生产力时空特征模拟. 地理学报，58（3）：372-380.

田光进，邬建国. 2008. 基于智能体模型的土地利用动态模拟研究进展. 生态学报，28（9）：4451-4459.

田汉勤，徐小锋，宋霞. 2007. 干旱对陆地生态系统生产力的影响. 植物生态学报，31（2）：231-241.

田梓文. 2005. 基于神经网络模型的土地利用变化模拟. 青岛：山东科技大学硕士论文.

王斌科，唐克丽. 1991. 黄土高原的人为开荒及其对加速侵蚀的影响. 水土保持通报，11（5）：54-53.

王佳. 2007，土地利用与土地覆盖变化对生态环境质量的影响. 哈尔滨师范大学自然科学学报，23（5）：99-102.

吴次芳，鲍海君，等. 2004. 土地资源安全研究的理论与方法. 北京：气象出版社.

吴浩，陈晓玲，蔡晓斌，等. 2008. 基于组合分形模型的土地利用时空演变研究. 武汉理工大学学报，30（1）：154-157.

吴建国，张小全，徐德应. 2003. 土地利用变化对生态系统碳汇功能影响的综合评价. 中国工程科学，(9)：65-71.

吴文斌，杨鹏，柴崎亮介，等. 2007. 基于Agent的土地利用/土地覆盖变化模型的研究进展. 地理科学，27（4）：573-578.

夏北成，Zhou J H，James，等. 1998. 植被对土壤微生物群落结构的影响. 应用生态学报，9（3）：296- 300.

肖笃宁，陈文波，郭福良. 2002. 论生态安全的基本概念和研究内容. 应用生态学报，13（3）：354-358.

谢峰. 2007. 基于CLUE-S模型的吐鲁番市土地利用动态变化模拟研究. 乌鲁木齐：新疆大学硕士学位论文.

徐颖，吕斌. 2008. 基于GIS与ANN的土地转化模型在城市空间扩展研究中的应用. 北京大学学报（自然科学版），44（2）：262-271.

薛领，杨开忠. 2002. 复杂性科学理论与区域空间演化模拟研究. 地理研究，21（1）：79-88.

杨国安，甘国辉. 2004. 基于分形理论的北京市土地利用空间格局变化研究. 系统过程理论与实践，10：131-136.

杨金玲，汪景宽，张甘霖. 2004. 城市土壤的压实退化及其环境效应. 土壤通报，35（6）：688-694.

杨昕，王明星，黄耀. 2002. 地—气间碳通量气候响应的模拟Ⅰ. 近百年来气候变化. 生态学报，22（2）：270-277.

叶剑平. 2005. 土地科学导论. 北京：中国人民大学出版社.

张凤荣. 2006. 土地保护学. 北京：科学出版社.
张汉雄. 1997. 晋陕黄土丘陵区土地利用与土壤侵蚀机制仿真研究. 科学通报，42（7）：743-746.
张华，张勃. 2005. 国际土地利用/覆盖变化模型研究综述. 自然资源学报，20（3）：422-431.
张建明. 2007. 石羊河流域土地利用/土地覆被变化及其环境效应. 兰州：兰州大学博士学位论文.
章家恩，刘文高，胡刚. 2002. 不同土地利用方式下土壤微生物数量与土壤肥力的关系. 土壤与环境，11（2）：140-143.
章家恩，徐琪. 1999. 生态退化的形成原因探讨. 生态科学，18（3）：140-154.
郑宏刚，尚彦，廖晓虹，等. 2000. 流域生态环境中土地、水、植物资源利用三角形稳定关系研究. 云南农业大学学报，25（6）：844-849.
郑益群，钱永甫，苗曼倩，等. 2002. 植被变化对中国区域气候的影响Ⅰ：初步模拟结果. 气象学报，60（1）：1-16.
中国环境年鉴（2010）. 2010. 北京：中国环境年鉴出版社.
周成虎，孙战利，谢一春. 1999. 地理元胞自动机研究. 北京：科学出版社.
周桔，雷霆. 2007. 土壤微生物多样性影响因素及研究方法的现状与展望. 生物多样性，15（3）：306-311.
周涛，史培军. 2006. 土地利用变化对中国土壤碳储量变化的间接影响. 地球科学进展，21（2）：138-143.
周廷儒，张兰生. 1992. 中国北方农牧交错带全新世环境演变及预测. 北京：地质出版社.
朱晓华，蔡运龙. 2005. 中国土地利用空间分形结构及其机制. 地理科学，25（6）：275-281.
庄丽华，阎军，常凤鸣. 2003. 海平面变化对全球变化的响应. 海洋地质动态，19（3）：14-18.
Bonheur N，Lane B D. 2002. Natural resources management for human security in Cambodia's tonle sap biosphere reserve. Environmental Science & Policy，5：33-41.
Carpenter S R，Fisher S G，Grimm N B. 1992. Global change and freshwater ecosystems. Annu Rev of Eco Syst，23：119-140.
Changon S A，Semonim R G. 1979. Impact of man upon local and regional weather. Reviews of Geophysics and Space Physics，17：1891-1900.
Charney J G. 1975. Dynamics of deserts and drought in the Sahel . Quart. J . Roy. Meteor. Soc.，101：193-202.
Chiarini L，Bevivino A，Dalmastri C， et al. 1998. Influence of plant development，cultivar and soil type on microbial colonization of maize root. Applied Soil Ecology，8：11-18.
Cicerone R J. 1988. Biogeochemical aspects of atmospheric methane. Global Biogeochemical Cycles，(2)：299-327.
Costanza K，Arge R，Groot R，et al. 1997. The value of the world' s ecosystem service and natural capital. Nature，387：235-260.
DelRegno K J，Atkinson S F. 1988. Nonpoint pollution and watershed management：A remote sensing and geographic information system (GIS) approach. Lake Reservoir Manage，4：17-25.
Fang J Y，Chen A P，Peng C H，et al. 2001. Changes in forest biomass carbon storage in China between 1949 and 1998. Science，292：2320-2322.
Fang S，Gertner G Z，Sun Z L，et al. 2005. The impact of interactions in spatial simulation of the dynamics of urban sprawl. Landscape and Urban Planning，73（4）：294-306.
Fung I Y，John J，Lerner J，et al. 1991. Three-dimensional model synthesis of the global methane cycle. J of Geo Research，96（D7）：13033-13065.
Gelsomino A，Keijzer-Wolters A，Cacco G，et al. 1999. Assessment of bacterial community structure in

soil by polymerase chain reaction and denaturing gradient gel electrophoresis. Journal of Microbiological Methods, 38: 1-15.

Gornitz V. 1985. A survey of anthropogenic vegetation changes in west Africa during the last century-climatic implications. Climatic Changes, 7: 285-325.

Green G M, Suasman R W. 1990. Deforestation history of the eastern rain forests of Madagascar from satellite images. Science, 248: 212-215.

Hederson S A, Wilson M F. 1983. Surface albedo data for climatic modeling. Review of Geophysics and Space Physics, 21: 1743-1778.

Houghton R A, Boone R D, Melillo J M, et al. 1987. The flux of carbon from terrestrial ecosystem to the atmosphere in 1980 due to land use: geographic distribution of the global flux. Tellus, 38 B: 122-139.

Houghton R A, Hackler J L. 1999. Lawrence K T. The US carbon budget: contributions from land-use change. Science, 285: 574-578.

Houghton R A, Hackler J L. 2003. Sources and sinks of carbon from land-use change in China. Global Biogeochemical Cycles, 17: 1034-1047.

Huang Q, Wang R H, Ren Z Y, et al . 2007. Regional ecological security assessment based on long periods of ecological footprint analysis. Resources, Conservation&Recycling, 51 (1): 24-41.

IPCC. 1990. Climate change: the IPCC scientific assessment. Intergovernmental Panel on Climate Change. Cambridge: Cambridge University Press.

Jacobson M Z. 2001. Strong radiative heating due to the mixing state of black carbon in atmospheric aerosols. Nature, 409: 695-697.

Lambin E F, Turner B L, Geist H J, et al. 2001. The causes of land use and land cover change: moving beyond the myths. Global Environmental Change, 11: 261-269.

Lambin E F. 2002. European advanced study course: Modeling land use change//LUCC International Project Office. LUCC Newsletter. (No. 8) Spain: Institut Cartogrâfic de Catalunya.

Li L, Simonovic S P. 2002. System dynamics model for predicting floods from snowmelt in North American prairie watersheds. Hydrological Processes, 16 (13): 2645-2666.

Maston P A, Vitousek P M. 1990. Ecosystem approach to a global nitrous oxide budget. Bioscience, 40: 667-672.

Meyer W B, Turner B L Ⅱ. 1992. Human population growth and global landuse and land cover change. Annu Rev Eco Syst, 23: 39-61.

Millennium Ecosystem Assessment . 2005. Ecosystems and Human Well-being: Synthesis. Washington D C: Island Press.

Murray K S, Rogers D T. 1999. Groundwater vulnerability, brown field redevelopment and land use planning. Journal of Environmental Planning &Management, 42 (6): 801-806.

Myers N. 1993. Questions of mass extinction. Bio-diversity and Conservation, (2): 2-17.

O'Donnell A G, Seasman M, Macrae A, et al. 2001. Plants and fertilizers as drivers of changes in microbial community structure and function in soils. Plant and Soil, 232: 135-145.

Pacala S W, Hurtt G C, Baker D, et al. 2001. Consistent land and atmosphere-based U. S. carbon sink estimates. Science, 292: 2316-2320.

Potter K W. 1991. Hydrological impacts of changing land management practices in a moderate sized agricultural catchment . Water Resour. Res., 27 (5): 845-855.

Quay P D, Tilbrook B, Wong C S. 1992. Oceanic uptake of fossil fuel CO_2: carbon-13 evidence. Science,

256：74-79.

Qu F T, Kuyvenhoven A, Shi X P, et al. 2011. Sustainable natural resource use in rural China: Recent trends and policies. China Economic Review, 22 (4): 444-460.

Richey J E, Nobre C, Deser C. 1989. Amazon River discharge and climate variability: 1903～1985. Science, 246: 101-103.

Roger P. 1994. Hydrology and water quality//William B. Meyer and B. L. Turner II (eds). Changes in Land Use and Land Cover-A Global Perspective. Cambridge: Cambridge University Press: 231-258

Schimel D S, Enting I G, Heimann M, et al. 2000. CO_2 and the carbon cycle//Wigley T M L, Schimel D S, (eds). The carbon cycle. Cambridge: Cambridge University Press: 7-36.

Sessitsch A, Weilharter A, Gerzabek M, et al. 2001. Microbial population structures in soil particle size fractions of a long-term fertilizer field experiment. Applied and Environmental Microbiology, 67: 4215-4224.

Shukla J, Nobre. 1990. Sellers P. Amazon deforestation and climate change. Science, 247: 1322-1325.

Singh R B. 2000. Environmental consequences of agricultural development: a case study from the Green Revolution state of Haryana, India. Agriculture, Ecosystems & Environment, 82: 97-103.

Skole D, Tucker C. 1993. Tropical deforestation and habitat fragmentation in the Amazon: satellite data from 1978～1988. Science, 260: 1905 -1910.

Smaling E M A, Fresco L O. 1993. A decision-support model for monitoring nutrient balances under agricultural landuse. Geoderma, 60: 235-256.

Smil V. Nitrogen and phosphorus//Turner B L, Clark W C, Kates R W, et al (eds). 1990. The Earth as Transformed by Human Action. Cambridge: Cambridge University Press: 423-437

sprawl. 2005. Landscape and Urban Planning, 73 (4): 294-306.

Staddon W J, Trevors J T, Duchesne L C, et al. 1998. Soil microbial diversity and community structure across a climatic gradient in western Canada. Biodiversity and Conservation, 7: 1081-1092.

Stuiver M. 1978. Atmospheric carbon dioxide and carbon reservoir change. Science, 199: 253-258.

Turner II B L, Meyer W B, Skole D L. 1994. 全球土地利用与土地覆被变化：进行综合研究. 陈非明译. AMBIO, 23 (1): 91-95.

Veldkamp A, Fresco L O. 1996. CLUE: A conceptual model to study the conversion of land use and its effects. Ecological Model, 85: 253～270.

Vitousek P M, Mooney J L, Lubehenco J, et al. 1997. Human domination of earth' s ecosystems. Science, 277: 494-499.

Vitousek P M. 1994. Beyond global warming: Ecology and Global Change. Ecology, 75 (7): 1861-1876.

Yang YH, Yao J, Hu S, et al. 2000. Effects of agricultural chemicals on DNA sequence diversity of soil microbial community: a study with RAPD marker. Microbial Ecology, 39: 72-79.

Yeh Anthony Gar-On, Li X. 2006. Errors and uncertainties in urban cellular automata. Computers, Environment and Urban Systems, 30 (1): 10-21.

第七章　土地生态评价

土地生态评价是指对土地生态系统的结构、功能、价值、健康、环境质量进行分析后，并得出结果。土地生态评价不是一个特指的概念，而是一个范畴概念，主要涉及土地生态安全评价、土地生态系统健康诊断、土地生态系统服务功能评价、土地生产潜力与承载力评价、土地生态承载力与生态足迹评价、土地退化评价以及土地生态系统综合评价。"土地生态系统服务功能评价"和"土地生态承载力与生态足迹评价"将在第十章"土地生态经济"中论述，"土地退化评价"将在第九章"土地生态恢复与重建"中论述。本章主要论述土地生态安全评价、土地生态系统健康诊断、土地生产潜力与承载力评价和土地生态系统综合评价。从内容上，本章分为两大部分：第一部分，主要包括土地生态评价的理论；第二部分，是针对土地生态安全评价和土地生产潜力评价的两个案例研究。

第一节　土地生态安全评价

一、基本概念

一般认为，生态安全具有广义和狭义之分（肖笃宁等，2002）。广义的生态安全概念来自于国际应用系统分析研究所（International Insititute for Applied Systems Analysis，IIASA）拟定的1989～1992年管理全球安全性和危险性的方案，认为生态安全是指在人的生活、健康、安乐、基本权利、生活保障来源、必要的资源、社会秩序和人类适应环境变化的能力等方面不受到威胁（方创琳和张小雷，2001）；狭义的生态安全是指自然和半自然生态系统的安全，即生态系统完整性和健康的整体水平反映（肖笃宁等，2002）。

按照上述生态安全的概念，土地生态安全可以表述为土地生态系统结构和功能稳定，具有能够为人类提供某种必要的资源与服务而不引起环境受到威胁的能力。可见，土地生态安全应该包含两层意思：一是，土地生态系统本身的健康和提供服务的能力；二是，人类的土地利用方式是安全的，即在利用土地过程中，不应导致土地生态环境遭到损害和破坏的危险。

二、发展历程与研究进展

生态安全的研究是伴随生态风险评估与管理而发展起来的（肖笃宁等，2002）。最早有关生态风险研究的理论与实践基础来自于美国国家研究理事会（U.S. National Research Council，NRC）1983年出版的《联邦政府风险评价：过程管理》报告（National

Research Council, 1983)，随后，包括美国国家环保局（U. S. Environmental Protection Agency, EPA）在内的许多机构开始对生态风险展开研究（Patricia et al., 2000）。1992年，美国国家环保局出版了《生态风险评价大纲》（U. S. EPA, 1992），后来又制订了基于群落的环境保护纲领（U. S. EPA, 1997），并完成了生态风险评价指南（U. S. EPA, 1998）。

在这些文件的指导下，许多国家和国际组织都开展了生态风险评价研究。总的来说，可以归结为两个方面：一是有关生态风险和生态安全评价指标的建立，包括各种陆地和水生生态系统（Xu et al., 1999; Bertaho, 2001; Magni, 2003; Rees et al., 2005; Serhat et al., 2006）和区域性指标（CRARM, 1997; Villa and Maleod, 2002；王根绪等，2003;）；二是针对化学物质施用所导致的风险暴露和引起的生物（个体、动植物组织、种群、生态系统）效果的评估（Glenn et al., 2005）。

从生态风险的研究历程可以发现，早期的生态风险研究主要集中在个体和种群水平，主要针对有毒有害物质引起的风险，而针对区域生态环境问题的生态风险和安全评价相对较少（肖笃宁等，2002；马克明等，2004）。随着问题的逐渐深入与扩展，特别是生态系统健康评价与服务功能等概念的提出（Rapport et al., 1985; Schaeffer et al., 1985 ; Costnaza et al. 1997），生态安全研究逐步从微观走向宏观，开始注重生态系统及其以上水平的安全问题（曲格平，2002）。目前，生态风险发展的一个重要趋势是要将以往分别独立进行的人类健康风险评价（health risk evaluation）和生态风险评价（ecological risk evaluation）融合起来，以便实现信息有效交换、提高评价质量、保证决策过程的一致性（WHO, 2001; Suter et al., 2003; Hillel et al., 2004; Glenn et al., 2005），而两者的有效结合，实际上就是将单一环境事件或单个地点的生态风险问题与区域生态环境问题联系起来的区域生态风险与安全评价。

土地生态安全是区域生态安全评价的重要方面，事实上，当前大部分冠以“区域生态安全”评价的研究都集中在土地生态安全方面。目前的评价主要涉及区域生态安全状况和生态系统健康、服务功能等方面，多数为评价的基础理论（梁留科等，2005；傅伯杰等，2009）、指标体系建立和评价方法选择（范荣亮等，2006；官冬杰和苏维词，2006a；刘红等，2006a，2006b；桑燕鸿等，2006；张虹波和刘黎明，2006；陈菁和吴端旺，2010）。土地生态安全评价实例一些研究是直接针对“安全”和“风险”的评价，一些研究则针对土地的“稳定性”、“敏感性”（万忠成等，2006；王根绪等，2006；张金萍等，2006；许申来等，2011）。评价的空间尺度呈多样化，从省、市及以上区域层次（刘雪等，2006；王志强等，2006a，2006b；张燕和吴玉鸣，2006；俞孔坚等，2009；孙鸿烈等，2012），到县（刘永兵等，2006；朱运海等，2006）、到小城镇（付伟章等，2006；曲衍波等，2006）、到流域（王宏昌等，2006；喻锋等，2006；张青青等，2012）等。研究模式主要是针对研究区域，按照“区域指标体系建立—评价方法选择—评价结果”的模式开展的（左伟等，2002；左伟等 2003；曹新向等，2004；左伟等，2004；邓爱珍等，2006；王惠勇等，2007；许月卿和崔丽，2007）；另外一些研究是从土地利用变化的角度出发，强调土地利用变化对土地生态安全的影响与作用。

土地生态安全的研究内容从广义上看，包括土地生态系统健康诊断、土地生态系统服务功能评价、区域土地生态安全状况评价和土地生态系统安全管理。狭义的土地生态安全研究只包括土地生态安全状况研究。“土地生态系统健康诊断”将在本章第二节中做专门论述；“土地生态系统服务功能评价”将在本书第十章专门论述；“土地生态系统安全管理”将在本书第十一章“土地生态管护”做专门论述。下面主要介绍区域土地生态安全状况评价。

三、区域土地生态安全评价指标体系

区域土地生态安全评价包括两个方面：一是，对区域土地生态系统自身的评价；二是，对区域土地利用方式是否安全的评价。区域土地生态安全评价指标体系可以围绕这两个方面展开。

（一）评价指标体系构建原则

（1）综合性

影响土地生态安全的因素很多，要善于从社会、经济和自然等多方面因素开展分析，选取多种指标进行评价，尽可能全面、客观、准确地反映出生态安全状况。

（2）主导性

在综合分析、研究的基础上，选取具有典型代表性、对土地生态安全有重要影响的主导性因子作为评价指标。

（3）科学性与可操作性

评价指标体系的建立、评价过程必须以科学理论为依据。同时，为了评价的方便与可行性，应注重评价指标数据的可获取性和评价的可操作性。

（4）动态性

所选择的指标，可以反映出土地生态安全的动态变化。

（5）空间异质性

所选择指标要尽可能反映土地生态安全的空间分布效应，反映土地生态安全的空间变化。

（6）可扩充性

所构建的指标体系，按照一定的评价过程，构建一个通用框架。可以在该框架下，根据评价地区的不同、评价目标的不同、评价条件的不同，增减指标，修改评价标准。

（二）指标体系建立

区域土地生态安全状况评价指标体系的建立基本上有三种类型：一种是基于 PSR

模型从土地资源生态压力、土地资源生态状态和土地资源生态环境响应三方面进行指标筛选，构建土地资源生态安全评价指标体系（张建新等，2002；刘雪等，2006；汤洁等，2006）；一种是从土地自然生态安全系统、土地经济生态安全系统、土地社会生态安全系统等角度选取指标，构建指标体系（刘勇等，2004；高桂芹和韩美，2005；王慧勇等，2007；许月卿和崔丽，2007）；另一种是针对区域土地生态安全问题，构建指标体系，实质上是对区域土地退化评价的指标体系（陈浩等，2003）。

许月卿和崔丽（2007）对贵州猫跳河流域以县域小城镇为单位，进行了小城镇土地生态安全评价，指标体系的建立从土地自然生态安全系统、土地经济安全系统和土地社会安全系统三方面建立小城镇土地生态环境安全评价指标体系。该指标体系由目标层（O）、准则层（A）和指标层组成（C）组成。目标层以小城镇土地生态环境安全评价指数为目标，用以综合表征土地生态环境安全态势；准则层（A）分别为土地自然生态安全系统、土地经济安全系统和土地社会安全系统；指标层（C）为整个指标体系最基本的层面，由 17 项指标构成（表 7-1）。

表 7-1　小城镇土地生态安全评价指标体系

目标层（O）	准则层（A）	指标层（C）
水田比例（%） 大于 25°耕地面积比例（%）	土地自然生态安全水平	坡度（°）
		海拔（m）
		地形破碎度
		干燥指数
		NPP [g/(m^2 · a)]
		河流密度
		土壤侵蚀模数 [t/(hm^2 · a)]
		森林覆盖率（%）
		裸岩面积比例（%）
	土地经济生态安全水平	城市化率（%）
		人口密度（人/km^2）
		公路密度
		人均农业产值（元/人）
		旱地比例（%）
	土地社会生态安全水平	人均耕地（亩/人）
		人均粮食（kg/人）
		粮食单产（kg/hm^2）

参考现有的大量土地评价和生态安全评价指标，按照构建指标体系的目的原则，考虑“资源节约、环境友好、经济高效、社会和谐”四个基石，王惠勇等（2007）从资源支持系统、社会支持系统、经济支持系统、环境支持系统等四个系统构建了山东省临沂市城镇（县城）土地生态安全评价指标体系（表 7-2）。

表 7-2　山东省临沂市城镇（县城）土地生态安全评价指标体系

目标	支持系统	指标
城镇土地生态安全评价指标体系	资源支持系统	人口密度（人/km^2）
		人口自然增长率（%）
		人均耕地面积（hm^2）
		人均公共绿地面积（m^2）
		建成区绿地覆盖率（%）
		建成区绿化覆盖率（%）
		人均日生活用水量（L）
	社会支持系统	人均住房面积（m^2）
		人均拥有道路面积（m^2）
		路网密度（km/km^2）
		用水普及率（%）
		燃气普及率（%）
		每万人拥有医院数（个）
		每万人拥有各级各类学校数（所）
	经济支持系统	人均 GDP（元）
		人均拥有城市维护建设资金（元）
		住宅投资占 GDP 的比重（%）
		公共服务设施投资占 GDP 的比重（%）
		科技投入占 GDP 的比重（%）
		废水处理率（%）
	环境支持系统	工业废气处理率（%）
		生活垃圾无害化处理率（%）
		SO_2 年平均浓度（mg/m^3）
		NO_2 年平均浓度（mg/m^3）
		环境噪声昼间平均值（dB）

汤洁等（2006）构建了以目标层、准则层（A）、准则层（B）和指标层组成的东北农牧交错带镇赉县土地生态环境安全评价指标体系。其中，目标层以镇赉县土地生态环境安全综合指数为总目标，用以综合表征土地生态环境安全态势；准则层（A）是依据“压力-状态-响应”框架模型，从土地资源生态压力、土地资源生态环境状态和土地资源生态环境响应三方面建立准则层（A）；准则层（B）将准则层（A）进一步细化分解。其中土地资源生态压力分解为人口压力、土地压力和社会经济压力；土地资源生态环境状态分解为土地质量和土地利用结构；土地资源生态环境响应分解为社会经济响应和自然响应。指标层为整个指标体系最基本的层面，由可直接度量的 19 项指标构成（图 7-1）。

陈浩等（2003）针对河北怀来地区，从采集资料的可能性、指标的客观性以及生态安全评价的合理性和科学性出发，围绕这些地区影响荒漠化最突出的 4 个生态安全的因

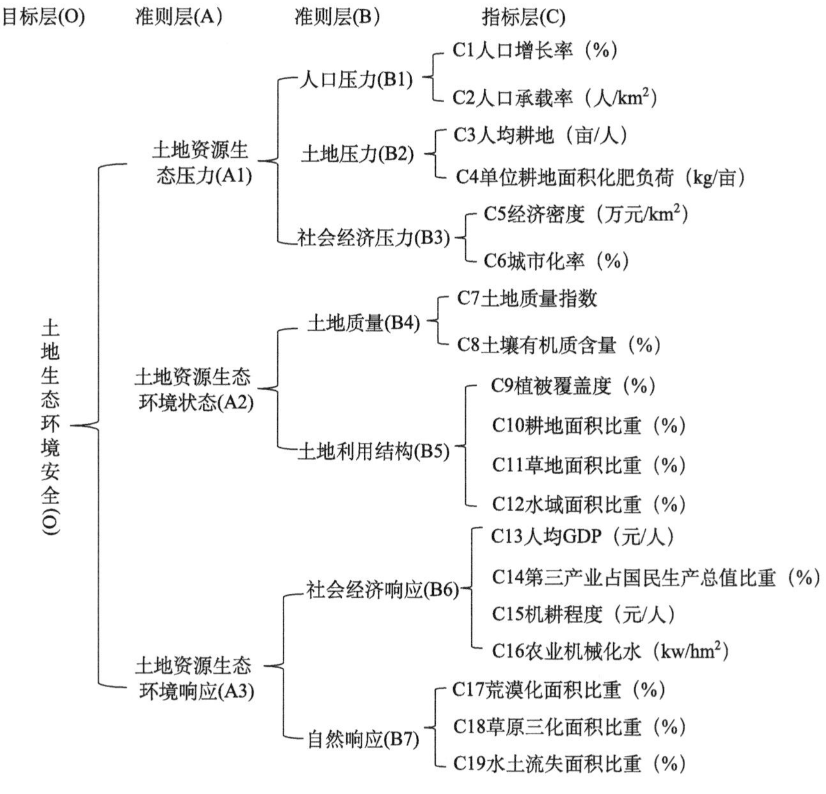

图 7-1 镇赉县土地生态环境安全指标体系

子（水分、土壤、植被、风力）确定指标体系。根据这些指标特征与地表生态安全状况的关联分析，由计算得到的综合安全系数确定区间的等级差异和各级生态安全等级的临界值（表 7-3）。

表 7-3 怀来地区土地生态安全评价评价指标体系与判别标准

指标类别	判别因子	量级标准	影响级别
土壤	有机质含量	＞4％	4
		2％～4％	3
		0.6％～2％	2
		＜0.6％	1
植被	林地覆盖率	＞40％	4
		20％～40％	3
		5％～20％	2
		＜5％	1
	草地覆盖率	＞50％	4
		20％～50％	3
		5％～20％	2
		＜5％	1

续表

指标类别	判别因子	量级标准	影响级别
水分	降水量	>550mm	4
		500～550mm	3
		450～550mm	2
		<450mm	1
风力	土壤黏粒	>27%	4
		22%～27%	3
		15%～21%	2
		<15%	1
	黏沙比	>0.66%	4
		0.51%～0.65%	3
		0.32%～0.50%	2
		<0.32%	1

第二节　土地生态系统健康诊断

一、基本概念

（一）土地生态系统健康

Rapport（1989）认为生态系统健康（ecosystem health）是指一个生态系统所具有的稳定性和可持续性，即在时间上具有维持其组织结构、自我调节和对胁迫的恢复能力。生态系统健康可以通过活力、组织结构和恢复力等三个特征进行定义。活力（vigor）表示生态系统的功能，可根据新陈代谢或初级生产力等来测度；组织结构（organization）是根据系统组分间相互作用的多样性及数量来评价；恢复力（resilience）也称抵抗力，是指系统在胁迫下维持其结构和功能的能力。Costanza（1992）认为，“如果生态系统是稳定的和可持续的，即踏实活跃的并且随时间的推移能够维持其自身，对外力胁迫具有抵抗力，那么，这样的系统就是健康的。”Mageau等（1995）根据活力、组织和弹性力提出了生态系统健康的可操作的定义。

（二）发展历程

“土地健康”（land health）的概念最早是在20世纪40年代，由著名的自然科学家Leopold（1941）提出的。他把“测定那些在人类占有之后仍无功能障碍的土地的生态参数”作为土地健康研究的目标，并使用“land sickness”来描述土地功能紊乱（dysfunction）。到了20世纪70年代末80年代初，Rapport等（1979）继续发展了这一理论，并在1979年提出了“生态系统医学”的名词来描述此领域研究的新进展。后来，这些都被运用到了生态系统健康的概念和规范中。

1988年，Schaeffer等（1988）首次探讨了有关生态系统健康度量的问题，但没有明确定义生态系统健康。Rapport（1989）首次从活力、组织结构和恢复力等三个方面论述了生态系统健康的内涵。上述两篇文献成为生态系统健康研究的先导（杨华珂等，2002）。1990年10月，来自学术界、政府、商业和私人组织的代表，就生态系统健康定义的问题，在美国召开了专题讨论会。1991年2月，在美国科学促进联合会年会上，国际环境伦理学会召开了“从科学、经济学和伦理学定义生态系统健康”讨论会（曾德慧等，1999）。1994年，第一届国际生态系统健康与医学研讨会在加拿大首都渥太华召开。这次大会重点讨论并展望了生态系统健康学在地区和全球环境管理中的应用问题，同时宣告“国际生态系统健康学会”（International Society for Ecosystem Health，ISEH）的成立。生态系统健康概念的提出虽然不过20年的历史，却受到了广泛关注。多次举办过有关的国际会议，成立了多个专门的学会组织，并且出现了两个专门以生态系统健康命名的国际杂志（曾德慧等，1999）。到目前为止，对几乎所有的水生生态系统类型——海洋、海岸、湿地、河流、河口和湖泊，以及部分陆地生态系统类型——森林、草原等的生态系统健康进行了研究。加拿大在生态系统健康研究方面走在了世界前列，环境部、卫生部和海洋渔业部合作在6年（1994～2000年）时间内花费1.5亿加元在北美大湖区开展退化生境恢复、污染防治、保护人和生态系统健康（Anon W，1994）。美国也开展了全国性的生态系统健康状况评价。

二、诊断方法

土地生态系统健康诊断方法有两种，一是指示因子法，二是指标体系法。

（一）指示因子法

鉴于生态系统的复杂性，通常用一些指示因子类群来监测生态系统健康（Leopold，1997）。常用的水生生态系统健康评价的指示类群包括浮游生物、底栖无脊椎动物、营养顶极的鱼类以及不同组织水平生物的综合运用（马克明等，2001）。表7-4是森林生态系统健康评价的指示物种（孔红梅等，2002）。

表7-4 森林生态系统健康评价的指示物种

指示物种	度量因子
指示植物	指示种、关键种、长寿命种
敏感植物	对环境变化非常敏感，如森林生态系统中特有的早春植物等
特有植物	特定森林生态系统为其提供最适（或）唯一生境和食物。如，毛竹等为大熊猫提供最适食物等
森林鸟类	特定森林生态系统为其提供最适生境和食物
森林土壤动物	只能生存在森林土壤生境中的土壤动物，可用其单位面积的数量来描述
森林土壤微生物	土壤微生物对土壤环境反应特别敏感，但是用土壤微生物来评价森林生态系统健康方面的研究尚属空白

（二）指标体系法

1. 概念模型

Rapport 等（1998a）提出了生态系统和土壤健康的若干指标，而且提出了生态系统的敏感性指标，同时发展了活力、组织结构和恢复力的测量及预测公式，利用这些公式计算出的结果即为生态系统健康的程度。Costanza（1992）、Costnaza 和 Magcau（1999）提出了生态系统健康度量的标准，对各组分进行加权，考虑了每一组分对整个系统功能的相对重要性评估，这个评估就成为生态系统价值。

生态系统健康指数（health index，HI）（黄和平等，2006；蔡晓明，2000）的初步形式如下：

$$\mathrm{HI}=V\times O\times R$$

式中，HI 为系统健康指数，也是可持续性的一个度量；V 为系统活力，是系统活力、新陈代谢和初级生产力主要标准；O 为系统组织指数，是系统组织的相对程度 0～1 间的指数，包括它的多样性和相关性；R 为系统弹性指数，是系统弹性的相对程度 0～1 间的指数。从理论上说，根据上述三个方面指标进行综合运算就可确定一个生态系统健康状况。

2. 评价的指标体系

生态系统健康评价的标准有活力、恢复力、组织、生态系统服务功能的维持、管理选择、外部输入减少、对邻近系统的影响及人类健康影响等八个方面（肖风劲和欧阳华，2002；Rapport et al.，1998a）。表 7-5 列出了生态系统健康度量指标的有关概念和度量方法。表 7-6 是森林生态系统健康评价的结构功能指标。

1）活力。活力是指能量或活动性。在生态系统背景下，活力指根据营养循环和生产力所能够测量的所有能量。

2）恢复力。恢复力是指系统在外界压力消失的情况下逐步恢复的能力。这种能力也称为“抵抗力”，通过系统受干扰后能够返回的能力来测量。受干扰后生态系统恢复可以提供测量恢复力的方法。

3）组织结构。组织结构是指生态系统结构的复杂性。组织结构随系统的不同而发生变化。但一般的趋势是物种的多样性及其相互作用（如共生、互利共生和竞争）越复杂，组织结构越趋于复杂。

4）维持生态系统服务。维持生态系统服务指的是服务于人类社会的功能，如涵养水源、水体净化、提供娱乐、减少土壤侵蚀，它越来越成为评价生态系统健康的一个关键性的指标。

5）管理的选择。健康的生态系统支持许多潜在的服务功能，如提供可更新资源、娱乐、提供饮用水等。退化的生态系统不再具有这些服务功能。

6）减少投入。健康的生态系统不需要另外的投入来维持其生产力。因此，生态系统健康的指标之一是减少额外的物质和能量的投入来维持自身的生产力。

7）对相邻系统的危害。许多生态系统是以其他的系统为代价来维持自身系统的发展。如废弃物排放进入相邻系统、污染物排放等，造成了胁迫因素的扩散，增加了人类健康风险，降低了地下水水质，丧失了娱乐休闲的功能。

表 7-5　生态系统健康度量指标的有关概念及方法

生态系统健康指标	相关的概念	相关的测量指标	起源领域	可行方法
活力	功能 生产力 生产量	初级总生产力、初级净生产力 国民生产总值 新陈代谢	生态学 经济学 生物学	度量法
组织结构	结构生物多样性	多样性指数 平均共有信息	生态学	网络分析
恢复力		生长范围 种群恢复时间 化解干扰的能力	生态学	模拟模型
综合		优势度 生物整合性指数	生态学	

表 7-6　森林生态系统健康评价的结构功能指标法（孔红梅等，2002）

生态系统类型	功能指标体系	评价指标
森林生态系统	单结构评价指标	群落结构指标，生态系统结构指标；水平结构指标；垂直结构指标等
	单功能指标评价	群落生物量、生产力；生态系统生物量、生产力；生态系统能量流；生态系统物质流；生态系统价值流；生态系统土地利用效率；生态系统服务功能；生态系统产品功能；生态系统、群落、物种、基因多样性指数等
	复合结构指标评价	综合生态系统、群落等结构指标、建立指标体系评介，包括水平结构、垂直结构、分布特点、坡度、坡向、海拔等环境梯度因子
	复合功能指标评价	综合生态系统、群落功能指标，建立指标体系，包括生物量、生产力、能量流、物质流、价值流、多样性、生态系统服务功能、生态系统产品功能等
	复合自然指标体系评价	综合生态系统结构、功能方面的自然指标（包括生物量、生产力、能量流、物质流、多样性、结构、环境梯度因子等），建立复合自然指标评价体系，可用直接观测、野外测试的生态系统和群落指标
	社会-经济-自然复合指标体系评价	自然生态系统结构和功能的测试指标；区域社会指标；区域经济发展指标；区域环境因子指标；自然生态系统与社会经济相互制约指标等，建立社会、经济、自然复合指标体系

8）人类健康影响。生态系统的改变能够影响人类健康，人类健康本身是个很好的测量生态系统健康的指标，健康的生态系统应该有能力维持人类的健康。

它们分属于生物物理范畴、生态学范畴和社会经济范畴。因此，可将生态系统健康评价的指标体系（ecosystem health indicator，EHI）分为生物物理指标、生态学指标和社会经济指标子体系三大类。生物物理、生态学和社会经济指标子体系又分别包括一系列的量化指标（郭颖杰等，2002；欧阳毅和桂发亮，2000；任海等，2000；袁兴中和刘江，2001）。一些研究从生态系统结构功能角度建立指标，评价生态系统健康（孔红梅，2002）

三、存在问题与发展方向

（一）关于生态系统健康的概念

生态系统健康的概念从诞生之日起，就一直受到一些专家和学者的质疑。Suter（1993）认为，“人类希望健康，同样也想保持生态系统健康，于是一个生态系统健康的比喻出现了。这是环境学家的一个错误”。这个比喻同时误解了生态系统学与健康科学。生态系统不是生物，不会像生物一样生活，也不会拥有生物的健康特性。Wicklum 和 Davies（1995）也认为，生态系统健康和生态系统完整性的概念在生态上是不适宜的。生态系统健康一词是基于人类健康的一个蹩脚类比，生态系统完整性也不是一个客观、可定量化的生态系统特征。健康和完整性不是生态系统固有的特征，并且不能够得到经验观察和生态学理论的支持。

（二）关于生态系统健康评价

总的来说，生态系统健康评价的操作性较差。首先，生态系统健康的标准很难确定，由于生态系统有一个自身演替的过程，很难判断哪些是演替（进展或逆行）过程的症状，哪些是受干扰或不健康的症状；其次，一些生态系统健康评价的指标众多，涉及生态、经济和社会因子等各个方面，而且一些指标的测定本身就十分困难；最后，生态系统健康评价大都最后都归结到以人类利用为基准的层面，而不同的利益集团从不同角度出发，得到的结果又不尽一致。（黄和平等，2006）。

（三）关于生态系统健康评价的发展方向

既然直到现在，生态系统健康到底是“什么”谁也不能清楚地说出来，那么，就不妨把关注生态系统“健康”的注意点转移到生态系统“不健康”上来，即通过研究和解决生态环境问题来推进生态系统健康研究进展，也只有这种思维方式才具有可操作性，因此更可能取得实质性的进展（张志诚等，2005），我们应该看到，生态系统健康评价的目的不是为生态系统诊断疾病，而是在一个生态学框架下，结合人类健康观点对生态系统特征进行描述——定义人类所期望的生态系统状态。因此，我们要定义一个（最小/

最大）期望的生态系统特征，确定生态系统破坏的最低和最高阈限，在明确的可持续发展框架下进行保护工作，并在文化、道德、政策、法律、法规的约束下，实施有效的生态系统管理（马克明等，2001）。

总之，发展生态系统健康评价应该以生态学、经济学和人类健康研究为基础，加深理解人类活动、环境变化和生态服务降低，以及由此造成的对人类健康、经济发展和人类生存的威胁之间的相互关联，将人类的文化价值取向与生物生态学过程进行综合。

第三节　土地承载力评价

一、土地承载力的概念

土地承载力的明确定义是由美国的威廉·福格特和威廉姆·A. 阿兰于1949年提出的。前者的定义是“土地为复杂的文明生活服务的能力”；后者的定义为：“在维持一定生活水平并不引起土地退化前提下，一个区域能永久供养的人口数量及人类活动水平，或土地退化前区域所能容纳的最大人口数量”（原华荣等，2007）。

在全国农业区划委员会1986年9月委托中国科学院—国家计划委员会自然资源综合考察委员会主持的《中国土地资源生产能力及人口承载量研究》项目中，土地资源承载力表述为“在未来不同时间尺度上，以预期的经济、技术和社会发展水平以及与此相适应的物质生活水准为依据，一个国家或地区利用其自身的土地资源所能持续供养的人口数量”（陈百明，1992）。

1989～1994年国家土地管理局在联合国开发计划署和国家科委资助下，与联合国粮农组织合作，开展的《中国土地的人口承载潜力研究》项目中对土地承载人口承载力的表述为“一个国家或地区，在一定生产力水平下，当地土地资源持续利用于食物生产的能力和所能供养一定营养水平的人口数量”，按此定义说明人口承载能力是个变量，要研究的是未来的人口承载能力，并明确了土地生产能力是土地资源（耕地、草地、林地、水面）生产食物的能力（郑振源和谢俊奇，1992；郑振源，1996）。

总的来说，土地承载力研究要回答两个问题：一是土地的生产潜力；二是一定条件下，未来可以养活的人口。

二、土地承载力研究的简要回顾

国外早期的土地承载力研究与生态学密切相关的。早在1921年，帕克和伯吉斯就在有关的人类生态学研究中，提出了承载能力的概念（Park and Burgess，1921）。他们认为，可以根据某一地区的食物资源来确定区内的人口承载能力。

现代意义的土地承载力研究的兴起是在第二次世界大战以后，由于全球人口、资源、环境与发展等问题日益突出，为协调人口消费与食物生产、社会发展与资源供给之间的矛盾，各国政府和科学家进一步关注起土地承载力的研究（封志明，1994）。

1949年美国人威廉·福格特的《生存之路》中提出了土地承载能力的计算公式：$C=B:E$，式中，C 为土地负载能力，即土地能够供养的人口数量；B 为土地可以提供的食物产量；E 为环境阻力，即环境对土地生产能力所施加的限制。福格特认为，地球上土地的承载能力已达极限，耕地太少，已容纳不了现存的世界人口数量。

1965年，英国的威廉·阿伦提出了以粮食为标志的土地承载力计算公式。其目的是计算出某个地区传统的农业生产所提供的粮食能够养活多少人口，可以说是某一区域的土地所能供养的最大理论人口，以人/km^2 表示。它主要考虑总土地面积、耕地面积和耕作要素等，没有考虑农业的投入与整个经济系统各部门之间的反馈作用（William，1965）。

20世纪70年代初，澳大利亚的Millington和Gifford采用多目标决策分析法，从土地资源、水资源、气候资源等对人口的限制角度出发，讨论了该国的土地承载力（MIllington and Gifford，1973）。

1977年，FAO利用农业生态区域法开始了对发展中国家土地的潜在人口支持能力研究。它以国家为单位进行计算，将每个国家划分为若干农业生态单元作为评价土地生产潜力的基本单元。该方法的特点是将微观试验的模型应用于宏观分析，同时将气候生产潜力和土壤生产潜力相结合，并考虑了地形、管理等因素对实际生产潜力的影响。到1981年，该方法成功地应用于评定全球117个发展中国家（未包括中国）的人口承载潜力。随后又用于莫桑比克（1982年）、孟加拉国（1985年）和肯尼亚（1989年）更详细的国家级研究中（郑振源，1996）。

20世纪80年代初，英国爱丁堡大学的Slesser教授提出了资源承载力研究的ECCO（enhancement of carrying capacity options）模型。在联合国教科文组织的资助下，ECCO模型于1984年首先应用于肯尼亚。该模型在“一切都是能量”的假设前提下，综合考虑“人口-资源-环境-发展”之间的相互关系，模拟不同发展策略下，人口与资源环境承载力之间的弹性关系，从而确定以长远发展为目标的区域发展优选方案。后来该模型又应用于毛里求斯、赞比亚等发展中国家，以及英国、荷兰、法国等发达国家。目前，ECCO模型已经发展成为一种综合定量的科学政策工具，为制定国家、区域和部门经济发展规划，研究长期发展趋势，提供定量分析的依据（郝晓辉，1995）。

我国的土地承载力研究兴起于20世纪80年代，比较有影响的工作有两个，一是中国科学院自然资源综合考察委员会开展的“中国土地资源生产能力及人口承载量研究”项目（陈百明，1991）。该项目研究分解为5个基本层次：①各类资源之间的平衡关系，包括土地资源内部农、林、牧业利用的耕地、林地、草地资源之间的比例；以土地资源为基础，与水资源、气候资源的配合关系等；②资源结构与农业生产结构之间的平衡关系，包括根据资源结构特点与国民经济发展要求，调整农业生产结构，包括农林牧业比例、农林牧各业内部比例等，使资源结构与农业生产结构趋于和谐，充分发挥资源配置效率；③不同土地资源类型内部光、温、水、养分等诸因素的平衡关系，根据不同类型的多要素综合分析，研究在不同投入与经营管理水平下诸要素的配合情况，据此估算各种作物、林木及牧草的生产力；④人口需求与土地资源生产能力之间的平衡关系，通过分析人口的增长趋势、食物结构的变化、能量的投入水平，研究预期人口需求量与土地资源可能生产的农、林、牧、渔产品之间的关系及与环境的关系等；⑤对策与措施，通过上述层次的分析研究，探讨人口适度增长、资源合理利用、能源保证供应、环境逐步改善、经济持续稳定协调发展的对策与措施，并适时反馈给其他层次，形成整个系统的反馈机制。

第二个是1989～1994年原国家土地管理局与FAO合作利用农业生态区域法（AEZ法）开展的“中国土地的人口承载潜力研究”项目。由于FAO的AEZ法主要是从热带地区发展中国家的实践中创造出来的，而这些国家与我国在气候条件、作物种类、品种、种植制度、灌溉条件和管理措施等方面存在很大区别，因此许多参数并不适合于我国。在本项目中，针对中国的实际情况对AEZ法进行了修正，比如土地资源评价单元划分的依据中考虑了温度的变化、水田、水浇地的情况；作物最高潜在产量的估算中修正了作物光合速率、叶面积指数及收获指数等；细化了作物种植制度；考虑了土地改良情况等。

从20世纪80年代至今，许多专家和学者也做了许多个案研究。总的来看，以粮食为标志的土地承载力研究在20世纪90年代中期达到高潮，而后，研究热度逐渐降温。主要原因是，土地承载力的研究要回答土地的生产潜力是多少？可以供养的未来人口是多少？这两个问题，而这种研究一般用于都在世界（洲）、全国及大区域尺度。在市场化和全球化的今天，由于难以将商品流通和交换的情况界定清楚，对于小区域的研究可能是没有意义的。而大尺度上数据的获取与更新，小尺度上验证大尺度研究的成果都比较困难。另外，在方法上，也缺乏突破，虽然近期一些研究都是在方法上做一些文章，然而，与传统方法相比，这些方法在大尺度上的应用更存有很大的不确定性。

从20世纪90年代以来，由于世界范围的人口与资源环境的矛盾越来越尖锐，土地承载力的研究已经和诸如“资源承载力”、“环境承载力”、“区域承载（能）力”（毛汉英和余丹林，2001）等融合在一起。目前，以保证区域协调发展的区域综合承载能力应该是土地承载力研究的重要发展方向。

（1）土地承载力的“综合”研究

这包括两方面的含义。一方面，是对于载体而言。土地不应仅局限于耕地，而应是包含园地、林地、牧草地、城镇居民点及工矿用地、水域、交通用地和未利用土地等在内的广义的土地；另一方面，是承载物的问题。由于土地问题是由人的社会、经济活动所造成的，土地利用的目标是使人类社会、经济活动与相应的环境相协调，使人类生存发展的土地资源得到保护和改善，所以承载对象应是人类的各种社会、经济活动，如承载的城市规模、经济产值、交通规模、土地的纳污能力等，而不仅仅是承载人口规模和人口消费压力，这就形成了土地综合承载力，即在一定时期内，一定空间区域内，一定的社会、经济、生态环境条件下，土地资源所能承载的人类各种活动的规模和强度的阈值。土地综合承载力区别于土地人口承载力之处在于：一是“土地”不仅仅是指“耕地”；二是“承载物”不仅仅是“人口”，而是人类的各种社会经济活动。从一定意义上说，土地承载力是社会、经济、环境协调作用的中介和协调程度的表征。

（2）土地承载力的“支撑系统”研究

土地承载力研究面对的是一个包括人口、资源、环境在内的纷繁复杂的大系统，为此，应充分重视研究对象的系统属性，从综合的、动态的、反馈的角度出发进行研究。同时，土地承载力不同于反映单因素变化过程和程度的指标和变量，它受人口、资源、环境及社会经济技术等相互作用的多种因素制约，反映的是上述因素构成的各类“支撑系统”在一定发展阶段上的整体水平和协调程度。

因此，将影响土地资源质与量进而决定土地承载力大小的各类“支撑系统”进行研究，可以进一步透视系统的结构与功能，并可根据各因素对土地承载力所起作用的差异，剖析它们在各支撑系统中的不同地位，体现人们对环境积极、能动的一面。

三、土地承载力计算的基本方法

主要包括趋势外推模型、环境因子逐段订正模型、气候因子综合模式、遥感估算方法和系统动力学方法等（郭秀锐和毛显强，2000；张晶和王德岱，2007）。

（一）趋势外推模型（时间序列分析法）

该类模型根据生态系统食物生产的历史资料，利用食物时间序列数据，以时间为自变量、食物产出为因变量，拟合食物产出与时间的函数方程，并据此进行外推预测未来某一时间上（多用年份）的食物供给能力，其基本假设是食物生产还将继续按其趋势发展下去。但由于食物生产受多种因子的影响，某些因子（如降水、农业技术突破等）具有突变性，因此这类模型适宜作总体趋势预测，不宜作精确分析。

（二）环境因子逐段订正模型

土地生产潜力可以通过以下几个阶段逐步订正来计算：光能生产潜力—光温生产潜力—气候生产潜力—土地生产潜力。即

$$Y(Q, T, W, S)=Y(Q)\times f(T)\times f(W)\times f(S) \tag{7-1}$$

式中，$Y(Q, T, W, S)$为土地生产潜力，$Y(Q)$为光能生产潜力，$f(T)$、$f(W)$、$f(S)$分别为温度、水分、土壤影响的订正系数。

1）光能生产潜力。光能生产潜力$Y(Q)$指作物在温度、水分和养分等条件下均保持最适宜状态时，由太阳辐射资源所决定的产量，也称光合潜力。

2）光温生产潜力。光温生产潜力是指作物在水肥保持最适宜状态时，由光、温度两个因子共同决定的产量。

3）气候生产潜力。气候生产潜力是指在养分保持最适宜状态下，由光、温度和水分三个因子共同决定的产量。通常对光温生产和潜力$Y(Q, T)$进行水分订正就可求得气候生产潜力$Y(Q, T, W)$。

4）土地生产潜力。土地生产潜力是指由光、温度、水分和土壤因子共同决定的产量。通常，对气候生产潜力$Y(Q, T, W)$进行土壤肥力订正就可求算出土地生产潜力$Y(Q, T, W, S)$。

（三）气候因子综合模式

这类模式主要有迈阿密模型、瓦格宁根（Wageningen）法和农业生态区域法（AEZ）等。

(1) 迈阿密模型

迈阿密模型只考虑单因子（年平均气温或年平均降水量），未能综合考虑环境气候因子的影响，实际计算时，会出现较大误差。

(2) 瓦格宁根法

瓦格宁根法是国际土地开垦与改良协会采用的一种方法，主要适用于苜蓿、玉米、高粱、小麦等。其公式为

$$Y_m = P_m \times K \times CT \times CH \times N \times ETM/(e_a - e_d) \quad (7\text{-}2)$$

式中，Y_m 为作物的光温生产力（kg/hm^2）；ETM 为生育期间日平均潜在蒸散；e_a、e_d 分别为生育期内平均饱和水汽压和实际水汽压；K 为作物种类订正系数；CT 为温度订正系数；CH 为收获指数；N 为生育期天数；P_m 为标准作物的总干物质生长率（$kg/hm^2 \cdot d$），即

$$P_m = F \times b_0 + (1 - F) \times b_c \quad (7\text{-}3)$$

式中，F 为一日中阴天占的份数；b_0、b_c 分别为全阴天和全晴天时标准作物的最大作物生长率。

该方法虽然机理性也比较强，但对作物生长与环境的关系定量化不够，主要表现在没有真实反映出温度条件对作物干物质生长率的影响，只是使用作物种类校正系数来确定标准作物的干物质总产量和作物干物质总产量之间的关系。而且，该模式所适用的作物比较少，不利于推广。

(3) AEZ 法

该方法分为 5 步：①土地利用方式的确定；②土地资源清查；③土地适宜性评价；④土地生产潜力评定；⑤人口承载潜力评定。具体计算生产潜力的公式为

$$Y_m = 0.5 b_{gm} \times CL \times CN \times CH \times N \quad (7\text{-}4)$$

式中，Y_m 为光温生产力（kg/hm^2）；CL 为叶面积的生长校正系数；CN 为作物在生长期间日平均温度下呼吸消耗的净干物质产量的校正系数；CH 为收获指数；0.5 为假定全生育期内的平均作物生长率为最大作物生长率的一半订正系数；b_{gm} 为作物生育期平均白天温度条件下，作物达到光饱和时的最大光合速率（Pm），在最大作物生长率出现时的叶面积指数为 5 以上时，能达到的最大总生物生长率 [$kg/(hm^2 \cdot d)$]。

农业生态区化法除具有一般综合模式的优点外，还比较全面地考虑了影响作物生长发育的气候因素，所用的气候指标都是常规气象观测的数据，并且所用的参数可以根据作物的特点进行调整，用于大面积的作物生产力计算比较容易实现。

(四) 遥感估算方法

此类方法多是通过遥感手段获得植物的生长信息，并由此推断植被生产力。利用遥感手段估算土地生产力的优点是，可以快速而准确地获取所需资料，对某区域的土地生

产力进行动态估算。但使用遥感手段估算的只是作物的生物生产量，并不代表作物的经济产量。所以，采用单纯的遥感模型估算的作物产量误差较大，而把遥感信息与其他非遥感信息结合起来建立的综合估产模型能够提高估产的准确度。

（五）系统动力学方法

系统动力学（system dynamics，SD）是1956年由美国麻省理工学院Forrester创立的一门分析研究信息反馈系统的学科。系统动力学方法是一种定性与定量相结合，系统、分析、综合与推理集成的方法，强调系统中各个子系统的协调和系统的整体目标的实现。利用系统动力学（SD）模型可以较好地把握区域土地承载系统的各种反馈关系，将系统与环境、系统内部各子系统之间相互作用的复杂关系通过一系列微分过程和函数关系加以表述，从而实现对土地承载能力和发展趋势的模拟与预测。其主要步骤包括分析系统结构，明确系统因素间的关联作用，画出因果反馈图和系统流图，建立起系统动力学模型，通过模拟不同发展战略得出人口增长、区域资源承载力和经济发展间的动态变化趋势及其发展目标，供决策者比较选用。1984年，联合国用于肯尼亚资源承载力研究的ECCO（enhancement of carrying capacity options）模型就是基于系统动力学法开发的，我国学者张志良运用系统动力学方法，对西北五省区进行了土地承载力和城市人口承载量的研究实践。此外，还有齐文虎等进行了此方面的尝试。

第四节　土地生态系统综合评价

一、土地生态系统综合评价的理论框架

生态系统综合评价（integrated ecosystem assessment，IEA）是指对生态系统提供的对人类发展具有重要意义的生产及服务能力的评价，包括对生态系统的生态分析、经济分析、当前状态分析及今后可能的发展趋势分析。

生态系统综合评价是对整体生态系统所能提供的产品和服务进行的评价，其优点是为审视各种产品与服务之间的联系与平衡提供一个框架。因为从这些产品和服务中所获得的利益，往往会被单独隔离开来时所做的评价所遮掩。生态系统对于生产特定产品或服务时可能处于好的状态，而对于其他功能状态则不是最佳。例如，一个生态系统管理的目标也许会对如食品生产十分适合，但可能会破坏生态系统的其他服务功能。生态系统综合评价的方法是先分别评价系统提供各种产品及服务的能力，再在这些产品和服务之间做出权衡。

生态系统综合评价要求对所评价的对象进行深入研究。首先必须获得可靠的生态系统的基础信息（包括各因子数量、经济价值、产品及服务的状况），同时提出不同的指标体系，对所获得的信息定量化，建立包括生态、经济和科技进步在内的综合模型，为政策管理者提供不同管理选择的未来情景分析。在建立综合模型中必须保证在不同尺度上收集到的数据具有整合性，这样才能保证大尺度模型可以采用小尺度的局域性数据，而反过来可以用于局域分析。同时生态系统评价根据其目标不同，可以有许多种形式。

一个区域的生态系统综合评价必须综合考虑自然环境与人类之间的相关性，并且寻找两者之间的平衡，其评价过程应该综合生态、经济、社会、文化的价值。评价的目标必须是可以定量化的，具有社会价值与生态相关性。图 7-2 是生态系统综合评价的理论框架。

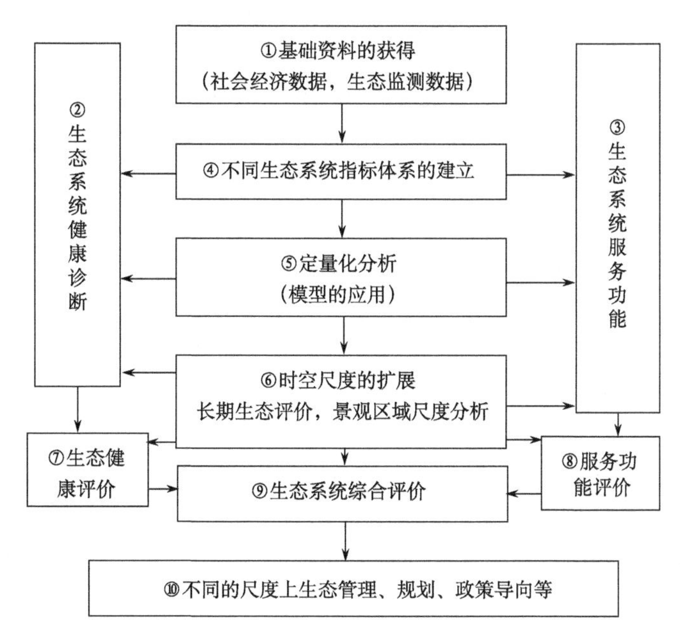

图 7-2 生态系统综合评价的框架（傅伯杰等，2001）

二、生态系统综合评价的主要内容

生态系统综合评价不是崭新的内容，主要包括生态系统服务功能评价、生态系统健康评价和生态系统的管理及影响评价。由于生态系统健康评价在前面已经论述，这里简单介绍一下生态系统服务功能评价和生态系统管理及影响评价。

（一）生态系统服务功能评价

1. 基本概念

生态系统服务功能（ecosystem service）由自然系统的生境、物种、生物学状态、性质和生态过程所生产的物质及其所维持的良好生活环境对人类的服务性能，即生态系统与生态过程所形成及所维持的人类赖以生存的自然环境条件与效用。生态系统服务功能一般是指生命支持功能，而不包括生态系统功能和生态系统提供的产品。但功能、产品与服务三者是紧密相关的。随着市场经济的发展，更多人主张生态系统服务应包容产品。Costanza 等把生态系统提供的产品和服务统称为生态系统服务。

2. 生态服务功能的价值评估

生态服务的价值可根据其功能和利用状况分为四类。第一，直接利用价值，主要指生态系统产品所产生的价值，可以用产品的市场价格来估计。第二，间接利用价值，主要指无法商品化的生态系统服务功能，如维护和支撑地球生命支持系统功能。间接利用价值通常根据生态服务功能的类型确定。第三，选择价值，它是人们为了将来能够直接利用与间接利用某种生态系统服务功能的支付意愿，例如，人们为了将来能利用河流生态系统的休闲娱乐功能的支付意愿。第四，存在价值又称内在价值，它表示人们为确保这种生态服务功能继续存在的支付意愿，它是生态系统本身具有的价值，如流域生态景观的多样性，与人们是否进行消费利用无关。生态服务功能的评价方法总的来说有直接市场价格法、替代市场价格法、权变估值法、生产成本法和实际影响的市场估值法等。

（二）生态系统管理及影响评价

生态系统管理（ecosystem management）是由明确目标驱动，由政策和协议及实践而执行，由监测和对生态系统相互作用与过程的充分理解为基础，综合协调生态学、经济学和社会学原理，从而使生态系统组分、结构和功能达到可持续发展。从土地利用的角度，生态系统管理的核心是明确土地利用变化对生态系统过程的影响以及与生态系统服务的关系，开展生态系统服务多尺度权衡和区域集成（傅伯杰，2013）。

三、生态系统综合评价的难点与方向

生态系统综合评价作为一项系统工程，需要在不同的生态系统产品与服务功能之间进行权衡，对生态系统做出健康诊断与评价，为生态系统管理提出科学的依据。它们之间有着密切的关系，是一个比较完整的体系。生态评价的目的在于管理，而管理的基础是生态系统的现状评价和未来趋势预测，管理的任务则是对生态系统功能的现状调整。对于当前的研究来说，需要克服以下几个难点：第一，要权衡不同生态系统产品和服务功能之间的关系。这要求长期效应与短期效益同时考虑，并达到可持续发展。第二，生态系统服务、健康诊断和管理及其评价应该在时空尺度上扩展。对于复杂的生态系统，只有在时间上摸清其变化的规律，在空间上研究生态系统之间及内部的相互作用，综合评价才可能得到正确的结果。第三，生态系统服务功能与健康诊断的指标体系的建立，不同空间尺度上的指标体系不同，如何合理建立并利用这些指标体系需要研究者针对不同情况综合考虑。第四，生态系统产品、服务、健康诊断及管理之间的有机结合。

第五节　典型生态脆弱区多尺度土地生态安全评价

选取陕西榆林地区整体和榆林地区的横山县作为研究对象，开展多尺度区域土地生态安全评价。

一、研究区域简介

（一）榆林地区

榆林地区位于陕西省北部，西邻甘肃、宁夏，北连内蒙古，东隔黄河与山西相望，南接延安市，东西长309km，南北宽273km，土地面积413万km^2，约占全省面积的20%。北部系风沙草滩区，面积占全区面积的42%，南部是黄土丘陵沟壑区，面积占全区面积的58%。全区风蚀沙化和水土流失严重，生态环境极其脆弱，属“三北”防护林体系重点建设地区之一，所辖县（市）都是全国水土保持重点县（市）。该区地处毛乌素沙地南缘，陕北黄土高原北端。从东南向西北植被类型由森林草原向干草原、荒漠草原过渡。地势由西北向东南倾斜，海拔1000～1500m，地质构造属鄂尔多斯台地。古长城从东北向西南横穿而过，长700余千米。黄河沿该区东界南下，境内河流长度270km。该区平均沟壑密度2.64km/km^2，平均土壤侵蚀模数1.22万$t/(km^2 \cdot a)$。

（二）横　山　县

横山县位于陕西省北部（北纬37°22′～38°74′，东经108°65′～110°02′）、榆林市中部偏西南，北靠毛乌素沙地，南邻黄土丘陵，位于无定河上游。全县辖10个镇8个乡，358个行政村，总面积4281.6km^2，海拔梯度从887m至1552m。横山县地势大致为西南高东北低，长城和无定河横贯横山北部，横山山脉亘南部，无定河、芦河以西的长城沿线为沙漠南缘风沙区，约占全县总面积的1/3，该区流动沙丘密集，在沙丘稀疏区有滩地、海子和宽谷等。无定河以南、芦河以东的南部地区为黄土丘陵沟壑区，黄土层的厚度一般为50～200m，地形破碎，梁峁、沟壑纵横，水土流失严重，约占全县面积的2/3，该区河流较多，农业生产条件较好。区域气候为温带半干旱大陆性季风气候，年平均温度8.6℃，平均日照时数为2815小时，无霜期146天左右，年平均降水量400mm左右，降水多集中在7～9月，年际变率大。境内主要河流属于黄河水系，有无定河、芦河、大理河、小理河、黑木头河等大小河流115条，年平均径流量为2924万m^3/s，年径流量为5.85亿m^3。

二、评价方法

（一）评价程序和单元

土地生态安全评价的具体程序如下：首先要确定评价单元，然后正确认识和分析各评价单元生态的构成因子，认真选择评价参数，建立评价指标体系，再收集整理数据，并对指标数据进行标准化处理，采用相应方法确定指标权重，然后建立评价的数学模型，计算生态安全水平，进行生态安全评价，分析生态安全的空间分布格局。本研究评价单元以县为单位。

（二）评价指标体系选取

为尽量避免因选取不适当的评价指标导致评价结果偏离实际，综合考虑各方面影响因素和参考相关文献（杨育武等，2002；赵跃龙和张玲娟，1998；马金珠和高前兆，2003；王让会和樊自立，1998），结合陕北沙区生态环境具体特点，针对榆林地区，采取综合评价方法对其所属12县的生态安全进行定量评价。综合其自然景观的稳定程度和社会经济发展水平两方面因素，兼顾指标体系的科学性、可表征性、可度量性和可操作性等确立原则，以及数据的可获得性，建立生态安全评价指标体系。评价指标体系包括两大类：一类为土地生态安全驱动指标，包括水资源、热量资源、人口与土地资源和建设强度等4类8个指标；另一类为土地生态安全表现指标，包括工农业发展水平和综合经济发展水平2类4个指标，共12项指标值。

（三）主要指标简述

1. 水资源

在半干旱地区，水资源是制约生态环境质量极为重要的因素，主要通过降水量、降水的稳定性、蒸发与降水的关系、径流量、径流变率、地下水矿化度及其水量平衡和相互转化关系等影响脆弱生态环境的形成（曲跃光，1988）。由于大部分县蒸发量数据不全，径流量受测站分布限制和地下水量的难度量性，为了操作简便和具有可比性，只选取直观易获得的降水量和降水变率作为脆弱生态环境的水资源成因指标。陕北沙区气候较干旱，降水量不足，年降水量320～450mm，多年平均降水量为392.9mm。且季节、年际分配不均匀，年内和年际变率大，60％～70％的降水集中在夏秋季节，尤以8月为最多，降水强度大，常集中于几天至十几天，并以暴雨形式出现，多雨年降水量是少雨年的2～4倍。洪涝、干旱、暴雨灾害频繁，但旱灾远多于涝灾。因此降水量和降水变率在一定程度上可以反映该区生态环境的脆弱程度和安全水平。

2. 热量资源

热量资源不仅直接影响脆弱生态环境，而且还通过与水资源配合和植被分布状况影响生态安全。一个地区的热量资源可以表征在年平均气温≥10℃的连续积温、极端最高温和极端最低温等几个方面。陕北沙区日照强烈，冷热剧变，年均气温8.0～10.5℃，气温的年内、年际变化和日较差较大，1月平均温度－9.5～12℃，最低气温－32.7℃，7月平均温度22～24℃，最高气温38.6℃，霜冻、冰雹灾害较多。因此，选取年平均气温、极端最高温和极端最低温作为该区脆弱生态环境的热量资源成因指标。

3. 人口与土地资源

人口的快速增长给该区的资源环境带来巨大压力，宜农耕地随人口增长而相对减少，不适宜农垦的土地也被开发，土地过度垦殖和陡坡地的开垦加剧了水土流失，导致收成极不稳定，使生态环境更加脆弱。人均耕地面积能反映人口与土地资源两者的结合状况，也是影响生态环境的主要因素之一。陕北沙区人均耕地面积逐年减少，由20世纪70年代初人均5～6亩减少到现在的人均2～3亩，多年平均值为4.1亩/人，各县多年平均人均耕地2.85～6.49亩。选取人均耕地面积作为该区人口与土地资源结合程度的生态安全驱动指标。

4. 建设强度指标

生态脆弱区的建设强度是影响生态安全的重要因素。随着城镇扩展、农村居民点改造、整村迁移等各种建设和一些大型工程项目的开展，建设强度对生态安全的影响越来越重要。村落和道路网络对生态安全的影响体现在对区域土壤、水文、空气、动植物影响的累积性与潜在性上，比如土壤侵蚀、土壤污染、公路工程所造成的边坡不稳定，进而产生崩塌、陷穴、溅蚀等。选取村落密度和道路密度来表征建设强度指标。

5. 综合经济发展水平

理论上，生态安全评价表现指标也应该包括社会发展水平指标。但由于社会发展水平指标较多而且比较复杂，数据也不易获取，具体操作起来也比较困难，因此本区只选定经济发展水平指标。

经济发展水平指标包括综合经济发展水平指标和工农业发展水平指标。综合经济发展水平由人均国内生产总值（即人均GDP）和农民人均纯收入构成。随着社会经济的发展，陕北沙区的人均GDP和农民人均纯收入都有增加趋势，但各县差异较大，总体人均GDP为500元/人，各县平均为410～1260元/人；总体农民人均纯收入为430元/人，各县平均为360～540元/人。

6. 工农业发展水平指标

工农业发展水平包括工业现代化水平和农业现代化水平。工业现代化水平可以由人均工业产值表示，农业现代化水平由农业投入（人均或亩均农机、化肥等）和产出（人均产粮、人均农业产值、亩均产值等）组成，为使方法简便易行，由人均粮食产量表示。近年来，陕北沙区的各县人均工业产值都有增加趋势，且变化幅度都比较大，人均粮食产量略有增加趋势。总体人均工业产值440元人，各县平均为710～910元/人，总体人均粮食产量为250kg/人，各县平均值为220～300kg/人。

通过以上分析，本区建立的一套基于区域土地生态安全评价指标体系（图7-3），共包括12项指标值：X_1——降水量（mm），X_2——降水变率（%），X_3——年平均气温（℃），X_4——年极端最高温（℃），X_5——年极端最低温（℃），X_6——人均耕地面积（亩/人），X_7——村落密度，X_8——道路密度，X_9——人均GDP（元/人），X_{10}——农民人均纯收入（元/人），X_{11}——人均工业产值（元/人），X_{12}——人均粮食产量（t/人）。其中降水变率、年极端最高温与土地生态安全程度呈现负相关。

（四）确定指标权重

区域类型不同、环境系统层次不同以及各指标的内涵不同，各指标对评价区域土地

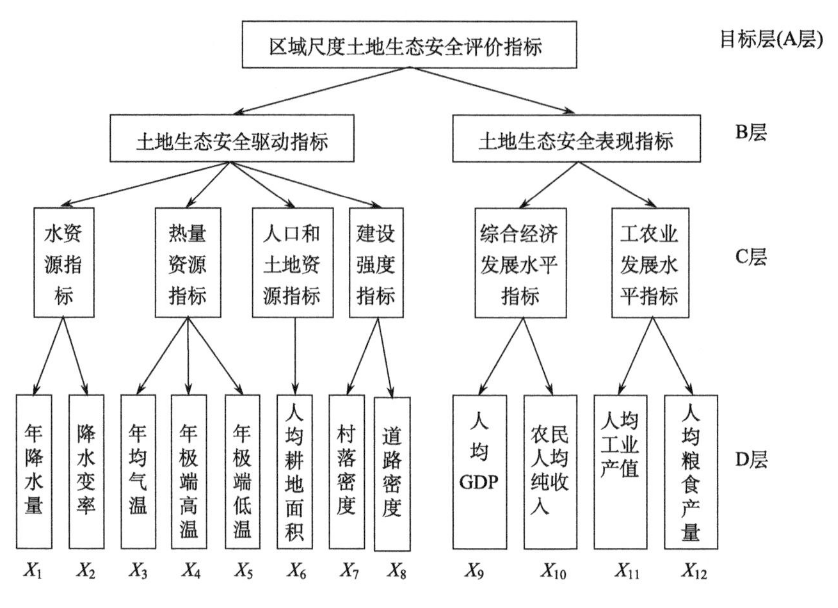

图 7-3　区域尺度上土地生态安全评价指标体系和层次结构框图

生态安全的重要性也就不同（赵跃龙，1999）。要对特定的生态安全进行定量评价，就必须准确确定各指标的权重，才能获得准确的综合评价结果。迄今为止，有以实践经验和主观判断来确定权重的，也有用各种数学方法来确定权重的。用数学方法确定权重，可以减小权重确定的主观随意性，但是任何数学方法本身在应用时都有一定的要求和局限性，其灵活性较差。在既要尽量减少主观随意性、提高权重的客观性和准确性，又要具有灵活性和可操作性的原则下，本研究选用目前常用的层次分析法确定各指标权重。具体步骤如下。

1）通过专家打分，得出评价指标相对于生态安全的重要性。采用两两比较法，每次在 n 个因子指标中只对两个指标相互比较相对重要性，一般将 i 与 j 两个指标进行重要程度比较时作如表 7-7 中的约定。

表 7-7　两个指标相对重要性标度分值表

i，j 比较	极为重要	重要得多	重要	稍重要	一样重要	稍次要	次要	次要得多	极为次要
打分	9	7	5	3	1	1/3	1/5	1/7	1/9

2）构造多指标比较矩阵。设对 n 个需要比较的指标为 x_1，x_2，…，x_n，专家进行指标之间重要程度的两两比较，可得到如下比较矩阵。该矩阵是一个 n 阶互反性判断矩阵，矩阵元素有 $a_{ii}=1$，$a_{ij}=1/a_{ji}$，即进行比较的次数为 $n(n-1)/2$。

$$\mathbf{A}=[a_{ij}]_{n\times n}=\begin{pmatrix} a_{11} & \cdots & a_{1n} \\ \vdots & & \vdots \\ a_{n1} & \cdots & a_{nn} \end{pmatrix} \tag{7-5}$$

3）指标权重的确定。对比较矩阵 **A** 先计算出最大特征值λ。然后求出其相对应的规范化的特征向量 **W**，即

$$\boldsymbol{AW}=\lambda \max \boldsymbol{W} \tag{7-6}$$

式中，**W** 的分量（w_1，w_2，…，w_n）就是对应于 n 个指标的权重值。

4）求解特征值和特征向量。直接求解矩阵 **A** 的特征值和特征向量比较麻烦，在实际工作中常用下面的两种近似算法可以简便地计算权重值。

①和积法。先对 **A** 按列规范化

$$\bar{a}_{ij}=\frac{a_{ij}}{\sum_{i=1}^{n} a_{ij}} \tag{7-7}$$

再按行相加求和数

$$W_i=\sum_{j=1}^{n} \bar{a}_{ij} \tag{7-8}$$

再规范化，即得权重 W_i：

$$W_i=\frac{\overline{W}_i}{\sum_{i=1}^{n} \overline{W}_i} \tag{7-9}$$

②方根法。先按行元素求几何均值，得

$$W_i=\sqrt[n]{\prod_{j=1}^{n} a_{ij}} \tag{7-10}$$

再规范化，即得权重 W_i，其计算公式同上。

5）一致性检验。得到的比较矩阵可能会发生判断不一致，需要进行一致性检验。所谓一致性，即当 x_1 比 x_2 重要、x_2 比 x_3 重要时，则认为 x_1 一定比 x_3 重要。当判断完全一致时，应该有 $\lambda_{\max}=n$，定义一致性指标 C. I. 为

$$\text{C. I.}=\frac{\lambda_{\max}-n}{n-1} \tag{7-11}$$

当一致时，C. I. ＝0；不一致时，一般 $\lambda_{\max}>n$，因此，C. I. ＞0。关于如何衡量 C. I. 值可否被接受，可以用 C. R. 值来检验，只要满足 C. I. /C. R. ＜0. 1，就认为所得比较矩阵的判断可以接受（表 7-8）。

表 7-8　不同 *n* 值对应的 C. R. 值

n	3	4	5	6	7	8	9	10
C. R.	0. 58	0. 90	1. 12	1. 24	1. 32	1. 41	1. 45	1. 49

最大特征值的简易算法是

$$\lambda_{\max}=\sum_{i=1}^{n} \frac{[\boldsymbol{AW}]_i}{n W_i} \tag{7-12}$$

根据层次分析法，生态安全的指标可以分为 A、B、C、D 四层（图 7-3），根据方根法，逐层分析确定指标权重，得到表 7-9 中的结果。

表 7-9 方根法计算权重系数结果

	X_1	X_2	X_3	X_4	X_5	X_6	X_7	X_8	X_9	X_{10}	X_{11}	X_{12}	**W**	$[\boldsymbol{AW}]_i$
X_1	1	3	1	4	4	1/4	1/4	1/3	2	2	1/4	1/4	0.055	0.689
X_2	1/3	1	1/3	3	3	1/5	1/5	1/4	1/2	1/2	1/5	1/5	0.029	0.368
X_3	1	3	1	4	4	1/4	1/4	1/3	2	2	1/4	1/4	0.055	0.689
X_4	1/4	1/3	1/4	1	1	1/6	1/6	1/5	1/3	1/3	1/6	1/6	0.018	0.228
X_5	1/4	1/3	1/4	1	1	1/6	1/5	1/5	1/3	1/3	1/6	1/6	0.018	0.234
X_6	4	5	4	6	6	1	1	1	4	4	1	1	0.150	1.848
X_7	4	5	4	6	5	1	1	2	5	5	2	2	0.183	2.323
X_8	3	4	3	5	5	1	1/2	1	5	5	2	2	0.150	1.926
X_9	1/2	2	1/2	3	3	1/4	1/5	1/5	1	1	1/4	1/4	0.038	0.466
X_{10}	1/2	2	1/2	3	3	1/4	1/5	1/5	1	1	1/4	1/4	0.038	0.466
X_{11}	4	5	4	6	6	1	1/2	1/2	4	4	1	1	0.134	1.682
X_{12}	4	5	4	6	6	1	1/2	1/2	4	4	1	1	0.134	1.682

由表 7-9 中结果，代入式（7-12）计算最大特征值，可得

$$\lambda_{\max}=\sum_{i=1}^{n}\frac{[\boldsymbol{AW}]_i}{nW_i}=12.63$$

代入式（7-11）计算 C.I. 得

$$\text{C.I.}=\frac{\lambda_{\max}-n}{n-1}=(12.63-12)/11=0.057$$

查表 $n=12$ 时，C.R. $=1.54$，计算得

$$\text{C.I./C.R.}=0.037<0.1$$

所以，专家评分所得结果的一致性可以被接受，求得的权重系数可以使用，即最终可得各评价指标的权重系数（表 7-10）。

表 7-10 陕北榆林地区各评价指标的权重

指标	指标值	指标权重
土地生态安全驱动指标		0.65
水资源指标	年降水量（X_1）	0.055
	降水变量（X_2）	0.029
热量资源指标	年均气温（X_3）	0.055
	极端高温（X_4）	0.018
	极端低温（X_5）	0.018
人口和土地资源指标	人均耕地（X_6）	0.150
建设强度指标	村落密度（X_7）	0.183
	道路密度（X_8）	0.150
土地生态安全表现指标		0.35

续表

指标	指标值	指标权重
综合经济发展水平指标	人均 GDP（X_9）	0.038
	农民人均收入（X_{10}）	0.038
工农业发展水平指标	人均工业产值（X_{11}）	0.134
	人均产值（X_{12}）	0.134

（五）评价结果

由于各指标的数据性质和数量级不同、量纲各异，而存在明显的差异，其原始值应该按一定方法转变为标准值，实现统一标准下指标的定量化表达，使其在参与多指标综合分析计算时，不至于因量纲不同而失去指标要素间的公平与合理性，即用标准值来衡量该指标因子对生态环境的影响程度。本章采用公式（7-13）对指标数据进行标准化处理，以消除各种指标数据的单位和数量级的影响。使样本数据压缩到［0，1］闭区间内。

$$x_{ij}=\frac{x'_{ij}-x'_{j\min}}{x'_{j\max}-x'_{j\min}} \tag{7-13}$$

式中，x_{ij} 评价指标第 j 个标准化值；x'_{ij} 评价指标第 i 个原始值；$x'_{j\max}$ 为评价指标最高阈值；$x'_{j\min}$ 为评价指标最低阈值。各个参评因子数据经标准化处理后，是一组反映其属性特征的数值，其标准化值都在［0，1］闭区间之内。

将评价单元各因子量化值与权重相乘并求和，获得该评价单元的综合评价指数值。即：

$$\mathrm{LSI}=\sum_{i=1}^{n}W_i\times C_i \tag{7-14}$$

式中，LSI 为生态安全综合指数；W_i 为 i 因子权重值：C_i 为 i 因子无量纲量化值。

利用公式（7-14）计算，得到榆林地区 12 个县的生态安全水平。具体结果见表 7-11。从计算结果来看，榆林地区 12 个县生态安全水平有一定程度上的差异。其生态安全水平从低到高分别为横山县→榆林市→府谷县→神木县→佳县→子洲县→定边县→绥德县→清涧县→米脂县→靖边县→吴堡县，基本上是东北部生态安全水平低，而西南部生态安全水平高。生态安全水平与人类活动、水土流失及其自然环境相关性较大，从结果可以看出，东北部相对西南部工矿开发等活动更强烈，土地沙化程度也较大，水土流失严重，充分体现在区域安全水平的降低。

表 7-11　榆林市各县生态安全水平

编号	县名	生态安全水平
1	横山县	0.287
2	榆林市	0.289
3	府谷县	0.295

续表

编号	县名	生态安全水平
4	神木县	0.32
5	佳县	0.343
6	子洲县	0.42
7	定边县	0.437
8	绥德县	0.457
9	米脂县	0.471
10	清涧县	0.471
11	靖边县	0.48
12	吴堡县	0.576

三、横山县土地生态安全评价

在榆林地区研究基础上，建立了横山县县域尺度上土地生态安全评价指标体系（图7-3），由于气候差异在县域尺度上差异不明显，所以舍弃了气候因子，选取了更多的驱动因子。仍然为土地生态安全驱动指标和表现指标。共包括14项指标值：X_1——人口密度，X_2——建设用地比例，X_3——耕地比例，X_4——平均坡度，X_5——平均高程，X_6——沟壑密度，X_7——地形起伏度，X_8——村落密度，X_9——道路密度，X_{10}——人均GDP，X_{11}——农民人均收入，X_{12}——人均工业产值，X_{13}——人均农牧业产值，X_{14}——人均产粮。

采用层次分析法确定各指标权重。把生态安全的评价指标可以分为A、B、C、D四层（图7-4），表7-12为14个指标之间相互重要性的比较结果。图7-5为各指标权重的比较。

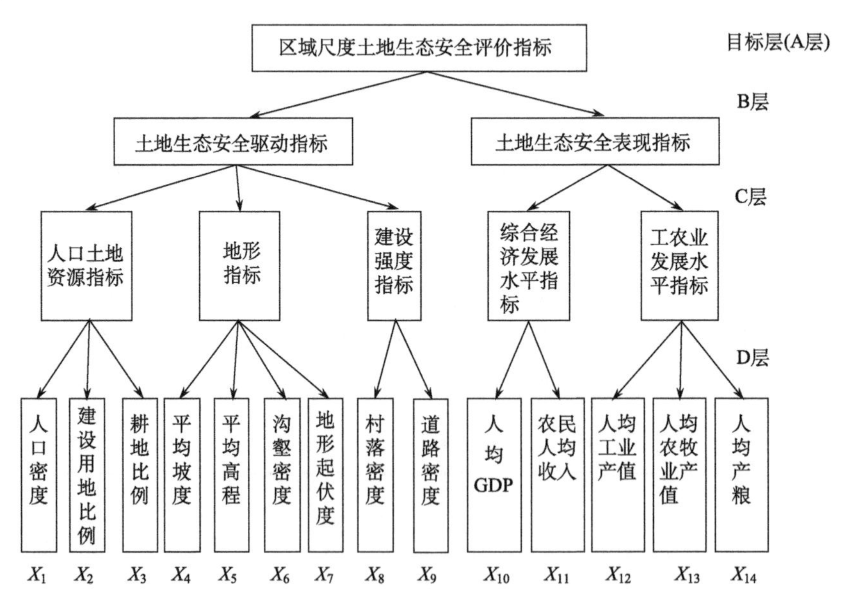

图7-4　县域尺度上土地生态安全评价指标体系和层次结构框图

表 7-12　指标之间的相对重要性比较

指标	X_1	X_2	X_3	X_4	X_5	X_6	X_7	X_8	X_9	X_{10}	X_{11}	X_{12}	X_{13}	X_{14}
X_1	1													
X_2	1/5	1												
X_3	1	3	1											
X_4	1	1/3	1/3	1										
X_5	1/3	1/3	1/3	1/5	1									
X_6	1/3	3	1	1/2	3	1								
X_7	1/5	1/5	1	3	1	1/5	1							
X_8	1	5	2	2	5	3	2	1						
X_9	2	7	3	5	7	5	3	1	1					
X_{10}	1/3	1	1/5	1/5	1	1	1	1/3	1/5	1				
X_{11}	3	1	5	3	7	5	3	1	1/2	1	1			
X_{12}	1	1	5	3	3	3	5	1	1/3	3	3	1		
X_{13}	3	3	1	3	5	3	5	2	1/3	1	3	1	1	
X_{14}	1/3	1	1/2	1	1/3	1	1/3	1/3	1/7	1/2	1	1/3	1	1

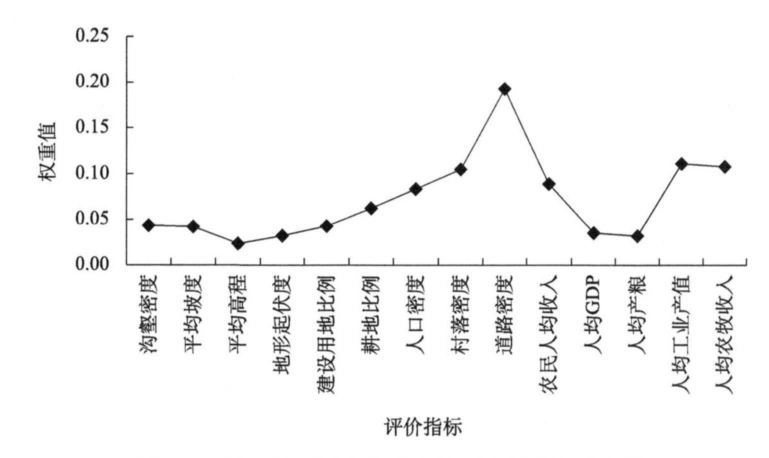

图 7-5　横山县不同生态安全因子之间的权重比较

从图 7-5 可以发现，道路密度和人均工业产值及其农民人均收入对于区域的生态安全影响最大，比较榆林地区的权重结果，可以发现，横山县生态安全因子的权重和榆林地区的基本相同。

将权重的计算结果代入式（7-12），可得

$$\lambda_{\max}=\sum_{i=1}^{n}\frac{[\boldsymbol{AW}]_i}{nW_i}=15.85$$

计算 C. I. 得

$$\text{C. I.}=\frac{\lambda_{\max}-n}{n-1}=(15.85-14)/13=0.143$$

查表 $n=14$ 时，C. R. $=1.58$，计算得

$$C.I./C.R.=0.091<0.1$$

所以，专家评分所得结果的一致性可以被接受，求得的权重系数可以使用，即最终可得各评价指标的权重系数。

通过以上分析，得到横山县土地生态安全的初步结果，参考榆林生态安全评价的方法，采取相对比值法，进行统一化比较，将原始值按一定方法转变为标准值，按照极值标准化的方法来转换数量级别。将横山县的社会经济等统计数据及其利用 GIS 获取的数据（平均坡度，平均高程，沟壑密度，地形起伏度，村落密度，道路密度）代入公式进行计算，得到横山县 18 个乡镇的生态安全水平，具体结果见表 7-13。

表 7-13　横山县各乡镇生态安全水平

编号	乡镇	生态安全水平
1	雷龙湾	0.325
2	白界乡	0.363
3	波罗镇	0.397
4	塔湾镇	0.399
5	双城乡	0.41
6	艾好茆乡	0.421
7	赵石畔乡	0.424
8	殿市镇	0.436
9	横山镇	0.46
10	南塔乡	0.464
11	高镇	0.465
12	石窑沟乡	0.47
13	韩岔乡	0.526
14	响水镇	0.547
15	魏家楼乡	0.579
16	武镇	0.647
17	石湾镇	0.736
18	党岔镇	0.778

从计算结果来看，横山县 18 个乡镇的生态安全水平有一定程度上的差异，可以看出，白界乡、波罗镇、雷龙湾、塔湾镇的生态安全水平最低，而除了武镇、党岔镇、石湾镇之外，其他的 11 个乡镇属于中等安全水平。生态安全的水平和各乡镇的实际情况也基本符合。总体上来看，也是基本上是北部、东北部生态安全水平低，而西南部生态安全水平高。结果也表明，生态安全水平在县域尺度上存在差异。

第六节　基于改进的农业生态区法的中国耕地粮食生产潜力评价

一、数据来源和处理

农业生态区（AEZ）方法的基本原理来源于 FAO 在 1976 年出版的《土地评价大

纲》。其实际是以土地资源目录为基础，针对一定的土地利用方式，评价一定农业生态条件下的土地生产潜力的一套应用模型。所需的主要数据包括气候、土壤、地形和土地利用等土地资源数据，以及作物的需求数据。土地资源数据均转换成标准的 1km 的栅格格式。

（一）气候资源

气候数据来源于国家气象局气候中心。原始数据为 1970～2000 年的 607 个国家级站点 7 个指标（平均温度、最高温、最低温、降水量、风速、相对湿度、日照百分比）的月平均数据。根据需要将逐月数据插值成逐日的数据。

（1）热量条件

1）计算每个格网每隔 5°的天数，作为作物热量适宜性评价的基础；

2）计算每个格网不同界线温度（0℃、5℃、10℃、15℃、20℃）的温度生长期和积温；

3）热量带的划分：根据＞10℃天数，＞10℃积温和一月份平均温度三个指标划分热带、亚热带、温带、亚寒带和寒带五个热量带，作为作物温度适宜性评价的基础。

（2）水分条件

水分条件可以通过水热生长期来表示。所谓水热生长期是指水分和热量均能满足作物生长需求的天数。通过水分平衡模型来计算。主要在以下三方面有所改进：温带和寒温带地区温度和湿度的相互作用；将月气候数据内插到日，逐日计算水分平衡状况；计算以 1km 的格网为单元。

（二）土壤资源

土壤数据来源于农业部和中国科学院南京土壤所合编的 1∶100 万电子版的土壤类型图。分类系统包括 12 个土纲、61 个土壤类、235 个亚类和 909 个土属。为便于与国家接轨并借鉴相关规则，我们建立了中国 909 个土属和 FAO’90 土壤分类的单元之间的关系，并编制相应的土壤单元的属性（分 0～30cm 和 30cm 以上两个层次），对应于每一个土壤单元的 16 个属性指标为有效土层厚度、内排水、外排水、有机碳、阳离子交换量、阳离子交换量黏粒度、盐基饱和度、盐基代换量、石膏、石灰、盐分、碱性、电导率、酸碱度、质地和土相。

（三）地　形

地形数据来源于 1∶100 万的 DEM 数据，提取出 1km 栅格的高程和坡度信息（分以下 7 级坡度：0～2％；2％～5％；5％～8％；8％～16％；16％～30％；30％～45％；＞45％）

（四）耕　　地

土地利用图采用 1∶50 万的 1996 年全国土地利用现状图，将 2000 年的耕地数据分配到 1km 的栅格单元上（分为旱地（望天田＋旱地）、水浇地和水田三个类别，菜地在后面单独考虑），作为现状耕地的粮食生产潜力评价的重要依据。

二、研 究 方 法

基于 AEZ 法的中国耕地生产潜力的评价主要由 5 个步骤组成（图 7-6）：①确定土地利用方式；②土地资源清查；③作物组分生物量和最大可能性产量计算；④作物组分的气候适宜性评价；⑤作物组分的土壤适宜性评价；⑥耕地生产潜力评价。分述如下：

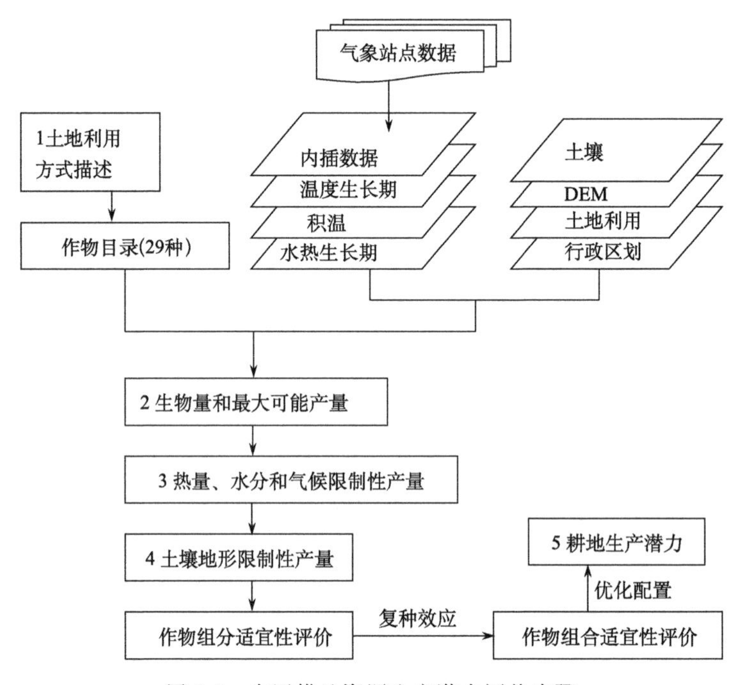

图 7-6　中国耕地资源生产潜力评价步骤

（一）耕地的利用方式

土地利用方式的描述是 AEZ 评价方法的基础。FAO 将“土地利用方式”定义为：“在给定的自然、社会、经济背景下，按一套经营管理的技术经济指标加以详细规定和描述的土地利用类型”。本研究选择当前的投入水平，即耕地生产潜力的各种评价是以当前的投入为基本前提的。

(1) 作物的选择

依据2000年农作物的播种面积，在一个种植区内选择播种面积大于5%的作物，作为评价对象，同时也兼顾虽然面积不大，但是较重要的作物。选择作为食物主要来源的谷类作物，包括水稻（粳稻、早稻、中稻、晚稻）、小麦（春小麦、冬小麦）、大麦（大麦、青稞）、玉米（春玉米、夏玉米和秋玉米）、高粱和谷子（春谷子、夏谷子）；块根类包括甘薯（春甘薯、夏甘薯、秋甘薯）、马铃薯；豆科类作物主要选择大豆（春大豆、夏大豆）；油料类包括油菜（春油菜、冬油菜）、花生（春花生、夏花生）、芝麻（春芝麻、夏芝麻）、向日葵和胡麻籽；糖料类包括甜菜和甘蔗；蔬菜单独考虑。

(2) 投入水平

投入水平对作物的影响较大。投入水平的设定对潜力的评价非常重要。从种植方式看，旱地占土地面积的56.33%，雨养耕地占土地面积的42.53%，菜地占土地面积的1.15%。农业劳动力的人均耕地为4.79亩，农机总动力为52 316.79万kW，化肥施用量为319.5kg/hm^2。

(3) 耕地种植制度

选择不同种植制度并确定作物组分的种类和组合，作为评价的基础。不同区域的种植制度有所不同。依据如下原则划分种植制度区：①农作制度，即耕地利用系统的特点及其相结合的组织、经营形式的相对一致性作为划分种植制度分区的主线；②水旱地比例和种植制度，包括作物种类、熟制、作物组合的相对一致性作为划分亚区的主线；③以县为基本分区单位，不打破县界。分为12个一级区和48个二级区。

（二）作物组分的最大生产潜力

本研究采用的由卡萨姆为FAO制定的农业生态区方法。这一方法是基于生态-生理原则。具体方法是以标准作物的生物量（biomass，干物质总量）为基础，然后依次进行温度订正、叶面积订正、净干物质订正和收获指数订正。这些订正过程都与具体的作物种类有关，并且分生育期进行。其基本的假设条件是：作物的其他生产条件（水、虫、病虫害等）没有任何限制，确定受气候（辐射和气温）支配的某种已经适宜的品种的最高产量（Ymp）。

（三）作物组分的气候适宜性评价

作物组分的气候适宜性评价就是把作物的气候要求与气候资源清查的气候特性相匹配的过程。在此评价过程中，将影响作物生长的气候要素分为热量条件、水分条件和水热条件未能充分考虑的其他限制性条件三个层次，逐级进行适宜性评价，然后将成果归纳成气候适宜性评价。

(1) 热量适宜性评价

温度和白天的长度在物候学上影响作物的发育结果。考虑到作物的光合作用和物候发展对热量和白天长度的需求，在评价中主要考虑作物的：①日照长度需求，比如短日照作物限制在低纬度的热带生长，而长日照作物在高温度的温带和寒带的生长也受到限制；②热量需求，编制了所选择的 29 个作物组分的热量需求目录，第一，足够满足光合作用和作物生长的需求，并考虑到每种作物物候发展的需求；第二，考虑不同气候带的需求，用作物的生育期落在不同的温度剖面区间来表示；③生长期间的热量需求，将作物的积温需求与格网的可提供的积温对比，根据适宜性的等级选择降级的百分比。

(2) 水分适宜性评价

水分适宜性评价是针对旱地作物而言的。水分限制性的产量（Y_a）由下式获得

$$1-Y_a/Y_p=\mathrm{ky}\times(1-\mathrm{Eta}/\mathrm{Etm}) \tag{7-15}$$

式中，Y_p 为潜在产量；ky 为敏感系数；Eta 为实际蒸散量；Etm 为需水量。

计算公式（7-15）的时候有两种不同的方式，一种是通过全生育期来计算，另一种是不同生育阶段计算然后加和。两种情况下的严重者决定作物可达产量 Y_a 值。各自减产的系数 f_0 和 f_1 分别由下面来定义：

$$f_0=1-\mathrm{ky}\times(T_{\mathrm{Eta}}/T_{\mathrm{Etm}}) \tag{7-16}$$

$$f_1=\mathrm{II}\,(1-\mathrm{ky}\times(1-T_{\mathrm{Eta}}/T_{\mathrm{Etm}}))\text{（3 或者 4 个生长期）} \tag{7-17}$$

这两个系数表达了作物产量对于水分的敏感性。产量反应系数来源于推算数据。

把公式（7-16）和（7-17）应用于潜在产量 Y_p，可以获得最终的作物可达产量：$Y_a=\min(f_0, f_1)\times Y_p$

(3) 气候限制性评价

气候限制性评价是指评价因素中没有考虑的、由于气候原因造成的病虫害等因素对作物生长发育和产量的影响。主要是通过定性和半定量的分析，按不同作物的不同生长期长度进行评价。考虑以下四个因素：①生长期内由于降水的年际变化造成的严重旱灾而导致的限制性；②害虫、疾病、除草剂等导致的产量或质量减少的因素；③主要通过影响作物产量品质和品质形成影响产品的数量和质量；④影响农场运作和生产成本有效性的气候要素。

气候限制性造成的产量减少是由四个要素的乘积获得。

(四) 作物组分的土壤适宜性评价

(1) 土壤单元的适宜性评价

根据对应于 FAO'90 分类体系的土壤单元建立 907 个土壤单元对应于 29 个作物组分的适宜性评价规则进行评价。表 7-14 为规则的一部分。数值为与一定产量下降百分比相对应的适宜性等级。

表 7-14　作物组分的土壤适宜性评价规则

	早稻	中稻	晚稻	春小麦	冬小麦	春大麦	冬大麦	青稞	春玉米	夏玉米	秋玉米	高粱	春谷子	夏谷子	春甘薯	夏甘薯	秋甘薯	马铃薯
砖红壤	2	2	2	2	3	3	3	3	2	2	2	2	3	3	3	3	3	4
麻砂质	2	2	2	2	3	3	3	3	2	3	2	2	2	2	3	3	3	4
暗泥质	2	2	2	2	3	3	3	3	2	2	2	2	2	2	3	3	3	4
硅泥质	2	2	2	2	3	3	3	3	2	2	2	2	2	2	3	3	3	4
泥质	1	2	2	3	3	3	3	3	2	2	1	2	2	2	3	3	3	4
灰泥质	2	2	2	3	3	3	3	3	2	2	2	2	2	2	3	3	3	4
紫泥沙质	2	2	2	2	2	2	2	2	1	1	1	1	2	2	2	2	2	3
红土质	2	2	2	3	3	3	3	3	2	2	2	2	2	2	3	3	3	3
涂泥质	1	1	1	2	2	2	2	2	1	1	1	1	4	4	4	4	4	4
黄色砖红壤	1	1	1	2	2	2	2	3	1	1	1	1	2	2	3	3	3	2
麻砂质	2	2	2	3	3	3	3	3	2	2	2	2	2	2	3	3	3	3
暗泥质	1	1	1	2	2	2	2	2	1	1	1	2	2	2	3	3	3	3
硅质	2	2	2	2	2	2	2	3	2	2	2	2	2	2	3	3	3	3
泥质	1	1	1	2	2	2	2	2	1	1	1	2	2	2	3	3	3	3
灰泥质	3	3	3	2	2	2	2	2	3	3	3	2	2	2	3	3	3	3
紫泥沙质	1	1	1	1	1	1	1	2	2	1	1	1	1	1	4	4	4	4
红土质	2	2	2	2	2	2	2	2	2	2	2	2	2	2	4	4	4	4

（2）土壤坡度评价

考虑到降雨量和分布对作物坡度适宜性的影响，通过建立不同的降水变率（F_m）指数，分旱地和灌溉地的作物适宜性评价规则进行评价。$F_m=12\sum P_i^2/P_{ann}$其中，P_i 为每月的降水量；P_{ann}为全年的降水量。当降水量在全年均匀分布时，F_m 等于全年的降水量；而当降水量集中于一个月的时候，F_m 为全年降水量的 4 倍。因此，把 F_m 划分为 6 个等级，制定不同规则。

（五）耕地资源的优化配置

在作物组分适宜性评价结果的基础上，按现状条件确定每一种植制度区的复种指数和粮经济比，采用线性规划方法，以种植制度区为单元，建立每一个种植制度区的作物优化配置条件。

1）目标函数，总产量最高。

2）决策变量，作物组分或作物组合的比例。

在计算作物组合的产量时考虑我国种植业多熟种植的特点。作物组分适宜性评价评价了单个作物的适宜性，但是并未考虑作物之间在时间上的相互联系和相互影响，因此，计算耕地的生产潜力必须考虑这一因素。通过作物组合复种效应的调整系数来考虑，包括轮作、间作和复种三种。

3）约束条件，主要考虑轮作和需求约束。

作物的需求主要参考农业部的“优势作物区划”的结论。

以上优化配置的结果是获得每一格网的单产，乘于2000年的耕地面积，便获得耕地的食物生产潜力。在计算耕地面积的时候需要根据种植制度排除非食物产品作物的用地面积。再通过干物质产量转化为产品产量的系数进行折算（表7-15）。

表7-15　中国耕地生产潜力评价结果　　（单位：万t）

地区	食用粮	油料	糖
北京市	104.96	9.29	
天津市	84.74	3.64	
河北省	3355.00	73.22	15.17
山西省	1259.94	34.29	31.05
内蒙古自治区	1233.30	98.66	140.30
辽宁省	1067.51	0.35	26.87
吉林省	1562.04	38.69	42.33
黑龙江省	3531.57	86.39	353.49
上海市	195.04	22.72	7.65
江苏省	3670.72	272.40	33.40
浙江省	1565.44	80.04	126.65
安徽省	3406.57	283.51	44.18
福建省	1101.73	22.70	106.61
江西省	1775.49	152.97	150.44
山东省	5375.35	184.49	0.13
河南省	4763.90	197.63	37.83
湖北省	3003.95	335.13	137.65
湖南省	3534.25	257.79	147.93
广东省	2097.68	75.14	1493.57
广西省	1926.35	119.58	3702.58
海南省	625.69	0.19	1062.22
重庆市	1511.02	103.17	12.36
四川	4659.67	160.96	230.52
贵州	1933.18	190.45	110.99
云南	1950.02	92.24	1887.33
西藏自治区	79.18	0.32	0.00
陕西省	1249.65	42.75	2.06
甘肃省	925.02	29.16	49.14
青海省	201.96	6.30	0.22
宁夏回族自治区	237.43	5.83	0.33
新疆维吾尔自治区	880.86	36.18	297.85
合计	58 984.3	3017.76	9744.46

三、结论与讨论

根据优化配置的成果，可获得全国耕地的生产潜力为食用粮 58 984.28 万 t，油料 3017.76 万 t，糖料 9744.46 万 t。值得指出的是，表 7-13 是优化配置的一种方案结果。改变不同的投入水平和配置条件，相应的潜力会有加大的差别。

(1) AEZ 是宏观尺度上土地生产潜力评价的有效方法

AEZ 其特点之一是将微观试验的模型成功地应用于宏观的分析，因此可以为宏观的土地管理问题提供科学的依据；特点之二是将气候、土壤和地形、管理等影响土地生产潜力的要素有效地综合起来评价土地的生产潜力，因此是宏观尺度上土地生产潜力评价的有效方法。

(2) 本项研究中的基础数据精度和一些参数都有待于进一步的改进

基础数据的精度、数据处理的方法都与评价精度有关，比如气候数据，实际上，水热生长期长度和类型是作物适宜性评价的重要指标。根据 IIASA 的研究结果表明，由于不同年份的气候状况具有一定的变异性，多年平均的气候数据往往掩盖了真实的水热生长期状况，进而影响评价的精度。本研究中气候采用 1970～2000 年的 30 年平均数据，没有用时间序列数据，对评价结果有一定的影响；此外，作为全国耕地生产潜力的评价工作，所选择的作物既要突出重点，又要重视作物品种的覆盖面。一些非主导作物，如芝麻、胡麻籽等其作物系数、产量反应系数、干物质生产率等参数比较难获取。FAO 积累了诸多作物生态需求数据库，但对于中国的情况很少有适应性。

(3) 耕地退化以及灌溉对耕地生产潜力的影响在本项研究中未作考虑

自然条件的演化以及过牧、过垦等不适宜的土地利用方式导致了耕地不断退化，并对食物的生产能力产生重要影响，是评价食物生产潜力中不可忽略的因素。此外，目前我国每年的灌溉水量为 4000 亿 m^3 左右，缺水达 300 万 m^3，尤其广大的西部地区尤为如此，对耕地的生产潜力具有重要影响。

考虑到上述的方面，本研究的结果尚有待于进一步的验证和深入。

参 考 文 献

蔡晓明. 2000. 生态系统生态学. 北京：科学出版社.

曹新向，郭志永，雒海潮. 2004. 区域土地资源持续利用的生态安全研究. 水土保持学报，8 (2)：192-195.

陈百明. 1991. 中国土地资源生产能力及人口承载量研究方法论概述. 自然资源学报，6 (3)：197-205

陈百明. 1992.《中国土地资源生产能力及人口承载量研究》项目概述//石玉林. 中国土地资源的人口承载能力研究. 北京：中国科学技术出版社.

陈浩，周金星，陆中臣，等. 2003. 荒漠化地区生态安全评价——以首都圈怀来县为例. 水土保持学报，17 (1)：58-62

陈菁，吴端旺. 2010. 快速城市化中海峡西岸的生态安全评价. 生态学杂志，29 (12)：2491-2497.

邓爱珍，陈美球，林建平. 2006. 鄱阳湖区土地生态安全评价. 江西农业大学学报，28（5）：787-792
范荣亮，苏维词，张志娟. 2006. 生态系统健康影响因子及评价方法初探. 水土保持研究，13（6）：82-86
方创琳，张小雷. 2001. 干旱区生态重建与经济可持续发展研究进展. 生态学报，21（7）：1163-1170.
封志明. 1994. 土地承载力研究的过去、现在与未来. 中国土地科学，8（3）：1-9
付伟章，曲衍波，齐伟，等. 2006. 东部小城镇土地生态安全评价方法及应用——以山东省大汶口镇为例. 农业现代化研究，27（3）：202-205.
傅伯杰，刘世梁，马克明. 2001. 生态系统综合评价的内容与方法. 生态学报，21（11）：1885-1892.
傅伯杰，周国逸，白永飞，等. 2009. 中国主要陆地生态系统服务功能与生态安全. 地球科学进展，24（6）：571-576.
傅伯杰. 2013. 生态系统服务与生态安全，北京：高等教育出版社.
高桂芹，韩美. 2005. 区域土地资源生态安全评价——以山东省枣庄市中区为例. 水土保持研究，12（5）：271-273.
官冬杰，苏维词. 2006a. 城市生态系统健康及其评价指标体系研究. 水土保持研究，13（5）：70-73.
官冬杰，苏维词. 2006b. 城市生态系统健康评价方法及其应用研究，环境科学学报，26（10）：1716-1723.
郭秀锐，毛显强. 2000. 中国土地承载力计算方法研究综述. 地理科学进展. 15（6）：705-711
郭颖杰，张树深，陈郁. 2002. 生态系统健康评价研究进展. 城市环境与城市生态，15（5），11-13.
郝晓辉. 1995. ECCO 模型：持续发展的全新定量分析方法. 中国人口·资源与环境，5（1）：43-46.
黄和平，杨劼，毕军. 2006. 生态系统健康研究综述与展望. 环境污染与防治，28（10）：768-771
孔红梅，赵景柱，姬兰柱，等. 2002. 生态系统健康评价方法初探. 应用生态学报，13（4）：486-490
梁留科，张运生，方明. 2005. 我国土地生态安全理论研究初探. 云南农业大学学报，20（6）：829-834.
刘红，田萍萍，张兴卫. 2006b. 我国生态安全研究述评. 国土与自然资源研究，1：57-59.
刘红，王慧，张兴卫. 2006a. 生态安全评价研究述评. 生态学杂志，25（1）：74-78.
刘雪，刁承泰，黄娟，等. 2006. 区域土地资源安全评价初探——以重庆市为例. 水土保持通报，26（5）：57-61.
刘永兵，王衍臻，李海龙，等. 2006. 松嫩草原西部土地利用与生态风险评价——以杜蒙县为例. 水土保持学报，20（5）：150-154.
刘勇，刘友兆，徐萍. 2004. 区域土地资源生态安全评价——以浙江嘉兴市为例. 资源科学，26（3）：69～76.
马金珠，高前兆. 2003. 干旱区地下水脆弱性特征及评价方法探讨. 干旱区地理，1：44-49
马克明，傅伯杰，黎晓亚，等. 2004. 区域生态安全格局：概念与理论基础. 生态学报，24（4）：761-768.
马克明，孔红梅，关文彬，等. 2001. 生态系统健康评价：方法与方向. 生态学报，21（12）：2106-2116.
毛汉英，余丹林. 2001. 区域承载力定量研究方法探讨. 地球科学进展，16（4）：549-555
欧阳毅，桂发亮. 2000. 浅议生态系统健康诊断数学模型的建立. 水土保持研究，7（3）：194-197.
曲格平. 2002. 关注生态安全之二：影响中国生态安全的若干问题，环境保护，7：3-6.
曲衍波，齐伟，束宏，等. 2006. 小城镇土地生态安全评价方法及应用——以山东省汶南镇为例. 安徽农业科学，34（5）：998-1000.
曲跃光. 1988. 中国干旱半干旱地区自然资源研究——我国西北干旱地区水资源的保护和合理利用. 北京：科学出版社.
任海，邬建国，彭少麟. 2000. 生态系统健康的评估. 热带地理，20（4）：310-316.
桑燕鸿，陈新庚，吴仁海，等. 2006. 城市生态系统健康综合评价. 应用生态学报，17（7）：1280-1285.

石玉林. 资源的人口承载能力研究. 北京：中国科学技术出版社
孙鸿烈，郑度，姚檀栋，等. 2012. 青藏高原国家生态安全屏障保护与建设. 地理学报，67（1）：3-12
汤洁，朱云峰. 李昭阳，等. 2006. 东北农牧交错带土地生态环境安全指标体系的建立与综合评价——以镇赉县为例. 干旱区资源与环境，20（1）：119-124.
万忠成，王治江，董丽新，等. 2006. 辽宁省生态系统敏感性评价. 生态学杂志，25（6）：677-681.
王根绪，刘进其，陈玲. 2006. 黑河流域典型区土地利用格局变化及影响比较. 地理学报，61（4）：339-348.
王根绪，程国栋，钱鞠. 2003. 生态安全评价研究中的若干问题. 应用生态学报，14（9）：1551-1556.
王宏昌，魏晶，姜萍，等. 2006. 辽西大凌河流域生态安全评价. 应用生态学报，17（12）：2426-2430.
王惠勇，曲衍波，郑晓梅，等. 2007. 主成分分析法在城镇土地生态安全评价中的应用——以山东省临沂市为例. 安徽农业科学，35（15）：4614-4617.
王让会，樊自立. 1998. 塔里木河流域生态脆弱性评价研究. 干旱环境监测，4：21-223.
王志强，于磊，张柏，等. 2006a. 吉林省西部土地利用变化及其农业生态安全响应. 资源科学，28（4）：58-64.
王志强，张柏，于磊，等. 2006b. 吉林西部土地利用/覆被变化与湿地生态安全响应. 干旱区研究，23（3）：419-426.
威廉·福格特. 1981. 生存之路. 张子美译. 北京：商务印书馆.
吴次芳，徐保根. 2003. 土地生态学，北京：中国大地出版社.
肖笃宁，陈文波，郭福良. 2002. 论生态安全的基本概念和研究内容. 应用生态学报，13（3）：354-358.
肖风劲，欧阳华. 2002. 生态系统健康及其评价指标和方法. 自然资源学报，17（2）：203-209.
许申来，李王锋，陈振华，等. 2011. 基于生态安全的北京房山山区多目标生态修复与重建. 中国土地科学，25（10）：82-88.
许月卿，崔丽. 2007. 小城镇土地生态安全评价研究——以贵州省猫跳河流域为例水土保持研究，14（5）：312-318.
杨华珂，许振文，张林波. 2002. 生态系统健康概念辨析. 长春师范学院学报年报，21（1）：64-67.
杨育武，汤洁，麻素挺. 2002. 脆弱生态环境指标库的建立及其定量评价. 环境科学研究，4，46-49.
俞孔坚，李海龙，李迪华，等. 2009. 国土尺度生态安全格局. 生态学报，29（10）：5163-5175.
喻锋，李晓兵，陈云浩，等. 2006. 皇甫川流域土地利用变化与土壤侵蚀评价. 生态学报，26（6）：1947-1956.
袁兴中，刘江. 2001. 生态系统评价——概念构架与指标选择. 应用生态学报，12（4）：627-629.
原华荣，周仲高，黄洪琳. 2007. 土地承载力的规定和人口与环境的间断平衡. 浙江大学学报（人文社会科学版），37（5）：114-123.
曾德慧，姜凤岐，范志平，等. 1999. 生态系统健康与人类可持续发展. 应用生态学报，10（6）：751-756.
张虹波，刘黎明. 2006a. 土地资源生态安全研究进展与展望. 地理科学进展，25（5）：77-85.
张建新，邢旭东，刘小娥. 2002. 湖南土地资源可持续利用的生态安全评价. 湖南地质，21（2）：119-121.
张金萍，张静，孙素艳. 2006. 灰色关联分析在绿洲生态稳定性评价中的应用. 资源科学，28（4）：195-200.
张晶，王德岱. 2007. 浅论土地承载力研究方法. 山东省农业管理干部学院学报，（1）：157-158
张青青，徐海量，樊自立，等. 2012. 基于玛纳斯河流域生态问题的生态安全评价. 干旱区地理，35（3）：479-486.
张燕，吴玉鸣. 2006. 西南岩溶区生态安全评价研究——以广西为例. 中国人口，16（4）：128-132.
张志诚，牛海山，欧阳华. 2005. "生态系统健康" 内涵探讨. 资源科学，27（1）：136-145.

赵跃龙，张玲娟. 1998. 脆弱生态环境定量评价方法的研究. 地理科学进展，1：67-72.
赵跃龙. 1999. 中国脆弱生态环境类型分布及其综合整治. 北京：中国环境科学出版社.
郑振源，谢俊奇. 1992. 我国土地的人口承载潜力研究中的几个方法问题. 中国土地：29
郑振源. 1996. 中国土地的人口承载潜力研究. 中国土地科学，10（5）：33-38
朱运海，张百平，曹银璇，等. 2006. 基于动态因子的区域生态安全评价——以河北省万全县为例. 地理科学进展，25（4）：34-41.
左伟，王桥，王文杰，等. 2002. 区域生态安全评价指标与标准研究. 地理学与国土研究，18（1）：67-71.
左伟，周慧珍，王桥，等. 2004. 区域生态安全综合评价与制图——以重庆市忠县为例. 土壤学报，41（2）：203-209.
左伟，周慧珍，王桥. 2003. 区域生态安全评价指标体系选取的概念框架研究. 土壤，1：2-7.
Anon W . 1994. Canada to spend $ 150 million on Great Lakes program. Water Environment and Technology，6（7）：28.
Bertaho P. 2001. Assessing landscape health：A case study from northeastern Italy. Environmental Management，27（3）：349～365.
Costanza R. 1992. Toward an operational definition of ecosystem health//Costanza R，Norton B G，Haskell B D，eds. Ecosystem Health：New Goals for Environmental Management. Washington D C：Island Press：239-256.
Costnaza R，Magcau M. 1999. What is a health ecosystem? Aquat Ecol，33（1）：105-115.
Costnaza R，Arge R，Groot R，et al. 1997. The value of the world' s ecosystem services and natural capital. Nature，386：253-260.
CRAEM（Commission on Risk Assessment and Risk Management）. 1997. Risk Assessment and Risk Management in Regulatory Decision-Making. Washington D C.
Glenn W，Suter II，Theo Vermeire，et al. 2005. An integrated framework for health and ecological risk assessment. Toxicology and Applied Pharmacology，207：611-616.
Hillel S Koren，Douglas Crawford-Brown. 2004. A framework for the integration of ecosystem and human health in public policy：two case studies with infectious agents. Environmental Research，95：92-105.
Leopold A. 1941. Wilderness as a land laboratory. Living Wilderness，6：3.
Leopold J C. 1997. Getting a handle on ecosystem health. Science，276：887.
Liu X F，Sven Erik Jørgensen，Taos. 1999. Ecological indicators for assessing freshwater ecosystem health. Ecological Modelling，116：77-106.
Mageau M T，Costanza R，Ulanowicz R E. 1995. The development and initial testing of a quantitative assessment of ecosystem health. Ecosystem Health，1：201-213.
Magni P. 2003. Biological benthic tools as indicators of coastal marine，ecosystems health. Chemistry and Ecology，19（5）：363-372.
McGrath D. 1995. Organic micropollutant and trace element pollu-tion of Irish soils. Sci. Total Environ，164：125-133.
MIllington R，Gifford R. 1973. Energy and How We live. Australian UNESCO Seminar，Committee for Man and Biosphere.
National Research Council. 1983. Risk Assessment in the Federal Government：Managing the Process. Washington D C：National Academy Press.
Park R F，Burgess E W. 1921. Introduction to the Science of Society. Chiogo：University of Chiogo Press.

Patricia A, Cirone P, Bruce Duncan. 2000. Integrating human health and ecological concerns in risk assessments. Journal of Hazardous Materials, 78: 1-17.

Rapport D J, Costanza R, Epstein P, et al. 1998a. Ecosystem health. Oxford: Blackwell Science.

Rapport D J, Costanza R, McMichael A J. 1998b. Assessing ecosystem health. Trend in Ecology&Evolution, 13: 397-402.

Rapport D J, Regier H A, Hutchinson T C. 1985. Ecosystem behavior under stress. Am. Nature, 125: 617-640.

Rapport D J, Thorpe C, Regier H A. 1979. Ecosystem medicine. Bulletin of Ecological Society of America, 60: 180-182.

Rapport D J. 1989. What constitutes ecosystem health? Perspectives in Biology and Medicine, 33: 120-132.

Rees H L, Sneddon J, Boyd S E. 2005. Benthic Indicators: Criteria for Evaluating Scientific and Management Effectiveness//Magni P, Hyland J, Manzella G (eds). Indicators of stress in the marine benthos. Pairs. UNESCO and IMC, 44.

Schaeffer D J, Henricks E E, Kerster H W. 1988. Ecosystem Health: 1. Measuring ecosystem health. Environ. Man, 12: 445-455.

Schaeffer D J, Perry J, Kerster H W, et al. 1985. The environmental audit. I. Concepts. Environ. Manage, 9: 191-198.

Serhat Albayrak, Husamettin Balkis, Argyro Zenetos, et al. 2006. Ecological quality status of coastal benthic ecosystems in the Sea of Marmara, Marine Pollution Bulletin (in press).

SLEESER M. 1990. Enhancement of Carrying Capacity Option ECCO. The Resource Use Institute, 86-99.

Suter G WII. 1993. Critique of ecosystem health concepts and indexes. Environmental Toxicology and Chemistry, 12 (9): 1533-1539.

Suter II G W, Vermier T, Munns Jr, et al. 2003. Framework for the integration of health and ecological risk assessment. Hum. Ecol. Risk Assess, 9: 281-302.

U. S. EPA. 1992. Framework for ecological risk assessment. Washington D C: Risk Assessment Forum.

U. S. EPA. 1997. Community-Based Environmental Protection: A Resource Book for Protecting Ecosystems and Communities. EPA 230-B-96-003.

U. S. EPA. 1998. Guidelines for Ecological Risk Assessment. Washington D C. Risk Assessment Forum.

Villa F, Maleod H. 2002. Environmental vulnerability indicators for environmental planning and decision-making, guidelines and applications. Environment Management, 29 (3): 335-348.

WHO. 2001. Report on Integrated Risk Assessment. World Health Organization, Geneva, Switzerland.

Wicklum D, Davies R W. 1995. Ecosystem health and integrity? Canadian Journal of Botany, 73 (7): 997-1000.

William Alan. 1965. The Africa Husbandman. Edinburg: Oliver and Boyd.

第八章　土地生态规划与设计

目前，由于生态学、景观生态学和GIS技术等相关理论与方法的兴起，促进了土地生态规划和设计的产生与发展。中外许多学者对土地生态规划与设计均有相关的论述，学者普遍认为要使土地内部的社会活动与土地的生态特征在时空上达到协调有序的发展需要依靠土地生态规划与设计（刘彦随，1999；景贵和，1986）。土地生态规划和设计是两个既相互联系又存在一定区别的概念。从土地规划的性质来看，通常所说的土地生态规划属于总体规划，体现了土地总体规划的宏观性；而土地生态设计更注重详细的设计与部署，属于详细规划，是在土地生态规划的指导下进行的，在土地设计的过程中实现土地总体规划的延伸和继续，这样便进一步增强了土地总体规划和专项规划的可操作性，是由规划向实施过渡的主要环节。由于土地生态设计是从细节出发，研究范围比较小，体现了土地详细规划的微观性。土地生态规划与土地生态设计是有一定联系的，从实施的进程来看，一般是从土地生态规划逐步过渡到土地生态设计；从实施的时间来看，土地生态规划长期的控制期内包含了中（短）期的土地生态设计。因此，土地生态规划和土地生态设计是相辅相成的，两大体系构成了土地生态学的重要内容（杨子生，2002）。

第一节　土地生态规划

一、土地生态规划的概念

一般说来，生态规划是指按照生态学的原理，对某一地区的社会、经济、技术和生态环境进行全面的综合规划，以便充分有效和科学地利用各种资源条件，促进生态系统的良性循环，使社会经济持续稳定地发展。针对土地生态规划，众多学者提出了各自的观点。早在20世纪60年代，地域生态规划的创始人、美国宾夕法尼亚大学环境规划学系主任Mcharg教授在《自然界的设计》（*Design with Nature*）一书中就指出："生态规划法是在认为有利于利用全部或多数因子的集合、并在没有任何有害的情况或多数无害的条件下，对土地的某种可能用途，确定其最适宜的地区，符合这种标准的地区便认为本身适宜于所考虑的土地利用"（吴次芳和徐根保，2002）。吴次芳和徐根保（2002）认为土地生态规划是按照土地资源可持续利用的要求，以协调人—自然—土地三者的关系为核心，实现一定区域内土地生态系统开发、利用、整治和保护的时间安排和空间部署。刘馨（2006）认为土地生态规划总是在一定的区域范围内进行的，更多研究的是一定区域内土地生态系统长期运行发展的战略部署。刘天齐（1990）和杨子生（2002）认为土地生态规划就是一个符合生态学要求的土地利用规划。日本一些学者亦认为土地生态规划的概念是指生态学的土地利用规划（李博，2000）。这些概念基本上都与土地利用规划衔接的比较紧，但欧阳志云、王如松等从可持续发展的角度，结合生态经济学的原理，突出土地生态效益，加强对土地适宜性的评价、用地功能区的划分、各种生态关系的模拟与设计，探讨改善系统结构与功能的生态建设对策，促进人与环境关系持续协调发展的一种规划方法（欧阳志云和王如松，1995）。

正确理解土地生态规划的概念必须明确以下几点（吴次芳和徐根保，2002）。

1）土地生态规划总是在一定的区域范围内进行的。所谓区域，是指一定地区的范围，即一定范围的土地或空间的扩展，也就是组成地域某一整体的一部分的意思。区域的划分可以由一个或几个属性来决定。如按地貌划分可以把各地划分为高原地区、丘陵地区、平原地区、盆地地区、三角洲地区等；按经济联系划分可以把全国划分为若干个经济区等。区域是一个相对的概念。从世界范围来看，中国就是一个区域；从中国来看，中国就是一个整体，各省、市就是一个区域；从省、市来看，各省、市是一个整体，各县就是一个区域；从县来看，各县域本身是一个整体，它可划分为几个范围更小的区域。由于土地生态规划总是在一定区域内进行的，因此，不同区域土地生态规划内涵和特点都应该是不相同的。

2）土地生态规划的对象是土地生态系统，更多研究的是一定区域内的土地生态系统长期运行发展的战略部署。当然，同时也要考虑土地的经济属性（包括技术、经济、社会等因子）。在设计土地生态规划方案时，一定要考虑土地生态系统的适宜性，并遵循土地生态系统自身的运行规律。

3）土地生态规划的主要目的是有效地开发、利用、保护以土地资源为中心的生物圈资源（包括森林资源、牧草资源、水资源、动物资源等），合理地配置社会生产力，以便取得最佳的生态经济效益。人类劳动具有鲜明的社会性，社会劳动随着生产力地不断发展必然伴随着社会劳动分工。社会劳动分工有两种表现形式：部门分工和地域分工。部门分工和地域分工密不可分；部门分工和一定的地域相联系，地域分工要通过部门的差异来表现。土地生态规划的最根本目的就是要实现一定地域与一定部门的最佳结合，实现一定区域土地生态系统的最佳开发利用，以便持久供给国民经济各部门持续、稳定、协调发展所需的资源和能源等。

4）土地生态规划必须以土地生态区划为基础。土地生态规划与土地生态区划有着密切的联系，主要表现如下：①土地生态区划是土地生态规划的基础和前期工作。土地生态区划可提供该土地生态区自然资源和社会经济条件的评价论证资料和准确的数据，提供该区划土地利用的方向、方式和基本结构，提供以土地资源为中心的生物圈资源开发利用的方案和建议。有了这个科学基础，才能制订出切实可行的土地生态规划。②土地生态规划是土地生态区划的深入。土地生态区划规定了各个土地生态区的土地利用方向和结构，但如何利用、布局，则要结合地区国民经济与社会发展规划，通过土地生态规划才能进一步落实和具体化。如果没有恰当的土地生态区划，土地生态规划将无所适从；而不进行土地生态规划，土地生态区划所确定的土地利用方向和结构就难以实现。因此，必须在区域土地生态区划的基础上；以区划提供的成果为依据，围绕该区域国民经济与社会发展规划提出的战略目标，制订区域土地生态规划。

总的来看，土地生态规划是依据生态学的一般原理，研究土地生态系统的功能，实现研究区土地生态适宜性及土地生产潜力的评价，并根据研究制定符合生态学要求的土地利用规划，从而实现区域生态系统结构与功能的协调发展。

二、土地生态规划产生与发展

国外土地生态规划的思想可以追溯到19世纪后期。美国地理学家Marsh、地质学家Powell、苏格兰植物学家与规划学家Geddes、野生生物学家和森林学家Leoplod等可谓是土地生态规划的先驱思想家，在理论、方法上不同程度地论及土地生态规划问题。之后，土地生态规划的实践逐渐开展起来。其中最有影响的是美国宾夕法尼亚大学Mcharg教授的《自然界的设计》(*Design with Nature*)(1969)一书及其规划实践。Mcharg在该书中建立了土地利用生态规划的框架，并通过案例研究，对土地生态规划的工作流程及应用方法进行了较全面的探索。Mcharg提出的这一规划设计模式突出了各项土地利用的生态适宜性和自然资源的固有属性，强调人与自然的伙伴关系。该规划设计模式在世界上的影响较广，成为后来多数土地生态规划工作所遵循的基本思路。日本于1971年引进了美国的这种地域生态规划，在东京成立了设计事务所，将地域生态规划应用于日本（陈涛，1991)。应指出，国外有关土地生态规划的代名词很多，如生态系统的土地规划、区域景观规划、自然规划、人类生态规划等，其基本特点是集中于土地利用的空间配置和自然资源的保护。以荷兰的Zonneveld和德国的Haber为代表的西欧国家主要是应用生态学思想进行区域土地评价、利用规划以及自然保护区和国家公园的规划，已成为较有特色和影响的土地生态规划流派，其规划思想先进，方法亦切实可用，成效突出。Fabos(1981)运用生态学原则和区域生态模型，通过生态适宜性土地利用规划，提出大都市区域生态土地利用优化的方案Naveh和Lieberman(1984)在地中海区域的环境保护管理研究工作等均为区域土地生态规划设计的典型案例。此外，澳大利亚联邦科学与工业研究组织(CSIRO)对南海岸带的土地利用规划研究也是土地生态规划的典型（徐化成，1996)。

我国古代地理学著作《禹贡》、《管子·地员篇》等已不同程度地涉及了土地利用区划、土地生态适宜性等现代土地生态规划的思想（杨子生，1994；林超，1993)；商、周时期出现的“井田制”可以说是我国早期土地利用规划的雏形。这些表明我国土地生态规划设计的历史十分悠久。1949年以后，中国科学院云南热带生物资源综合考察队等在亚热带地区开展的橡胶树宜林地选择和开发利用评价及具体规划设计；农垦部荒地勘测设计院、中科院综考会等开展的黑龙江、新疆、甘肃等省、自治区荒地资源调查评价和开发利用规划等均具有专项规划的性质。1978年以来，我国掀起了土地类型、土地资源、土地利用研究的热潮，使土地科学进入了重要发展时期。这一时期涌现了大量的土地生态规划设计研究成果，这方面的最早文献可能是景贵和(1986)发表的《土地生态评价与土地生态设计》一文。之后，刘胤汉在陕西省、杨桂华在金沙江下游河谷区、赵成义在玛纳斯河流域、刘黎明等在黄土高原米脂县泉家沟流域分别在土地类型、土地评价基础上进行土地生态规划；王仰麟(1990)对土地系统生态设计问题进行了探讨，包括土地生态功能类型、土地系统生态设计模式及其建立的基本原则，并提出了陕西府谷县的土地系统生态设计模式；武吉华等(1980)探讨了土地生态规划的一些理论和方法问题，并进行了宁夏固原县的土地生态规划实践，其中不少观点很有意义和价值；秦其明(1991)在土地生态位研究基础上，从具体的土地生态单元出发进行晋西与晋西北地区的土地生态规划；张爱国等（1999）把土地生态设计的分室方法应用于晋西北风沙区，将晋西北各类土地划入生产型、保护型、消费型、调和型4种生态功能类（分室）中，并从土地荒漠化防治的角度出发，将本区划分为土地利用方向和土地生态建设重点有所差别的4个生态经济区。王万茂和李志国（2000）探讨了耕地生态保护的基本概念、原则、内容、程序和方法问题，这可谓是土地生态规划中的重要专项规划研究。应指出，进入20世纪80年代后，随着景观生态学理论传入我国，部分地学专家、学者转向景观生态学研究，相应地，景观生态规划与设计研究成果不断出现，但无疑许多景观生态规划与设计或景观生态建设成果在很大程度上仍属土地生态规划设计的性质，如景贵和（1991）在东北地区某些土地的景观生态建设实际上就是应用景观生态学思想对某些荒芜土地和沙化土地进行土地生态设计与土地生态建设研究。

通过上述10多年的研究，我国土地生态规划领域逐步得到发展。同时，近几年来全国各级土地利用总体规划工作的广泛展开，一方面推进了土地生态规划的发展；另一方面又向土地生态规划设计领域提出了更高的要求和挑战。总的来看，当前开展的各级土地利用总体规划特别强调保持耕地总量动态平衡，虽然也在一定程度上考虑了生态学要求（如陡坡地退耕），但无疑还远远不够，尚未达到土地生态规划与设计的原则要求（杨子生，2001）。我国水土流失、水旱灾害、北方沙尘暴等重大土地生态问题的日益严重化，迫切要求我们深入开展土地生态规划与设计理论、方法及应用研究，用土地生态学原理指导土地资源的合理开发和可持续利用，为实现可持续发展战略服务。鉴于此，本章拟对土地生态规划与设计的基本概念、本质特征、研究内容、基本原则作初步分析和探究，并对国外土地生态规划与设计的一些方法作一介绍，进而对我国今后土地生态规划与设计研究领域提出一些重点方向，期望能够引起同行专家学者的关注和深入讨论，以加快土地生态学的发展和建设（杨子生，2002）。

三、土地生态规划的原则

土地是一个非常复杂的生态系统，同时又是景观的组成要素（刘海斌和吴发启，2007）。土地生态规划是以土地利用方式为中心，以土地生态条件、土地适宜性评价和土地生态功能分析为基础，结合当地经济社会发展规划及各部门发展要求，对土地利用结构和空间配置进行合理的安排和布局。因此，土地生态规划不仅要考虑土地的生态特征，而且还要考虑景观生态学、生态学、经济学以及系统工程理论等原则，主要包括以下七个原则。

（一）共生协调原则

土地利用的可持续性可认为是人与土地利用关系的协调性在时间上的扩张，这种协调性应建立在满足人类的基本需要和维持土地生态整合性之上。人类是自然界的组成部分，在其能动改造客观世界的过程中，只有学会与自然生态系统协调共生，才能健康持续发展。否则，就会导致土地资源破坏、生产能力降低，生态环境不适合人类生存（刘海斌，2007）。土地利用空间格局配置必须以相互协调为原则，尽量按最佳生态位，合理安排土地利用类型，增强土地及其与生物环境之间信息交流、物质循环和能量流动。

（二）自然优先原则

保护自然资源、维护自然过程是利用自然和改造自然的前提，同时也是土地可持续利用的基础。在土地利用类型中包含了原始资源保留地、历史文化遗迹、森林、湖泊以及面积较大的土地利用斑块等，这些对保持区域基本的生态过程和生命维持系统及保持生物多样性具有重要意义，因此在生态规划中应优先考虑（傅伯杰等，2002）。

（三）整体优化原则

整体优化就是要实现土地生态规划结果的生态效益、经济效益和社会效益相统一，达到整体优化的目的。从根本上讲，生态、经济、社会三大效益是一致的、同向的，但在一定条件下也有矛盾，会发生异向。因此，在土地生态规划中，必须正确地运用生态经济规律和生态经济理论，去分析和处理土地开发利用中生态效益、经济效益和社会效益的辩证统一关系，做到三大效益兼顾、协调和统一（包志毅和陈波，2004）。土地生态系统兼有自然与社会经济双重属性，在土地生态规划中，必须充分考虑土地的自然属性，同时也要考虑其提供人们生存和发展所需物质资源的功能。只有对土地进行生态保护的前提下，才能从土地上获取满意的经济效益。如果追求的经济效益超过土地的生态阈值，则土地经济效益也难于发挥。同时在土地生态规划时要对整个生态系统进行全面规划，实现多目标设计，为人类需要，也为动植物需要设计；为高产值设计，也为环境美设计（王丽荣等，2001）。

（四）景观个性原则

不同的景观具有不同的结构和功能（王丽荣等，2001）。在进行土地生态规划时，应该考虑景观的个性。不同地区的景观有不同的结构、格局和生态过程，同时也表现出了不同的功能，如为实现农业布局调整、耕地保护及工矿区的生态重建等，在收集资料时应该有针对性，所选取的指标要体现当地景观的特征，建立不同的评价及规划方法，达到地域分异的要求（傅伯杰等，2002；王丽荣等，2001）。

（五）多样性原则

土地生态多样性（或景观多样性）实际上是指区域土地利用格局中土地生态子系统（或土地生态类型）的多样性，其与区域土地（或景观）生态系统中各生态子系统的复杂性有很强的一致性。景观生态学中一般用多样性指数、均匀性指数、优势度指数、蔓延度指数等指标来表达土地生态多样性，土地生态学中进行土地生态多样性研究时同样也可以引用类似指标。一定区域内土地生态系统往往是多种多样的子系统成斑块状镶嵌在一起，构成土地利用空间格局，这样的配置方式可增强土地生态系统抗干扰的能力，因此只有保持土地生态系统的多样性才能实现土地生态系统能稳定、健康、和谐、持续地发展（刘海斌和吴启发，2007；王丽荣等，2001；傅伯杰等，2002）。

（六）因地制宜原则

土地生态系统是一定地域范围内各种生态环境要素（地质、地貌、气候、土壤、水文等自然要素）与生物因子（植物、动物、微生物以及人类）共同形成的有机综合体。由于受水热条件支配的地带性规律和地质、地貌等因素决定的非地带性规律的共同影响和制约，使土地生态系统的空间分布表现出严格的地域分异性。由于不同区域的土地生态系统（总系统或各子系统）存在着显著的差异性，形成地表复杂多样的土地生态类型以及不同的土地生产潜力、不同的土地利用类型和不同的土地适宜性（或合理利用方向）（杨子生，2002）。因此，在进行土地生态规划时，必须因地制宜，充分考虑到当地的自然条件及社会条件，制定出切实可行的土地最优利用方案，切不可实行“一刀切”，或生搬硬套其他地区的土地生态规划模式（刘海斌和吴启发，2007）。

（七）多分析途径原则

多分析途径是指利用定性、定量和定序相结合的方式来进行分析。在制定土地生态规划方案时，除了定性分析描述外，还必须做到定量与定位相结合，即在进行土地利用结构调整和布局时，各类用地既要有定量的用地指标，又要有地域空间上的定点定位布局。通常，在进行各类用地数量综合平衡和用地布局综合平衡时，往往会出现矛盾，于是产生了土地利用结构与布局调整上的定序，即确定土地利用调整次序的问题。按照原国家土地管理局 1997 年 10 月发布的《县级土地利用总体规划编制规程（试行）》，用地结构与布局调整的基本次序为：①优先安排农业用地；②农业用地内部优先安排耕地；③非农业建设用地内部优先安排交通、水利、能源、原材料工业等重点建设项目用地，其他建设用地按照产业政策安排；④各类用地的扩大以内涵挖潜为主，集约利用，提高土地产出率；⑤林、牧、渔业用地确实需扩大的，应充分利用荒山、荒坡、荒水、荒滩地，除改善生态环境所必要的陡坡耕地退耕还林（草）之外，其他均不得占用耕地；⑥建设用地确实需扩大的，应尽量占用劣地，特别应控制占用耕地及林地。定序可以从根本上较好地协调和解决用地结构与布局调整中所出现的矛盾，从而使整个规划设计方案更为完善，规划的可操作性亦显著增强（杨子生，2002）。

四、土地生态规划的程序

在土地生态规划过程中，要强调充分分析规划区的自然环境特点、土地生态过程及其与人类活动的关系，注重发挥当地土地资源与社会经济的潜力及优势，以及与相邻地区土地资源开发与生态环境条件的协调，提高土地可持续利用的能力。这决定了土地生态规划是一个综合性的方法论体系，其内容几乎涉及区域土地生态调查，土地生态分析、综合及评价的各个方面。根据各自的研究特点和侧重，其规划程序一般可分为土地生态调查、土地生态分析及综合和规划方案分析三个相互联系的过程（吴次芳和徐根保，2002）。

（一）确定规划范围和规划目标

规划前必须明确在什么区域范围内为解决什么问题而规划。一般而言，规划范围由政府决策部门确定；规划目标可分为三类：第一类是为保护生物多样性而进行的自然保护区规划与设计；第二类是为土地资源的合理开发而进行的规划；第三类是为当前不合理的土地利用而进行的土地利用结构调整和土地生态重建区划。这三个规划目标的范围较大，因而要求将此三个大目标，分解成具体的任务。

（二）土地生态调查

土地生态调查的主要目标是收集规划区域的资料与数据，其目的是了解规划区域的土地利用与自然过程、生态潜力及社会文化状况，从而获得对区域土地生态系统的整体认识，为以后的土地生态分区与生态适宜性分析奠定基础。根据资料获得的手段方法不同，通常可分为历史资料、实地调查、社会调查和遥感及计算机数据库等四类。收集资料不仅要重视现状、历史资料及遥感资料，还要重视实地考察，取得第一手资料。这些资料包括生物，非生物成分的名称及其评价，土地的生态过程及与之相关联的生态现象和人类活动对土地生态系统影响的结果及程度等。具体而言土地生态调查不仅包括对土地的景观结构、自然过程、生态潜力、社会经济文化等方面的调查，而且还要绘制当地的土地类型图、土地利用现状图、土壤类型图和坡度图。具体如下。

1）土地的自然因素调查。地质：基岩层、土壤类型、土坡的稳定性、土壤生产力等；地形：地貌类型、海拔、坡度、坡向；水文：河流及其分布、洪水、地下水、地表水、侵蚀和沉积作用等；气候：温度、湿度、雨量、日照及其影响范围等；植被：植被群落、农作物、防护林以及人工草地等。

2）土地的文化因素调查。土地的文化因素包含社会影响、政治和法律约束、经济因素。社会影响包含规划区财力物力、居民的态度和需求、附近区情况、历史价值；政治和法律约束包含行政范围、分区布局、环境质量标准；经济因素包含土地价值、税收结构、地区增长潜力。

在土地生态规划中，强调人是土地利用的组成部分并注重人类活动与土地利用的相互影响、相互作用，因为现在的土地利用格局与环境问题、与过去的人类活动相关，是人类活动的直接或间接结果，通过探讨人类活动与景观的历史关系，可给规划者提供一个线索——土地利用演替方向。因此，在土地生态规划中，对历史资料的调研尤为重要。

公众教育和参与是土地生态规划必不可少的一部分。通过社会调查，可以了解规划区各阶层对规划发展的需求，以及所关心问题的焦点，从而在规划中体现公众的愿望，使规划更具有实效性。在社会调查的过程中，应结合环境教育，普及环境知识。

如今，遥感、计算机技术发展迅速，为快速准确地获取土地空间特征资料提供了十分有效的便捷手段。遥感资料和计算机数据库资料将成为土地生态规划的重要资料。

（三）土地生态分类与土地生态评价

土地生态分类研究是土地生态评价和土地生态规划与设计的基础工作，它应包括三个具体研究内容。

1）土地生态分类。即土地生态系统类型的划分，其目的是使研究区域内复杂多样的土地生态系统类型得以条理化、系统化，为后续各项研究奠定基础依据。

2）土地生态系统的组成与结构。着重研究区域内各类土地生态系统的组成和基本特征、空间分布格局，为从宏观和微观两个方面合理地布局和安排各类土地生态系统的适当比例、充分发挥各自的功能提供基础依据。

3）土地生态系统的形成与演替。土地生态系统是一个动态的开放系统，通过对各类土地生态系统的形成与演替过程的研究，揭示其发生与发展规律，为人类定向控制土地生态系统的演替方向与过程、促进系统结构和功能的优化提供基本依据。

土地生态规划的目的是为合理利用土地服务，为国土开发和环境综合治理服务，而土地生态评价是土地生态规划的前提。土地生态评价属于土地生态系统功能的研究，早期重点是土地生态系统生产力的研究。从土地生态规划需要看，一般要着重做好以下评价内容。

1）土地生态适宜性评价。主要是根据土地系统固有的生态条件分析并结合考虑社会经济因素，评价其对某类用途（如农、林、牧、水产养殖、城建等）的适宜程度和限制性大小，划分其适宜程度等级（通常可分为高度适宜、中度适宜、低度适宜或勉强适宜、不适宜4个等级），摸清土地资源的数量、质量以及在当前生产情况下土地生态系统的功能如何、有哪些限制性因素、这些因素可能改变的程度和需要采取什么措施，建立土地生态系统的最佳结构。

2）土地生产潜力评价。从生产发展的需要出发，综合分析土地本身的生态条件，采取试验、预测模型等方法，测算和评价土地生态系统的潜在生产力，并将这种自然系统的生产潜力与土地生态系统的现实生产力进行对比，揭示今后土地生态系统最优利用能使生产力水平提高的程度。需要说明的是，在进行土地生态评价的同时，还应分析自然生态结构与功能同目前土地利用结构是否相适应，是人类智慧与自然规律共同创造的“共生”现象，还是人类违反自然规律的活动给生态环境带来的不良后果，亦即研究人类活动与土地生态条件的协调程度，以便查明现代土地利用是否合理，借以总结经验和找出弊端。除上述基本评价内容外，视不同需要还可有一些特定目的的评价，如专门针对当今日益严重的土地生态退化问题，在研究和制定其恢复与重建规划方案时，应当进行相应的土地生态退化评价项目，以便摸清引起退化的因素、退化类型、退化程度等级以及需要采取的重建措施；又如，在制定后备土地资源开发利用规划方案时，必需首先进行后备土地资源生态适宜性评价研究项目，以便摸清各类后备土地资源的适宜开发利用方向及适宜性等级、限制性因素类型及其限制强度，以及需要采取的开发利用与保护措施，为合理地开发利用后备土地资源提供科学依据。

(四) 土地利用总体规划环境影响评价

土地利用总体规划环境影响评价是一种事后评价，是指对土地生态规划实施后可能造成的环境影响进行分析、预测和评价，提出预防或者减轻不良环境影响的对策和措施，进行跟踪监测的方法和制度，可看作为战略环境影响评价的一种。广义的环境评价包括社会、经济和环境三者综合方面，狭义的环境评价仅指环境方面。开展规划环境影响评价首先可以切实贯彻可持续发展的理念，提高生态规划的科学性；其次可以强化社会主义市场经济体制下土地生态规划的综合协调功能；再次可以从源头上控制因土地生态规划而产生的生态环境问题；最后可以促进环境影响评价方法在土地生态规划中的应用与开展。

土地生态规划改变了土地利用的结构与布局，对各种环境因素及其所构成的生态系统可能造成影响。从土地生态系统的角度看，土地是由不同的生态系统所构成的生态系统，包括农田生态系统、草地生态系统、林地生态系统、湿地生态系统等，土地生态规划直接使得土地生态系统发生变化。进行规划环境影响评价，首先要认识到可能引起的环境问题；其次是识别产生影响的环境因子；最后以产生的环境影响为基础，将规划可能导致的环境效应与环境标准进行匹配，评价规划产生的环境影响程度（蔡玉梅等，2003）。

(五) 土地生态分区

土地生态分区是按照土地基本用途及其生态功能不同所划分的区域，亦即以土地所能提供利用的适宜性为基础，结合国民经济和社会发展的需要，确定土地生态结构和功能基本相似的区域。其目的是为了协调各类用地之间的矛盾，限制不适当的开发利用行为，使人类的经济活动符合生态学原则、创造既合乎人类理想又符合自然规律的土地利用方式。

(1) 土地生态分区的基本原则

土地生态分区是一项综合性很强的工作，涉及人口、经济、社会、环境等诸多因素，要使分区做到科学、合理、有效、可行，必须制定一些基本的原则。比如，土地利用方式基本一致原则；土地开发利用方向基本一致原则；土地生态分区与整体功能一致原则；土地生态条件基本一致原则；经济社会发展水平基本一致原则。

(2) 土地生态分区的指标体系

土地生态分区的指标体系是一个生态系统可度量的参数，以描述系统的现状和发展趋势，可提高土地生态分区的科学性。其分区的指标体系由生态因素和经济因素综合而成，根据近几年的实践探索，主要包括以下几个方面：

1）自然环境条件。工程地质、水文地质、坡度、坡向、洪水淹没、光照等直接影响土地生态系统的功能与价值，是土地生态分区的基本依据。同时还涉及后生环境条件，如大气污染、水污染、噪声污染、绿地筱盖、建筑密度等是土地生态系统的主要影响因素。

2）人口条件。人是土地生态的主体，是最活跃的生态因素，适宜的常住人口和流动人口以及优良的人文环境，与土地构成一个共栖共生、和谐完美的生态系统。

3）经济条件。包括第一产值、第二产值、第三产值、固定资产投资、国民生产总值、人均国民生产总值、人均纯收入等因素。

4）交通条件。主要由道路功能、道路密度、路网密度和对外交通设施的分布等因子组成，交通体系状况如何，对于区域的发展或衰退影响极大，从而对区域土地生态也会产生。

五、土地生态规划与区域生态安全格局

区域生态安全格局是实现区域可持续发展、促进生态系统与社会经济系统协调的基础保障（李宗尧，2007）。研究的具体目标是针对错综复杂的区域生态环境问题，规划设计区域性空间格局，保护和恢复生物多样性，维持生态系统结构过程的完整性，实现对区域生态环境问题有效控制和持续改善（黎晓亚等，2004）。因此，在做土地生态规划时，应重点考虑规划区域的生态安全格局，将生态安全格局设计的思想融入进土地生态规划，为防止区域生态风险和解决生态危机提供保障。

区域生态安全格局研究是以干扰排除和控制为目标、以生态学理论为基础、以景观生态学格局与过程关系为依据的生态规划模式。生态安全格局研究应明确区域生态环境问题及其干扰来源，以排除和控制干扰、保护和恢复自然生态结构和功能进行规划设计。同时要控制有害人类干扰、实施有益的促进措施，综合考虑生态、经济、社会文化的多样性对生态安全格局的影响，进行综合性的规划设计。

区域生态安全格局设计是在新目标指导下进行的生态规划新方法，根据其概念，它具有针对性、区域性、系统性和主动性强的特点，并试图把目标规划与问题规划相结合。以往同类方法均不能完全满足其规划设计的具体要求，但为其提供了方法借鉴。区域生态安全格局设计需要将这些规划设计的思路和方法综合集成，来系统解决区域生态环境问题，实现区域生态安全的总体目标。

区域生态安全格局概念的提出适应了生态恢复和生物保护的这一发展需求。因此，在土地生态规划过程中，结合区域生态安全格局，使其研究角度不仅在土地生态系统安全的需求上，而且在人类活动与自然界矛盾冲突的平衡点上，以及区域尺度社会经济需求与生态安全的平衡点上。同时还要考虑区域生态安全格局等级性。不同水平上的区域生态安全格局可以使生态过程维持在不同健康和安全水平上。安全格局为各方利益（比如人类社会经济发展的利益和生物多样性保护的权利），为维护各自安全和发展水平达到总体最高效率提供战略。不论最终发展与环境规划决策和共识在哪一种安全水平上达成，安全格局途径都使区域经济发展和环境保护在相应的安全水平上达到高效。以社会经济发展的承受能力作为阈限因子，对应于不同安全水平的阈限值转变为具体的空间维量，成为可操作的规划设计语言。多层次的安全格局是维护土地生态及其过程的层层防线，为生态规划和决策过程提供依据，为环境和发展提供可操作的空间战略。此外，区

域生态安全本身具有发展性。因为生态安全标准在不断变化，相应的生态系统管理对策也将随着人们对生态系统认识的不断加深和社会需求的逐步提高而渐进发展。适应性生态系统管理，一方面，应该对我们现在认识不清的问题在认识清楚后及时调整管理对策；另一方面，应该根据人口、社会、和经济发展，主动作出调整。在适应性生态系统管理思想的促进下，区域生态安全格局必定会是一种不断完善的模式。即随着社会经济的发展，人类的自然资源利用强度逐步降低，生存环境质量不断提高，区域生态安全格局的安全层次不断提高。区域生态安全格局研究涉及的因素多、难度大。这既是生态学研究，也涉及社会经济研究；既有小尺度生态过程研究，又有区域内多系统的综合性研究；既要解决理论和方法问题，又要提出切实可行的规划方案。因此，区域生态安全格局研究需要在综合考虑各方因素的基础上，开展设计方法研究、案例研究、和评价研究，积累经验教训，深化概念理论。

总之，区域生态安全格局研究以协调人与自然关系为中心，这也是土地生态规划的最终目标。它不存在一个固定的标准，人类对生态系统服务功能需求的不断变化是生态系统管理的根本原因。实现区域生态安全不但要以社会、经济、文化、道德、法律、法规为手段，更要以其新发展对生态系统服务功能的新需求为不断变化的目标，逐步进行。无论怎样，区域生态安全格局研究符合了当今生态环境保护和可持续发展的理论需求，对于解决区域生态环境问题具有不可替代的作用，具有广阔应用前景（马克明等，2004）。

六、土地生态规划案例

土地生态规划的实施以桂花河流域为例（王青等，2006）。桂花河流域位于贵州省瓮安县北部，流域总面积 39.04km^2。包括石牛山村、铜梓坡村等 8 个村，是典型的农业山区，农业人口密度 180.3 人/km^2，农业人均耕地 0.1309 hm^2/人，农业人均占粮 415. 9 kg/人。马遵公路贯穿小流域铜梓坡村、瓮水司村、寒坪村、通土坝村等村。通过野外调查和遥感解译表明，桂花河流域非喀斯特面积 0.18km^2，无石漠化面积为 7.60km^2，潜在石漠化面积为 7.26km^2，轻度石漠化面积为 13.88km^2，中度石漠化面积为 5.71km^2，强度石漠化面积为 4.41km^2。

不同的土地利用方式对生态系统的干扰效应和干扰过程是不一样的，不同土地利用形成的和分布于不同坡度的石漠化土地，其恢复治理模式是不一样的，在确定石漠化土地的治理恢复模式和治理重点时，有必要考虑石漠化土地的土地利用成因和成因的地域差异性，进行合理规划布局。为此，通过桂花河流域石漠化现状图与土地利用图、坡度图叠加，进一步调查了桂花河流域石漠化土地在不同土地利用类型和不同坡度中的分布。在此基础上，提出优先治理的几种预案：①优先治理灌木林地的轻度石漠化；②优先治理灌草坡的中度石漠化；③优先治理坡耕地的中度石漠化；④优先治理 6°～15°中的石漠化；⑤优先治理 16°～25°中的石漠化；⑥优先治理 26°～35°中的石漠化；⑦优先治理＞35°中的石漠化。

根据桂花河流域石漠化土地的空间分布、土地利用现状及小流域的坡度空间分布、社会经济状况等，结合对该小流域的多方位调查，认为该小流域石漠化土地的可持续利用的景观生态规划应考虑充分发挥区位、交通优势，在保护生态环境的前提下，按照“高产、优质、高效、生态、安全”的要求，走精细化、集约化、产业化的道路，积极向农业发展的广度和深度进军，形成以马遵线为主体的助民增收特色种养业示范带，创建“瓮水司—万物寨—桐梓坡”绿色农业科技示范区。在具体规划时，综合比较多种预案，设计了生态修复工程、基本农田建设工程、农村能源建设工程、异地扶贫搬迁（生态环境移民）工程、农村科技文化及技能培训工程和特色农业资源开发工程等6类土地生态修复和可持续利用模式。

第二节　土地生态设计

一、土地生态设计的概念

20世纪60年代，美国设计理论家Victor（1985）在他的著作《为真实世界而设计》（*Design for the real world*）中，从保护地球的环境服务出发，强调设计应该认真考虑有限的地球资源的使用，这可以说是最早的生态设计思想。从此，学者们逐渐认识到作为自然的人，与自然的不可分割性，进而提出了生态文化，同时运用生态学原理和现代科学技术成果，创造了人类新的技术形式——生态技术。运用生态技术，将社会物质生产和社会生活的生态化，在保证人与自然和谐发展的前提下，进一步创造新的技术形式和能源形式（车生泉，2007）。在生态文化逐步发展的过程中，学者们意识到可持续的发展是生态文化的最终定位，而生态文化需要生态设计来体现。

生态设计是在生态文化发展过程中，应用生态学原理，创建丰富、多样、多产的与生态过程相协调，尽量使其对环境的破坏影响达到最小的设计形式，是实现资源节约和环境友好模式的手段之一（车生泉，2007；尹君等，2004）。生态设计在欧洲和北美发达国家有过深入的研究和实践，朴素的生态设计理念与实践在我国也早已有之，如著名的都江堰工程，但现代意义上的生态设计源自于西方，在我国，这个领域还刚刚开始，研究主要集中在生态建筑领域，包括节能技术、雨水收集和循环利用技术、废水生态化处理和循环利用技术、土壤生态修复技术、循环型材料利用技术等，部分技术已经在实践中进行推广应用（车生泉，2007）。

土地生态设计，是建立在土地生态规划基础上，依据生态学和土地科学的基本理论及生态条件和人类社会发展的需要，运用现代系统工程的方法（生物工艺、物理工艺及化学工艺）对各类土地系统的合理利用方式进行选择和优化（吴次芳和徐根保，2002）；同时土地生态设计也是实现对土地利用垂直生态过程分析，对功能区域的具体进行设计，是具体操作性和落实性规划，是土地生态规划的深化（尹君等，2004）。

二、土地生态设计的特点

一项生态设计，无论其采取的设计方法和解决的问题有什么不同，都是一种创造性的工作，需要有创造性的思维，通过创造性的劳动，获得不同于其他过程的产品。也只有这样，才达到了设计的目的，才给设计赋予了实际的意义。土地生态设计作为一个新的概念和模式，其内涵尚处于探索和发展之中，但有一点似乎是明确的，它需要更高和更综合的创造性思维。学者认为，土地生态设计具有如下重要特点（吴次芳和徐根保，2002）。

（一）设计对象的复杂性

土地生态设计所面对的是一个社会经济自然复合系统，系统中不仅包括土地上的有生命成分，还包括无生命成分，因此，其设计既要考虑生命成分的特性，又要考虑非生命成分的特性。这与完全以无生命组分构成的道路系统，完全以生物小分子形式构成的生物工程繁育系统有着本质的区别。同时，它所解决的问题不仅是土地利用系统内部成分间关系的协调，更重要的是各子系统接口间如何衔接的问题。因此，在其设计过程中所遇到的问题更加复杂，解决起来难度也更大。

（二）设计原理的多样性

土地生态设计所解决的问题既有经济问题，比如要解决工程实施后要获得高经济效益的问题，又有社会学的问题，比如解决人们对土地产品的生活需求问题，还有生态学的问题，要协调生物间、生物与环境间的关系，维护土地生态平衡。因此，它所涉及的原理就包括生态、经济和社会学等几个方面，是多种原理的综合。土地生态设计追求和获得的是复合效益，是社会、经济、生态三大效益的统一，其他工程设计则较多追求的是单方面效益。如道路系统设计只是针对某一具体产品而言，追求的是产品的使用价值，并且保证经久耐用；生物工程设计是为了获得优良的基因型组合或产生新的物种。

（三）设计后果的可预测性

由于土地生态工程面对的是包括社会、经济、自然多种成分构成的复合系统，要实现合理设计，单凭简单想象已无法实现，必须借助于科学先进的方法。系统工程原理应用于土地生态的设计中，保证了设计的规范合理，并具有可预测性。并且，随着系统的进化演替，还要不断修改调整，以适应新的发展形势，否则，将降低设计的适用性。在此，数学模拟就显得非常重要。机械系统工程和一般的农田工程设计等，虽然有一定的系统思想，但不具备可预测性。一般一个设计实施后，其设计的任务就完成了。不过由于土地生态设计中应用系统工程的理论和方法刚刚开始尝试，还有待进一步发展。

（四）设计模式的地域性

我国幅员辽阔，地形复杂，气候土壤条件差异大，土地利用类型各具特色，有水田、有旱地；有种植区、有养殖区、也有加工区；有的地区一年四季常春，有的地区一年一季；有高度现代化的地区，也有落后的粗放生产方式。因此设计成功的保障是因地制宜，即综合不同地区的自然、地理、资源、风俗、习惯等，设计具有地方特色的工程类型，以达到最充分利用当地资源，获得最大生态效益的目的。受区域地理位置不同，组分不同的影响，其设计模式可能大不相同，同时设计还受时间的制约。其他工程虽然有一定的地域性，但不太明显。

（五）设计过程的动态性

土地生态系统是一个开放系统，系统的正常运转一靠信息、技术、物质等的投入；二靠系统多样化产品的顺利输出。输入与输出之间是一种动态的过程。针对这一特点，系统的设计也必须具有动态性，并符合开放型系统的特征。即不仅要设计信息技术物质等的输入输出结构，设计系统输出物的再利用方式，或称为接口工程，而且要不断地根据外界生态环境条件的变化和内部资源形势，适时地调整和完善设计方案，确保方案的最优化。传统农田系统的设计基本是静态的，其改进的方式也只能是放弃旧的，设计新的。

（六）设计技术的全面性

土地生态设计中涉及的技术包括许多领域，如动物、植物、土壤、水利、道路、制度、环保等，因此，设计人员如果不掌握较全面的技术，就很难胜任设计工作。设计师不仅要具备有关工程学、生态学的专门知识，而且要有丰富的生产知识和生活知识，并且要懂得有关经济效益和劳动有效性的科学知识，会正确地进行各种计算。设计师还要熟悉国内外这方面的经验，在设计中善于运用这些经验，同时还要有一种从当地当时具体情况出发，对具体问题进行具体研究，作出适当具体结论的态度和能力。不仅如此，这种设计师还要能深入浅出，具备运用生态学原理来解决实际问题和按照自己所设计的方法去做会得到好处的道理用通俗的语言表达出来的能力。

三、土地生态设计的原则

根据经济生态学原理，土地生态设计应兼顾生态学和经济学的原则，其原则具体如下。

（一）土地利用协调共生原则

共生是指对人类和自然系统双方都有利的共生，是互利共生，是自然界整体性的表现（曹文，2001）。人既有社会性又有自然性，虽然科学发展使人类改造自然的能力在逐步增强，但在改造自然的过程中如果违背自然规律，就会给自然界带来巨大压力。因此在进行土地生态设计时，应本着协调共生的原则，从土地的生态环境去考虑，从时间上要创造一个可持续发展的生态环境；从空间上要兼顾规划区域与临近区域之间的关系，从而不会给整个区域带来不良影响。

（二）土地循环利用原则

土地循环利用是土地利用中发展循环经济的关键环节。根据循环经济的思想，土地循环利用大致有两种情况：一种是原级循环，它要求土地在生产物品，完成其一次使用功能后，能保证其具有持续利用的能力，依次进入下一个阶段反复利用；另一种是次级循环，这主要是指根据再利用原则，对已破坏的土地资源采取土地整理、生态恢复等综合整治措施转化成其他利用类型，尽可能恢复其土地生产能力，进入新的循环利用过程。一般来说，原级循环在减少土地消耗上达到的效率要比次级循环高得多，是循环经济追求的理想境界（倪杰，2006）。

（三）环境损害最小化原则

环境损害最小化原则要求人类进行土地生态设计时，有义务为自身和其他生命形式的延续而保护自然环境。必须十分明确，没有土地生态系统提供的基本功能，人类则无法生存。土地所有者不存在有基本权利去滥用土地的自然结构和特性的特权。在土地生态设计过程中，必须采用对环境产生最小不利影响的方案（吴次芳和徐根保，2002）。

（四）注重地域生物多样性

在土地生态设计过程中，涉及很多工程性的工作，如大面积平整土地，挖低丘填筑坑塘，改空闲地为耕地。但这样却容易使生态平衡受到破坏，导致原生、次生自然植被及人工植被的大面积减少和退化，并且丰富的植被组成被单一的农作物替代，大大增加病虫害的发生频度与强度，野生动植物资源的生存空间也会受到影响。同时，由于土地生态设计过程中还会使用很多矿石材料，如砂石、混凝土等，这些材料会破坏原来生活在泥沙中的某些生物的生境，从而导致大量生物的消失，影响了土地生态环境；而生物生存环境的破坏在一定程度上阻碍了物种的扩散，使嵌块体的栖息地未能连接，造成群体趋向不稳定，导致生物多样性下降，同时使种间多样性和种内异质性降低，系统的适应能力下降（林小薇，2007）。

（五）土地适宜性原则

土地适宜性是指土地资源针对某种特定的利用方式或利用目的的合适程度。在土地生态设计过程中，应当将土地利用类型决定的土地利用需求与每个土地单元的性质和土地质量进行比较，并对土地利用方式的环境和生态影响作出分析。例如将土地利用对水分的需求与土地的水分状况相比较，并分析其对区域水分循环的影响和生态效应。在土地适宜性分析时，应充分考虑环境因子的时间和空间变化，特别是光、温、水因子随日、月周期性的时间节律，以及与此密切联系的生物生长发育节律。生物种群选择要根据土地生态设计区域的自然环境条件，因地制宜，适地适种，适地适树。简单地通过大量物质、能量投入来改变环境条件，压缩演替周期和改变演替的方向，不符合土地生态设计的要求（吴次芳和徐根保，2002）。

（六）道法自然原则

生物圈经过亿万年的发展和进化，生物之间及生物与环境之间的关系已达到了和谐统一，这证明自然设计比人工设计更灵巧、更精致、更科学，因而模仿自然是一种现代仿生学。人们必须发现自然已经确定的规律，而不是拟定一个任意的区域设计，任何人类对自然的设计必须合于自然之道才能持久，才能有效，否则便会造成生态灾难后果。人类如果想从自然中取利，就必须仿效自然、适应自然和合理地利用自然（曹文，2001）。

（七）生态经济原则

单纯追求生态效益而忽视经济效益是不切实际的，当前我国社会、经济、文化还没有发展到一定高度，要使全社会都自觉自愿地参加生态建设是有困难的，况且土地生态规划与设计的目的除了生态效益外，还在于使人类能获得持续的利益。因此，要将生态学思想与经济学思想结合起来，才能真正使人与自然共生思想得以体现，才能使生态规划和设计具有实际感召力，达到以短养长的目的（曹文，2001）。

四、土地生态设计的程序

根据土地生态设计的内涵、目标和前人工作的实践，对一个具体的土地生态设计项目而言，土地生态设计应当遵循以下基本程序（吴次芳和徐根保，2002）。

1）分析或解析。理解和确定生态设计区土地利用系统的基本特征，包括历史与发展、物理与社会结构、交通路线与高程、优势与劣势。

2）制定土地生态设计总则。提出土地利用设计和工程措施设计的生态目标，在土地利用和诸如水利工程、道路工程、田块物理形态、村庄位置等广泛的领域内建立生态设计决策的原则。

3）研究确定土地生态设计标准和框架性要求。提出生态设计区土地利用的具体要求和框架，研究确定土地生态设计的标准，表明当地的自然环境、社会经济活动和土地利用行为如何能够支持这些工程策略和准则。这些生态设计标准包括防洪标准、抗旱标准、灌溉定额、道路设计、沟渠设计、田块设计、景观设计、生态环境设计、防护林设计等指导细则。

4）土地利用多样性设计。根据区域的土壤、气候、消费需求和不同生物的经济价值，依据生态学原理，研究确定土地利用类型和具体方式及各种土地利用方式的组合结构。

5）生态工程措施设计。以经济、适用、可靠为基本原则，按照土地利用系统的生态要求，根据水文学、水利学、道路工程设计、农学等学科理论和土地可持续利用原理对区域的各类生态工程措施进行工程技术体系及工程尺寸、结构和所用材料的生态设计。

6）生态设计的可持续性评价。从生态可持续性结合经济可持续性和社会可持续性三方面，选择有代表性的指标进行生态设计的可持续性评价，确保生态设计的可持续性，以满足土地利用的要求和综合效益的最优化，实现可持续土地利用。

7）生态可持续监测。某一土地利用是否处于可持续发展之中，必须通过必要的测定甚至是长期的监测才能确定。不过，问题的另一方面，却是如何对土地利用的生态可持续性进行监测。因此，这涉及土地利用生态可持续发展指标的选择，这不仅是技术问题，而且不可避免地涉及政策选择问题。

五、土地生态设计模式

随着土地生态设计的发展，其深度不断提高，应用范围已扩展到多种多样的土地利用类型，涉及城市土地生态设计，乡村土地生态设计，风景名胜区土地生态设计、园林风景区土地生态设计、自然保护区土地生态设计等。以下几个案例有助于对土地生态设计进一步理解。

（一）山地生态设计

垂直自然带是山地特有的自然现象，表征着气候、生物和土壤随海拔高度所发生的变化。秦岭山地的垂直地带性明显，土地生态系统自下而上分为五个土地子系统，这为生态设计提供了基本依据。为此，土地生态设计必须遵循垂直地带性规律，以景观生态学原理和可持续发展准则为指导，以现状土地结构格局为基础，进行山地土地利用结构与布局的生态模式设计，以稳定提高土地系统的生物生产能力和保持良好的生态环境效益为目的。应当指出的是，土地类型格局具有空间层次性、结构多级性和功能多元性的特征。它首先取决于土地类型本身的多级性。以河川沟谷地为例，从宏观区域到具体地块，不仅土地类型可以细分到最简单的土地素，而且其格局也可以细分到最低级的形态单位。

山地生态设计应置于特定的尺度，根据不同的原理与特定的任务来进行。秦岭北坡生态设计模式具有 3 个特点：①突出山地环境的生态特性，按照不同带层的生态环境特点，划分出五个功能各异的土地生态系统，明确了不同带层生态设计的目的和方向；②依据土地生态适宜性，因地制宜地提出了山地立体开发利用的具体途径与措施，增强了模式的可操作性；③以山地广域景观（区域）为对象，既强调系统的整体性，以区域生态经济的持续性为总目标，又强调系统的地域层次性和特殊性，通过高度概括把不同带层多种土地类型潜在适宜性，改用现实的有效利用方式来表达（刘彦随，1999）。

（二）风沙区土地生态设计

风沙区土地类型的划分，通常采用的方法有：一是按土地的综合自然特征（气候、地质、地貌、土壤、植被、水文等要素的综合特征）划分（自然型）土地类型，这是土地类型学中常用的分类法，这一分类法基本上反映不出来土地类型的荒漠化特征；二是以确定环境质量优劣、反映土地沙漠化程度为目的，以风沙活动强度为主要标志，综合考虑风沙活动、地表沙质、植被、土壤等因素，按一定的量化指标，将沙漠化土地划分为潜在的、轻度的、中度的、严重的等几种类型的分类法。这一种分类法目前在沙漠化问题研究中被广泛采用，可称之为“沙漠化强度型土地类型”划分法。

土地生态设计的分类方法与上述两种方法不同，它是以反映风沙区内土地利用方式差异性为主要目的的土地生态功能分类。对于晋西北土地功能类型的划分，其过程是：①先确定该区的（自然型）土地类型；②依据上述各类土地能发挥其最大生态功能的可能利用途径、参考晋西北的社会经济发展需求，把各类土地再分别划为生产型、保护型、消费型、调合型四种功能类型。从宏观层次上看，该风沙区合理的土地利用系统中，应当保持生产型土地与保护型土地面积比为 51.09∶31.82，而现状土地利用结构比例为 6.12∶2.23（根据 1995 年山西省土地利用现状面积结构表经整理后获得），即生产型土地比例偏大，所以土地利用方式调整的举措之一是，把一部分已垦为农田的沟坡地、梁坡地和峁地还草还林，变生产型用地为保护型用地，而且要减少 1 618km^2 的面积，这也许能对该区的荒漠化进程起一定的逆转效应。这一土地利用方式调整的对比方法同样可以用于每一种土地自然类型（如沟平地）其合理利用方式选择的微观层次分析上。晋西北风沙区范围较大，各地自然条件和社会经济条件的地域差异性比较明显，为了协调本区各种土地功能类型的利用方向和生态建设重点的全面规划，从土地荒漠化综合防治的角度出发，把本区划分为土地利用方向和土地生态建设重点有所差别的四大生态经济区：长城沿线风沙草田轮作牧业区、黄土丘陵沟壑水保林牧煤铝区、黄土塬梁综合产业发展区、土石山丘林牧资源开发区（张爱国等，1999）。

（三）农地整理结构的生态设计

开展土地整理时，必须注重生态环境，保留和重新归整出一些景观要素（如灌木丛、片状生物群落等），建立起一种符合各生物类群生物学生态学特性和生物之间的共生关系而合理组合的生态农业系统。该系统能使处于不同生态位的各生物类群在系统中各得其所，相得益彰，更好地利用太阳能、水分和矿物质营养元素，并建立一个空间上多层次、时间上多序列的产业结构，从而获得较高的经济效益和生态效益。根据生物的类型、生境的差异，农地整理结构的生态设计可以通过以下两种方式进行。

一是条带型结构设计。条带型结构包括条型结构和带型结构。条型结构地块的大小保持在 400～600m 长，宽度不超过 150～200m 的规范，它主要表现为树篱、防护林、草皮（带）、篱笆、沟渠、道路、作物边界等结构，对保持农田中较多的物种数量具有重要作用。带型结构的宽度一般应为 10～30m，这种结构中应包括散生树木、树丛、小池塘等多种复合结构，它能为物种提供缓冲生境。

二是岛屿型结构设计。岛屿型结构包括内部岛屿型结构和外部岛屿型结构。其中，内部岛屿型结构适用于大面积的一种块状结构类型，其面积通常不小于 40～50hm^2。建立这种内部景观结构的目标是保护位于农田中的特殊地块如小片洼地、水体岸边、侵蚀沟等特殊生境，使其不受强烈的农业生产活动如施肥、农药使用等的影响；另外，还包括由菜园、林地和居民点构成的大型岛屿。外部岛屿型结构是一种将未强烈利用的（如割草草地等）或未被利用的生态系统（如森林等）与农田生态系统相互隔离而设立的块状结构，其目的一方面在于保护纯自然环境条件下的物种；另一方面在于保护开阔地生境条件下的物种，使其不受农业活动中施肥、农药使用等过程的影响（吴次芳和徐根保，2002）。

（四）土地平整工程的生态设计

土地平整的过程中，小田块并大田块，不规整田块整理为规整田块等，都会对土壤的理化性质构成影响。实践表明，不适当的土地整理方式和技术措施，可使农田生态系统稳定性下降，甚至使新整理的农田发生严重漏水漏肥现象。所以土地平整中当进行土壤重建时，必须在全面考虑自然成土因素对建造土壤的潜在影响下，人为的采用科学有效的建造方法。对于以水田为利用方式的农田整理，其土壤重建的工艺如下。

1）砌筑施工道路，以便土地整理施工机械运行。

2）对需要平整的土地，首先剥离耕作层土壤，并全部加以收集，贮存于整理场地周围。必要时用塑料布遮盖，避免暴雨冲刷而使土壤大量流失。

3）按规划设计要求平整土地。即根据不同地形坡度，因地制宜地将土地整理成不同规格、不同高程的耕作格田。

4）田块基层处理。对于填土地块，要用推土机或其他设备推平、压实，使其形成具有较好防渗、防漏性能的隔离层。

5）耕层土壤回填。为了能够在最短的时间内恢复农田的耕作能力，还必须在整理场地的垫层之上，将原先存放起来的耕作土层，全部送回原地进行回填。

6）整理田面。尤其是采用机械方法覆土时，土壤会被压实。一般地说，疏松土壤的深度，不宜浅于0.45m，只有这样才有利于农作物根系的发育、生长，有助于土壤渗水，减少地面径流。疏松土壤后最好再覆盖一层腐殖土，并施用一定数量的底肥。

实际上，土地平整包括的内容非常广泛，实施的方法和步骤也各不相同，但就保存和回填耕作土壤而言，各种方法和步骤都应该是大同小异的（林小薇和车懿，2007）。

（五）农田水利工程的生态设计

农田水利工程是指在洪、涝、旱、渍、盐和碱等进行综合治理和水资源合理利用的原则下，对水土资源、灌排渠系统及其建筑物进行的建造。农田水利工程广义上有两类：一是水源工程，其作用是将适宜的水量从灌溉水源中取出来，该类工程有蓄水工程、引水工程、提水工程，以及蓄、引、提相结合的工程等；二是输配水工程和田间工程，其作用是将适宜的水逐级输送并分配至田间，这类工程包括渠道或管道系统。在土地整理过程中，农田水利工程设计是否合理对整理区的生态环境有重要影响。

生态型河沟渠设计原则是：在进行河道清淤时，要做到对其进行人为改造达到清淤目的的同时，尽可能保留河道原有的自然风貌，并在河道两侧多栽种树木和保留一定数量和面积的沟塘和低洼地，为野生植物留下一片合适的栖息场所和生存、繁衍的空间环境，以达到生态的永续发展。沟渠的设计应使其边坡较缓，并铺以天然材料，以降低水位变化所带来的生态冲击。尽量避免河岸混凝土化，在情况允许的条件下应设计复式断面，在沟渠底部铺设一条弯曲的小渠道，以容纳低水位时的流量，提供低水位时沟渠内动植物的栖息场所；或者将底部设计成有一定起伏变化的沟渠，以稳定水温，提供多样化的渠底栖息环境为目的，使底槽的生物永续生存。输配水交叉建筑物也要根据实际情况进行合理设计，尽量减少混凝土化。沟渠建好后，可以把其作为水系廊道，把分散的水体联系起来；通过田间道两旁的防护林和灌木林为孤立的林块联系提供通道等；在鱼塘和河流周围种植林木以降低水温，为鱼类等水生动物提供良好生态环境，做到整体与局部相互结合，形式与功能有序整合，达到生产环境、生活环境的和谐统一（林小薇和车懿，2007）。

（六）农田防护林的生态设计

农田防护林在项目区也基本贯通，是动植物迁徙的重要廊道。土地整理中防护林的建设不仅提倡选用本地物种，这对保护生物多样性有着积极的影响，而且不能忽视山地造林、种草等水土保持的生物措施，否则会造成水土流失、水库淤泥、河床抬高、旱涝灾害频繁，还会降低土地滞洪能力。农田防护林带的建设，不仅可防风固沙和改善农田小气候，还会通过涵养水分、净化空气等功能改善农田周围地区的大气环境质量（林小薇和车懿，2007）。

（七）道路生态设计

道路生态设计，主要关注的是降低道路环境影响和提高道路两侧缓冲区生物群落多样性。研究的内容主要是：①道路边缘植被及其他野生生物种群的生物多样性保护；②道路对周边环境的影响及其控制技术，包括道路雨水流动特征，雨水侵蚀和沉淀物控制，道路化学污染的来源和扩散特性，污染物质的管理和控制，交通干扰和噪声；③道路对周边生境尤其是水生生态系统的影响；④体现道路景观的生态美和游赏价值。

道路景观是构成城市景观的重要组成部分，模式设计首先必须满足道路交通功能的基本要求，在此基础上，充分发挥道路林带的隔离防护、生态维持、景观游赏和结合生产的功能。按照道路绿化的实际情况和主导功能需求，可将道路两侧绿带综合分为两大类型：主要道路和次要道路两种类型；按照道路两侧景观特征分为四种类型：景观生态型、景观生产型、生态游憩型、生态防护型。

景观生态型是将城市道路绿化的景观功能与生态功能相结合，在保障基本生态功能的基础上，适当增加景观观赏效果，多选择既有好的观赏效果，又有较高生态价值的植物，体现道路的生态美。

景观生产型主要位于郊区或农村地区，为降低道路景观建造成本和提高土地工艺，提高土地产出将道路绿化和生产功能相结合，如在道路两侧适当位置种植果树和特色花卉等，生态、生产、美化相结合。

生态游憩型主要指位于休闲度假区或农业观光区等区域，道路景观绿化应该和周边功能相结合，通过乡土化的景观塑造，可以收到使人流连忘返、情归自然的效果。

生态防护型是突出绿带景观的隔离防护、生物多样性保护［为目标种提供迁移（传播）、居住等保障］功能，与降低城市自然灾害等相结合，突出生态功能，营造舒适的生活空间，提高城市的生态内涵和环境水平，设计以体现自然、野趣、生态稳定、关系协调、功能高效为目标（车生泉，2007）。

（八）污水生态工程土地处理系统设计

污水生态工程土地处理系统在我国有许多成功的典型，该系统是利用林地、草地、牧场、果园、草坪等，根据生态学原则充分利用水肥资源的同时，科学地应用土壤-植物系统的净化功能，净化废水。沈阳西部污水生态工程处理系统设计将氧化塘与土地处理结合起来，创造了林、农一体的污水资源氧化生态工艺。其具体做法是，将污水经植物进行一般处理后引入污水库，再通过灌水系统引入周围的农田、林地、通过土壤净化。这样，既降低了污水处理费用，又解决了农业生产的水、肥资源，促进了农业、林业的发展，改善了土地生态环境（吴次芳和徐根保，2002）。

参考文献

包志毅，陈波. 2004. 乡村可持续性土地利用景观生态规划的几种模式. 浙江大学学报（农业与生命科学版），30（1）：57-62.

蔡玉梅，郑伟元，张晓玲，等. 2003. 土地利用规划环境影响评价. 地利科学进展，22（6）：567-575.

曹文. 2001. 土地生态类型规划与设计方法探讨——以舒兰县水曲柳乡为例. 资源科学，23（5）：46-51.

车生泉. 2007. 道路景观生态设计的理论与实践——以上海市为例. 上海交通大学学报（农业科学版），25（3）：180-188.

陈涛. 1991. 试论生态规划. 景观生态学理论、方法及应用. 北京：中国林业出版社.

傅伯杰，陈利顶，马克明，等. 2002. 景观生态学原理及应用. 北京：科学出版社，68-73.

景贵和. 1986. 土地生态评价与土地生态设计. 地理学报，41（1）：1-6.

景贵和. 1991. 我国东北地区某些荒芜土地的景观生态建设. 地理学报，46（1）：8-14.

黎晓亚，马克明，傅伯杰，等. 2004. 区域生态安全格局：设计原则与方法. 生态学报，24（5）：1055-1062.

李博. 2000. 生态学. 北京：高等教育出版社.

李宗尧，杨桂山，董雅文. 2007. 经济快速发展地区生态安全格局的构建——以安徽沿江地区为例. 自然资源学报，22（1）：106-113.

林超. 1993. 中国古代土地分类思想——对《管子·地员篇》的研究. 林超地理学论文选. 北京：北京大学出版社.

林小薇，车懿. 2007. 土地整理对生态环境的影响及生态设计研究. 科协论坛，（1）：88-89.

刘海斌，吴发启. 2007. 基于GIS的黄土塬区村级土地生态规划设计. 西北农林科技大学学报（自然科学版），35（1）：148-154.

刘天齐. 1990. 环境管理. 北京：中国环境科学出版社.

刘馨. 2006. 浅谈城市土地生态规划. 中国土地，（5）：19-20.

刘彦随. 1999. 区域土地利用系统优化调控的机理与模式. 资源科学，21（4）：60-65.

刘彦随. 1999. 土地类型结构格局与山地生态设计. 山地学报，17（2）：104-109.
马克明，傅伯杰，黎晓亚，等. 2004. 区域生态安全格局：概念与理论基础. 生态学报，24（4）：761-768.
倪杰. 2006. 基于循环经济的土地资源可持续利用. 农村经济，(9)：79-81.
欧阳志云，王如松. 1995. 生态规划的回顾与展望. 自然资源学报，10（3）：203-214.
秦其明. 1991. 土地生态位与土地生态设计研究. 景观生态学理论、方法及应用. 北京：中国林业出版社.
孙永斌，陈涛，武利华. 1991. 景观规划与设计的透视//肖笃宁. 景观生态学理论、方法及应用. 北京：中国林业出版社.
王丽荣，廖金凤，李贞，等. 2001. 增城市土地利用的景观生态规划. 国土与自然资源研究，(4)：32-35.
王青，李阳兵，姜丽，等. 2006. 区域石漠化土地可持续利用景观生态规划方法与应用——以桂花河流域为例. 山地学报，24（2）：249-254.
王万茂，李志国. 2000. 关于耕地生态保护规划的几点思考. 土地利用与城乡发展——2000 海峡两岸土地学术研讨会（论文集）. 成都：中国土地学会编辑部.
王仰麟. 1990. 土地系统生态设计初探. 自然资源，(6)：48-51.
吴次芳，徐根保. 2002. 土地生态学. 北京：中国大地出版社.
武吉华，姜鸿. 1990. 土地生态规划的理论和方法——以宁夏固原县为例. 自然地理学与中国区域开发. 武汉：湖北教育出版社.
徐化成. 1996. 景观生态学. 北京：中国林业出版社.
杨子生. 1994. 土地资源学. 昆明：云南大学出版社.
杨子生. 2001. 基于可持续发展的山区耕地总量动态平衡研究——以云南省为例. 资源科学，23（5）：33-40.
杨子生. 2002. 论土地生态设计. 云南大学学报（自然科学版），24（2）：114-124.
尹君，姚会武，王亚西等. 2004. 土地生态规划与设计. 河北农业大学学报，27（3）：71-77.
张爱国，张淑莉，秦作栋. 1999. 土地生态设计方法及其在晋西北土地荒漠化防治中的应用. 中国沙漠，19（1）：46-50.
Fabos I G. 1981. Regional ecosystem assessment：an aid eco-logically compatible land use planning. In：Perspectives of Landscape Ecology. Wageningen：Centre for Agricultural Publishing and Documentation.
Mcharg I L. 1969. Design with Nature. New York：Natural History Press.
Naveh Z，Lieberman A S. 1984. Landscape Ecology：Theory and Application. New York：Springer-Verlag.
Victor papanek. 1985. Design for the Real World- human Ecology and Social Change. Academy Chicago Publishers.

第九章　土地生态恢复与重建

第一节　土 地 退 化

土地是人类进行一切社会经济活动和赖以生存的宝贵自然资源。然而，由于人口膨胀的压力以及人类对这一资源的不合理利用，致使全球范围内的土地退化现象日趋普遍和严重。土地退化对全球食物安全、环境质量及人畜健康的负面影响日益严重。研究土地退化，特别是人为因素导致的土地退化的发生、演变、时空分布及生态恢复与重建对策，已成为研究全球变化重要的组成部分，并将继续成为21世纪环境科学、地理科学、生态学等学科共同关注的热点问题（宋长青等，2000；张桃林和王兴豫，2000）。

一、土地退化的概念

联合国粮农组织于1971年发表的*Land Degradation*，首次提出了土地退化的概念，列举了土地退化的界定、防治方针、政策、法律和体制以及补救措施等。而后随着国际社会对全球气候变化研究的深入，许多国内外学者和学术组织又针对土地退化的类型和退化成因进行了深入讨论。*Soil Degradation*等一系列专著的相继出版标志着土地退化研究的发展和日益成熟（罗明和龙花楼，2005）。

Johnson和Lewis于1995年把土地退化定义为，“人类干预造成的一个地区生物生产潜力和使用价值的显著下降”。国内不少学者也对土地退化进行了定义，例如，刘慧（1995）认为土地退化是指在人类活动或某些不利自然因素的长期作用和影响下，土地生态平衡遭到破坏，土壤和环境质量变劣，调节再生能力衰退，承载力逐渐降低的过程，其范围不仅包括耕地，而且包括林地、牧地及一切具有一定再生产力的土地；杨朝飞（1997）认为土地退化是指人类不合理活动导致的土地生物或经济产量的下降或丧失，是全球重要环境问题——荒漠化研究的核心内容，其意指荒漠化包含土地退化；朱震达（1989）认为荒漠化的实质是土地退化，是土地生产力下降，土地资源丧失和地表类似荒漠景观的出现；张绪良（2000）称土地退化亦称土地荒漠化，是指人类不合理的经济活动与脆弱的生态环境相互作用造成的土地生产力下降直至土地资源丧失，地表呈现类似荒漠化景观的土地资源衰退演变过程；于伟和吴次芳（2001）认为土地退化是指在各种自然因素、特别是人为因素的影响下所发生的土地质量及其可持续性下降甚至完全丧失的物理的、化学的和生物学的过程。

由以上定义可以看出，许多学者将土地退化的概念等同于土地荒漠化，而在湿润和半湿润区，污染等因素也同样会导致土地自然和社会经济功能的丧失。因而，不能片面的将土地退化等同于土地荒漠化。从生态学的观点来看，土地退化就是植物生长条件的恶化，土地生产力的下降。从系统论的观点来看，土地退化是人为因素和自然因素共同作用、相互叠加的结果。近年来国际上常用“土壤退化”一词来代替土地退化，因为从实质上讲，土地退化的基本内涵与变化过程是通过土壤退化来反映的，它包括土壤的侵蚀化、沙化、盐渍化、肥力贫瘠化、酸化、沼泽化及污染化等，也可概括为土壤的物理退化、化学退化与生物退化（程水英和李团胜，2004）。但也有学者认为，尽管土壤是土地的主体，但仅用土壤退化来代替土地退化是不全面的，因为土地毕竟是由一定厚度内岩石、地貌、气候、水文及生物组成的自然综合体，其结构和功能远超出土壤的范畴（章家恩和徐琪，1997a；1997b）。因而，仅从土壤和植被生长的角度来定义土地退化的概念，也一定程度上弱化了土地的社会经济功能。土地在自然-社会-人文系统中发挥着其固有的生态服务功能，土地退化实际上是在自然因素，尤其是人类活动因素的干扰下，土地的生态服务功能降低或者丧失的一个过程。在土地退化的相关研究中，需要综合考虑土地在自然生态系统和社会经济生态系统中综合生态服务功能的改变，因而土地退化可以定义为受自然和人为因素的影响，土地自然和社会经济功能及其可持续利用性下降的过程。

二、土地退化评价指标

由于土地退化、土地荒漠化的概念不是十分明确，加之存在各种荒漠化和退化类型，土地退化评价的指标十分广泛，体系众多。

王葆芳于1997年曾比较详细地介绍了国内外沙漠化监测评价的指标体系（表9-1）。王君厚和孙司衡于1996年从我国荒漠化监测的实际需要出发，提出了包括气候区、外营力、土地利用类型、地表特征和荒漠化程度在内的多因素复叠式荒漠化分类体系，认为这套分类体系既可适用于小区域大比例尺的重点监测，又可适用于大区域小比例尺的宏观监测，并提出了各种类型荒漠化程度判定的指标体系和判定方法；同时指出这套方法能够应用于各级行政区的荒漠化水平评价。朱震达（1994）提出从不同的角度判断荒漠化程度：①利用地理景观及土地荒漠化的发展，判断荒漠化程度，表征指标为荒漠化土地扩大率，流沙面积百分比，荒漠化土地景观的形态组合特征、配置、比例（流沙点、片状流沙、灌丛沙堆、密集程度）；②从生态角度判断荒漠化程度，指标为植被盖

表9-1 FAO和UNEP制定沙漠化监测评价分级标准（王葆芳，1997）

评价	指标	分级			
		轻度	中度	强度	极强度
沙漠化现状	1. 沙丘占地百分比（%）	<5	5～15	15～30	>30
	2. 土壤表层土损失度（%）	<25	25～50	50～75	>75
	a. 原生土层厚度<1.0m	<30	30～60	60～90	>90
	b. 原生土层厚度>1.0m				
	3. 现实生产力占土地潜在生产力比值（%）	>85	65～85	25～65	<25
	4. 土壤厚度（cm）	>90	90～50	50～10	<10
	5. 地表岩砾覆盖度（%）	<15	15～30	30～50	>50

续表

评价	指标	分级			
		轻度	中度	强度	极强度
沙漠化速率	1. 面积年扩大率（9%）	<1	1～2	2～5	>50
	2. 土壤损失率（%）	<2	2～3.5	3.5～5	>5
	3. 生物生产力年下降率（%）	<1.5	1.5～3.5	3.5～7.5	>7.5
	4.1m 线的年输沙率（%）	<5	5～10	10～20	>20
内在危险性	1. 土壤结构	砂壤土、粉砂砂黏壤土	其他	壤质砂土	砂土
	2.2m 高年均风速（m/s）	<2	2～3.5	3.5～4.5	>4.5
	3. 起沙风频率（$v \geq 6$m/s）（%）	<5	5～20	20～33	>33
	4. 沙砾运动潜在能力（%）	<5	5～15	15～25	>25
人畜压力	1. 人口超载率（%）	<－34	－34～0	04～100	>100
	2. 牲畜超载率（%）	－80～－34	－34～0	0～100	>100

度、土地滋生力、农田系统产投比生物量。以上两组指标的判断均将沙漠化程度划分为潜在、正在发展中、强烈发展和严重荒漠化 4 级；③根据地表形态发展阶段判断荒漠化程度，划分为轻度、中度、严重 3 级（表 9-2）。王涛等（1998）提出了沙质荒漠化评价指标体系（表 9-3）。

表 9-2　据地表形态判断荒漠化程度

土地荒漠化程度	综合地理景观标志
轻度	1. 沙丘迎风坡出现风蚀坑，背风坡有流沙堆积；植被覆盖度 30%～60%；流沙斑点状出现，面积在 5%～25%； 2. 出现大小不等的灌丛沙堆，灌丛生长茂密； 3. 地面显现薄层覆沙或砂石裸露； 4. 春季耕垅有明显的风蚀痕迹，垄间有积沙，土壤腐殖层风蚀损失不超过 50%，产量为开垦初期的 50%～80%； 5. 细土深厚的地方有风蚀坑，仍有一定植被覆盖，地面无明显陡坎
中度	1. 沙丘显现明显的风蚀坡和落沙坡分异；植被覆盖度 10%～30%；流沙面积 25%～50%； 2. 灌丛有叶期仍不能覆盖整个沙堆，灌丛沙堆迎风坡显现流沙； 3. 黄土区有小片流沙，布满粗沙砾石，有稀疏植被，草覆盖率 10%～30%； 4. 耕地明显风蚀低下，土壤腐质层厚度超 50%，产量降为开垦初期的 50%以下； 5. 风蚀坑大部分裸露，地面出现明显的小型陡坎
严重	1. 沙丘荒漠化地区整个呈现流动沙地状态，流沙面积超过 50%，植被零星分布，覆盖率小于 10%； 2. 砾质化区呈现不毛的戈壁状，植被盖度小于 10%，砾质化耕地弃耕； 3. 腐质层大部分被风蚀，出露钙积层或母质层，因生产力低大部分被弃耕； 4. 地面出现风蚀残墩、殖柱等

表 9-3　沙质荒漠化评价指标体系（王涛等，1998）

程度分级	指标			
	风蚀地或流沙面积所占该地区面积/%	单位时间内风蚀地或流沙面积年均扩大所占该地区面积/%	地表植被覆盖度/%	生物生产量年均降低/%
轻度	<5	<1	>60	<1.5
中度	5～25	1～2	60～30	1.5～3.5
重度	25～50	2～5	30～10	3.5～7.5
极重度	>50	>5	10～0	>7.5

许宁等人于2008年利用文献检索法系统地分析、总结了国内外土地退化监测评价的指标。结果表明，从有关“土地退化”的中文文章检索分析得出，土地退化的评价监测指标主要涉及六类，即土壤（地）、植被、社会经济、生物（态）、气候、地形地貌，具体指标中以植被盖度、有机质含量、经济收入水平及坡度四个指标应用频次最高，土地利用类型、含水量等指标的频次也较高；英文文章来看，指标中应用频次最高的是植被盖度；中英文综合而言，植被盖度、坡度、有机质含量、土地利用类型、经济收入（综合指标）等指标最为广泛和频繁。

土壤侵蚀评价指标应用率高的指标有坡度、植被盖度、有机质含量、地貌类型、团聚体稳定性、降水量和土地利用类型等；沙化评价指标应用率较高的指标为植被盖度、沙地占地率、生物量、土地利用类型、降水量、有机质含量和沙丘状态等。从中英文利用遥感展开退化监测的评价指标来看，依照使用频次高低，依次为植被盖度、坡度、土壤质地、裸地占地率、植被类型、有机质含量，其中植被盖度（植被指数）指标的应用率高达94.5%。

三、土地退化的类型和特征

对于土地退化的类型，不同的学者和组织对其有不同的定义。联合国粮农组织在*Land Degradation*一书中将土地退化粗分为侵蚀、盐碱、有机废料、传染性生物、工业无机废料、农药、放射性、重金属、肥料和洗涤剂等引起的十大类。Allen于1980年对土地退化的分类问题又补充了旱涝灾害、土壤养分亏缺和耕地的非农业占用。FAO、UNEP（United Nations Environment Programme，UNEP）和UNESCO（United Nations Educational，Scientific and Cultural Organization，UNESCO）于1979年共同提出的土地退化评价临时方法中，将土地退化过程分为水蚀、风蚀、盐碱化、物理退化、化学退化和生物退化六大类。土库曼科学院沙漠研究所将土地退化分为植被覆盖的退化，水蚀、风蚀、农田灌溉引起的盐渍化，海平面的下降和河流出水口的变化引起的土壤盐渍化，土壤紧实和板结、技术措施引起的土地退化，动物引起的土地退化等类型。全球土壤退化评价（GLASOD）和UNEP于1997年出版的世界荒漠化图集中，将土地退化过程分为水蚀、风蚀、物理退化、化学退化四个大类。

自20世纪80年代以来，我国对土地退化的研究逐渐增多。赵其国和刘良梧（1991）将我国土地退化分为土壤侵蚀、土壤性质恶化和非农业占地三类。朱震达等（1989，1994）根据起主导作用的营力，将我国土地退化分为风力作用下的荒漠化土地、流水作用下的荒漠化土地以及物理化学作用下的荒漠化土地三类。刘慧（1995）将我国土地退化分为水土流失、土地沙化、土壤盐碱化、土地贫瘠化、土地污染、土地损毁等六大类。龚子同和史学正根据国内外经验，结合我国实际情况，将土地退化划分为土壤侵蚀、土壤沙化、土壤盐渍化、土壤污染以及不包括上列各项的土壤性质恶化，还有耕地的非农业占用六大类（表9-4）。

表9-4　中国土地退化等级分类

中国土地退化分类	
1级	2级
A土壤侵蚀	A1水蚀
	A2冻融侵蚀
	A3重力侵蚀
B土壤沙化	B1悬疑风蚀
	B2推移风蚀
C土壤盐渍化	C1盐渍化和次生盐渍化
	C2碱化
D土壤污染	D1无机物（包括重金属和盐碱类）污染
	D2农药污染
	D3有机废物（包括工农业及生物废弃物中生物易降解和生物难降解有机毒物）
	D4化学肥料污染
	D5污泥、矿渣和粉煤灰污染
	D6放射性物质污染
	D7寄生虫、病原菌和病毒污染
E土壤性质恶化	E1土壤板结
	E2土壤潜育化和次生潜育化
	E3土壤酸化
	E4土壤养分亏缺
F耕地的非农业占用	F耕地的非农业占用

（一）土地沙化

1. 土地沙化的概念

土地沙化是指因气候变化和人类活动所导致的天然沙漠扩张和沙质土壤上植被破坏、

沙土裸露的过程。土地沙化主要是发生在脆弱生态环境下（如戈壁、荒漠、草原等干旱及半干旱地区），由于人为过度活动（如滥垦、樵采及过度放牧）或自然灾害（如干旱、鼠害及虫害等）所造成的原生植被的破坏、衰退以及土地资源丧失的过程（图 9-1）。

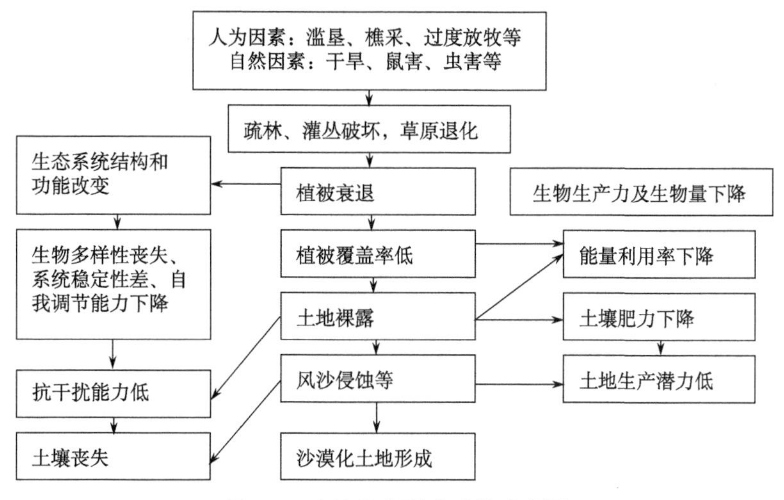

图 9-1　土地沙化形成过程示意图

土壤水分是土地沙化的一个关键影响因素。土地是否会发生沙化，决定的因素在于土壤中含有多少水分可供植物吸收、利用，并通过植物叶面而蒸发。当土壤中的水分不足以使大量植物生长时，即使有植物生长也十分稀疏，不能给土壤提供丰富养分，任何破坏土壤水分的因素都会最终导致土壤沙化。而土地沙化的大面积蔓延就是荒漠化，是最严重的全球环境问题之一，目前地球上有 20％的陆地正在受到荒漠化威胁。

2. 土地沙化的成因分析

(1) 气候变化

全球变暖在一定程度上加剧了土地沙化过程。由于气候变暖、降水减少，加剧了区域气候和土壤的干旱，使得区域的植被盖度降低、土壤结构松散，加速了土地的荒漠化。另外气候变暖和大范围气候持续干旱，给各种水资源（冰川、湖泊、河流等）带来严重的影响，使冰川退缩，河流水量减少甚至断流，湖泊萎缩、干涸，地下水位下降。大面积植被因缺水而死亡，失去了保护地表土壤的功能，加速了河道及其两侧沙化土地的扩展及沙漠边缘沙丘的活动，使荒漠化面积不断扩大。气候变化对土地沙化的影响，在干旱和半干旱地区表现得尤为明显。

(2) 开荒

大面积的开荒使得森林、草甸和沼泽等自然植被遭到破坏，植被覆盖度急剧下降，打乱了区域特有的生态环境能量与物质的正常循环过程，破坏了区域生态平衡，区域生物多样性随之减少。同样，失去植被保护的地表土壤有效水分含量减少，土壤日趋干燥，进而加剧了土地荒漠化进程。

(3) 过度放牧

在草原地区，随着草场载畜数量日益增加，草原过度放牧现象十分严重。超载过牧影响了牧草的正常生长，再加上牲畜践踏，造成草场植被盖度降低，土壤暴露在风沙之中，土壤养分枯竭，植被退化，生态破坏。而草场退化更加剧了草畜矛盾，形成过牧—退化—更过牧—更退化的恶性循环，从而造成土地沙化加剧。在超载过牧条件下，草本群落的种类组成趋于减少、贫乏，草原土壤微结构趋于紧实，有效水分含量减少，如果土壤质地偏沙性，往往形成斑块状裸地，被风蚀成为沙地。

(4) 不合理的中药材挖采和树木砍伐

不合理的中药材挖采和树木砍伐，造成地表裸露加剧，不但降低了植被覆盖度，还破坏了区域生态平衡，改变了该区域小气候条件和水文地质状况。植被涵养水源的能力被破坏，土壤含水量急剧下降，地表植被因养分和水分供给不足而大面积死亡。

2. 我国土地沙化现状

我国是世界上沙化危害最严重的国家之一，据国家林业局第二次沙化土地监测结果显示，截止 1999 年底，全国沙化土地面积达 174 万 km^2，占国土面积的 18%，涉及全国 30 个省（区、市）841 个县（旗）。据动态观测，20 世纪 70 年代，我国土地沙化扩展速度为 $1560km^2/a$，80 年代为 $2100km^2/a$，90 年代为 $2460km^2/a$，21 世纪初达到 $3436km^2/a$，相当于每年损失一个中等县的土地面积（王俊中，2001；胡培兴，2003）。土地沙化不仅造成严重的经济损失，而且威胁着华夏民族赖以生存的自然生态和社会文化环境（朱震达，1989；朱俊凤和朱震达，1999）。因此，我国政府十分重视荒漠化问题，开展了大量理论研究和治理工作，将生态环境建设和荒漠化防治列为西部开发的基础（安韶山等，2003）。国家林业局于 2003 年 11 月至 2005 年 4 月进行了第三次全国荒漠化和沙化监测，结果显示，截止到 2004 年底，全国沙化土地面积为 173.97 万 km^2，与 1999 年第二次相同监测范围内的沙化土地面积相比，5 年期间沙化土地面积减少 $6416km^2$，沙化土地由 20 世纪末年均扩展 $3436km^2$，转为年均减少 $1283km^2$，沙化土地整体扩展趋势得到初步遏制，由“破坏大于治理”转变为“治理与破坏相持”。

(二) 土地盐渍化

1. 土地盐渍化及其危害

土地盐碱化是指在特定气候、水文、地质及土壤等自然因素综合作用下，人为引水灌溉不当引起土壤盐化与碱化的土地质量退化过程。过多的可溶性盐增加了土壤溶液浓度，降低了土壤有效含水量，造成土壤板结，影响土壤微生物的生存，降低了该区生物多样性。由于周围环境中土壤溶液浓度过高，植物的生长生存受到威胁和破坏，常会发生枯黄、萎蔫以致生产力下降，乃至死亡，土地盐渍化是土地退化的一个重要原因。

2. 土地盐渍化的成因分析

(1) 气候条件

气候是引起土壤盐渍化的重要因素之一。对蒸发量远大于降水量的气候区，由于淋滤作用微弱，而蒸发浓缩作用极为强烈，地下水位浅埋区的地下水垂直交潜强烈，为土壤和地下水的盐分向上迁移并积聚地表创造了条件。

(2) 地形地貌

地形地貌在一定程度上影响了土壤盐渍化的发生。第四纪地层的沉积过程中，含盐量较高的古-近新纪地层均不同程度地遭受了大气降水入渗的溶滤作用，随着大量岩石碎屑物质被搬运堆积，大量的无机可溶盐也一起堆积沉淀，灌区土壤母质的含盐量增高，随着灌溉水和降水的入渗、淋滤、洗盐作用，地下水中的含盐量有所增加，强烈的蒸发浓缩作用形成了大片的盐碱地。

(3) 土壤结构

土壤质地较为黏重的粉质黏土和积黏土，厚度大，透水性弱，阻隔了地下水向外排泄，使地下水位升高，蒸发浓缩作用加强，土壤盐渍化加重。

(4) 地下水

灌区地下水位的高低是形成盐渍化土的主要因素，地下水位抬高，蒸发加强，含盐的地下水随土壤毛细管作用上升至土壤表层，水分蒸发后，盐分聚集，使土壤发生次生盐渍化。

(5) 人类活动

农作物耕作中施用的农家肥、化肥中有较多的盐分，一些地区有烧荒习惯，一些荒草中也含有大量无机盐。上肥、烧荒、不合理的灌溉制度、渠道渗漏等人类活动，都会增加土壤中盐分的含量，导致土壤发生次生盐渍化。

3. 我国土地盐渍化现状

根据中国科学院自然资源综合考察委员会在20世纪80年代初的调查估算，我国现有农林牧土地面积68 912万hm^2，受盐碱化危害的农林牧土地面积有3382万hm^2，占农、林、牧总面积的4.91%，而农、林、牧各业盐碱化土地面积分别占各业总土地面积的6.62%、0.84%和6.10%。由于盐渍土分布地区生物气候等环境因素的差异，按类型大致可将我国盐渍土分为滨海盐土与滩涂，黄淮海平原盐渍土，东北松嫩平原盐土和碱土，半漠境内陆盐土和青新极端干旱的漠境盐土等五大片。

(三) 土地贫瘠化

1. 土地贫瘠化及其危害

土地贫瘠化是指由于土地的强化利用和有机肥施用量不足，打破土壤养分循环的平衡，导致土壤养分下降的过程。土地利用强度过大时，长期耕种，作物从土壤中吸收营养的同时也带走养分，加之灌溉管理不善，长期用地不养地，微量元素得不到补充，导致水分、养分等入不敷出，使可更新资源的自我更新能力下降，导致土壤养分枯竭，生态退化。

土壤中的营养元素不足以供给植物正常生长所需要的养分时，土壤生态系统的正常循环就遭到严重破坏。土壤生物由于不能及时得到所需要的营养，只得降低活力，或是延缓以至停止繁殖，导致土壤生物大量减少甚至使某些物种消失，土壤生态系统便遭到破坏。土壤生态系统遭到破坏后，土壤团粒结构消失，形成板结，土壤空气大量减少，水分的吸收和传输功能也降低，土壤肥力亦随之降低。

2. 我国土地贫瘠现状

据调查，全国耕地有机质含量平均值低于1.5%，其中0.1亿 hm^2 耕地的有机质含量不足0.7%，约占耕地总面积的11%（刘慧，1995）。农耕地中的一些元素也已经出现了短缺，如K元素在20世纪60年代仅在南方的一些耕地中表现出不足，但现在K元素不足的耕地在南方已占耕地面积的54%。同时，全国52.6%的耕地中表现出P元素不足，25.6%的耕地中表现出B元素不足，缺Mo、Mn、Zn和Cu的耕地分别为34.8%，15.8%，38.0%和5.2%。第一次土壤普查与第二次土壤普查结果比较表明，我国耕地肥力状况只是局部有所提高，但整体下降。土地贫瘠化几乎全国各地皆有发生，中低产田（水稻单产小于6000kg/hm^2，玉米单产小于5250kg/ hm^2）的比例由20世纪50年代的67%增加到73%。土地肥力的降低导致农业生产后劲不足，将严重影响我国作物单产水平的进一步提高。

（四）土地污染

1. 土地污染及其危害

土地污染是指各种有机物、污染物通过不同方式进入土地并在土壤中积淀，破坏土壤生物群体组成，破坏土壤结构，当其数量日渐增多，超过土地自我调节阈值，土地生态平衡便被破坏，土地生产力下降。土地污染根据成因不同大致可以分为重金属污染、农药和有机物污染、放射性污染、病原菌污染等多种类型。

在一定限度内，由于土壤微生物的存在，土壤能够对各种污染物质进行代谢、降解和转化，从而消除或降低污染物的毒性，使土壤成为天然的环境“过滤器”与“净化器”。但是当污染物含量超过土壤的环境容量和自净能力时，不仅使土壤微生物群落瓦解，而且植物的生长生存也将遭受威胁和破坏。植物从土壤中吸收污染物质后，常会发生枯黄、中毒以致品质和生产力下降，乃至死亡，这些植物进入食物链，经过生物富集作用对动物和人类健康形成严重危害。另外，有些污染物质在土壤中不易降解，在土壤中可保存较长的时间，其危害是相当严重的。

2. 土地污染的成因分析

(1) 工业废水

随着工业的发展，工业排出的废水日益增多，对农业环境的污染和破坏越来越严重。由于我国城市小型企业较多，技术又相对落后，缺少污水处理设施，大量污水随意排放，不仅污染了环境，而且破坏了土壤结构。

(2) 化学肥料

化学肥料的大量施用，不但促进土壤中有机质矿化，加速土壤有机质的消耗，而且严重影响了土壤微生物的数量和种类，同时对土壤的结构、持水性、可耕性等物理性质产生影响。长期大量施用化学肥料，也会引起土壤中pH的变化，土壤过酸时，土壤中有毒离子随pH减少而增多，土壤的团粒结构遭到破坏，导致土壤板结，使得土壤中的有机质不能充分分解，产生大量的有机酸毒害植物，使植物原生质变性，酶钝化，从而影响植物对养分的吸收，造成植物代谢受阻。

(3) 化学农药

化学农药多半是有机化合物，性质稳定，在土壤中降解需要几年甚至十几年。大量的化学农药杀死作物病虫的同时也杀死了有益的微生物，造成土地污染，破坏生态平衡。

3. 我国土地污染现状

在我国，随着城市规模扩大，工业发展和乡镇企业的兴起，大量的工业废水、废气、废渣排放到土壤中，造成土壤被动污染。此外，污水灌溉，化肥、农药的不合理使用等，造成土壤主动污染。我国的土地污染特别是耕地污染较为严重。目前，全国有1/5的耕地受到重金属污染，耕地的重金属污染、有机污染、农用化学品污染等已导致农产品的品质和产量下降，每年至少造成数百亿的直接经济损失。据统计，1980年我国遭受工业“三废”污染的耕地已达400万hm^2，受乡镇企业污染面积达186.7万hm^2，而且乡镇企业造成的土地污染有加重的趋势。随着农业化学化的发展，我国化肥和农药施用量日益剧增，因施用不当，也影响土壤微生物的活动，使土壤结构改变，土壤板结（刘慧，1995）。随着我国土地污染加剧，污染事故也频频发生，如在2005年，国家环保总局共接到76起突发环境事件报告，其中土地污染事件13起，占总数的17.1%。

(五) 土地损毁

1. 土地损毁及其危害

土地损毁是指矿产资源的开发、电力与建材等工业生产过程中，由于挖废、毁坏以及被废弃的矿石、废渣堆占等使土地表土丧失或整个土地毁坏造成土地第一生产力丧失的过程。土地损毁不仅破坏地表，而且对该区域及其周围地区的水文地质条件的影响颇大。地下开采造成的地表塌陷，影响到地下水状况的改变——增加或干涸。土地损毁改变了地下水的状况，进而影响整个土地生态系统中其他各相关因子的功能。同时，由于地表径流流经有毒的或含有金属的矿岩，渗入地下水系，造成地下水系污染。被污染的水在生态循环过程中必将对其他生物造成一定程度的影响，进而破坏区域的生态平衡，降低区域生物多样性。

2. 土地损毁的成因

（1）土地挖损

直接挖损是土地损毁的最主要表现形式。在煤矿资源的开采中，露天采煤是把煤层上方的表土和岩层剥离之后进行的，在露天采煤过程中要大面积剥离压煤层，使大量土地遭到严重挖损破坏。挖损一般形成地表大坑，有的造成常年积水或季节性积水，其危害严重，彻底改变了土壤养分的初始条件，增加了养分流失的机会。特别是干旱半干旱草原地区进行露天开采，将造成整个草原生态环境的恶化。

（2）土地塌陷

土地塌陷是由于煤炭资源开采形成一定的地下采空区，导致上覆岩层的应力平衡被打破而产生变形，逐步沉降形成地表洼陷地带。中国煤炭产量的95％为井下开采，煤矿塌陷地是采煤损毁土地的主要表现形式。

（3）土地占压

土地占压是露天煤矿开采剥离表层土堆积而形成的外排土场和井工采煤由井下运到地面的矸石和洗煤厂将精煤洗出后排弃的矸石堆积而成。露天采煤所排弃的剥离物除第四系的松散土层和表土外，主要是由砂岩和页岩碎块构成，不仅直接造成土地的占压，使原有土地失去可利用价值，而且间接造成周围环境的破坏，如矸石山自然散发的有毒有害气体对空气的污染和有毒有害淋溶水对周围土地、水体的污染等。

3. 我国土地损毁现状

据统计，我国矿区破坏土地累计面积达288万 hm^2，并且每年以大约4.67万 hm^2 的速度增长。其中煤矿采矿最为严重，仅大中型煤矿就占用土地达162万 hm^2；在铁矿方面，我国目前铁矿产量已达上亿吨，其中露天采矿量占90％，年剥离岩土量达2亿t以上。有色金属工业每年排放固体废物达6000万t，累计堆存量已达10亿t，占用土地7万 hm^2。

第二节　土地生态恢复

一、土地生态恢复基本概念

土地生态恢复是指在土地生态调查、监测和评价的基础上，针对特定类型的土地退化特征，恢复土地生态系统合理的结构、高效的功能和协调的关系。土地生态恢复强调的是土地生态系统的恢复，与自然条件下发生的土地系统进化过程不同，它强调人在土地生态恢复过程中发挥的主导作用。

由于研究的内容、角度等不同，不同学者对生态恢复的定义也有差异。Bradshaw认为，生态恢复是生态学有关理论的一种严格检验，它研究生态系统自身的性质、机理及修复过程。Cairns等将生态恢复定义为恢复被损害生态系统接近于它受干扰前的自然状况的管理与操作过程，即重建该系统干扰前的结构与功能及有关的物理、化学及生物学特征。Jordan认为使生态系统恢复到先前的或历史上（自然或非自然的）的状态即为生态恢复。Egan认为生态恢复是重建某区域历史上存在的植物和动物群落，而且保持生态系统和人类的传统文化功能持续性的过程。国际生态恢复学会将生态恢复定义为帮助研究恢复和管理原生生态系统的完整性的过程，包括生物多样性的临界变化范围、生态系统结构和过程、区域和历史内容以及可持续的社会实践等。

关于生态恢复的表述还有很多，如restoration、reclamation、revegetation、rehabilitation、ecodevelopment、ecosystem reconstruction、sustainable development、habitat mitigation等，各种表述的侧重点不同。restoration强调对受到干扰、破坏的东西修复使其尽可能恢复到原来的状态。reclamation强调将被干扰和破坏的生境恢复到使它原来定居的物种能够重新定居，或者使与原来物种相似的物种能够定居，在矿区地表恢复中常用这个概念。rehabilitation指根据土地利用计划，将受干扰和破坏的土地恢复到具有生产力的状态，确保该土地保持稳定的生产状态，不再造成环境恶化，并与周围环境的景观保持一致，被干扰的土地在经过rehabilitation后具有双重目的：一是阻止和避免对周围生态系统施加更进一步的负面影响；二是既具有经济效益又具有美的价值。revegatation是指尽量恢复一个生态系统的植被及其功能，或者是恢复到其原来的植被类型，比如将已开垦的草场从农田恢复到草地。

由以上相关定义可以看出，生态恢复是根据生态学原理，通过一定的生物、生态以及工程的技术与方法，人为地改变和切断生态系统退化的主导因子或过程，调整、配置和优化系统内部及其外界的物质、能量和信息的流动过程和时空次序，使生态系统的结构、功能和生态学潜力尽快成功地恢复到一定的或原有乃至更高的水平。生态恢复的基本思路是根据生态学、可持续发展理论等相关原理选择适宜的物种，构造种群和生态系统，实行土壤、植被与生物同步分级恢复，以逐步使生态系统恢复到一定的功能水平，并维持其可持续性。

生态恢复的范围是从立地尺度的恢复到整个景观的恢复。生态恢复的难度和所需的时间与生态系统的退化程度、自我恢复能力、恢复方向以及恢复的方式密切相关。退化程度较轻的和自我恢复能力较强的生态系统比较容易恢复，所需的时间也较短。极度退化的生态系统（如流动沙丘等）和自我恢复较慢的生态系统，往往难以在较短时间内自然恢复，一般都要采取人为措施干预其生态恢复过程，以加快其生态功能恢复的进度。

二、土地生态恢复的理论基础

土地生态恢复是研究土地生态系统退化的原因、退化土地生态系统恢复与重建的技术与方法、生态学过程与机理的科学，其研究对象是在自然和人类活动压力下受到破坏的土地生态系统。其理论基础包括基础生态学理论、恢复生态学理论、景观生态学理论和可持续发展理论。

（一）基础生态学理论

1. 生态适宜性原理

生物经过长期的与环境的协同进化，对环境产生了生态依赖，其生长发育对环境产生了要求，如果生态环境发生变化，生物就不能较好地生长，因此生物对光、热、温、水、土等产生了依赖性，这个就是生态适宜性原理。根据生态适宜性原理，土地生态恢复中，要先调查恢复区的自然生态条件，如土壤性状、光照特性、温度等，根据生态环境因子来选择适当的生物种类，使得生物种类与环境生态条件相适应，也就是说，让最适宜的植物或动物生长在最适宜的环境中去。土地生态恢复中做到这一点，不仅可以加快土地生态恢复的速度，还可以较快地优化恢复区的生态环境，否则不仅达不到恢复效果，还会造成资源的浪费和恢复区生态环境的恶化。

2. 限制因子与耐受幅度原理

生物的生存和繁殖依赖于各种生态因子的综合作用。生态因子是指环境中对生物生长、发育、生殖、行为和分布有直接或间接影响的环境要素，如光照、温度、土壤、水分、二氧化碳、食物和其他相关生物等。生物对任何一种环境因子都存在着一个忍耐区间，在这个范围内，生物正常生长发育。任何生态因子，当接近或者超过某种生物的耐受性极限而阻止其生长、发育、繁殖或扩散时，就成为限制因子。

限制因子和耐受幅度对退化土地生态系统恢复的物种选择和生境改良特别是盐渍地、裸地、沙化土地的改良具有重要意义。一个生态系统被破坏，要对其进行恢复会遇到许多因子的制约，在进行生态恢复时必须明确该系统的关键因子，然后通过对这些因子的调控，才能有效迅速地进行生态恢复。例如，通常极度退化生态系统恢复的初始阶段均选择对生境因子忍耐区间很大的物种作为先锋种，并针对某些关键低量的生境因子或营养元素给予人工补偿。

3. 生态系统的结构理论

生态系统的结构是指生态系统中的组成成分及其在时间、空间的分布和各组分能量、物质、信息流的分布方式和特点，包括物种结构、时空结构和营养结构。建立合理的生态系统结构有利于提高生态系统的功能，并维持其可持续性。生态系统从时空结构的角度来看，应充分利用光、热、水、土地资源；从营养结构的角度来看，应实现生物物质和能量的多级利用与转化，形成一个高效的，无废物的系统；从物种结构上，提倡物种多样性，有利于系统的稳定和发展。根据生态系统结构理论，生态恢复中应采用多种生物物种相结合，实现物种间能量、物质和信息的流动。

4. 生态位原理

生态位是生态学上的一个重要概念，主要指在自然生态系统中一个种群在时间、空间上的位置及其与相关种群之间的功能关系。对于某一生物种群来说，其只能生活在一定环境条件范围内，并利用特定的资源，甚至只能在特殊时间里在该环境中出现。生态恢复特别是构建多样性高的复合生态系统时应考虑各物种在水平空间、垂直空间的地下根系和生态位分化，物种如果具有相同的生态位，必然会造成激烈的竞争而不利于生态系统群体的发展和健康生态系统的形成与自我维持，也不利于生态系统高生物量的形成。生态位原理是生态恢复中物种引种、配置的关键，合理运用生态位原理可以构成一个具有多样性种群的稳定而高效的生态系统。

土地生态恢复涉及地理环境、土壤条件和气候条件变化，应充分考虑恢复区域各种动物和植物的生态位特征，因地制宜，合理选配适宜生长的生物，可以利用植物在空间、时间和营养生态位上的分异进行配置，避免引进生态位相同的物种，尽可能使物种的生态位错开，使各种群在群落中具有各自的生态位，避免种群间的直接竞争，维持系统的生物多样性，保持种群和系统稳定。这样一方面可以利用种间互惠互生的关系，优化植物生长环境；另一方面可以提高生态效率，丰富季相色彩，从而维持退化土地恢复生态系统的长期生产力和稳定性。

5. 生物群落演替理论

植物群落的演替指在植物群落发展变化过程中，由低级到高级、由简单到复杂、一个阶段接着一个阶段，一个群落代替另一个群落的自然演变现象。生物群落的演替是群落内部关系与外界环境中各种生态因子综合作用的结果。群落与环境之间以及植物与植物之间经常处于相互矛盾中，这些矛盾导致适应这个环境的植物生存下来，不适应的被淘汰出去，从而使植物群落不断地进行演替。

在自然条件下，如果原有的群落遭到破坏，一般能够进行自然的恢复，尽管恢复时间有长有短。恢复的过程一般先是先锋植物侵入遭到破坏的地方并定居和繁殖，先锋物种改善了被破坏地的环境，使得其他物种侵入并被部分或全部取代，进一步地改善环境，促进更多物种侵入，进而使生态系统逐渐恢复到它原来的外貌和物种。成功的人工植被或生态系统都是在深入认识生态原则和动态原则的基础上，模拟自然生态系统的产物。因此，退化土地生态系统的恢复与重建，最有效的是顺应生态系统演替发展规律来进行。

6. 生物多样性原理

生物多样性指生命有机体及其借以存在的生态复合体的多样性和变异性，包括遗传多样性、物种多样性、生态系统与景观多样性。生态系统的多样性越高，生态系统越稳定，抗干扰能力强，高生产力的种类出现的机会增加，营养的相互关系更加多样化，能量流动可选择的途径多，各营养水平间的能量流动稳定，对来自生态系统外种类入侵的抵抗能力强，植物病体的扩散降低，生态系统对资源的利用效率高。

物种多样性是生态系统稳定与否的一个重要因子，复杂的生态系统通常是最稳定的，它的主要特征之一就是生物组成种类繁多而均衡，食物网纵横交错，某种偶然增加或减少，其他种群就可以及时抑制或补偿，从而保证系统具有很强的自组织能力。相反，退化生态系统、恢复初期的生态系统或人工生态系统的生物种类较为单一，其稳定就差。在土地生态恢复的中，应最大限度地采取技术措施，通过引进新的物种、配置好初始种类组成、种植先锋植物、进行肥水管理等，加快恢复与地带性生态系统相似的生态系统，保护好自然生境里的生物多样性，实现土地的可持续开发利用。

(二) 景观生态学理论

1. 景观异质性与景观格局

景观异质性是景观生态学中的一个重要概念，泛指景观区域中景观要素类型、组合及属性的时空变异程度，是景观区别于其他生命层次的最显著特征，描述了景观结构空间分布的非均匀性和非随机性，是空间斑块性和空间梯度的综合反映。景观异质性是许多基本生态过程和物理环境过程在空间和时间尺度上共同作用的产物，它的产生受到来自复杂的内部和外部因子的综合作用，同时各因子既有自己的运行机制，又有相互间的交叉作用。

景观格局一般指大小和形状不一的景观斑块在空间上的配置，空间斑块性是其最普遍的形式。景观格局是景观异质性的具体表现，同时又是包括干扰在内的各种生态过程在不同尺度上作用的结果。景观格局往往是许多因素和过程共同作用的结果，且其形成的原因和机制在不同尺度上往往是不一样的，不同因素在景观格局形成中的重要性随尺度而异，大尺度的空间格局往往是由气候和地形因素决定的，而小尺度斑块格局往往是由生物学过程引起的。在景观格局的形成因素中，自然和人为的干扰是不同尺度上景观格局形成的最重要的原因，尤其是人为干扰，常造成景观高度的破碎化（邬建国，2000）。

2. 边缘效应

两个或多个群落间的过渡区称交错区，在这个交错区里，因每个生物群落都有向外扩张的趋势，使交错区的生物种类比交错区所相邻的群落多，生产力也较高，这个现象称边缘效应。边缘效应有正效应和负效应两种，正效应是交错区生物群落比相邻区更具优势，负效应则相反，如农牧交错区往往是生态脆弱区。在土地生态恢复实践中，一方面，应以边缘效应的观测为参照，建立更加优化的生态系统类型；另一方面，应注意到交错区是生态系统与其“周边”联系的“通道”，恢复区可通过此通道与外界进行物种交换，以获取稳定的物种组成结构，提高生态系统生物多样性生产力。

3. 干扰

干扰是指发生在一定地理位置上，对生态系统结构造成直接损伤的、非连续性的物理作用或事件。常见的干扰现象有火干扰、放牧、土壤物理干扰、土壤施肥、践踏、外来物种入侵、人类干扰等。干扰引起资源和基质有效性的改变以及物理环境的变化，并直接或间接地影响到景观组织的各个等级层次，因此干扰是使景观异质性产生、维持和消亡的关键外部因子，从一定意义上讲，景观异质性可以说是不同时空尺度上频繁发生干扰的结果。

干扰对景观破碎化的影响比较复杂，一些较小规模的干扰可以导致景观破碎化，而一些较大规模的干扰可以导致现有的异质性斑块毁灭，进而形成一个较大规模的异质性斑块，能够导致景观的均质化而不是景观的进一步破碎化。在干扰对景观稳定性的影响方面，干扰的规模和强度超过景观稳定性的阈值时，景观格局会发生质的变化，而较小的干扰作用，则不会对景观稳定性有影响。在干扰对物种多样性的影响方面，适度干扰下生态系统具有较高的物种多样性，在较低和较高频率的干扰作用下，生态系统的物种多样性均趋于下降。土地生态恢复中，只有了解干扰的规律、强度、范围、后果以及景观的阻抗和恢复能力等，采取有效的生态措施或工程措施才能改变或维持现有的景观。例如，对于一些退化生态系统的恢复可以适当采取一些干扰措施以加速恢复，通过一定的人为干扰使退化生态系统正向演替来推动退化生态系统的恢复。

4. *尺度*

尺度是指在研究某一物体或现象时所采用的空间或时间单位，同时又指某一现象或过程在空间和时间上所涉及的范围和发生的频率。尺度可以分为空间尺度和时间尺度，它包含于任何景观的生态过程之中，景观格局和异质性根据所测定的时间和空间尺度变化而异，一个尺度上的同质性景观可能是另外一个尺度上的异质性景观，在某一尺度上的结论不能直接推广到另一尺度上去。

土地的生态恢复要分尺度研究。在生态系统尺度上，可以揭示生态系统退化发生机理及其防治途径，研究退化生态系统过程与环境因子的关系，以及生态过渡带的作用与调控等。在区域尺度上，可研究退化区生态景观格局时空演变与气候变化和人类活动的关系，建立退化区稳定、高效、可持续发展模式。在景观尺度上，可研究退化生态系统间的相互作用及其耦合机理，揭示其生态安全机制以及退化生态系统演化的动力学机制和稳定性机制等。土地生态恢复必须做到在时间和空间上必须同社会、行政和管理中相关的过程保持尺度一致性，由于某一尺度的系统过程和性质受约于该尺度，每一尺度都有其约束体系和临界值，因而在土地生态恢复过程中，要特别重视景观、社会问题和决策过程中的尺度协调。

（三）可持续发展理论

可持续发展主要指自然资源及其开发利用程度上的平衡，具有丰富的内涵，主张既满足当代人发展的需要，又满足后代人的基本要求，是建立在保护地球自然系统基础上的持续经济发展，是人与自然和谐共处的发展。可持续发展的基本原则可以概括为以下几条。

1）发展原则。可持续发展强调通过发展来提高当代人的生活水平，在追求经济发展的同时必须具有长远观点，既要考虑当前发展的需要，又要考虑未来发展的需要，不能以牺牲后代人的利益为代价来满足当代人的发展。

2）公平性原则。公平性原则包括三个方面：一是本代人的公平，即代内人之间的横向公平，可持续发展要给每个人机会以满足每个人要求过美好生活的愿望；二是代际间的公平性，即世代的纵向公平，当代人不能因为自己的发展与需求而损害后代人满足其发展需求的条件，要给后代人的发展留有余地；三是国际间公平分配有限的资源，发达国家与发展中国家应公平地享用世界的资源。

3）持续性原则。可持续发展的主要限制因素是作为人类生存与发展的基础和条件的资源与环境，资源的永续利用和生态环境的可持续性是可持续发展的重要保证。人类发展必须以不损害支持地球生命的大气、水、土壤和生物等自然条件为前提，必须充分考虑资源的临界性，适应资源与环境的承载力。

4）共同性原则。要实现可持续发展的总目标，必须争取全球共同的配合行动。可持续发展既要尊重各方的利益，又要保护全球环境与发展体系，人类要共同促进自身之间、自身与自然之间的协调。

（四）恢复生态学理论

1. 生态恢复的目标

Hobbs和Norton（1996）认为恢复退化生态系统的目标包括：建立合理的内容组成（种类丰富度及多度）、结构（植被和土壤的垂直结构）、格局（生态系统成分的水平安排）、异质性（各组分由多个变量组成）、功能（水、能量、物质流动等基本生态过程的实现）。Parker提出恢复生态系统的长期目标，应该是生态系统自身可持续性的恢复，但由于这个目标的时间尺度太大，加上生态系统是开放的，可能会导致恢复后系统状态与原状态的不同。

我国不同学者也对生态恢复的目标做了不同的阐述。彭少麟等于2001年认为，生态恢复的目标应包括：①实现生态系统的地表基底稳定性；②恢复植被和土壤，保证一定的植被覆盖率和土壤肥力；③增加种类组成和生物多样性；④实现生物群落的恢复，提高生态系统的生产力和自我维持能力；⑤减少或控制环境污染；⑥增加视觉和美觉享受。任海等（2004）认为生态恢复的目标为：①恢复诸如废弃矿地这样极度退化的生境；②提高退化土地上的生产力；③在被保护的景观内去除干扰以加强保护；④对现有生态系统进行合理利用和保护，维持其服务功能。

根据不同的社会、经济、文化与生活需要，人们往往针对不同的退化生态系统制定不同水平的恢复目标，且生态恢复的具体目标也随退化生态系统本身的类型和退化程度的不同而有所差异。土地生态恢复虽然强调的是对受损土地生态系统的恢复，但其首要目标还是保护自然的土地生态系统，其次是恢复现有的退化生态系统，尤其是与人类关系密切的生态系统，第三是对现有的生态系统进行合理的管理，避免其退化，第四是保持区域文化的可持续发展，土地生态恢复的终极目标还是维持土地生态系统自身的可持续发展。

2. 生态恢复的基本原则

对退化生态系统的恢复要求在遵循自然规律的基础上，通过人类的主观能动作用，根据技术上适当、经济上可行、社会能够接受的原则，使退化生态系统按照人们所预期的目标得以恢复。在生态恢复过程中，遵循自然法则是最基本的原则，生态恢复必须遵循与之相对应的地域分异原则、生态学原则和系统性原则，若不很好地遵循自然法则，不仅不能够达到预定的恢复目标，还会造成资源浪费甚至使生态系统更加恶化。社会经济技术原则是生态恢复的基础和支柱，制约着生态恢复的可能性、水平和深度，是生态恢复得以进行的条件与保障，也是土地这样一个自然、社会、经济综合体的生态恢复所必须考虑的问题。美学原则也是生态恢复的一个必要原则，恢复的生态系统需要给人以美的感受，符合人的审美观。

三、土地生态恢复的方法与步骤

（一）土地生态恢复的方法

由于不同的土地生态系统存在着地域差异性，其外部干扰的类型和强度也不相同，结果导致不同生态系统表现出的退化类型、阶段、过程及其响应机理也各不相同。因此不同土地利用类型（如耕地、林地、草地、园地、工矿用地等）、不同退化程度的土地生态系统，其恢复的目标、侧重点、选用的恢复方法也不相同。一般的退化生态系统的恢复，大致需要涉及非生物或环境要素（土壤、大气、水分等）；生物因素（物种、种群、群落）的恢复技术；生态系统（结构和功能）的总体规划、设计和组装技术这几类基本的恢复体系。

从生态系统组成成分的角度来看，恢复主要包括非生物环境的恢复和生物系统的恢复。非生物环境的恢复包括水体恢复、土壤恢复、大气恢复等，生物系统的恢复主要包括植被恢复（物种引进、品种改良等）、消费者（捕食者的引进、病虫害的控制）和分解者（微生物的引种与控制）的重建与恢复，还包括生态系统（结构功能）的总体规划、设计与组装。在土地生态恢复的实际应用中，常常是几种技术的综合应用。例如，余作岳和皮永丰（1985）在极度退化的土地上恢复热带季雨林的过程中，采用生物与工程技术相结合的方法，通过重建先锋群落、配置多层次多物种乡土树的阔叶树和重建复合农林业生态系统等三步骤取得了成功。总之，生态恢复中最重要的还是需要综合考虑实际情况，充分利用各种技术，通过研究与实践，尽快地恢复生态系统的结构，进而恢复其功能，实现生态、经济、社会和美学效益的统一。

自然恢复是指对于特定区域的退化生态系统，不通过人工辅助手段，依靠退化生态系统本身的能力使其向着典型自然生态系统顺向演替的过程。刘金林等（1983）对浙江午潮山退化生态系统通过 20 年封山育林恢复的研究表明，对于生态系统退化比较严重的灌丛、灌草丛，封山育林是退化生态系统恢复的有效途径。午潮山的地带性典型生态系统为常绿阔叶林，由于长期人为干扰和破坏，退化为灌丛和草坡。封山后，恢复的早期，以枹树、黄檀等树种最先侵入。这些都是适应力强，喜光不耐荫的树种，能在开阔草丛中很好的生长（落叶阔叶林阶段）。随着环境条件的改善，常绿树种也开始逐渐迁入和定居，首先是耐旱性较强的常绿乔木树种，如青冈、石栎以及茶科的柃木属等植物，形成常绿落叶阔叶混交林，然后逐渐形成常绿阔叶树种为主的阶段（常绿阔叶林）。

人工促进的自然恢复主要是利用人工辅助措施包括改善退化生态系统的物理因素，改善营养条件，改善种源条件及改善物种间的相互制约关系等。改善退化生态系统的物理因素主要是改善退化生态系统土壤的理化性质，对于生态系统的恢复是至关重要的。如土壤的 pH 太高可以用有机质或硫化废物进行改善；pH 太低可以用石灰进行改善；土壤盐分太高，可以采取灌溉的方法对土壤进行改善。改善退化生态系统的营养条件主要在营养缺乏的情况下，退化生态系统的恢复很困难，因此需要改善其营养条件。在三峡地区，种植豆科植物被证明是很有效的改善生态系统营养条件的方法。改善退化生态系统的种源条件是指慎重选择树种，并采取适当的手段进行恢复。退化生态系统要恢复到典型的地带性生态系统，有时可以直接选用顶极群落的树种，有时则一定要经过中间树种，这需要因地制宜。对于采取的手段，也因土壤条件不同而异，有时可直接点播，有时却要首先改善土壤条件再点播。改善退化生态系统物种间的关系指通过抑制一些物种的生长发育而促进另一些物种健康生长、发育、繁殖，从而促进退化生态系统的恢复。在森林的恢复中，经常进行抚育，就是典型的例子。人工生态组建过程中，乔木树种的密植，对抑制草本层发育也是极为有利的。

（二）土地生态恢复的步骤

退化生态系统恢复的基本过程一般可简单地表示为：基本结构组分单元的恢复—组分之间相互关系的恢复（第一生产力、食物网、土壤肥力、自我调控机能包括稳定性和恢复能力等）—整个生态系统的恢复—景观的恢复。赵晓英等（2001）将生态恢复的关键过程概括为：①确定引起退化的各种内、外因子的作用机制和退化过程；②提出扭转、改善退化的方法；③确定重建物种和生态系统功能的理想目标，认识恢复的生态学局限及实施恢复的社会、经济和其他障碍因素；④建立观测生态演替的简单易行的方法；⑤提出相应尺度上实施恢复目标的可行技术；⑥在更广泛的土地利用规划和管理策略中提取并交流这些技术；⑦监测关键的系统变量，评价恢复的进程，必要时对恢复方案进行调整。

在土地生态恢复的具体实施中，首先应明确恢复对象，确定退化系统的边界，包括生态系统的层次与级别、时空尺度与规模、结构与功能；然后对生态系统退化进行诊断，对生态系统退化的基本特征、退化原因、过程、类型、程度等进行详细的调查和分析；继而结合退化系统所在区域的自然系统、社会经济系统和技术力量等特征，确定生态恢复目标，进行可行性分析，在此基础上，建立优化模型，提出决策和具体的实施方案；接着要对所获得的优化模型进行试验和模拟，并通过定位观测获得在理论上和实践上都具有可操作性的恢复与重建模式，构建自然-社会-经济复合生态系统，最后对成功的恢复与重建模式进行示范推广，同时进行后续的动态监测、预测和评价。

退化土地生态系统恢复后，评价恢复后的土地生态系统是否合理，需要考虑到新的生态系统是否稳定并且是否具有可持续性；新的土地生态系统是否具有较高的生产力；新的土地生态系统中土壤养分和水分条件是否得到改善；新的土地生态系统中各组分之间相互关系是否协调，是否有较高的社会、经济效益并能够依靠自身的结构和功能进行可持续的发展。同时，还要考虑恢复后的土地生态系统是否具有较高的美学观赏性。

第三节　土地生态重建

自然生态系统处于一种动态平衡，人类为了自身的生存和发展必然会在一定程度上触动自然生态系统的这种平衡。20世纪以前，人类对自然的干扰破坏相对较小，自然尚有较强的自净能力，随着大生产的开展，生态平衡受到严重破坏，人类不得不开始正视生态破坏的后果。世界环境与发展委员会1987年在《我们共同的未来》一书中指出："在过去我们关心的是经济发展对环境带来的影响，而我们现在则迫切地感到生态的压力，如环境、水、大气、森林的退化对我们经济发展带来的影响"。

一、土地生态重建基本概念

土地生态重建是在人们对土地生态恢复的认识更深入、全面的基础上由环境学界和生态学界提出的概念。美国生态学会认为生态重建是人们有目的地把一个地方改建成定义明确的、固有的、历史的生态系统的过程，这一过程的目的是竭力仿效特定生态系统的结构、功能、生物多样性及其变迁过程（Pan，2000）。美国恢复生态协会将生态重建定义为对生态系统已遭到严重破坏且不能恢复其原始形态的区域，根据其现有的气候、土壤、植被等自然条件，结合区域内社会经济条件建立一个新的生态系统，它能实现该区域的自我持续发展，形成重建后的自我持续状态。美国科学院1974年将生态重建定义为，根据破坏前制订的规划，将破坏土地恢复到稳定的和永久的用途，这种用途可以和破坏前一样，也可以在更高的程度上用于农业，或者改作游乐休闲或野生动物栖息区，加入改变用途，新的用途必须对社会更有利（沈绝丽，2004）。

我国学者也对生态重建进行了定义，其中主要集中于采矿废弃地的生态恢复与重建。白中科等（1999）将其表述为，对采矿引起的结构缺损、功能失调的极度退化的生态系统，借助人工支持和诱导，对其组成、结构和功能进行超前性的计划、规划、安排和调控，同时对逐渐逼近最终目标这一逆向演替过程中可能出现的各种问题，进行跟踪评估并匹配相应的技术经济措施，最终重建一个符合代际需求和价值取向的可持续的生态系统。张杰等（2002）定义为，对采矿引起的土地功能退化、生态结构缺损等问题，通过工程、生物及其他综合措施来恢复和提高生态系统的功能，逐步实现矿区的可持续发展。还有学者认为生态重建是按照景观生态学原理，在宏观上设计出合理的景观格局，在微观上创造出合适的生态条件，把社会经济的持续发展建立在良好生态环境的基础上，实现人与自然的共生，涵盖了复垦以外的社会、经济和环境的需要（龙花楼，1997）。

二、土地生态重建原理

土地生态重建是一项十分复杂的系统工程，生态学原理是其最重要的自然科学理论依据。与生态系统的恢复与重建相关的生态学原理主要有生态因子原理（包括耐性定律及最小量定律等）、能量转化和物质循环原理、生态位原理、群落演替理论、生物多样性理论等。

土地生态重建的根本原理是生态设计。任何与生态过程相协调，对环境的破坏影响达到最小的设计形式都称为生态设计，这种协调以尊重物种多样性，减少对资源的剥夺，保持营养和水循环，维持植物生境和动物栖息地的质量为主，有助于改善人居环境及生态系统的健康（姜龙，2007）。

（一）土地生态设计原理

土地生态设计是基于生态学原理和规律，运用现代系统论与系统工程等方法和手段，从整体综合角度出发对各级各类土地生态系统的合理利用方式进行优化选择和设计，以实现整体土地系统及其叠加了利用方式后的有序结构（王仰麟，1990a，1990b）。土地系统是一个自调节、自组织的复杂系统，它不仅是一个自然综合体，还是一个自然-社会复合体，其组成大致可分为生物因素和非生物因素，它们相互作用、相互制约构成了土地系统的有机整体（孟昭杰，1992），土地系统的演化方向总是使系统趋于稳定有序、协调平衡，以负反馈增大形式来完成。最优土地系统生态设计，一方面，要求土地系统内部整体与部分之间或总系统与分系统之间协调有序地有效运转，使系统既具有稳定的结构，又有很好的环境适应能力；另一方面，又要求土地系统对所处的环境起到积极推动作用，促进环境系统与土地系统之间的协调发展，进而促进环境向人们所期望的方向演化。

（二）景观生态设计原理

生态原理是景观设计的核心，从更深层的意义上讲，景观设计是一种基于自然系统自我有机更新能力、最大限度地借助于自然力的最少设计（俞孔坚，2006），是人类生态系统的设计，是应用具体的生态技术建立具体的生态工程，是在小尺度上对景观生态规划中划分的功能区域特定功能的实现过程，以获得较大的生态效益、经济效益和社会效益。景观生态设计主要着眼于景观的资源价值和生态环境特征，是新的美学观、生态观、价值观的体现，其在一定尺度下通过对景观资源的再分配，通过景观介质分析及综合评价提出优化生态环境的方案（王珊珊，2006）。景观生态设计原理包括共生原理，多重利用原理，循环再生原理，局部控制、整体调节原理，因地制宜、远近结合原理。景观生态设计具有一定的前瞻性与整体性，从生态圈的整体空间格局入手，通过对自然圈耗损部分直接与间接的补偿以及对污染部分人为的进行转化与修复，达到治理与重建的目的，最终提高景观生态系统的总体生产力和稳定性（王珊珊，2006）。

三、土地生态重建模式和对策

（一）土地生态重建模式的内涵

生态重建模式是指针对生态系统先天脆弱的地区，由于人口持续增长和人类不适当活动引发的诸如植被退化、水土流失、土地沙漠化、土地石漠化等生态环境问题而采取的协调人地关系的系列政策和配套措施的总称（徐勇等，2004）。先天脆弱的自然生态系统与人类长期不适当的活动叠加使人地关系处于尖锐的对立之中。不协调的人地关系导致的生态环境恶化不仅威胁着当地人的生存，还困扰着其他相关地区经济社会发展。协调人地关系和解决生态环境问题，必须具有明确的主攻任务、预期目标、产业发展等组成的配套政策方针及可付诸实践行动的具体措施，同一地区生态环境问题的解决可以采取多种不同的生态重建模式。

（二）土地生态重建模式评价

开展生态重建模式评价的目的，一是为了客观衡量或评判某种生态重建模式在协调人地关系和改善生态环境方面的有效性程度；二是将多个生态重建模式置于统一的评价规则之下，通过综合对比，以揭示每个模式在不同环节存在的优缺点，并可对多个模式进行择优分析（徐勇等，2004）。

根据生态重建模式的评价内容，生态重建模式评价方法可大体概括为指标法、类型法和区域法三种形式。指标评价法主要是通过比较、筛选，构建适当、彼此有密切关系的能确实有效地反映和表征生态重建模式的系列指标，进而形成评价指标集或体系；而后利用通过实验、监测和统计得到的大量有关数据信息，分析、整理和计算出各评价指标值；最后通过对比评价指标值的高低或优劣达到评判生态重建模式的目的。实施生态重建的地区由于社会经济条件及自然资源环境的不同，因而具有强烈的地域差异性，这种地域差异往往表现为一定等级的行政区或一定尺度的自然地理单元。类型法和区域法就是专门针对这种空间差异性而提出的评价方法。类型评价法首先将实验区按一定规则划分为若干可视为同质区的类型区，然后在各类型区内选取一定尺度的同质样元进行典型研究、分析和评价，借此达到评价整个研究区的目的。区域法认为实验区是由若干相似的异质区组成的，这些相似异质区之间只存在空间尺度范围的差别，其内部主要特征相同，即每个异质区又由若干小类型区组成，各异质区包含的小类型区具有相同的特征。通过对这些相似异质区的任何一个区，进行深入研究、分析和评价，即可达到生态重建模式评价的目的。土地生态重建模式的三种评价方法中，指标法是基础，注重空间同质单元，类型法和区域法是指标法的空间综合，强调空间非同质区域的差异。

（三）土地生态重建步骤

模式是事物的标准式样，可作为依据的法式或标准，一旦成为模式就有可推广的含义。模式是相对的，不存在“万能”或“普适”的模式，从一个地方提炼出来的模式在应用到其他地方时要加以调整和修正。模式本身是动态变化的，针对不同区域不同时期的生态问题需要采用不同的土地生态重建模式。土地生态重建的大体步骤为：首先通过遥感、实地调查等方法全面掌握重建地区的土地退化问题及原因；再依据生态学原理，制定土地生态重建的计划，如优先重建先锋植物等；然后按计划依次完成重建工作；最后综合研究生态重建，不断完善和重建土地生态系统。生态重建的具体操作步骤随尺度、区域及退化问题的不同而变化与调整。比如在极度退化的区域进行生态恢复重建，第一步就是土地整理，应以生态学及生态经济学原理为基础，寻求人类活动与自然协调的生态规划，通过土地利用结构调整控制水土流失，遏制石漠化，实行生物措施、工程措施、耕作措施和管理措施等多方面的有机结合，开展山、水、田、林、路综合治理，形成多目标、多层次、多功能、高效益的综合防治体系。

植被恢复是重建生物群落的首要任务，必须遵循相关生态学原理和植被的演替规律。比如岩溶区植被恢复的第一步是封山育林，在这个过程中，应充分考虑生境的异质性、地球化学背景和物种的适应性。人工促进先锋群落的形成是岩溶植被有效恢复的途径。在岩溶山顶部，阳坡水分条件差，温度高，光照强，环境较为恶劣，选择抗逆性强、耐旱、喜光的植物进行乔灌草混交，采取积极的人为干扰，有利于植被的自然演替；在阴坡、半阴坡选择耐阴蔽、对光照条件要求不严格的乡土树种混交，植被恢复快、建立以乡土树种为主的植物群落；在缓坡和梯地进行乔灌草混交，灌草植物采取直播方式，使之首先形成草灌群落，形成一些有利的生境，再进行经济树种为主的乔木植物种植，逐步营造为乔灌群落。

西南岩溶区丰富的植物资源中，有大量地带性植被的优势种类尚未用于造林和播种，许多种类有很好的生态功能和经济价值，应大力提倡乡土适生植物的开发利用。该地区生态重建中应遵循植被分布的规律，根据不同区域的气候条件和自然地理环境，依据不同的立地条件，参照区域性的顶极植物群落，人工模拟构建岩溶山地植被生态系统。

（四）土地生态重建对策

第一，完善政策和法制支持体系，加强对土地资源的宏观配置引导和调控作用。

土地生态重建应做到完善土地资源管理的法律法规体系，健全土地执法体系和土地管理行政程序；加强土地利用规划管理和体系建设；制定宽松的政策调动群众综合开发利用土地、脱贫致富的积极性和创造性，增强群众的法制观念和环境保护观念，让沙漠化防治、水土流失治理、盐渍化治理步入法制轨道；落实规划实施制度；完善土地税费体系和产权制度，深化征地和土地使用制度改革等一系列的措施，有效防止土地生产能力丧失和功能退化，保存土地的生产、环境和景观功能；寻求最佳的经济、社会、生态效益的土地开发利用强度，满足社会经济生态的足量需求，实现资源开发利用与生态环境保护的良性循环。

第二，加强土地生态恢复和重建工程措施。

运用恢复生态学有关原理和生态工程技术对生态退化区和生态敏感脆弱区，进行退耕还林还草和恢复重建；加大自然防护林建设和保护，扩大森林等绿色植被的覆盖面积；尽快规划并实施防沙治沙工程，遏制沙进人退的被动局面；重视营造沙区保护林体系，在风沙地区，做好防风固沙工程，建成林、灌、草相结合的防风固沙林网；以小流域治理为单元，搞好水土保持，把治理水土流失与农民脱贫致富结合起来，制定优惠政策，调动农民承包与投资治理的积极性，保证小流域治理的可持续发展；加强自然保护区的建设与管理，认真做好土地生态实验示范区的工作。

第三，建立土地生态安全评价体系和预警预测系统。

土地生态安全预警系统是土地动态监测体系的重要组成部分。建立区域土地生态安全评价体系，是掌握区域土地生态安全信息动态，建立预警系统，具体实施区域土地生态安全规划的前提。建立土地生态安全预警系统的主要目的是分析影响土地生态安全发展态势的各种自然、社会、经济及政策相关因素，预报土地系统数量增减与质量升降超过临界值的时空范围和危险程度，在保障土地生态安全的前提下，对满足该时段区域社会经济发展需要的土地状况实行临界警戒；同时探讨土地系统的演化机理，提出治理方案，对系统进行动态监控，避免土地资源严重恶化，为土地的持续高效利用及管理提供实时的数据及模型支持服务。

第四，发展生态农业，构建生态工程。

生态农业通过充分利用土地等重要的自然资源，实现资源利用的最优化，大大提高了土壤肥力和土地的生产力，进而促进土地的生态经济利用。发展生态农业不仅是一项长期、持久的建设过程，也是实现土地生态经济利用的最佳模式。发展生态农业要优化土地利用结构，重点发展优势农业产业和特色农业经济，因地制宜发展经济林果业、畜牧业、蔬菜业、花卉业、药材业、生态旅游业以及其他非农特色产业，推动农业的产业化经营。在大力发展各具特色的优质农产品的同时，扶持一批农产品精深加工龙头企业，实现农产品的就地化与增值；建立农产品批发市场，畅通农产品的流通渠道，推动农业经济的全面发展；解决好退耕还林草后农业保障体系，实现生态、经济协调发展。

第五，控制人口增长，减缓环境压力。

要实现区域人口与资源承载、环境容量、经济发展相协调的目标，人口控制尤为重要。环境破坏、水土流失、土地退化，始于人口增长导致的土地压力过大，为解决温饱问题，盲目的乱砍、滥伐、滥垦、滥挖等。目前环境保护工作中边治理边破坏的问题仍然存在，毁林开荒，乱垦滥伐，造成土地生态环境新的破坏，再垦、再伐形成恶性循环。因此，减缓人口增长、提高人口素质是贫困地区发展生产，改善生态环境的根本措施，控制人口增长，处理好经济社会发展与人口、资源、环境之间的关系，逐步实现人口、经济增长与生态安全的良性循环与可持续发展。

第四节　土地生态恢复和重建案例

土地生态恢复和重建是通过具体的工程技术、规范模式对立地或区域进行结构、功能优化的手段。对不同类型、不同区域的土地退化进行分析，研究其土地生态恢复或重建的最佳模式，通过合理的地形改造、植被配置、格局优化、景观设计、土壤改良、生物-物化等方法，达到区域生态系统健康，经济可持续发展。国内外许多成功的案例表明，良好的理念和规范模式对于土地生态恢复非常重要，本节通过对典型区域水土流失、土地盐渍化、土地贫瘠化、土地污染和损毁等土地退化类型进行分析，具体地介绍土地生态恢复理论的应用。

一、干热河谷区土地贫瘠化生态恢复案例

本案例以中国科学院东川泥石流观测研究站为例。该站位于小江流域蒋家沟，地处小江深处大断裂带和干热河谷区。流域内老构造错综复杂，新构造运动强烈，岩层十分破碎，加之西南季风气候和人类不合理的经济活动，致使水土流失、崩塌、滑坡及泥石流等灾害活动十分强烈。在生态恢复以前，植被覆盖率极低，绝大部分地区植被覆盖率低于10%，植被类型主要为稀树草丛。根据相关研究（崔鹏等，2005）确定其生态恢复的主要模式为生物恢复模式。

1）生物恢复模式。

研究区干湿季节分明，6～10月雨水充足，其他月份降雨少，蒸发大，多热风。种植时间一般在6月至7月中上旬。雨季刚来临时进行种子直播。在雨后定植沟和定植穴内土层20～40cm浸润时进行定植幼苗，应依据坡面特征和立地条件，主要采用以下5种生态恢复方式：①在坡度极陡、土层瘠薄、人工恢复植被效果较差的荒坡，实施封山育林育草循序治理的恢复措施；②在坡度较缓、坡面较完整的荒坡地上，进行水平阶造林；③在坡度较陡、地形破碎、土层较薄、难以开挖水平阶的荒坡地上，进行鱼鳞坑造林；④在坡度较缓、土层较厚、水分较好的沟谷及阴坡，进行撒播和小穴直播；⑤在滑坡体、沟头及道路沿线带状穴植生物篱墙。在这一地区比较适合的以生态效益为主的植物有：新银合欢、攀枝花、锥连栎、红椿、台湾相思、大叶相思、刺槐等乔木；坡柳、苦刺、膏桐、马桑、车桑子等灌木；旱茅、黄背草 、剑麻、香根草、大翼豆、新诺顿豆、白喜草、双花草、拟金茅、紫花苜蓿、芸香草等草本。以经济效益为主的植物有：石榴、梨、枣、芒果、龙眼、无花果、葡萄、核桃等果树；花椒、板栗、油橄榄、油桐、蓖麻等经济林木；西瓜、黑花生、大蒜、洋葱、甜玉米、豌豆、菜豆等蔬菜作物。此外，大部分亚热带花卉和观赏植物也适合种植。

2）开发性生态恢复模式。

干热河谷区土地退化比较严重，对该区坡耕地实施农、林、牧开发性生态恢复，归纳为两个方面：① 坡度大于25°的陡坡耕地，实施退耕还林还草。在土层瘠薄的陡坡退耕地种草，草种以铺地木兰、新诺顿豆及紫花苜蓿为主。在土层较厚、肥力中等的陡坡退耕地，种植生态林或林草套种，树种以新银合欢、台湾相思、大叶相思、红椿、香椿、刺槐以及赤桉为主，草种同上。在土层较厚、肥力较高、有一定水源条件的退耕坡地，种植经济林果和牧草，经济林果品种为石榴、小枣、梨、花椒、油桐、油橄榄、核桃及板栗等，牧草以豆科为主。②将坡度较缓的耕地和泥石流堆积台地，按果-农、果-蔬和果-牧模式建设。果树主要为石榴、枣、梨、芒果和葡萄等高价值的优良品种；蔬菜主要为反季节的番茄、西瓜、甜玉米和菜豆；农作物主要为红薯、花生、豌豆。

二、西北地区土地沙漠化生态重建案例

由民勤生态退化过程分析进行生态重建，这就需要增加（稳定）红崖山水库的来水量，跨流域调水是目前解决民勤水资源短缺的主要途径。根据相关研究（于保静，

2006）将该地区的生态恢复模式分为以下几个方面。

（1）农业技术恢复模式

在绿洲区，通过农田水利建设，从提高渠系水利用系数入手，将土渠输水全部转变为防渗漏的渠道输水、管道输水；通过推广使用管灌、喷灌、滴灌、渗灌等先进节水灌溉技术，实现大田作物管灌化、喷灌化，经济作物滴灌化。通过生物资源的多级开发、生物能量的多次转化、生物产品的深度加工、生物链条的良性循环，把发展对外制种业、优质瓜果蔬菜和花卉业、酿酒原料（葡萄和啤酒大麦）、畜牧养殖业等特色优质农业产业作为支柱产业，形成区域特色的知识农业发展模式。

（2）工程-生物恢复模式

建立和维持稳定的荒漠-绿洲交错带，工程-生物恢复模式是达到该目标的有效途径。在沙漠边缘，采用沙障，保护经济设施和自然资源。在水分条件极差的流动沙丘上栽植和播种固沙植物，初期遭受风蚀和沙埋，难以奏效。先置沙障用于削弱地面风力、固定沙面，制止沙丘移动为固沙植物创造稳定的生长发育环境，随后由人工植被取而代之，引进经济价值高、耐干旱耐贫瘠的经济灌木，块状间隔做人工草地，建立经济灌木与半人工草地相结合的综合体系，并作为滩地、绿洲的第一层防护体系。在高大的沙丘区，建立灌木防护区，栽植当地具有代表性的灌木种类，固定外围中高大沙丘作为中间两区域的防护体系，同时作为灌木种子库和半放牧割草地。在正常情况下，先演替为半灌木-灌木天然植被-人工植被组合，继而演替到现今的草本植物-半灌木天然植物。

（3）自然恢复模式

对于荒漠区，“封育”模式，是保护天然沙生植被、防止进一步退化的最有效方法。自然恢复就是无需人工协助，只是依靠自然演替来恢复已退化的生态系统。荒漠区生态恢复速度和程度主要取决于该区的水资源自然承载能力大小，水资源自然承载能力是指该区降水、地表水和地下水资源所能承载生态植被的能力。因此，应尽量减少对该区水文循环路径的人为干扰，尤其要减轻荒漠区地下径流区“上游”的地下水开采强度。从而避免因为水文情势的变化，降低生态植被的恢复速度和质量。

三、西南地区土地石漠化生态重建模式

案例区选取在我国西南地区的贵州省的花江示范区，该区面积为47.63km²，北盘江流经区内，可视为地方尺度的生态重建。花江本地山高坡陡，河谷深切，喀斯特地貌广泛发育，生境干旱，石漠化状况严重。研究显示（何刚等，2003），花江模式是以建设生态农业为指导，其生态农业链主要由经果林种植、养猪、沼气发酵三个环节组成。在喀斯特生态经济类型区为“花椒-猪-沼气”生态农业和绿色产业模式，在半喀斯特生态经济类型区为“果木（砂仁）-猪-沼气”的生态农业和绿色产业模式，可以统称为“沼气-猪-经果（花椒、砂仁、葡萄、石榴）”模式。

(1)“花椒-猪-沼气”模式

据实验研究，花江顶坛的花椒育苗以每年秋季（9～10月）为宜，即对当年花椒随采随播，采取高箱育苗，苗床平整，每公顷播种量为525kg，覆土约1cm厚并浇水，上覆草被或秸秆；出苗后10～20天进行间苗，使苗距保持4～8cm；选在雨季时移苗造林。造林地在花江顶坛片区海拔850m以下阳坡或半阳坡的石旮旯地里最为适合；花椒株距可以视具体情况而定，种植密度在1500株以下。虽然养猪的直接经济效益不大，但是养猪为花椒种植提供优质的农家底肥。养猪业的发展带动发酵沼气技术的推广，不仅可以解决当地农村的能源问题，还有助于石漠化植被生态环境的保护、恢复与重建。而沼气的废脚料也是种植花椒的优良有机肥料（苏维词等，2004）。

(2)“果木（砂仁）-猪-沼气”模式

砂仁育苗一般在当年10月进行，主要采用撒播种子育苗；育苗前要进行整地和用石灰对育苗进行消毒处理；出苗30cm后可以进行移栽，移栽时砂仁苗根系要用原苗圃地的土壤保护；移栽地点应选在有较厚土层的半喀斯特地区或有较厚土层的石头堆里；移栽时间应该在每年雨季的5～7月，若在冬春干旱季节进行，就要及时浇水。砂仁种植间距为1m×1m左右。在砂仁地里还可以套种适生经果林如柿树、石榴、桃、核桃等乔木果树，树距为4m×4m。利用砂仁养猪和发展沼气。

四、采矿废弃和污染土地生态重建案例

本案例选取山西平朔露天煤矿土地生态重建（李晋川等，2009）。平朔地处黄土高原脆弱生态区，由于采矿剧烈扰动，原地形地貌、地层结构、生物种群已不复存在。对于如此极度退化的生态系统，要想重建一个结构合理、稳定健康的人工生态系统，须在遵循自然规律的基础上，通过人工措施，按照技术上适当、经济上可行、社会能接受的原则，使受害系统重新恢复，并有益于矿区清洁生产和社会可持续发展。按照平朔矿区土地复垦与生态重建的技术工艺流程，可将其分为六部分，即矿区生态系统受损分析、生态重建障碍因子分析、生态重建规划与设计、土地重塑工艺、土壤重构工艺和植被重建工艺。

(1) 矿区生态系统受损分析

平朔矿区特有的采排工艺、赋存的地理条件，使得矿区生态系统演变过程和受损特征既不同于原地貌自然灾害诱发的生态退化，也不同于因人类经济社会活动导致的井工采煤塌陷地的退化和中、小型露天煤矿产生的生态退化。平朔露天矿区属极度退化生态系统，按照其受损过程和重建目标可将其划分为3个阶段。第1阶段由原脆弱生态演变为极度退化生态、即矿区生态系统破损阶段；第2阶段由极度退化生态演变为生态重建雏形，即矿区生态系统雏形建立阶段；第3阶段由重建生态雏形演变为重建生态相对稳定型，即矿区生态系统动态平衡阶段。通过分析矿区生态受损过程，确定挖损、压占、占用和污染为主要诱发因子。土壤性质趋恶化，加之区域性气候干旱，天然植被和受损

生态系统难以恢复，新的侵蚀地貌会加速形成。

（2）生态重建障碍因子分析

平朔矿区采煤废弃地生态重建属极端生态条件下的退化生态系统恢复和重建，重建的策略是要重点解决影响复垦与生态重建的主要障碍因子。按照不同的诱发因子可分为自然因素和工程因素。自然因素包括水分、光照、大风、温度、大气，依照对生态重建影响的大小排序，水分＞低温＞大风＞光照＞大气。其中水分是主要限制因子，具有双重影响作用，春天降水少，干旱，影响植被种植；7、8、9月为雨季，暴雨易造成水土流失，进而引发地质灾害。工程因素主要包括土地非均匀沉降，排土场基底不稳定，地表物质组成复杂，平台表面容重过大，边坡面蚀、沟蚀等。由于采掘工艺及超大设备所致，上述影响因子是不可避免的，降低风险的办法是科学合理的工艺设计，并通过一些关键技术减少危害。由此可以看出，控制水土流失提高水分利用效率、表土快速熟化提高生产力水平是首选治理策略。

（3）生态重建规划与设计

矿区生态重建方案是在遵循矿区环境评价和土地利用总体规划的原则、标准的基础上，融采矿规则与设计、矿区水土保持规划、土地复垦规划等为一体的综合整治方案，这样可以大大减少各子系统分散的重复投资，并能充分发挥各部门、各学科联合的群体效应，在统一目标，统一规划下攻克矿区极端生境下生态重建中的关键的、共性的技术难题，尽快实现矿区生态重建的目标。为了正在开采矿区和今后将要开采矿区的持续发展，尤其是能够较准确地估计和把握平朔矿区生态重建与经济发展的后果，正确地人工诱导生态最终演替方向，必须做好科学、合理的规划与设计。规划中重点考虑以下几个关系的有机结合：① 采排工艺与复垦工艺的结合；② 水土保持布局与提高水分利用效率的结合；③ 复垦土地农林牧适宜性标准与提高土地利用水平的结合；④ 近期复垦与中长期发展的结合；⑤ 生态重建与土地复垦的结合。

（4）土地重塑工艺

土地重塑工艺是指从工程复垦角度进行合理的地貌重塑和土体再造，尽可能消除影响植被恢复的生存限制因子。重点解决排土场基底不稳、非均匀沉降、水土流失严重、水分利用效率低、岩土污染、重塑地形坡度等问题。平朔露天矿区排土场土地重塑工艺的关键技术主要包括：排土场基底构筑工艺、排土场主体构筑工艺、排土场平台构筑工艺、排土场边坡构筑工艺、排土场水土保持与排洪渠构筑工艺等。“黄土母质直接铺覆工艺”“堆状地面排土工艺”“造地造土约束条件”等关键技术和原则，有效地解决了排土场初期水土流失、自然沉降和环境地质灾害发生等问题。

（5）土壤重构工艺

针对复垦土壤的理化性质、元素组成、生物性状，提出解决问题的主要技术措施为：改善排弃工艺，避免有害物质排在地表，有害物质的压埋、包埋，应纳入排弃工艺；要求排弃作业终止前应保证地表有0.5～1m厚的黄土覆盖，减少地表过度碾压，降低地表容重；采用堆状地面排土工艺、生物措施及各种水保措施，拦蓄天然降水、减少水土流失；采用固氮植物作为先锋植物或与其他植物合理配置，改善土壤养分状况。

(6) 植被重建工艺

应用植被演替理论，在人为诱导支持和调控作用下，重建生态系统，可以缩短演替的进程，或跨过较低的植被类型直接形成较高级别或较为稳定的植被群落。先后引进100余种试验植物，经过系统科学研究及评估，筛选出油松＋刺槐＋柠条，刺槐＋沙棘＋草木樨、沙打旺＋沙棘＋柠条等20余种草、灌、乔组合作为矿区生态重建的植被配置模式。此外，选择对立地条件影响较大的土壤污染、地面坡度、地表物质、覆土厚度、土体容重、坡向六个因子进行排列组合，形成100余个立地类型，从中筛选出17个立地类型，有利于生态重建，针对不同的立地条件，配以适宜的草灌乔优化组合，大大地提高了复垦和生态重建的成功率，有效地解决了植被重建的难题。

参考文献

安韶山，常庆瑞，刘京，等. 2003. 农牧交错带土地沙化的本质及其形成研究. 生态学报，23 (1)：06-111.

白降丽，彭道黎，庾晓红. 2005. 退化生态系统恢复与重建的研究进展. 浙江林学院学报，22 (4)：464-468.

白中科，赵景逵，朱荫湄. 1999. 试论矿区生态重建. 自然资源学报，14 (1)：35-41.

包维楷，刘照光，刘庆. 2001. 生态恢复重建研究与发展及存在的主要问题. 世界科技研究与开发，23 (1)：442-471.

蔡运龙，蒙吉军. 1999. 退化土地的生态重建：社会工程途径. 地理科学，19 (3) ：198- 203.

蔡运龙. 1990. 贵州省地域结构与资源开发. 北京：海洋出版社.

陈建庚. 1994. 贵州地理环境与资源开发. 贵阳：贵州教育出版社.

陈灵芝，陈伟烈. 1995. 中国退化生态系统研究. 北京：中国科学技术出版社.

成思危. 1999. 复杂性科学探索. 北京：民主与建设出版社.

程水英，李团胜. 2004. 土地退化的研究进展. 干旱区资源与环境，18 (3)：38-43.

崔鹏，王道杰，韦方强. 2005. 干热河谷生态恢复模式及其效应——以中国科学院东川泥石流观测研究站为例. 中国水土保持科学，3 (3)：60-64.

邓毅. 2002. 城市景观的生态化设计. 城市问题，6：17-20.

方创琳，石培华，余丹林等. 1997. 区域可持续发展与区域发展规划. 地理科学进展，16 (3)：48-53.

傅伯杰，陈利顶，马克明，等. 2011. 景观生态学原理及应用（第二版）. 北京：科学出版社.

傅伯杰，陈利顶，马克明. 1999. 黄土高原区小流域土地利用变化对生态环境的影响——以延安市羊圈沟流域为例. 地理学报，54 (3)：241-246.

高吉嘉等. 2001. 21世纪生态发展战略. 贵阳：贵州科技出版社.

格日乐，姚云峰. 1998. 土地退化防治综述. 内蒙古林学院学报，20 (2)：47-52.

关文彬，谢春华，马克明，等. 2003，景观生态恢复与重建是区域生态安全格局构建的关键途径. 生态学报，23 (1)：64-73.

国家计划委员会，国家科学技术委员会. 1994. 中国21世纪议程——中国21世纪人口、环境与发展白皮书. 北京：中国环境科学出版社.

何钢，蔡运龙，万军. 2003. 生态重建模式的尺度研究. 水土保持研究，10 (3)：83-86.

胡振琪. 1999. 试论土地复垦的概念及其与生态重建的关系. 第六次全国土地复垦学术会议论文集.
黄光宇，陈勇. 1999. 论城市生态化与生态城市. 城市环境与城市生态，21：6.
黄自强. 2002. 黄土高原水土保持近期方略. 水土保持学报，16（5）：82-85.
姜龙. 2007. 浅谈生态设计原理在城市景观设计中的作用. 广西轻工业，23（4）：78-79.
蒋定生. 1997. 黄土高原水土流失与治理模式. 北京：中国水利水电出版社.
焦居仁. 2003. 生态修复的要点与思考. 中国水土保持，(2)：1-2.
金自学. 2001. 生态经济学是可持续发展的理论基础. 生态经济，(4)：1-4.
李彬. 1995. 中国南方岩溶区环境脆弱性及其经济发展滞后原因浅析. 中国岩溶，14（3）：209.
李锋. 1997. 景观生态学方法在荒漠化监测中应用的理论分析. 干旱区研究，14（1)：69-73.
李洪远，鞠美庭. 2005. 生态恢复的原理与实践. 北京：化学工业出版社.
李家勇. 2001. 西北地区生态环境现状与对策. 水电站设计，17（4)：21-26.
李晋川，白中科，柴书杰，等. 2009. 平朔露天煤矿土地复垦与生态重建技术研究. 科技导报，27（17)：30-34.
李景阳，王朝富. 1991. 试论碳酸盐岩风化壳与喀斯特成土作用. 中国岩溶，10（1）：29.
李颖. 1998. 土地退化的社会经济因素. 中国环境科学，18（suppl.）：92-97.
刘慧. 1995. 我国土地退化类型与特点及防治对策. 自然资源，(4)：26-32.
刘金荣，谢晓蓉. 2004. 重盐碱地的改造及建植草坪的研究. 水土保持通报，24（1)：19-21.
刘良格，龚子同. 1995. 全球土壤退化评价. 自然资源，(1)：10-15.
刘良梧，周建民，刘多森，等. 1988. 农牧交错带不同利用方式下草原土壤的变化. 土壤，(5)：225- 229.
刘贤赵，魏兴华，宿庆. 2006. 黄土高原生态环境恢复与重建的水土保持综合措施研究. 山东农业大学学报（自然科学版），37（4)：591-597.
刘玉平. 1996. 干旱区土地退化生态系统的评价方法. 干旱区研究，13（1)：72-75.
柳劲松，王丽华，宋秀娟. 2003. 环境生态学基础. 北京：化学工业出版社.
龙花楼. 1994. 矿区土地景观生态重建的理论与实践. 地理科学进展，16（4)：68-74.
罗甸县综合农业区划编写组. 1991. 罗甸县综合农业区划. 贵阳：贵州人民出版社.
罗明，龙花楼. 2005. 土地退化研究综述. 生态环境，14（2)：287-293.
马少华. 2001. 浅析甘肃省疏勒河项目新开垦灌区盐碱土的改良措施. 发展专辑，9：62-64.
孟昭杰. 1992. 土地系统的功能和运行初探. 国土与自然资源研究，4：17-19.
彭红春，李海英，沈振西. 2003. 国内生态恢复研究进展. 草地生态，(3)：1-4.
濮励杰，包浩生. 1998. 土地退化方法应用初步研究——以闽西沙县东溪流域为例. 自然资源学报，14（1)：55-61.
任海，李萍，彭少麟. 2004. 海岛与海岸带生态系统恢复与生态系统管理. 北京：科学出版社.
任海，彭少麟. 2002. 恢复生态学导论. 北京：科学出版社.
沈绝丽. 2004. 城市生态恢复与城市发展初探. 小城镇建设，(l)：66-67.
宋长青，冷疏影，吕克解. 2000. 地理学在全球变化研究中总的学科地位及重要位置. 地球科学进展，15（3)：318-320.
宋玉芳，张艳彦. 1989. 生态系统的恢复与发展. 生态学进展. 6（4)：265-271.
苏维词，朱文孝，滕建珍. 2004. 喀斯特峡谷石漠化地区生态重建模式及其效应. 生态环境，13（1)：57-60.
孙华，倪绍祥，张桃林. 2003. 退化土地评价及其生态重建方法研究. 中国人口・资源与环境，6（13)：45-48.
孙华，张桃林，王兴祥. 2001. 土地退化及其评价方法研究概述. 农业环境保护，20（4)：283-285.

孙濡泳，李博，诸葛阳，等. 2002. 普通生态学. 北京：科学出版社.
孙武，李森. 2000. 土地退化评价与监测技术路线的研究. 地理科学，20（1）：92-96.
屠玉麟，杨军. 1995. 贵州中部喀斯特灌丛群落生物量研究. 中国岩溶，14（3）：199.
王合生. 1999. 区域可持续发展的理论分析. 地域研究与开发，18（1）：10-13.
王连芬. 1989. 层次分析法导论. 北京：中国人民大学出版社.
王珊珊. 2006. 浅析采煤矿区景观生态设计的原理. 干旱环境监测，20（4）：219-222.
王小平，李弘毅. 2006. 黄土高原生态恢复与重建研究. 中国水土保持，（6）：23-25.
王仰麟. 1990a. 土地生态设计原理和应用研究. 地域研究与开发，9（7）.
王仰麟. 1990b. 土地系统生态设计模型研究. 陕西师大学报（自然科学版），18（4）：54-57.
邬建国. 2000. 景观生态学——格局、过程、尺度与等级. 北京. 高等教育出版社.
吴次芳，徐保根. 2003. 土地生态学. 北京：中国大地出版社.
吴自康. 2004. 宁夏水土流失现状分析及分区治理对策. 宁夏农林科技，（4）：25-28.
肖笃宁. 1997. 当代景观生态学的进展和展望. 地理学报，17（4）：356-363.
谢晓蓉，刘金荣，金自学，等. 2006. 黑河灌溉区盐碱化土地的恢复与调控研究. 水土保持通报，26（2）：107-110.
徐樵利. 1993. 中国南方石灰岩荒山开发利用新探. 自然资源学报，10（2）：115.
徐嵩龄. 1994. 采矿地的生态重建和恢复生态学. 科技导报，（3）：16-51.
徐勇，田均良，沈洪泉，等. 2004. 生态重建模式的评价方法——以黄土丘陵区为例. 地理学报，59（4）：621-628.
杨朝飞. 1997. 中国土地退化及其防治对策. 中国环境科学，17（2）：108-112.
杨京平，卢剑波. 2002. 生态恢复工程技术. 北京：化学工业出版社.
杨蓉，米文宝，陈丽. 2004. 宁夏水土流失的成因分析与防治措施的探讨. 水土保持研究，9（3）：293-295.
杨文进. 2001. 生态经济学的现状及发展对策. 生态经济，（3）：7-9.
杨艳生. 1998. 土壤退化指标体系研究. 土壤侵蚀与水土保持学报，4（4）：44-46，71.
叶笃正，陈泮勤. 1992. 中国的全球变化研究. 北京：地质出版社.
于保静. 2006. 石羊河流域下游绿洲沙漠化防治与退化生态重建模式探讨. 甘肃水利水电技术，42（1）：23-25.
于伟，吴次芳. 2001. 土地退化与土地养护. 中国农村经济，5：67-71.
余作岳，皮永丰. 1985. 广东热带沿海侵蚀地的植被恢复途径及其效应. 热带亚热带森林生态系统研究，（3）：97-104.
俞孔坚，李迪华，吉庆萍. 2001. 景观与城市的生态设计：概念与原理. 中国园林，17（6）：3-10.
俞孔坚. 1992. 盆地经验与中国农业文化的生态节制景观. 北京农业大学报，14（4）：37-44.
俞孔坚. 2006. 绿色景观：景观的生态化设计. 中国公园，9：7-10.
曾辉，喻红，郭庆华. 2000. 深圳市龙华地区城镇用地动态模型建设及模拟研究. 生态学报，20（3）：545-551.
张帆. 1998. 环境与资源经济学. 上海：上海人民出版社.
张杰，李沼臣，郭景忠. 2002. 矿区土地复垦与生态恢复技术初探. 露天采矿技术，1：36-39.
张坤民. 1997. 可持续发展论. 北京：中国环境科学出版社.
张桃林，王兴豫. 2000. 土壤退化的研究进展与趋向. 自然资源学报，15（3）：280-284.
张伟，沈振荣. 2005. 宁夏引黄灌区盐渍化发展变化趋势及治理对策. 甘肃农业科技，（11）：40-43.
张文焕，刘光霞，苏连义，等. 1990. 控制论・信息论・系统论与现代管理. 北京：北京出版社.
张绪良. 2000. 中国西部地区土地退化的现状及对策. 青岛大学师范学院学报，17（2）：67-68.

张学文，叶元煦. 2003. 区域可持续发展三维系统理论初探. 哈尔滨工程大学学报，23（2）：126-129.
张耀光. 1995. 西南喀斯特贫困地区的生态环境效应. 中国岩溶，14（1）：71.
张茵，刘松. 2001. 喀斯特石漠化山区生态重建研究——以贵州省罗甸县大关村为例. 水土保持研究，8（2）：80-83，132.
章家恩，徐琪. 1997a. 生态退化研究的基本内容与框架. 水土保持通报，17（6）：46-53.
章家恩，徐琪. 1997b. 现代生态学研究的几大热点问题透视. 地理科学进展，16（3）：29-37.
章家恩，徐琪. 1999. 恢复生态学研究的一些基本问题探讨. 应用生态学报，10（1）：109-113.
赵其国，刘良梧. 1990. 人类活动与土地退化//中国科学技术协会学会工作部. 中国土地退化防治研究. 北京：中国科学技术出版社：1-5.
赵晓英，等. 2001. 恢复生态学：生态恢复的原理与方法. 北京：中国环境科学出版社.
赵晓英. 1998. 恢复生态学及其发展. 地球科学进展. 13（5）：474-480.
赵营波，陆洲. 1998，建立可持续发展的大协调社会机制. 中国人口·资源与环境，8（2）：12-15.
周性和，温琰茂. 1990. 中国西南部石灰岩山区资源开发研究. 成都：四川科学技术出版社.
朱传耿，刘荣增. 2001. 论可持续发展的区际关系内涵与我国西部大开发. 中国人口·资源环境，11（2）：86-89.
朱俊凤，朱震达. 1999. 中国沙漠化防治. 北京：中国林业出版社.
朱震达，吴焕忠，崔书红. 1996. 中国土地荒漠化/土地退化的防治与环境保护. 农村生态环境，12（3）：1-6.
朱震达. 1989. 中国的沙漠化及其治理. 北京：科学出版社.
朱震达. 1994. 中国荒漠化问题研究的现状与展望. 地理学报，49（suppl.）：650-657.
朱震达. 1998. 中国土地荒漠化的概念成因与防治. 第四纪研究，18（2）：145-155.
左寻，白中科. 2002. 工矿区土地复垦、生态重建与可持续发展. 中国土地科学，16（2）：39-42.
Buenstorf G. 2000. Self-organization and sustainability：energeties of evolution and implication for ecological economics. Eeological Economies，33（1）：119-134.
Cairns，et al. 1995. Restoration ecology. Encyclopedia of Environmental Biology，3：223-235.
Costanza R. 1989. What is ecological economics? Eeological Economics，1：1-7.
Di X M，Zhang J X. 1982. Desertification and combating in Ningxia. China Desert. Ecological Systems，（2）：171-197.
Food and Agriculture Organization of the United Nations（FAO）. 1971. Land Degradation. Soils Bulletin 13，Rome，1-10. FAO，UNEP. 1984. Provisional Methodology for Assessment and Mapping of Desertification. Rome.
Forman R T T. 1995. Land Mosaics：The Ecology of Landscape and Regions. Cambridge：Cambridge University Press.
Harper J L. 1987. Self-effacing Art：Restoration as Imitation of Nature. Restoration Ecology：A synthetic approach to ecological research in：Jordan，et al. Cambridge：Cambridge University Press. 35-45.
Hobbs R J，Norton D A. 1996. Towards a conceptual framework fox restoration ecology. Restoration Ecology，4（2）：93-110.
Jordan，W R，Gilpin M E，Aber J D. 1990. Restoration Ecology：A Synthetic Approach to Ecological Research. Cambridge：Cambridge Universit Press.
Kuhnen F. Sustainablitity regional developmentand marginal locations. Appl. Geography & Development，（39）：101-105.
Middleton N，Thomas D. 1997. World Atlas of Desertification. London：Arnold Hodder

Headline, PLC.

Pan M. 2000. Land reclamation in China: Review, trend and strategy. Mine Land Reclamation and Ecological Restoration for the 21st Century. Proceedings of Beijing International Symposium on Land Reclamation. Beijing, 1-6.

Ren H, Peng S L. 1998. Restoration and rebuilding of degraded eosystem. Youth Geographu, 3 (3): 7-11.

Sharon Beder. 2000. Costing the earth: equity, sustainable development and environmental. New Zealond Journal of Environmental Law, (4): 227.

Turner M G. 1989. Landscape ecology: the effect of patlern on Process. Annual review of ecology and systematics, 20: 171-197.

Zhu Z D. 1989. Desertification and Combating in China. Beijing: Science Press.

第十章　土地生态经济

土地作为一种社会、经济和生态多因素的复合系统，不仅是一种自然资源，同时是具有巨大经济效益的社会财富。古典经济学家威廉·配第曾说过："劳动是财富之父，土地是财富之母"。土地本身是资源财富的一部分，一切资源财富的创造都必须在土地这一载体上进行，而人类又可以依靠自身劳动在土地上不断创造出财富，因此，土地这一自然资源本质上就具有社会经济属性。除了土地生态系统的经济价值外，近年来，土地生态系统的生态服务及其价值得到广泛关注，成为整个土地生态系统价值体系的重要组成部分，并成为土地生态补偿等工作的重要依据。

本章首先论述了土地生态经济系统概念、特点以及运行机制，着重分析了土地生态经济系统的价值理论及其测度的主要途径，在此基础上阐述了土地生态经济系统优化设计原则、主要模式和管理策略。

第一节　土地生态经济系统

土地是地球陆地表层一个特殊的物质能量系统，是一系列自然因子如土壤、气候、地形地貌等组成的综合体，由森林、草地、水域、冰雪等覆被类型构成。自新石器时代开始，人类就将土地自然生态系统作为其生存和发展不可替代的资源加以利用，对土地自然生态系统施加人的干预和控制，逐渐将土地由自然原始状态改变成人化自然，构成人与土地不可分割的统一整体。人类将自然地表覆被改变成耕地、园地、林地、草地、交通用地、水域、居民点与工矿用地和未利用地等土地利用类型。随社会生产力的发展，人类通过劳动向土地生态系统输入大量能量和物质，极大地提高了土地生产力，从而满足了人们生活和社会发展的需求（王万茂等，2003）。由于土地与人类活动的长期相互作用，纯自然的土地生态系统在地球上几乎消失，土地生态系统逐步演变为人工控制的经济系统与土地自然生态系统耦合的有机整体。

一、土地生态经济系统的定义和内涵

（一）土地生态经济系统

土地生态经济系统是土地自然生态系统和土地经济系统在一定区域内耦合而成的具有一定结构和功能的有机整体，是人类利用土地的结果，是自然生态系统与经济系统的复合系统，具有自然生态属性和社会经济属性。土地自然生态系统是以"地质-地貌-土壤"为骨架，与气候、水文、植被等要素在一定范围内相互联系、相互制约、相互作用而形成的有机整体，是土地生态经济系统的基础。土地生态经济系统是土地利用过程中

形成的，由社会经济要素如资本、劳力、物资、技术和管理等组成的综合体（张兆富等，2006）。土地生态经济系统是土地自然生态系统和土地经济系统有机结合的结果，并非它们的线性加和，其等级层次高于系统组分，其效能优于两种单一的系统。因此可以说，相对于土地自然生态系统和土地经济系统，土地生态经济系统更能说明现代土地系统的复合特征。

（二）土地生态经济系统的内涵

土地生态经济系统是自然生态系统与经济系统的复合系统。由于人类经济活动必须在自然空间中进行，且人类所需的物质产品必须依赖自然物质基础，因此，土地自然生态系统中必然融入人为成分，成为一个复合综合体。也就是说，人类的需求驱使土地自然生态系统和土地经济系统耦合。土地生态经济系统的自然要素构成土地资源的背景，而社会经济系统则是叠加在上面的外部要素，起着对自然要素异化的作用，是人化自然形成的动力。随着社会的不断发展和科学技术的进步，社会经济系统对于土地自然要素的作用强度越来越大，且范围不断扩大。

自然要素和社会经济要素在不同时空尺度上组合。在小尺度上，社会经济要素对于自然要素的作用，表现为农户的生产模式，如种植模式、地块尺度的土地利用结构等；在中观尺度上，社会经济要素对于自然要素的作用，表现为区域土地利用结构和耕作制度；而在大尺度上，表现为土地生态经济系统的分异规律和大尺度空间结构。

土地组成要素和结合方式的多样性，导致了土地生态经济系统结构的复杂性，进而形成了多种生态经济功能：生产功能、能量转换功能、负载功能、仓储功能、保护功能、消费功能和价值增值功能等，并且土地生态经济系统功能随着系统的组织结构水平提高而变强。

二、土地生态经济系统的特征

在土地生态经济系统中，一方面，人是社会经济活动的主体，以其特有的智慧和文明驱使土地综合体为自己服务，使其物质文化水平以正反馈为特征持续上升；另一方面，人是大自然的一员，其一切宏观活动都不能违背生态经济规律，必然受到自然界负反馈的约束调节。这两种力量的冲突是土地生态经济系统的基本特征（费洪平，1990）。

（一）空间异质性

土地生态经济系统最大的特点是其空间结构的异质性（heterogeneity）。土地生产力或其他特征值的区域差异是土地生态系统异质性的主要标志和重要内涵。由于形成土地资源的要素在地球表层分布不均衡，因而土地的自然生产力就会产生区域异质性。如水热条件优越且组合良好的平坦地区，土地的生物生产力就高，而且适宜人类居住，土地的适宜性较高；在海拔高的地区，气候寒冷，第一性生产力低下，且人类居住适宜性较低，开发利用的价值不高。另外，人类作用于土地的时间和空间时序不同，而且强度也有差异。一般文明发展早且延续性好的地区，土地的经济属性就极为明显。总而言之，土地自然属性和经济属性的区域差异形成了土地资源的空间异质性，进而形成的土地生态经济价值就会有区域分异。除此以外，土地生态经济系统异质性还表现在系统的区位特性上。系统内部各组分之间以及系统之间在时间和空间上的物质、能量、信息和价值的流动转换过程，在区位层次上形成错综复杂的系统网络（王万茂等，1993）。

（二）非平衡开放性

土地生态经济系统是一个远离平衡的开放系统，是处于不断演进状态的动态系统，其平衡是一种暂态。土地生态经济系统除了一般开放系统所具有的物质循环和能量流动外，还具有以下几个特点。

1）与自然生态系统相比，土地生态经济系统的产出链条更加紧凑，物质循环的路径更短，能量流动的速度更快。这些特点源于人类对土地系统高强度的能量和物质输入，特别是在石油农业时代，这一特点更加明显。人类的定向培育技术，缩短了作物生长周期，调节了作物品质，提高了作物产量。

2）土地生态经济系统存在着涨落和对称破缺。由于外界力量的扰动和人类社会经济系统的作用相互叠合，使得土地生态经济系统的演化路径更加具有不确定性。人类对土地进行改造利用的目的是系统的最大经济产出，所以自然成分不断被蚕食，构建出一些人工程度更高、人类更易控制的土地系统。然而，这种系统对外界扰动的抵抗力不断降低，出现了生态系统服务下降的态势，最终危及土地生态经济系统的稳定。如人类大规模地种植单一作物，降低了生物多样性，使得土地生态经济系统的脆弱性增高，在全球气候变暖的情势下，区域可持续发展受到严重威胁。

三、土地生态经济系统的运行机制

土地生态经济系统的运行机制是约束系统发展和演变的机理，明确运行机制才能对土地生态经济系统进行合理调控，因此，土地生态经济系统的运行机制也是进行合理调控的基础，是对调控的宏观纠正和把握（马艺枫等，2008）。

（一）生态规律的基础作用机制

土地生态经济系统各组成要素之间在长期进化中所形成的联系，虽然会因人类的作用有局部改变，但就目前人类作用的能力而言，宏观自然规律无法改变。因此，如果人类按照自然生态规律利用改造土地，土地资源就能持续不断地提供人类所需的物质产品和生态系统服务；反之，如果人类违背自然生态规律，土地生态经济系统不仅不能提供人类所需，而且会以特有的方式惩罚人类的行为，使人类的社会经济活动蒙受巨大损失，如自然灾害频发、土地荒漠化、耕地质量下降、森林草场退化等。

（二）人地关系的反馈机制

在土地生态经济系统中，人口数量与土地垦殖强度的相互作用关系构成了一种反馈机制，并影响着土地生态经济系统的运行。短期内，人口数量的增加导致对土地产品需求的增长，而土地开发利用强度的增加又进一步刺激人口数量的增加，进而对土地资源的需求又进一步增加。长期来看，由于土地资源的有限性和人类需求的无限性之间的矛盾，负反馈机制必然发挥作用，因人口增加而增长的物质需求超过土地的人口承载力时，一系列的土地问题不可避免的就会出现，而这反过来又会抑制人口的增加。从已有的社会发展历程来看，科学技术的进步可以在一定程度上缓解人口数量对土地需求的矛盾，但不可能从根本上解决问题。

（三）经济规律的导向机制和市场规律的制约机制

土地生态经济系统具有经济属性，因此，其运行也受到经济和市场规律的制约。随着产业结构的调整和城市化进程的制约，社会经济要素在土地系统中的组成及作用会发生变化，社会经济发展对土地生态经济系统结构的改变、土地类型演替的方向会产生重要作用。也就是说，土地资源在不同产业部门之间的分配会发生变化，并且会经历从土地自然系统到农业土地系统再到城市土地系统的逐步演变。此外，在市场规律作用下，土地总是会从低价值向高价值转移，促使土地生态经济系统结构转变，以实现土地的高产出和高效益。当然，这里的价值增值并不一定说明系统运行就完全是良性的、合理的。

（四）政府管理的宏观调控机制

政府调控机制反映土地生态经济系统的社会属性，是从宏观上对全局的把握。从整体上看，在土地利用中形成的社会行为、个人行为以及人与地、人与人之间关系的协调，靠自然机制或市场经济规律是无法实现的，只有通过政府的合理调控才能达成。并且，政府的调控应该主要体现在土地利用的宏观性和战略性上，争取在某些无法调和的问题上实现共赢。

第二节　土地生态经济系统价值及其测度

一、土地生态经济系统的价值类型

土地不仅具有反映土地经济功能的经济价值和反映社会功能的社会价值，同时具有反映土地生态功能的生态经济价值。

越来越多的经济学家认为，人类活动的所有物质能量都来源于自然环境，而人类活动最终所产生的废弃物，最终也会回到自然环境中去，尤其是作为自然环境与人类活动双重载体的土地资源，其经济生产系统与生态环境系统之间存在着持久无间断的物质、能量、信息和价值流动，自然环境与社会经济的双重属性使得土地成为自然再生产与经济再生产的重要依托。因此，土地生态经济价值与社会经济资产价值虽然有本质的区别，但它们之间是可以相互转化的，并共同组成了社会总资产。正确认识和评估土地生态功能的经济价值，可以为可持续的科学发展提供决策依据。

（一）生态经济价值及其构成

价值是自组织系统的本质特征，是自组织系统在进化过程中“有目的地”维持自己而固定在稳定结构中的成果以及它向更高水平发展的超越活动（罗尔斯顿，1994）。一般认为，土地生态系统总体生态经济价值分为直接价值、间接价值、选择价值、遗产价值和存在价值等几个方面。

1. 直接价值

直接价值是由土地资源对目前的生产或消费的直接贡献来决定的。也就是说，直接价值是指土地资源直接满足人们生产和消费需要的价值。直接价值在概念上容易理解，但在经济上并不总是易于测度。林产品的产量可以根据市场交易或调查数据进行估算，但是药用植物的价值却难于衡量。按照产品形式，直接价值可分为显性直接价值和隐性直接价值。前者是指可以为人类提供直接的产品形式，例如粮食和畜产品等；后者虽能直接使用，但没有具体的实物体现，例如，土地作为人们情感的依托和精神家园，歌颂土地的诗歌给人们带来的感动与土地图片给人们的美感等。特别是在中国这样的传统农耕国家中，土地是农民赖以生存的物质基础，衣、食、住、行都离不开土地。同时，土地是农民所有憧憬的归宿和生存的精神支柱。

2. 间接价值

间接价值对应于直接价值，是土地生态系统为人类提供间接的生态系统服务的价值。例如，土地生态系统是强大的存储器和净化器，处于陆地生态系统中的无机界和生物界的中心，不仅在系统内进行着能量流动和物质的循环，而且与水域、大气和生物之间也不断进行物质交换，其降解能力直接影响了三者之间的污染物质的相互传递。土壤的降解能力主要依赖于土壤中蕴含的微生物，而不同类型的土壤中蕴含的微生物种类不同，因此，降解能力也有所不同。间接价值虽然不能直接观察到，但却是维持生态系统循环的重要价值源泉，它们虽然不直接进入生产和消费过程，但却为生产和消费的正常进行提供了必要条件。从生态学角度讲，土地的间接价值甚至比直接价值更为重要。

3. 选择价值

选择价值又称期权价值，是指个人和社会对土地和土地服务的潜在价值的未来利用，这种利用包括直接利用、间接利用、选择利用和潜在利用，是人类为将来选择使用土地和土地服务功能愿意付出的费用。选择价值同人们愿意为保护土地资源以备未来之用的支付愿望的数值有关，包括未来的直接和间接使用价值（生物多样性、被保护的栖息地等)。土地的选择价值是基于人类对于土地认识水平、科学技术水平的，取决于土地资源供应和需求的不确定性的存在，并且依赖于消费者对风险的态度。

4. 遗产价值

遗产价值是指给予子孙后代留存足够维持其生存发展数量和质量的土地而愿意支付的价格。土地资源的开发利用具有延续性和持久性，其更新速度缓慢，当代人对于土地的开发利用方式和强度都深刻影响到后代人对于土地资源的使用。因此，为后代人保留健康稳定和高生产力具有美学价值的土地生态系统，是人类繁衍生存所必需的前提条件。

5. 存在价值

存在价值是人们为了保持某种土地类型或土地区域的续存而愿意支付的费用。作为一个存在的客体，土地具有本身存在的面向自然而非面向人类的价值。它的价值并不依赖于人类的偏好而有所改变。它与选择价值和遗产价值不同，它与土地开发的技术方法发展无关，也不是为了预期未来土地巨大升值而预留的土地，而是仅仅因为土地存在衍生的价值。存在价值更多地涉及伦理道德层面的认识，是一种观念信仰的留存。

(二) 土地生态经济价值的影响因素

按照现代人类中心主义的观点，任何自然实在的价值都是以人类为参照而存在的，土地生态系统的生态经济价值亦不例外。土地的生态经济价值主要体现在其工具价值上，工具性是事物或人具有的客观上能帮助他人的有用性，受到以下因素的影响。

1. 土地的自然属性

土地的生物生产力是土地价值特别是经济价值的主要来源，也是土地生态系统服务形成的基础。土地的生物生产力的大小显著受到土地质量的影响，一些自然因子如温度、水分、光照、土壤理化特性以及地形地貌等都与土地生产力密切相关。显然，自然条件优越的区域，土地的生物生产力就高，土地的生态经济价值就高。自然条件优越的区域常常是气候条件适中，水热条件组合好，地形平坦而不低洼的地区。土地的自然区位（地理区位）也是制约土地生态经济价值的因素，特别是在市场上能够交易的那部分。另外，土地的自然区位也会对土地生态系统服务的实现和空间流转产生作用，如一个流域的上下游，土地生态系统服务的产生及其外部性效能，就会有显著不同。同时，土地资源的多样性特征也影响到土地生态经济的价值大小。如果某一类土地资源多样性高或者一个区域土地资源类型组成丰富度大，对于外界扰动的抵抗力就高，其生态价值就大。

2. 土地的构成类型

不同的土地覆被/利用类型的经济价值和生态价值不同。按照 Costanza 等（1997）的研究结果，湿地、森林等土地类型的生态价值较高，而农田和荒漠的生态价值较低。

一个区域的土地生态经济价值大小明显地受到土地类型的影响。如果一个区域土地类型单一，且又是由生态价值低的类型构成，那么整个区域的土地生态经济价值就低。然而，由于生态系统类型的不可替代性，生态经济价值低或是其价值目前没有被认识的生态系统类型，如荒漠，对于干旱半干旱地区的环境及其社会经济要素来说，其支撑作用可能是唯一的，不可或缺的。

3. 土地的经济区位

一个区域经济发展水平的高低直接影响到该区域土地的生态经济价值。尽管土地的固有价值不随着人类的认知水平和功利程度而发生改变，但在现在的生态经济核算体系框架下，土地的经济区位因素发挥的作用很大，尤其是可以通过直接市场和替代市场评估的那部分价值。同质同量的生态系统服务在经济发达地区实现的价值就高，且生态产品容易通过市场被交易。当然，在经济发达而生态恶化的地区，某些生态系统服务的稀缺也是其价值上扬的原因之一。例如在中国东部一些 GDP 高的地区，干净的饮用水甚至清洁的空气都成了稀缺资源，自然其实现的市场价值就远远高于其他一些地区。

4. 土地的社会文化属性

土地的社会文化属性和功能也会影响到其生态经济价值的实现。上文已述及，土地资源承载着社会保障和情感寄托功能等，因此不同社会文化地域的人们具有不同的土地的价值观。例如，在城乡地区对于耕地功能的认知差异很大，自然耕地价值的实现及其形式就会迥异；在一个宗教文化发达的地区，存在着对土地的原始崇拜，其道德观、价值观和行为取向直接影响到对土地价值的认定，其认知的价值尤其是一些市场外的价值会远远高于没有土地原始崇拜的地区。

5. 土地的美学特征

土地的美学特征受到地形地貌、生物群落和气候条件等要素及其组合的综合影响，且与美学价值受体的职业、阶层、知识水平等有着显著的关联。宗教和民族文化对于其价值的认定和实现途径就是这方面的例证。另外，不同的社会角色对于土地美学价值的感悟和体验也不同。例如，具有特色的生态系统如湿地、沙漠、戈壁等，其独特的生态价值为科研人员提供了天然实验室；景色优美，原始程度较高的生态系统，对于生态旅游者来说，其观赏和娱乐价值很高。

6. 土地的受扰动程度

随着人类活动范围和强度的增加，土地生态系统受到的扰动越来越大。人类的扰动有直接和间接两类，前者是为了获取更大的经济利益直接将土地覆被类型转换，如将耕地转换为建设用地；或是降低了土地覆被的自然性，如将原始林地转换人工林或耕地等。后者是往土地生态系统中投入大量的能量和物质，改变了系统的理化性质和地球化学循环的路径与速度，进而引起严重的环境污染。一般来讲，土地生态系统受到扰动的程度越高，土地生态系统的生态经济价值就会降低越多。但也存在前面提到的，由于生态恶化而使某类生态系统服务产生稀缺，造成市场生态经济价值与真实价值背离。

二、土地生态经济系统价值的币值核算

（一）土地生态经济价值核算的指导理论

土地是土壤、水、植物、动物和空气等要素的综合体，土地生态系统是地球表层系统的重要组成部分。土地生态经济价值评价，就是对土地功能或者价值从货币价值量的角度进行定量评价。币值化的评价结果可以为土地的科学管理提供科学依据。其中，一个最直接的利用途径就是用于区域生态补偿政策的制定。

对土地生态系统自然属性和经济属性进行综合评价，需要将土地多种功能的真实价值统一到相同量纲，便于比较分析。用社会经济系统的量纲货币作为土地生态资产的量纲，核心思想是土地生态资产的币值化。生态系统的资源与环境效用构成了其价值源泉，稀缺性决定了其价值的大小，替代性决定了必须引进边际概念。建立在环境经济学基础理论上的一些基本理念可以作为币值核算的科学支撑。

1. 自然价值论

长久以来，关于土地有无自然价值及其实现形式一直是一个有争议的论题。传统劳动价值论认为，没有劳动参与或不能够进行市场交易的自然实在就没有价值。据此推断，没有人类劳动附载的原始自然土地系统或其中的生态系统服务是没有价值的。但近年来，随着生态环境形势的不断恶化，加之人类自身认识的演进，人们对自然价值的认知范畴有了显著扩大，如由强人类中心主义转变来的弱人类中心主义和现代人类中心主义亦承认了自然价值的存在，并将自然价值细分为资源价值、科学研究价值、美学价值和生态价值。生物中心主义和生态中心主义论者，更是将生态系统的价值范畴进一步扩大，除了工具价值以外，在生态系统层面，还存在系统价值。尽管人类中心主义和生态中心主义的自然价值观在本体论和认识论上存在着明显的分歧，但在人类社会可持续发展面临生态恶化、资源枯竭等诸多挑战的大背景下，自然价值的认同范围有了很大的变化，特别是对于自然工具价值的认识从最初的资源价值逐渐扩大到生态系统服务价值的许多方面。在社会公众方面，在可持续发展理念和科学发展观的引导下，对于自然价值的认同范围也逐步扩大。因而，自然价值论成为土地生态经济价值核算支撑的最基本理论之一。

2. 效用价值论

效用价值论是西方价值理论体系的重要组成部分，它由多种效用价值理论构成。其中主观效用价值论认为，追逐个人利益效用的最大化是每个人的终极理想和目标，也是人类进行一切生产劳动的原始动力，除了满足个体欲望需求之外，不存在其他的真正利益。因此，商品满足人的需求的能力为效用，效用是形成价值的前提，而价值的源泉正是商品的效用，但仅有效用还不足以形成价值，物品还需具备稀缺性，稀缺使得物品的交换与转移提供了可能，这两者结合才能最终形成价值。该理论从主观意识形态方面阐释了商品价值的本质，称为主观效用价值论。边际效用价值论者认为，商品价值由该商品的边际效用决定。效用是指物品能满足人们欲望的能力，边际效用则指每增加购买一单位的某种商品给消费者带来总效用的变化量。边际效用论者认为，人对物品的欲望会随其不断被满足而递减。如果供给无限则欲望可能减至零甚至产生负效用，即达到饱和甚至厌恶的状态。于是，物品的边际效用的价值会随供给增加而随之减少甚至消失。效用价值论虽然在某种程度上可以估价生态资产的价值，说明它是为了满足人类欲望而有着服务和使用价值的，但从量化上无法衡量价值量的多少，无法精确地定量或者公平合理地定价。

3. 交易成本理论

所谓交易成本就是在一定的社会关系中，人们自愿交往、彼此合作达成交易所支付的成本。只要有人类交往互换活动，就会有交易成本，它是人类社会生活中一个不可分割的组成部分。交易成本泛指所有为促成交易发生而形成的成本，通常包含以下几种类型：搜寻成本、信息成本、议价成本、决策成本、监督交易成本、违约成本、事前交易成本和事后交易成本等。由于人性因素与交易环境因素交互影响下所产生的市场失灵现象所造成交易困难是交易成本存在的主要原因。其中，交易主体存在着的有限理性、交易过程中的信息不对称、投机意识以及交易整体环境的不确定性和复杂性等都会影响到交易成本的大小。

4. 机会成本理论

成本是指为了生产和换取某种资源所消耗的其他资源或物品的成本，机会成本则是为了获取某种物品而放弃的另外一种物品的代价或丧失的潜在价值。可以看出，机会成本的存在是以多种选择和物品的稀缺性为前提的，如果没有选择，则无所谓其他“机会”，若没有稀缺，则不会因选择某物而必须放弃另外一物。机会成本不是实际的开销或花费，而是做出相反选择时，假设情况下会获得的物品的价值。例如，某一土地类型作为耕地加以严格保护，只能用于种植业生产，在这种情形下机会成本就是放弃土地作为其他类型利用方式而损失的潜在价值。

5. 土地资源及其价值的不可替代理论

土地资源作为人类赖以生存的基础资源是不可替代的。土地生态功能、社会文化功能以及景观美学功能是其他任何生态系统或者人造自然物不可替代的，只有土地才能够蕴含和承载这种生态价值。从这个意义上讲，对于土地资源的任何扰动和破坏其代价都是高昂的，甚至是无可挽回的。在土地利用过程中，常常伴随着土地覆被属性的彻底转化，如从农用地转换为城市建设用地，生态系统的服务功能发生了本质的变化，进而也会影响到生态经济价值总量和构成。虽然经济价值提高较多，但生态资产却有相当大的损失。

（二）土地生态经济价值评价方法

目前，国内外对于土地生态经济价值估算还没有一个完善成熟的方法体系，只能借助环境经济学中的一些方法进行概算。主要方法有以下三类：直接市场评价法、揭示偏好价值评价法、陈述偏好法。

1. 直接市场评价法

直接市场评价法又称传统市场法，它是根据生产率的变动情况来评估土地质量变动所带来的影响的方法。评价土地生态系统服务变化的经济学含义，最直观的方法就是通过观察土地生态系统的物理参量的变动情况，估计这种变化对土地经济产品和生态系统服务造成的经济影响。例如，土壤侵蚀减少了当地农作物的产量，使下游农民和水库所有者为了清除泥沙而花费更多的费用。直接市场评价法把土地资源看作是一个生产要素，它的变化会导致生产率和生产成本的变化，从而导致产品价格和产出水平的变化，而价格和产出的变化是可以观察并且是可测量的。市场评价法利用市场价格来判断产品输出和生态系统服务的变动带来的收益。如果市场价格不能准确反映产品或服务的稀缺特征，则要通过影子价格进行调整。

土地生态价值的直接市场评价法包括剂量-反应方法、生产率变动法、疾病成本法、人力资本法、机会成本法等。直接市场评价法进行的评估定量化程度高，相对客观公正，所受的争议较小，但也存在着比较明显的缺陷，主要是土地生态系统服务的绝大部分游离于市场之外，换句话说，没有市场交易“记录”或价格，其次是意愿评价工作量大，需要对人群进行深入的调查，工作量较大。

2. 揭示偏好价值评价法

揭示偏好价值评价法是通过考察人群在市场中的行为方式，特别是在土地资源及其生态产品密切相关的市场中所支付的价格和他们所获得到的利益，间接地推断出人们对于土地资源及其生态产品的偏好，继而估算其资产价值。我们通常会发现，在市场上存在着一些产品，可以作为土地所提供生态系统服务的替代品。例如，游泳池可以看作是洁净湖泊或河流具有休闲功能（如游泳）的替代物；私人公园可以看作是自然保护区或国家公园的替代物。如果这种替代作用可以成立，则增加土地生态产品或服务的供应所带来的效益，就可以从替代它们的私人商品购买量的减少测算出来，反之亦然。同时，随着人们环境意识的提高，当人们购买产品的时候，其支付意愿也包括了对这些产品附属的功能或具有的生态属性的认同。

土地生态经济价值的揭示偏好价值评价法具体包括内涵资产定价法、防护支出法与重置成本法、旅行费用法等。

3. 陈述偏好法

陈述偏好法中最典型的为意愿调查评价法，是通过抽样调查，尝试预测人们对生态价值变化的评价。当缺乏真实的市场数据，甚至也无法通过间接地观察市场行为来赋予土地资源以价值时，只好依靠建立一个假想的市场来解决。意愿调查评价法试图通过直接向有关人群样本提问来发现人们是如何给一定的土地资源定价的。由于土地资源及其反映它们价值的市场都是假设的，故其又被称为假想评价法。采取的方法可以分为三大类：一是直接询问调查对象在获得利益或遭受损失时，愿意支付的价格以及接受赔偿的价格；二是调查人群对于偏好商品或者服务的需求量，并从需求量角度预测调查对象在获得利益或遭受损失时，愿意支付的价格以及接受赔偿的价格；三是通过专家意愿打分评判来体现土地资源的价值，专家法主观性较强，但是在不同结果讨论中，往往是专家法得到的结果受到最小的非议。

现行的评价方法存在各种问题。直接市场评价法以费用来表示自然生态系统及环境的经济价值，但是仅仅通过费用支出来估计生态资产的价值本身在理论上就存在缺陷。揭示偏好价值评价法属于替代市场评价方法，适合于没有费用支出的但有市场价格的生态系统服务的价值评价。理论上是合理的方法，但是由于生态系统服务种类繁多，而且往往很难定量，实际评价时仍有许多困难。陈述偏好法属于意愿调查法，虽能估测使用价值和非使用价值，但其不足在于所获得的价值是假设性的，存在偏好不确定性。

（三）中国土地生态系统服务价值评估

1. 评估方法

根据土地生态系统服务和实际利用类型，本章将土地生态系统归为 7 大类，即耕地、园地、林地、草地、建设用地、湿地和低生产价值地（表 10-1）。

参照国内外各种生态服务价值评价方法，在进行问卷调查形成生态服务价值当量因子表的基础上，形成了各类土地生态系统生态服务价值基准单价表（表 10-2），以此估算了中国各类土地生态系统各项生态系统服务的价值。

表 10-1 生态资产评价的土地利用类型

编号	评估类型	1996 年或 2004 年土地二级类型
1	耕地	灌溉水田、望天田、水浇地、旱地、菜地、田坎、农田水利用地
2	园地	果园、桑园、茶园、橡胶园、其他园地
3	林地	有林地、灌木林地、疏林地、未成林造林地、迹地、苗圃
4	草地	天然草地、改良草地、人工牧草地、荒草地
5	建设用地	城市用地、建制镇用地、农村居民点、独立工矿、盐田、特殊用地、水工建筑用地、铁路用地、公路用地、民用机场、港口码头用地、管道运输用地、农村道路
6	湿地	河流水面、湖泊水面、水库水面、坑塘水面、沼泽地、苇地、滩涂
7	低生产价值地	盐碱地、沙地、裸地、裸岩石砾地、冰川及永久积雪地、其他

表 10-2 中国不同土地利用类型单位面积生态价值 [单位：元/(hm^2·a)]

	农田	园地	林地	草地	建设用地	湿地	低价值地
气体调节	440.0	1800.0	3090.0	710.0	—	1590.0	200.0
气候调节	780.0	1500.0	2390.0	800.0	—	15130.0	350.0
水源涵养	530.0	1000.0	2830.0	710.0	—	13710.0	660.0
土壤形成与保护	1200.0	2080.0	2530.0	1860.0	—	660.0	780.0
废物处理	1450.0	1280.0	1160.0	1160.0	—	16090.0	1200.0
生物多样性保护	630.0	1300.0	2880.0	960.0	300.0	2200.0	450.0
食物生产	880.0	600.0	88.0	260.0	—	88.0	60.0
原材料	90.0	360.0	2300.0	45.0	—	9.0	6.0
娱乐文化	50.0	560.0	800.0	80.0	500.0	1000.0	50.0

2. 土地生态资产估算结果

中国地域辽阔，受气候、地貌的影响，光照、热量、水分有很大差异，形成各种各样的土地生态系统。中国土地生态系统2004年提供的总生态系统服务价值为103 526.3亿元，相当于当年GDP（135 357亿元）的76.5%。受各种生态系统分布广度和单位面积生态服务功能强弱的综合影响，各类生态系统的生态服务价值贡献率有很大差异，其中，林地、湿地对土地生态资产总价值的贡献最大，分别占到41.96%，21.97%，建设用地、园地的贡献最小，分别只占到总资产的0.25%，1.15%；相对于各地类的贡献率而言，各服务类型的贡献率之间的差别要小些，其中，废物处理、水源涵养的贡献率最大，分别占到总资产的17.77%，16.87%，食物生产、娱乐文化的贡献率最低，分别占到总资产的2.24%，2.92%。

从生态服务价值空间构型来看，1996、2000和2004年三年中均大体表现为西部和东北高值区，中部和南部低值区，呈现由西部向东部、由西北向东南和由东北向西南递减的趋势。生态服务价值按省分布的变化表现为：1996～2000年，华中地区的湖南省，东北地区的黑龙江省，华东地区的安徽省，西南地区的重庆市（低值区密度减小，较高值区密度增加），增加值均超过100亿元，西南地区的云南省，华南地区的广东省减少趋势较为明显（低密度区增加），减少值均超过40亿元；2000～2004年，华北地区的内蒙古自治区、山西省，西北地区的陕西省增加趋势较为明显（低值区密度减小，较高值区密度增加），增加值均超过70亿元，华中地区的湖南省，华东地区的安徽省减少趋势较为显著（低密度区增加），减少值均超过100亿元；1996～2004年，华北地区的内蒙古自治区，东北地区的黑龙江省增加趋势较为明显（较高值区增加），增加值均超过100亿元，西南地区的云南省、西藏自治区，华东地区的上海市减少趋势较为明显（较低值区密度增加），减少值均超过10亿元，在这一时期，全国大部分省、自治区、直辖市的土地生态资产是呈增加趋势的。

第三节 土地生态经济系统的能值和生态足迹评价

将土地生态系统用社会经济系统的度量单位（货币）来计量其价值和功能，除了方法本身的理论缺陷外，还由于自然环境和生态系统服务功能种类繁多，导致很难完全定量，实际评价时仍有许多困难。本节介绍的能值分析理论和生态足迹理论从另一个角度，评价土地生态经济系统的可持续性等特征，为可持续发展提供决策依据。

一、基本理论与方法

（一）能值理论与分析方法

1. 能值理论的概念

能值分析法是指用太阳能值计量生态系统为人类提供的服务或产品，也就是用生态系统的产品或服务在形成过程中直接或间接消耗的太阳能焦耳总量表示。能值分析方法的优势在于自然资源、商品、劳务等都可以用能值衡量其真实价值，能值方法使不同类别的能量可以转换为同一客观标准（Odum et al.，1987），从而可以进行定量的比较。它把生态系统与人类社会经济系统统一起来，有助于调整生态环境与经济发展的关系，为人类认识世界提供了一个重要的度量标准。

能值（emergy）的概念源自于能量，能量是物理学中描写一个系统或一个过程的一个量。一个系统的能量是指从一个被定义的零能量的状态转换为该系统现状的功的总和。而能值不同于能量，是一个新创立的科学概念和度量标准。某种流动或贮存的能量所包含的另一种能量的数量，称为该能量的能值，或者说能值就是直接或间接用于形成资源、产品成劳务的某种类型的能量的数量（Odum et al.，1976）。自然界中任何的动植物、人类及人类创造的财富，都可以看成是对太阳能的固定，都蕴含着能值，能值可以看作是能量的一种存储形式，实质就是包含能量。任何形式的能量均源于太阳能，故常以太阳能为基准来衡量各种能量的能值，所以以太阳能焦耳（solar emjoules，sej）为单位来表示，即将所有的物质或产品，换算成形成物质或制造产品所需的原始太阳能。例如，1g 雨水的太阳能值为 7.5×10^{4} sej；1g 氮肥的太阳能值为 3.8×10^{6} sej；生产 10J 牛肉需要的太阳能值为 10^{7} sej；我国 1998 年出口商品的能值为 41.5×10^{22} sej，进口商品的能值为 11.5×10^{22} sej（蓝盛芳等，2002）。

表 10-3　能值分析的基本概念

术　语	定　义
有效能	具有做功能力的潜能，其数量在转化过程中减少（单位：J，kcal 等）
能值	产品形成所需要直接和间接投入应用的一种有效能总量（单位：emjoules）
太阳能值	产品形成所需直接和间接投入应用的太阳能总量（单位：sej）
太阳能值转换率	单位能量（物质）所含的太阳能值之量（单位：sej/J 或 sej/g）
能值功率	单位时间内的能值流量（单位：sej/a）
太阳能值功率	单位时间内的太阳能值流量（单位：sej/a）
能值/货币比率	单位货币相当的能值量；由一个国家年能值总量除以当年 GNP 而得（单位：sej/$）
能值-货币价值	能值相当的市场货币价值，即以能值来衡量财富的价值，又称为宏观经济价值

能值转换率（emergy transformity）是能值分析理论的核心概念，定义为形成每单位物质或能量所含有的另一种能量之量；而能值分析中常用太阳能值转换率，即形成每单位物质或能量所含有的太阳能之量，单位为 scj/J 或 scj/g。用公式可以表达为

A 种能量（或物质）的太阳能值转换率

$$=\text{应用的太阳能焦耳}\div 1\text{J（或 1g）A 种能量（或物质）}$$

生态系统是一种自组织的能量等级系统。根据热力学第二定律，能量在食物链中传递、转化的每一过程中，均有许多能量耗散流失。因此，随着能量从低等级的太阳能转化为较高质量的绿色植物的潜能，再传递、转化为更高质量、更为密集的各级消费者的能量，能量数量的递减伴随着能质和能级的增加。自然界和人类社会的系统均具能量等级关系，能量传递与转换类似食物链的特性。例如，在太阳能—木材—煤炭—电的能量转换链中，1J 木材能相当于 34 900sej；1J 煤炭能相当于 39 800sej；1J 电能相当于

159 000sej。所以，生态系统或生态经济系统的能流，从量多而能质低的等级（如太阳能）向量少而能质高的等级（如电能）流动和转化，能值转换率随着能量等级的提高而增加。大量低能质的能量（如太阳能、风能、雨水能），经传递、转化而成为少量高能质、高等级的能量。系统中较高等级者具有较大的能值转化率，需要较大量低能质能量来维持，具有较高能质和较大控制能力，在系统中扮演中心功能作用。复杂的生命、人类劳动、高科技等均属高能质、高转换率的能量。某种能量的能值转换率愈高，表明该能量的能质和能级愈高。能值转换率是衡量能质和能级的尺度（Odum，1983；陆宏芳等，2005）。

通过太阳能值转换率可以计算得出某种物质、能量或劳务的太阳能值。Odum 等从地球系统和生态经济角度换算出自然界和人类社会主要能量类型的太阳能值转换率，可用于大系统如国家、区域、城市系统的能值分析。根据各种资源（物质、能量）相应的太阳能值转换率，可将不同类别能量（J）或物质（g）转换为统一度量的能值单位(sej)。

2. 能值分析理论的计算步骤

能值分析的具体方法与步骤因研究对象和研究者而有所不同，但其基本方法与步骤分为以下 5 步（隋春花等，1999）。

（1）基本资料的收集

收集所研究城市及城市所在国家的自然环境、社会经济活动的资料。包括平均降水量、平均径流量、平均潮汐量、平均海拔以及平均风能等环境资源；土地利用情况、水土流失情况；人口资源、各种经济活动指标、进出口贸易等社会经济状况。

（2）绘制能量系统图

确定所研究城市的系统外边界和系统内组分，利用各种“能量语言符号”（Odum，1988）将系统主要能流标注，包括环境无偿投入能值、经济活动反馈能值与进出口交换能值，注意要按其太阳能值转换率的高低，从左到右的顺序排列。

（3）编制能值系统分析表

1）首先计算出所研究城市或地区以及整个国家当年的能值/货币比率（sej/MYM)；

2）列出研究城市或地区的主要能源项目，包括可更新资源、不可更新资源、燃料利用、进出口能流等，其中能值小于系统总能值 5%的项目可不列入（Odum，1995；隋春花等，1999)；

3）根据能量计算公式，求出各能源的流量数，如能量流（J）、物质流（g）或货币流（$)；

4）根据各种资源相应的能值转换率，将不同能量单位转换为统一度量的能值单位(其中货币流部分，用货币乘以能值/货币比率求得)。为进一步了解各能流在整个系统中的相对贡献，可将能值再转换成宏观经济价值（能值除以能值/货币比率）来分析。

表 10-4 社会-经济-自然复合生态系统能值指标体系

能值指标	计算表达式	代表意义
能值流量	能值＝能物流量×能值转换率	
1 可更新资源能值（R）		系统环境资源财富基础
2 不可更新资源能值（N）		
3 输入能值（I）		输入资源、商品财富
4 能值总量（U）	$R+N+I$	拥有的总“财富”
5 输出能值（O）		输出资源、商品财富
能值来源指标		资源利用结构
1 能值自给率	$(R+N)/U$	评价自然环境支持能力
2 购入能值比率	I/U	对外界资源的依赖程度
3 可更新资源能值比率	R/U	判断自然环境的潜力
4 输入能值与自有能值比	$I/(R+N)$	评价产业竞争力
社会亚系统评价指标		
1 人均能值量	U/P	生活水平与质量的标志
2 能值密度	U/(area)	评价能值集约度和强度
3 人口承载量	$(R+I)/(U/P)$	目前环境资源可容人口量
4 人均燃料能值	(fuel)/P	对石化能源依赖程度
5 人均电力能值	(electricity)/P	反映城市发达程度
经济亚系统评价指标		
1 能值/货币比率（sej/$）	国家U/GNP	经济现代化程度
2 能值交换率	I/O	评价对外交流的得失利益
3 能值一货币价值	能值量/(sej/$)	能值相当的货币量
4 电力能值比	(electricity)/U	反映工业化水平
自然亚系统评价指标		
1 环境负载率	$(I+N)/R$	自然对经济活动的容受力
2 可更新能值比	R/U	自然环境利用潜力
3 废弃物与可更新能值比	W/R	废弃物对环境的压力
4 废弃物与总能值比	W/U	废弃物利用价值
5 人口承受力	$R/(U/P)$	自然环境的人口承受能力
系统可持续发展能值综合评价指标		
1 能值产出率（EYR）	U/I	反馈投入效益率
2 能值可持续指标（EIS）	EYR/ELR	理论可持续能力
3 能值可持续发展指标（EISD）	EYR×EER/(ELR+EWI)	实际可持续发展能力

注：R 为本地可更新资源能值；N 为不可更新资源能值；I 为输入能值；O 为输出能值；U 为能值总量；W 为废弃物能值；P 为人口量；GNP 为国民生产总值；ELR 为环境负载率；EWI 为废弃物影响指标；EYR 为能值产出率

（5）建立能值指标体系，为分析自然环境对人类经济的贡献，突出整个城市或地区的生态经济特征，制定科学的发展策略，可进一步建立能值指标体系。

（6）系统的发展评价和策略分析，通过对各种能值指标进行分析，同时与世界其他城市或地区进行比较讨论，制定出正确可行的城市管理措施和经济发展策略，指导整个城市或地区生态系统的可持续发展。

能值分析理论的特点是将人口、资源、环境、商品、劳务和科技等不同类别与各种形式的生态经济系统内部流动或储存的能量和物质等，通过能值转化率转换为量纲相同的能值指标进行定量分析和比较研究。能值分析理论经过不断完善，把生态环境系统与人类社会经济系统有机结合起来，定量分析自然与人类经济活动的真实价值，弥补货币价值方法的不足（蓝盛芳等，2001），有助于调整生态环境与经济发展关系；对生态资产的科学评估与合理利用、经济发展战略的制定以及未来的预测，均有指导意义。

能值分析理论提供了一种对自然-经济-社会复合系统演进可持续利用判定的新途径。其优点在于：①应用能值将能流、物流与货币流综合起来，相互换算；②量化各经济要素、资源要素、环境要素，转换成统一的能值单位，避免了传统可持续分析中指标量纲不一带来的难以计算和比较的缺陷；③通过不同的能值转换率，体现了不同能量的质量和等级差别，充分重视人的作用，将人类劳动纳入计算过程。当然能值分析也具有不足之处，比如忽略区域差异，漠视地理空间上的不均衡性；对经济系统异质性关注不够，采用相同能值转换率带来误差等。但是作为生态经济学理论上的创造性尝试，能值分析理论具有科学基础，是可以不断改进和发展的。

（二）生态足迹理论与方法

1. 生态足迹模型

人类生存需要消费自然提供的产品和服务，自然会对地球生态系统构成影响。影响的程度取决于所消耗的资源和服务的数量（Wackernagel et al.，1999）。自然资源和生态系统服务大部分都来源于土地生态系统和水生生态系统，通过计算一定的技术水平下一定规模的人口所消耗的资源和服务数量可以追踪相应的土地和水域面积。

生态足迹的设计思路是：人类要维持生存，必须消费各种产品、资源和服务，人类的每一项最终消费的量都可以追溯到提供生产该消费所需的原始物质和能量的生态生产性土地的面积。所以，人类系统的所有消费，理论上都可以折算成相应的生态生产性土地的面积，也即人类的生态足迹。因此，生态足迹的定义为，任何已知人口（某个人、一个城市或一个国家）的生态足迹是生产这些人口所消费的所有资源和吸纳这些人口所产生的所有废弃物所需要的生态生产性土地的总面积（Mathis and William，1996）。它既代表既定技术条件和消费水平下特定人口对环境的影响规模，又代表既定技术条件和消费水平下人口持续生存下去而对环境提出的需求。

人类在消费自然资源的同时向自然界排放了大量的废弃物，如废水、废气、固体垃圾等。自然界向人类提供自然资源和消纳废弃物的功能，通过各种生态系统与生态过程来实现。因而，人类对自然资源的需求和消纳废弃物的需求，都可以转换为对各类生态系统的需求。生态足迹就是对这一需求的定量描述。它从一个全新的角度，来探索人类生存所必需的自然资源、生命支持系统、地球的生态承载力以及人类资源消耗的生态影响（域内和域外影响），为公平分配地球的自然资源、定量评价可持续发展提供了一个极有潜质的工具。

生态足迹法从需求角度计算生态足迹的大小，从供给角度计算生态承载力的大小，比较二者的大小能够判断一个国家或区域的生产消费活动是否处于当地的生态系统承载力范围之内，从而评价区域的可持续发展状况。当一个国家或区域的生态足迹大于生态承载力时，出现“生态赤字”，其大小等于生态承载力减去生态足迹的差（负数）。“生态赤字”表明该区域的人口负荷超过了其生态容量，要维持现有人口的消费需求，需要从地区之外进口所欠缺的资源或通过消耗本地区的自然资本来弥补供给量的不足，区域处于相对不可持续的发展状态。当生态足迹小于生态承载力时，为“生态盈余”，表明该区域的生态容量足迹支持现有的人类负荷，区域处于相对可持续的发展状态。

2. 生态生产性土地概念

生态生产性土地是指具有生物生产能力的土地或水体，它能较好地表征自然资源和主要的生命支持服务。在生态足迹账户核算中，生物生产面积主要考虑如下六种类型（Wackernagel et al. 1997，1999）：化石燃料用地（能源用地）、耕地、林地、草场、建筑用地和水域。

(1) 化石燃料用地（能源用地）

人类所需的生态足迹反映了对自然的竞争性索取。化石燃料用地是人类应该留出用于吸收 CO_2 等温室气体的土地，但目前事实上人类并未留出这类土地。换句话说，人类消费的生物化石燃料的生物化学能既未被代替，其废弃物也未被吸收，即人类在直接消耗自然资本而不是其“利润”。这里值得注意的是，将 CO_2 吸收所需要的生态空间同生物多样性保护和林地分开并非意味着重复计算，因为老龄林吸收 CO_2 的能力远远低于幼龄林，而后者又缺乏前者所具有的生物多样性。同时，用于 CO_2 吸收的林地如用于木材的生产，则在木材的加工过程中也会排放 CO_2。因此，在处理化石燃料用地类型时需要将它与生物多样性的保护面积和林地面积区分开来。另外，化石原料的消费在排出 CO_2 的时候可能还会排放有毒污染物造成其他生态危害，这些在目前的生态足迹计算中未能考虑。目前还没有证据表明哪个国家专门拿出一部分土地用于 CO_2 的吸收，出于生态经济研究的谨慎性考虑原则，在生态足迹的需求方面，只考虑了 CO_2 吸收所需要的化石燃料的土地面积。

(2) 耕地

从生态角度看，耕地是最有生产能力的土地资源类型，在耕地上生长着人类利用的大部分生物量。根据联合国粮农组织的调查，目前世界上人类总共耕种了大约 $13.5\times10^8hm^2$ 的优质耕地。而每年由于严重退化而放弃的耕地有 $1000\times10^4hm^2$ 左右。这意味着，现今全人类人均持有不到 $0.25hm^2$ 的优质耕地。

(3) 林地

林地包括人工林和天然林。森林除了提供木材以外还有涵养水源、调节气候、维持大气水分循环、防止土壤侵蚀等诸多生态功能。目前在地球上有 $51\times10^8\text{hm}^2$ 的林地，人均面积为 0.9hm^2 左右。其中在面积 $17\times10^8\text{hm}^2$ 的土地上林木的覆盖率不足 10%。由于人类对森林资源的过度开发，全世界除了一些不能接近的热带丛林外，现有林地的生物量生产能力大多较低。

(4) 草场

人类主要用草场来发展畜牧业。相比较而言，目前面积为 $33.5\times10^8\text{hm}^2$ 的草场（人均面积为 0.55hm^2）其生产能力比耕地要低得多。草场积累生物量的能力比耕地要小得多，从植物转化为动物生物量使人类损失了大约 10%的生物量。

(5) 建筑用地

根据联合国的统计，目前人类定居和道路建设用地面积大约人均 0.06hm^2。由于人类定居在最肥沃的土地上，因此建筑面积的增加意味着生物生产量的明显降低。

(6) 水域

目前地球上的海洋面积在 $366\times10^8\text{hm}^2$ 左右，人均面积稍多于 6hm^2。其中 8.3%水域（人均面积为 0.5hm^2）提供了全海洋 95%的生物产品。

由于各类生态生产性土地之间存在生产力方面的差异，为了计算合理，引入均衡因子的概念。即将具有不同生态生产力的生物生产面积转化为具有相同生态生产力的面积，从而使各类土地之间具有可比性，以计算生态足迹和生态承载力。均衡因子是指一个使不同类型的生态生产性土地转化为在生物生产力上等价的系数。目前全球一致认可的六类土地类型的均衡因子分别为：耕地和建筑用地为 2.8，林地和化石燃料用地为 1.1，草场为 0.5，水域为 0.2（Wackernagel et al.，1997，1999）。

3. 生态足迹的计算方法

生态足迹模型计算其计算步骤为

(1) 统计计算各主要消费项目的消费量；

(2) 利用平均产量数据，将各消费量折算为生态生产性土地面积；

(3) 通过均衡因子把各类生态生产性土地面积转换为等价生产力的土地面积，并进行汇总、加和计算出生态足迹的大小；

(4) 通过产量因子计算生态承载力，并与生态足迹比较，分析可持续发展的程度。

计算公式为

$$\text{EF}=N\text{ef}=N\sum_{i=1}^{n}(r_i c_i/p_i)$$

$$\text{EC}=N\text{ec}=N\sum_{j=1}^{6}(a_j r_j/y_j)$$

式中，EF 为总的生态足迹；EC 为区域总的生态承载力；N 为人口数；i 为消费商品和投入的类型；ef 为人均生态足迹；r_i 为 i 类产品所归属的土地类型均衡因子；c_i 为 i 类商品的人均消费量；p_i 为 i 类消费商品的世界平均生产能力；j 为生物生产性土地的类型；ec 为人均生态承载力；a_j 为人均生物生产性土地面积；r_j 为 j 类土地的均衡因子；y_j 为 j 类土地的产量因子。

生态足迹是人口数和人均物质消费的函数，是每种消费商品的生物生产面积的总和。在生态足迹核算中主要计算生物资源的消费和能源的消费，生物资源的消费主要包括农产品、动物产品、林产品、水果和木材等类别，能源的消费主要包括煤、焦炭、燃料油、原油、汽油、柴油和电力等能源。同时，在生物资源和能源的消费额中应考虑贸易调整，以计算净消费额。由于人类消费的生物资源和能源是动态的，所以生态足迹是一个动态变化的指标。生态足迹与同区域范围所能提供的生物生产面积进行比较，可判断一个国家或区域的生产消费活动是否在当地生态系统承载力范围内，即是否处于可持续发展状态。

《我们共同的未来》指出，生物圈并非人类所独有，人类应将生物生产土地面积的12%用于生物多样性的保护。因此，在计算生态承载力时应扣除用于生物多样性保护的土地面积。可以说，生态足迹不仅反映了人类对地球环境的影响程度，考验了地球生态系统对人类的承载能力，而且也体现了地球生态环境的可持续发展机制。

二、基于能值分析的中国土地可持续利用态势

（一）土地系统投入产出能值观

从某种意义讲，现代农业是一种集约化生产的石油农业。其表征为，大量的工业能量如机械、电力、油料、化肥、农药和除草剂等输入到土地生态系统中，换取农产品、畜产品、林产品和水产品产量的持续增加，来缓解迅速增加的人口压力和满足人类消费水平的不断提高。然而，由于过分依赖外部能量的投入，土地生态系统长期处于超负荷运行，环境容量逐渐降低，生态问题逐步显现，如土地板结、肥力下降以及农药、化肥面源污染引发的土体硝酸盐累积、水体污染、湖泊富营养化和农产品质量降低等。从生态学角度来看，由于生态负面效应具有累积性，长期大强度地对土地生态系统施加人为影响，其生态成本将会呈现指数增长；从经济学角度来看，随着土地环境质量的下降，投入能效降低，土地边际收益率呈现递减态势。因此，谋求传统农业低能量投入和低生态成本与石油农业高产出的有机结合是可持续土地利用的必然途径。

按照生态系统理论分析，任何系统的结构和功能与物质流、能量流和信息流都存在着依存关系。土地生态系统的可持续性需要以系统内部高度的自组织性和良好的有序结构为前提，而实现这些特性的前提是系统内外物质流和能量流输入与输出的动态平衡。由此看来，把握土地生态系统边界的能量通量变化状况，就能从机制上探究土地生态系统可持续性的演进态势（李双成和蔡运龙，2002）。

在人类长期强势作用下，多数土地生态系统呈现半自然/半人工状态，在很大程度上缺少自然生态系统所具有的自我调节功能，而这种功能是不同生物种在进化过程中相互适应的结果。受人类控制的土地生态系统必须依靠两类性质不同的能源投入才能维持其正常运行，即生态能和人工能。生态能主要包括太阳辐射能，它是光合作用的能源，控制环境温度，并决定大气环流和降水的样式。人工能可分为生物能和工业能两种。人

力和畜力是两种最明显的生物能形式，增施有机肥如厩肥，也是生物能。工业能是化石燃料或放射性物质、地热、流水等，通过现代电力生产技术所获得的能源。工业能中除了少量可以更新外（如电力中的水电），多数属于不可更新能源。土地生态系统对能质类型的依赖取决于两个方面的因素：一是它与自然生态系统的背离程度，系统人工化程度越高，对外部高质能的能值需求就越多；二是人为设定的系统输出的大小，若期望系统输出更多的产品，则需要投入数量较多的高能质能量。利用方式原始的土地生态系统，外部的投入能多为人力和畜力，如南非的游牧系统，其人力投入能占到总投入能的1/3以上。尼日利亚的高粱种植投放的工业能亦较少，仅有铁犁是间接消耗的工业能。这类系统除了人力和畜力投入外，外部能量的输入以自然生态能为主。尽管系统能量收支为正，但盈余不大，且系统的绝对生产力变幅较大。随着农业的现代化进程的加快，直接和间接利用的工业能大幅度增加。现代化的土地利用方式实际上就是利用优质的能源形态，把日光能变为贮存食物能的转化过程。其优质能源主要是化石燃料，供制造农业机器、化肥、农药和其他化学品之用。这种优质能源形态的长处，是它能够与低质能源结合起来，使能流得以加强（Odum et al.，1976）。然而，大量能量特别是不可更新的化石能量进入土地生态系统，会引起广泛且具有累积性的负面效应。同时，系统外部生产这些产品时，同样会造成环境污染问题，并有可能进入土地生态系统。

（二）基于能值分析的中国1978～1999年农用土地利用可持续分析

计算步骤如下：

1）选定研究对象和系统的边界。根据研究目的的不同，研究对象多种多样，可以是单一的种植业系统、林业系统、畜牧系统或渔业系统，或是多个系统整合而成的巨系统。受统计资料之限，系统边界一般以行政区划单元而定，大至一个国家，小到一个农户。

2）根据系统的构成，确定系统的输入和输出。对于种植业系统而言，系统的输入成分包括工业能源和生物能源两部分，前者如化肥、农药、电力等，后者则是人力、畜力、农家肥等；输出成分主要是粮食、油料作物等。

3）依据能量折算系数，将各种不同量纲的原始数据转换成统一单位的能量数值。

4）根据太阳能值转换率将能量数值换算成能值。

5）编制基于能值分析的土地利用持续性判定指数表（表10-5），分析评价土地系统。得到计算结果（表10-6）。

表10-5　基于能值分析的土地利用持续性判定指数

指数名称	计算方法	基本含义
农地总能值投入产出比	农地产出总能值/投入土地总能值	数值越大，表明土地的能值利用效率越高
工业能值投入产出比	土地产出能值/投入土地的工业能值	数值越小，表明进入土地的化石能量越多
土地环境负载指数	进入土地的非更新本地能值/无偿的环境能值	数值越高，表明土地的环境压力越大
农业有机性指数/%	（有机能值投入/能值总投入）×100%	数值越大，农业的有机性越高

表 10-6　中国 1978～1999 年农用土地利用持续性判定指数摘要表

年份	输出能值 $/10^{23}$ sej	输入能值 $/10^{23}$ sej	输入工业能值 $/10^{23}$ sej	总能值投入产出比	工业能值投入产出比	土地环境负载指数	土地可持续利用指数
1978	4.55	5.30	1.58	0.86	2.87	1.20	0.71
1979	5.12	5.52	1.70	0.93	3.01	1.25	0.74
1980	5.27	5.63	1.80	0.94	2.93	1.27	0.74
1981	5.90	5.64	1.74	1.05	3.39	1.28	0.82
1982	6.58	5.74	1.78	1.15	3.69	1.30	0.89
1983	6.69	5.97	1.96	1.12	3.42	1.34	0.83
1984	7.24	6.34	2.29	1.14	3.16	1.43	0.80
1985	7.80	5.92	2.01	1.32	3.88	1.33	0.99
1986	7.73	6.07	2.12	1.27	3.64	1.37	0.93
1987	8.04	6.23	2.21	1.29	3.63	1.40	0.92
1988	7.48	6.44	2.37	1.16	3.16	1.45	0.80
1989	7.60	6.87	2.67	1.11	2.84	1.54	0.72
1990	8.73	7.27	2.93	1.20	2.98	1.62	0.74
1991	8.75	7.66	3.24	1.14	2.70	1.71	0.67
1992	8.86	7.86	3.43	1.13	2.59	1.75	0.64
1993	9.47	8.08	3.69	1.17	2.57	1.80	0.65
1994	9.86	8.46	4.11	1.17	2.40	1.88	0.62
1995	10.81	8.89	4.53	1.22	2.38	1.97	0.62
1996	11.20	9.21	4.81	1.22	2.33	2.04	0.60
1997	11.06	9.50	5.06	1.16	2.18	2.10	0.55
1998	11.67	9.77	5.22	1.19	2.24	2.16	0.55
1999	12.40	10.04	5.44	1.24	2.28	2.22	0.56

利用表 10-5 和表 10-6 的数据绘制图 10-1、图 10-2 和图 10-3，展示了中国农用土地系统各能值指数的变化趋势。

从图 10-1 反映的变化趋势看，1978～1999 年中国农用土地的总能值投入产出比的变化比较平缓。其中，前期（1978～1980 年）数值较小，均小于 1.0，主要由于系统产出较低而致；此后比值平稳增长，在 1985～1987 年达到峰值，均超过 1.25。1987 年后进入振荡变化期，不过大趋势仍为正增长。农用土地总能值投入产出比变化率比较低的状况说明，20 余年间系统的高额输出是建立在高投入基础上的。与总能值投入产出比变化不同，20 余年间工业能值的投入产出比呈现出剧烈的震荡下降。其中在 1981～1982 年和 1985～1987 年有两个高位期，1987 年后比值迅速下滑。这种变化趋势说明，中国农用土地的产出是以大量投入化石能量为支撑条件的。

从图 10-2 反映的变化态势看，除了在 1985 年有小幅下降振荡外，1978～1999 年中国农用土地环境负载指数整体上为一个持续增加的系列，20 余年间，环境负载指数增加了近一倍。农用土地环境负载指数的持续增大，说明由加大化石能量输入而引起的环境压力增加。

与上述能值投入产出比和环境负载指数的变化趋势相对应，20余年间中国农用土地可持续性指数为一个振荡下降的系列（图10-3）。从时段来看，1985～1987年指数最高，均在0.90以上，此后下降较快。1999年指数为0.56，比1978年下降0.15。

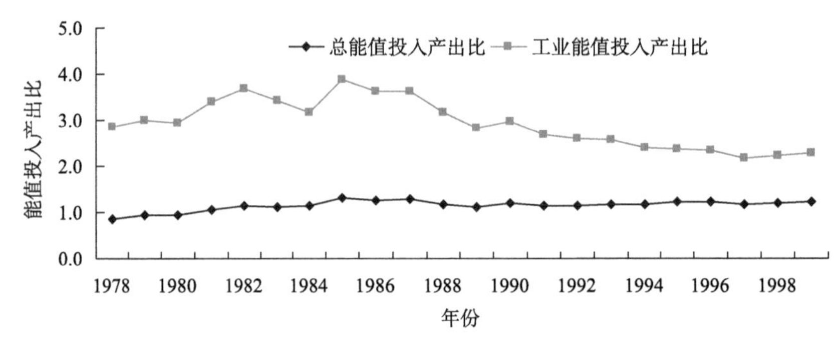

图10-1 1978～1999年中国农用土地能值投入产出比变化趋势

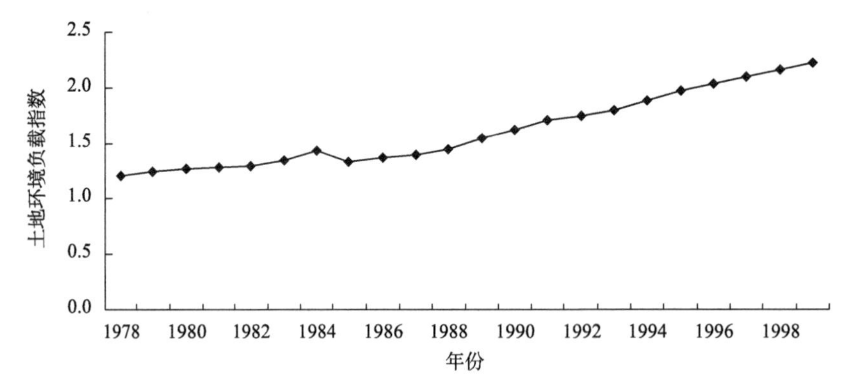

图10-2 1978～1999年中国农用土地环境负载指数

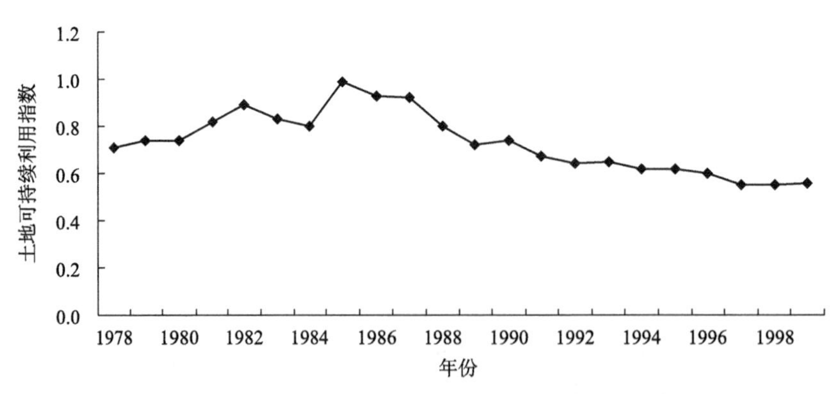

图10-3 1978～1999年中国农用土地可持续性指数

三、区域生态足迹计算分析

遵循生态足迹的理论原则和计算方法，本节以山东省青岛市为例进行分析。根据《青岛统计年鉴》1991～2003年统计数据，对青岛市近十几年来的生态足迹进行了计算和分析，结果如下。

1）基于生态足迹的计算结果，1991～2003年青岛市的人均生态足迹呈增大趋势，万元产值生态足迹呈减小趋势。说明随着社会经济的快速发展，青岛市的资源消耗量和生产效率都在提高。但从对1996～2003年的数据分析看出，青岛市人均生态承载力均小于人均生态足迹，出现人均生态赤字（图10-4），研究区的生态足迹严重超出区域所提供的生态空间供给，人口、经济和消费模式对自然的需求已超过本地区的生态系统承受能力，出现人地矛盾突出、资源紧张、生态环境恶化的不良后果，生态系统处于不可持续状态。因此，必须改变消费和生产方式，树立科学发展观，社会经济发展必须走节约、集约、高效型的循环经济发展模式。在强调以经济建设为重心的同时，必须兼顾社会、生态的可持续发展。

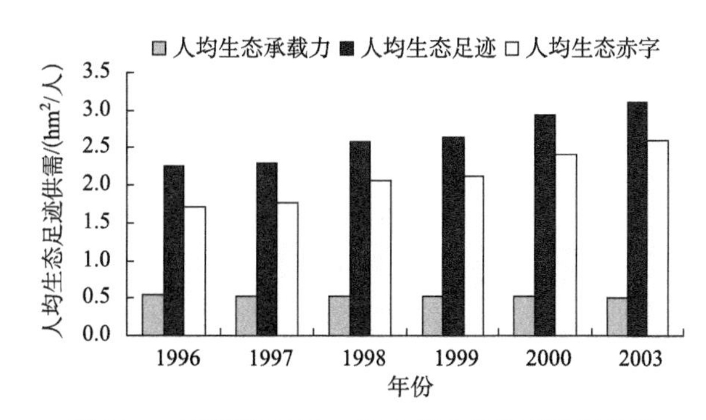

图10-4　青岛市1996～2003年人均生态足迹供需

2）从横向比较看，青岛市的人均生态足迹均超出全球平均水平，也超出全国平均水平，无论在全球尺度还是国家尺度上，青岛地区生态发展均处于不可持续状态。而从万元产值生态足迹看，青岛市超出全球和国家平均水平（表10-7和表10-8），反映出青

表10-7　青岛市2003年人均生态足迹与部分城市对比

城市	耕地	草地	林地	水域	建筑用地	能源用地	合计	生态足迹/(hm^2/万元)
大连	0.246 1	0.148 4	0.008 7	2.684 5	0.025 3	2.267 6	5.380 6	1.843 5
青岛	0.595 8	0.347 0	0.005 7	1.264 0	0.017 0	0.887 2	3.116 8	1.261 6
南京	0.301 5	0.108 7	0.000 4	0.195 2	0.020 8	2.368 0	2.994 6	1.087 1
广州	0.159 7	0.008 8	0.003 8	0.338 5	0.049 0	2.168 1	2.727 9	0.565 7
宁波	0.240 2	0.048 1	0.012 7	1.134 6	0.017 0	0.887 2	3.116 8	0.957 7
济南	0.428 5	0.372 8	0.004 2	0.033 5	0.016 4	1.130 6	1.986 0	0.847 4
杭州	0.245 9	0.083 8	0.0000	0.139 7	0.043 2	0.847 2	1.359 7	0.535 7

岛市资源利用效率的低下。要实现青岛市生态持续发展，维持生态系统的良性循环，必须继续严格控制人口增长，提高人口素质，增强生态服务意识；采用先进的科学技术，提高单位面积资源生产量和效率，提高生态承载能力；改变生活消费和生产方式，减少资源消费，建立节约、集约、高效型的生产和消费体系。

需要说明的是，由于数据可得性的限制，生态足迹的计算分析只是统计和计算了人们消费的部分生物和能源，水资源、木材、化工产品等其他资源的消费以及废弃物消纳都未能计算在内。同时，由于统计年鉴的局限性，目前无法获得人类消耗的所有生物和能源统计数据，所以计算结果中人均生态足迹是青岛市人均生态足迹的最小值。

表 10-8　青岛市 2003 年人均生态足迹与全国和部分省区

	人均生态足迹/(hm^2/人)	人均生态承载力/(hm^2/人)	生态赤字/盈余/(hm^2/人)	GDP 生态足迹/(hm^2/万元)
全球	2.800	2.000	−0.800	1.103
全国	1.326	0.681	−0.645	2.037
上海	2.242	0.256	−1.986	0.819
江苏	1.568	0.459	−1.109	1.469
浙江	0.529	0.421	−0.108	0.441
湖南	1.006	0.432	−0.574	1.975
香港	6.100	0.034	−6.066	0.306
台湾	4.300	0.200	−4.100	0.219
澳门	3.000	0.010	−2.990	0.290
广东	1.636	0.390	−1.246	1.270
青岛	3.117	0.510	−2.600	2.374

第四节　土地生态经济系统的调控与管理

土地生态经济系统是不能自发形成的，其有效运行必须借助一定的外在力量，其中对土地生态经济系统进行优化设计和有效管理就是非常重要的两个方面。一方面，不同地区的实际情况是不同的，因此要用一个科学的方法设计用地，才能实现土地的可持续利用和土地价值的持续增值；另一方面，由于过去近百年来人类对土地资源的掠夺式利用，造成了土地生态经济系统结构的破坏和功能的丧失，导致了诸多的土地问题，因此，应该根据土地生态经济系统的运行机制，从维持系统的平衡和良性循环角度，采取合理的措施进行有效管理，构建良性运行的土地生态经济系统。

一、土地生态经济系统调控原则

土地生态经济系统优化设计是使土地生态特性优化利用，并创造一个社会经济发展与土地利用相协调的生产环境（费洪平，1990），其基本原则有以下几项。

（一）总体效益最大化原则

土地生态经济系统优化设计应该立足于经济和生态两个基本，对总体发展方向进行科学的分析和规划。土地生态系统与土地经济系统是相互作用、相互补充的有机整体，任何子系统和要素设计必须建立在整体性的基础上，对于破坏整体性能的局部发展必须予以限制或调控。但是如今的经济效益大多是以生态损失为代价的，并且生态环境的过度破坏反过来又会影响人们经济的发展。土地作为一种资源，其生态效益的最大化应该是经济发展的一个目标，只有在不过度开发自然资源的基础上发展经济才是总体目标的最大化，并符合可持续发展的要求。同时，应全面考虑整体和局部、局部和局部之间的关系。土地生态经济系统内各子系统和各要素之间具有不同的种类和比例，对其进行设计，要求在保证系统整体性能的基础上，各组成部分要协调同步发展，使系统功能不断增强。

（二）与生态经济阈值相协调原则

土地生态经济系统是一个复合系统，其自我调节能力是由其子系统共同决定的，并且这种调节能力是有限的，我们称之为系统的生态经济阈值。它是土地生态经济系统内部一系列数量关系所表现出来的系统质变的临界点。人类在土地资源开发利用规划和优化设计时，只有遵循同生态经济阈值相协调的原则，才能使系统的经济、社会和生态效益同步提高，实现土地资源的可持续利用。

（三）动态反馈调节原则

土地生态经济系统是随环境因子和内部结构的变化而不断变化的。土地生态系统的输入与社会经济系统的输入处于动态反馈调节状态，且相互制约、相互促进。因此，对土地系统进行优化设计时，应该按照“人与自然共生现象”原理，对自然、社会和经济之间的相互关系要进行宏观的科学控制与协调。

二、土地生态经济系统调控的主要模式

土地生态经济系统模式，就是协调经济发展与生态发展，以解决传统模式下生态环境与经济发展的矛盾，缓解生态危机的模式。土地生态经济系统模式的实质在于使经济发展与生态发展融为一个完整的有机体系，实现生态与经济、人与自然在更高的社会经济发展水平上的和谐统一（聂华林等，2006）。土地生态经济系统模式按照组成结构可以分为：生态农业循环经济模式、生态畜牧农业循环经济模式、生态果园循环经济模式等。

（一）生态农业循环经济模式

以沼气为纽带的生态农业循环经济模式是模仿自然生态系统的食物链结构，立足于系统结构与功能相适应，物质分解、转化、富集、循环再生，生物共生竞争，协同进化等生态学原理，利用生物与环境之间的物质循环和能量转换关系，并结合系统工程理论，为生产出高产、优质、无污染的农产品，确保良好的生态效益和经济效益，进行设计的一种资源多层次循环利用的工艺流程。它充分地体现了循环经济这一新的经济形态，将传统的“农业资源-农产品-农业废弃物”单向线形经济变为“农业资源-农业产品-农业再生资源”的循环经济形式，并充分体现了循环经济特有的运行规则，即减量化、再利用、再循环的“3R”原则（方淑荣，2007）。例如，在山江湖综合开发治理过程中，赣州群众总结各地的经验，结合当地实际，创建了“猪-沼-果”生态农业模式（胡振鹏等，2005），该模式以沼气池为核心，把种植（粮油作物、果树、蔬菜和牧草等）、养殖（猪、牛、鹅、鸭、水生物等）和生活三个孤立的活动组合成一个开放式的互补系统，使物质充分循环，让自然散发掉的生物质能集中利用。这一模式既是生态经济模式，也是一种循环经济模式，它的经济、社会和生态环境效益显著，深受农民欢迎，并被农业部作为发展生态经济的南方模式加以推广。

（二）生态畜牧农业循环经济模式

应用农业循环经济模式和农业的可再生资源，发展生态畜牧业，对节约资源，减少环境污染，增加农民收入，改善农村生态环境，实现畜牧业可持续发展和经济效益与生态环境的统一，具有十分重要的意义。其典型模式有（屈健，2008）“沼气池-猪舍-鱼塘”等“三结合”模式，“沼气池-猪禽舍-厕所-日光温室”等“四位一体”的生态农业模式以及“沼气池-果园-暖圈-蓄水窖-看管房”的贫水地区“五配套”系统模式。该模式以沼气为纽带的资源利用型模式，主要利用沼气这一农业接口工程，把农业和农村产生的秸秆、人畜粪等有机废弃物转换为有用的资源进行综合利用，建设循环性农业，将畜禽粪便通过一定的技术处理得以资源化，在种植、养殖之间循环利用，形成生态畜牧农业循环调控的可持续模式。

（三）生态果园循环经济模式

目前，中国水果生产中由于栽培管理技术落后、施肥不合理、用药不恰当等问题，造成了果园立体污染严重，导致果园的生态环境处于崩溃边缘。探索适合我国国情的生态果园发展模式，对于减少化学农药施用量、提高农业和化肥利用率、改善我国果园土壤质量、保障果园生态环境可持续发展、保护生态系统平衡和人类的健康具有重要的现实意义，同时也可以为制定果业政策和果树管理措施提供科学依据（沈贵银等，2006）。其典型模式有：“果园生草-草食畜牧-畜粪沼气-沼肥还园”模式，该模式是一个低投入、高产出的组合，在广大农村有着广泛的应用前景；“果园生草-果园家禽散养-控制害虫”模式，该模式具有改善小气候、防除和抑制杂草以及节约果园用肥等优势；“雨水汇集-雨水贮蓄-雨水灌溉”模式，该模式由于投资少、集流效率高等优点而受到人们的普遍关注。具体见图 10-5。

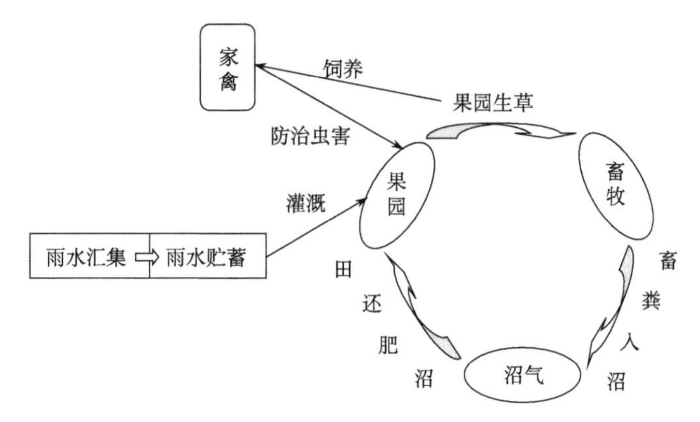

图 10-5　生态果园循环调控模式示例

（四）生态补偿调控机制

生态补偿的广义内涵既包括对生态系统和自然资源保护所获得效益的奖励或破坏生态系统和自然资源所造成损失的赔偿，也包括对造成环境污染者的收费。狭义的生态补偿则主要是指前者。生态补偿将外部成本内部化，对于解决目前的资源紧缺和环境退化问题具有积极作用。我国 2005 年“十一五”规划纲要中首次提出，按照谁开发谁保护、谁受益谁补偿的原则，加快建立生态补偿机制。之后，“十二五”规划纲要同样强调，应推行资源型企业可持续发展准备金制度，设立国家生态补偿专项资金，加快制定实施生态补偿条例。在中央政策和财政的支持和倡导下，各地主动探索，积极推进重点领域生态补偿实践，目前已有祁连山、秦岭-六盘山、武陵山、黔东南、川西北、滇西北、桂北等 7 个不同类型的生态补偿示范区开展建设。其中，能源重化工基地山西省产业转型发展试点的生态补偿是最为典型的范例。山西省作为煤炭大省，是我国重要的能源重化工基地之一，也曾经是全国污染最严重的省份之一。从 2006 年开始，山西省成为生态环境恢复补偿试点省份，通过《山西省生态环境补偿条例》等地方性法律法规，对所有煤炭企业征收煤炭可持续发展基金、矿山环境治理恢复保证金和转产发展资金。截至 2012 年年底，山西省累计征收煤炭可持续发展基金 970 亿元、煤炭企业提取矿山环境恢复治理保证金 311 亿元，提取转产发展资金 140 亿元。其中，山西省平朔矿区是全国最大露天煤矿之一，正处于资源生产鼎盛期，之前由于煤炭生产效益好，矿区可持续发展尚未引起人们足够的重视。2011 年制定的《山西省综合配套改革试验区环境保护专项行动方案》，确定了平朔为绿色试点示范区，制定了生态补偿方案设计与标准，充分利用煤炭资源优势延伸循环经济产业链，深入推进生态环境系统治理工程。截至 2012 年年底，通过生态补偿，每年免交 1000 多万元的水土保持治理费和水土流失补偿费，并将费用全部用于土地复垦造地工程和发电，已经重新获得土地 3.1 万亩，矿区复垦率达 40％，排土场可复垦率 90％以上。

三、土地生态经济系统分区

土地生态经济系统分区，是在综合分析自然环境和社会经济诸要素地域分异规律的基础上，根据不同地域单元土地利用影响因子及其作用方式的差异，按区内相似性和区间分异性原则而划分的土地生态经济区（陈勇等，2008）。土地生态经济系统分区遵循因地制宜、相似性与差异性、综合性和行政区域完整性等原则，主要是在方便行政干预的基础上，尽量突出各生态经济系统分区的特点与优势互补，在整体上达到最优（马艺枫和田欢，2008）。土地生态经济系统分区不仅有助于了解土地生态经济系统类型组合的地域分异特点，而且可以为制定土地利用战略，实现区域土地资源的可持续利用提供指导，如西部大开发重点经济区、黄河三角洲经济区、鄱阳湖区域经济生态区等国务院批复的区域生态经济区，既要重视区域经济发展，又要重视生态系统的维护和管理，保护青山碧水。

（一）土地生态经济系统分区理论基础

生态经济系统区划研究，是区域可持续发展目标得以实现的前提，强调生态、经济两方面的相互结合。生态经济系统区划的目的是促进区域生态功能与经济功能的协调发展，运用循环经济或生态经济学原理，在自然环境承载能力下，提出分区生态经济建设的方向和保护措施。其理论基础可从可持续发展理论、生态经济学理论、地域分异理论三个方面进行论述的。

（1）地域分异理论

地域分异规律是揭示自然环境、生态环境条件等在地球表层按一定的层次发生分化并按一定的方向发生有规律分布的理论（吴次芳等，2002），主要内容是分析自然地理环境各组分及其相互作用形成的自然综合体之间的相互分化，及由此而产生的差异。地域分异规律是生态经济区划主要遵循的原则，是生态经济区划工作的理论基础。在实际操作中，依据地域分异规律对研究区进行定性描述是必不可少的，对研究大区域土地生态学规律有重要指导作用。

（2）可持续发展理论

1987 年，挪威首相布伦特兰夫人在世界环境与发展委员会所做的《我们共同的未来》报告中正式提出了可持续发展的概念，标志着可持续发展理论的产生。可持续发展是既满足当代人的需求，又不对后代人满足其需求的能力构成危害的发展。其主要内容包括三个方面：即经济可持续、生态可持续和社会可持续三方面的协调统一，生态经济区划也是经济、社会、生态环境三个系统综合作用的结果。因此，可持续发展理论也是生态经济区划的重要基础理论。

(3) 生态经济学理论

生态经济学的概念是由美国经济学家 Kenneth Boulding 在人类对经济增长与生态环境关系反思的背景下，首次提出生态经济协调理论，基本理论包括：社会经济发展同自然资源和生态环境的关系，人类的生存发展条件与生态需求、生态经济效益、生态经济协同发展等。生态经济学的研究对象是复杂的生态经济系统，其目的是揭示人地关系及其发展规律。生态经济学理论指出生态经济系统是载体，生态经济平衡是动力，生态经济效益是目的，共同推动着整个区域生态经济系统的可持续发展。因此进行生态经济区划和规划，应该用生态与经济协同发展的观点指导社会经济建设，以便根据不同地区的自然经济特点发挥其生态经济总体功能，获取生态经济的最佳效益，谋求社会经济系统和自然生态系统协调、持续稳定的发展方式。

(二) 土地生态经济系统分区指标

土地生态经济系统分区指标体系的构建应该体现自然环境、社会经济和土地利用效益的差异性，同时反映不同自然环境要素与社会经济要素相互作用机制的差异，并有利于判断土地利用结构的合理性，为制定土地利用政策和编制土地利用规划提供科学参考。由于土地生态经济系统发展阶段及其面临问题的区域差异性，分区指标的选取在遵循科学性、代表性、实用性和可获性原则的同时，还应具有鲜明的地域特征。

指标的选取主要根据生态经济的复杂和综合性的特点，强调自然环境和经济发展的可持续发展，因此选取指标应该尽量全面。从内容上分为经济发展指标、生态环境指标和社会发展指标；从含义上分为定性指标和定量指标，包括地貌指标（地势、海拔高度）、气象指标（年均气温、降水量）、水文指标（年径流深度、流量）、植被指标（植被类型、森林覆盖率）、土地利用指标（主导利用方向）、社会经济发展指标（人口、经济发展、交通）、可利用资源（土地资源、水资源、矿产资源、生物资源）等方面。

(三) 土地生态经济系统分区方法

地理数学方法引入我国后，地理学家一直进行定量技术与方法在区划工作的应用尝试。其定量技术与方法虽然多种多样，但以参数化的统计方法如聚类法（系统聚类、模糊聚类等)、主成分分析法等应用最为广泛。这一现状在近年的区划实践中并没有得到明显改善。此外，非参数化的统计模型尤其是人工神经网络模型一直是区划工作依赖的定量方法之一。但是，不论是参数化的统计方法还是非参数化的统计模型，应用于土地生态经济分区工作时有两大缺陷：一是统计模型对于区划机理刻画的先天不足，尤其是当区划对象过于复杂或多因子综合时；二是从分类结果到分区结果的转换缺乏科学规范依据。面对定量方法的不足，现在绝大多数学者都恪守定量与定性相结合的区划研究范式。在区划工具上，绝大部分的区划工作及其方案均在 GIS 平台上实现，使用了图层叠置和空间分析技术。区划要素的信息来源多为地面调查数据和不同空间分辨率的遥感影像解译数据。

近年来，虽然积极探索专家系统与数理定量相结合的区划模式，但总体上定量方法应用并不充分。表现为：参数化的定量方法应用较多特别是以系统聚类方法为主，难以处理区划中的非线性复杂问题。土地生态经济系统是复杂的巨大系统，传统的统计方法大多是基于线性算法的建模范式，因而基于数理统计的分类、分区难以描绘土地系统的复杂情况。特别是在一些重要的分界线或过渡带，生态经济因子的非线性、非平稳性和突变性更是常态，因而探索更为有效的定量模拟表征模型具有重要的科学价值。另外，聚类结果向分区结果的转换缺乏一定的规范。GIS 作为空间分析和区划方案可视化的工具已经成为不可或缺的手段。然而，在实际应用中，GIS 仅仅作为图层简单叠置和可视化的平台，对于要素层叠置后出现的区划界线判定，仍是基于主观的经验臆断。

（四）区域土地生态经济系统分区及区域发展[①]

2009 年 12 月 12 日，国务院正式批复《鄱阳湖生态经济区规划》。鄱阳湖生态经济区规划范围包括南昌、景德镇、鹰潭 3 个城市以及九江等 38 个县（市、区），面积占江西省总面积的三成，人口接近全省总人口的一半，经济总量占全省的六成。鄱阳湖位于长江中下游南岸、江西省北部，是我国最大的淡水湖，是四大淡水湖中唯一没有富营养化的湖泊，同时也是具有世界影响的重要湿地。通过鄱阳湖生态经济区的建设，对于转变经济发展方式，促进区域协调发展，实现人与自然和谐具有重要的战略意义。国家发展和改革委员会要求在规划的实施中要特别做好五方面工作：切实加强生态建设和环境保护，保护好鄱阳湖“一湖清水”；转变发展方式，加快形成环境友好型产业体系；着力培育生态文化，加快构建生态文明社会；提升开放水平，促进区域协调发展；深化改革，加快形成有利于生态与经济协调发展的体制机制。

1. 发展定位

全国大湖流域综合开发示范区。正确处理经济建设、人口增长与资源利用、环境保护的关系，鼓励率先探索生态、经济、社会协调发展的新模式，走出一条生态良好、生产发展、生活富裕的文明发展之路，为全国其他湖区综合开发和治理发挥示范作用。

长江中下游水生态安全保障区。发挥保障长江中下游水生态安全的重要作用，大力加强生态建设和环境保护，切实维护生态功能和生物多样性，着力提高调洪蓄水能力，努力创造一流水质、一流空气、一流生态、一流人居环境，构筑区域生态安全体系。

加快中部崛起重要带动区。培育一批具有较强竞争力的核心企业和知名品牌，建成全国粮食安全战略核心区和生态高效农业示范区，建成区域性的先进制造业、商贸和物流中心，培育若干在全国有重要影响的重大产业集聚基地，建设国际知名的生态旅游区

---

① 本节案例引自《鄱阳湖生态经济区规划》文本

和休闲度假区，争当中部地区崛起的排头兵。

国际生态经济合作重要平台。切实保护鄱阳湖“一湖清水”，全方位、立体式展示中国坚持生态与经济、人与自然和谐发展的新成就；广泛开展国际经济和技术交流，积极借鉴国际生态经济发展的经验和模式，充分发挥鄱阳湖生态经济区的自身特色，探索建立国际生态经济合作新机制。

围绕上述定位，着力构建安全可靠的生态环境保护体系、调配有效的水利保障体系、清洁安全的能源供应体系、高效便捷的综合交通运输体系；重点建设区域性优质农产品生产基地，生态旅游基地，光电、新能源、生物及航空产业基地，改造提升铜、钢铁、化工、汽车等传统产业基地。

2. 主要目标

按照统筹规划、分步实施的原则，分阶段推进鄱阳湖生态经济区建设：2009～2015年为先行先试、强基固本阶段，主要任务是创新体制机制，夯实发展基础，壮大生态经济实力，初步形成生态与经济协调发展新模式；2016～2020年为深入推进、全面发展阶段，主要任务是构建保障有力的生态安全体系，形成先进高效的生态产业集群，建设生态宜居的新型城市群，为到本世纪中叶基本实现现代化打下良好基础。

2009～2015年重点规划期的主要奋斗目标是：

生态建设取得显著成效。水资源得到有效保护，鄱阳湖水质稳定在Ⅲ类以上；空气质量达到国家Ⅱ级标准；湿地保护面积持续稳定，湿地生态功能不断增强；生物多样性得到有效保护，珍稀濒危动植物数量有所增加；河道行洪通畅，防洪抗旱治涝减灾能力进一步提高；森林覆盖率和森林质量不断提高，水土流失面积持续减少；工业污染和农业面源污染防治取得明显成效；城镇公共绿地面积不断扩大；流域综合管理能力大幅增强，区域生态环境质量继续位居全国前列。

生态产业体系初步形成。高效生态农业、资源节约型和环境友好型工业以及现代服务业逐渐居于主导地位，经济实力明显增强，人均地区生产总值达到全国平均水平；节能减排取得新进展，资源综合利用达到新水平，经济发展方式明显转变；科技创新体系初步建立，自主创新能力不断增强；循环经济发展模式广泛推广，清洁生产机制初步建立。率先在欠发达地区构建生态产业体系。

生态文明社会初步构建。生态文化氛围浓厚，生态环保理念深入人心，资源节约型、环境友好型的生产和生活方式初步形成；社会就业更加充分，社会事业繁荣发展，社会保障制度日益健全，社会管理、社会服务、应急处理和公共安全保障能力明显提高，基本公共服务主要指标达到或超过全国平均水平；城乡统筹发展取得积极进展，城乡基本公共服务均等化有所突破，城乡居民生活水平明显提高；创建生态城镇、绿色乡村取得明显成效，生态文明建设处于全国领先水平。

3. 功能分区

根据自然生态系统的不同特征和经济地域的内在联系，将鄱阳湖生态经济区划分为湖体核心保护区、滨湖控制开发带和高效集约发展区。依据各区域资源环境承载能力、发展现状和开发潜力，界定区域功能，明确发展方向。

湖体核心保护区。范围为鄱阳湖水体和湿地，以1998年7月30日鄱阳湖最高水位线（吴淞高程湖口水位22.48m）为界线，面积$5181km^2$。区域功能是：强化生态功能，禁止开发建设。基本要求是：稳定湖体水质，维护湿地功能，改善候鸟栖息环境；规范采砂、捕鱼、养殖等经济行为，严格执行采砂管理的相关规定，全面取消湖泊禁养区的围网养殖、肥水养殖，严禁围湖造田、围湖养殖；认真执行封洲禁牧各项措施，切实控制血吸虫病传播；加强旅游和船舶污染防治，各类旅游设施必须配备污水及污染物处理装置，入湖机动船舶必须按标准配备使用防污设备，集中停泊区必须设置污染物收集处理设施。

滨湖控制开发带。范围为沿湖岸线邻水区域，以最高水位线为界线，原则上向陆地延伸3km，核定面积$3746km^2$。区域功能是：构建生态屏障，严格控制开发。基本要求是：加强尾闾疏浚，提高行洪能力；推进植树造林，建设环湖防护林，开展水土流失综合治理，减少泥沙入湖；限制施肥量大的农业生产活动，严禁施用高毒、高残留农药，防治农业面源污染；提高工业企业污染排放标准，加强污染综合防治，依法依规强制淘汰落后生产能力，鼓励控制开发带内现有企业搬迁异地改扩建。

高效集约发展区。范围为区域其他地区，面积4.22万km^2。区域功能是：集聚经济人口，高效集约开发。基本要求是：稳定提高生态空间，集约整合生活空间，优化拓展生产空间。遵循主体功能区的理念，科学划分生态保护、农业发展、城镇建设和产业集聚区域；严格保护自然保护区、自然文化遗产、风景名胜区、森林公园、地质公园以及饮用水源地、水源涵养区，积极建设沿河、沿湖、沿路生态廊道和城市公共绿地；严格保护基本农田，大力提高粮食综合生产能力，促进优势农产品布局区域化、种养标准化、生产规模化、经营产业化；大力推进新型工业化、新型城镇化，促进人口向城镇集中、产业向园区集中、资源向优势区域与优势产业集中，从严控制“两高一资”项目，积极发展生态产业、推广低碳技术，加快形成并壮大产业集聚区和特色块状经济；全面推进对外开放，积极承接国际国内产业、技术、资金和人力资源转移，大力提高参与国际国内分工与合作的能力和水平。

四、土地生态经济系统管理策略

从可持续发展观来看，过去那种以实现经济目的来选择土地利用方式，而忽视生态、社会效益的管理是不可取的。管理就是要在人地相互作用过程中形成土地生态经济系统及其良性持续运作过程。因此，对土地生态经济系统的管理就在于如何发挥系统内各机制的作用，以确保其良性运行，实现土地持续利用的目的（张兆福等，2006）。土地政府管理应是以土地自我反馈调节和土地市场经济调节为基础，从自然社会的整体效益出发，促进全面实现土地生态经济系统运行目标的最高层次的人工调节。在管理中应采取以下策略。

（一）控制人口规模，有效发挥系统反馈机制

因为人类对有限的土地资源的需求是无限的，所以为了满足日益增长的物质需求，

人类必然加大对土地生态系统的干预，从而不可避免地会破坏土地生态系统的平衡。遵循土地生态经济系统的生态规律，有效发挥人口与土地的作用机制，通过控制人口规模，减少对土地自然生态过程连续性和稳定性的干扰和破坏，是协调好人地关系的前提。

（二）合理利用土地资源，实现土地资源的持续利用

土地开发、利用、改良和保护活动是土地生态系统与土地经济系统间的联系枢纽，人类对土地的无限需求是土地生态系统与土地经济系统耦合的内在动力，因此，必须寻求土地生态经济系统的合理结构、最佳功能及其良性运行机制，充分合理配置土地资源，提高利用效率，保证土地生态环境的高质量和生态经济的高效益，最终实现人地关系的有序发展和土地资源的持续利用（王万茂等，2003）。

（三）科学规划土地生态经济系统，合理调整用地结构

土地生态经济系统是不能自发形成的，其有效运行必须借助一定的外力，其中，对土地生态经济系统进行科学规划就是一个重要方面。土地生态经济系统规划的一个重要工作就是对土地利用结构的调整，即根据土地生态系统结构与功能原理，依据一定阶段的可持续发展目标要求，制定出科学配置土地资源的最优方案，形成人为的符合生态规律的土地利用系统。

参考文献

毕晓丽，葛剑平. 2004. 基于IGBP土地覆盖类型的中国陆地生态系统服务功能价值评估. 山地学报，(1)：48-53.

陈百明，黄兴文. 2003. 中国生态资产评估与区划研究. 中国农业资源与区划，(6)：20-24.

陈勇，曾向阳，张娟. 2008. 土地生态经济分区的BPSR模型及其应用. 国土资源科技管理，25 (1)：87-91.

陈仲新，张新时. 2000. 中国生态系统效益的价值. 科学通报，45 (1)：17-22.

戴波，周鸿. 2004. 生态资产评估理论与方法评价. 经济问题探索，9：18-21.

戴波. 2007. 生态资产与可持续发展. 北京：中国环境科学出版社.

方淑荣. 2007. 以沼气为纽带的生态农业循环经济模式. 农业与技术，27 (2)：436-439.

费洪平. 1990. 论土地生态经济设计的理论与方法——以甘肃省定西地区为例. 资源与环境，2 (4)：30-34.

傅伯杰，刘世梁，马克明. 2001. 生态系统综合评价的内容与方法. 生态学报，21 (11)：1885-1892.

国务院关于生态补偿机制建设工作情况的报告，2013. http：//www. npc. gov. cn/npc/zxbg/gwygystb-cjzjsgzqkdbg/node _ 21194. htm.

胡聃. 1998. 生态资本的理论发展//邓楠. 可持续发展：人类关怀未来. 哈尔滨：黑龙江教育出版社.

胡聃. 2004. 从生产资产到生态资产：资产-资本完备性. 地球科学进展，19 (2)：289-295.

胡振鹏，胡松涛. 2005. 微型循环经济："猪-沼-果"生态农业模式. 中国井冈山干部学院学报，1 (3)：18-23.

蒋依依，王仰麟，卜心国，等. 国内外生态足迹模型应用的回顾与展望. 地理科学进展，2005，24 (2)：

13-23.
蓝盛芳，钦佩，陆宏芳. 2002. 生态经济系统能值分析. 北京：化学工业出版社.
李利锋，成升魁. 2000. 生态占用-衡量可持续发展的新指标. 资源科学，15（4）：375-382.
李双成，蔡运龙. 2002. 基于能值分析的土地可持续利用态势研究. 经济地理，22（3）：346-350.
李双成，郑度，杨勤业. 2001. 环境与生态系统资本价值评估的若干问题. 环境科学，（6）：103-107.
李双成，郑度，张镱锂. 2002. 环境与生态系统资本价值评估的区域范式. 地理科学，（3）：270-275.
陆宏芳，沈善瑞，陈洁，等. 2005. 生态经济系统的一种整合评价方法：能值理论与分析方法. 生态环境，14（1）：121-126.
罗尔斯顿. 1994. 环境伦理学：自然界的价值和对自然界的义务. 北京：中国社会科学出版社.
马艺枫，田欢. 2008. 土地生态经济系统规划及运行机制. 国土资源科技管理，25（6）：52-56.
麦克尼尔. 1991. 保护世界的生物多样性. 北京：中国社会科学出版社.
聂华林，高新才，杨建国. 2006. 发展生态经济学导论. 北京：中国社会科学出版社.
欧阳志云，王效科，苗鸿. 1999. 中国陆地生态系统服务功能及其生态经济价值的初步研究. 生态学报，（5）：607-613.
潘耀忠，史培军，朱文泉，等. 2004. 中国陆地生态系统生态资产遥感定量测量. 中国科学 D 辑，（4）：375-384.
屈健. 2008. 应用循环经济模式发展生态畜牧业. 浙江畜牧兽医. 1：10-12.
任志远. 2003，区域生态环境服务功能经济价值评价的理论与方法. 经济地理，23（1）：1-4.
沈贵银，丛佩华，仇贵生，等. 2006. 循环经济模式下的生态果园建设与有机果品开发探讨. 中国果树，6：56-59.
史培军，张淑英，潘耀忠，等. 2005. 生态资产与区域可持续发展. 北京师范大学学报（社会科学版），（2）：131-137.
隋春花，蓝盛芳. 1999. 环境价值的多角度评估. 农业环境与发展，2（2）：1-3.
隋春花，张耀辉，蓝盛芳. 1999. 环境-经济系统能值评介：介绍 Odum 的能值理论. 重庆环境科学，21（1）：18-20.
王健民，王如松. 2002. 中国生态资产概论. 南京：江苏科学技术出版社.
王万茂，高波，夏太寿，等. 1993. 论土地生态经济学与土地生态经济系统（上）. 地域研究与开发，12（3）：5-10.
王万茂，李俊梅. 2003. 土地生态经济系统与土地资源持续利用研究. 中国生态农业学报，11（2）：147-149.
吴次芳，陈美球. 2002. 土地生态系统的复杂性研究. 应用生态学报，13（6）：753-756.
谢高地，张钇锂，鲁春霞，等. 2001. 中国自然草地生态系统服务价值. 自然资源学报，16（1）：47-53.
徐美珠，庄铁城，郑天凌. 2000. 红树林区细菌对甲胺磷农药的降解. 海洋学报，22：300-305.
张兆福，魏朝富，谢德体. 2008. 土地生态经济系统运行机制及其调控研究. 生态经济，6：60-63.
张志强，徐中民，程国栋. 2000. 生态足迹的概念及计算模型. 生态经济，10：8-10.
张志强，徐中民，程国栋. 2001. 生态系统服务与自然资本价值评估. 生态学报，11（21）：1918-1926.
赵景柱，肖寒，吴刚. 2000. 生态系统服务的物质流与价值量评价方法的比较分析. 应用生态学报，11（2）：290-292.
庄铁诚，林鹏. 1995. 红树林下土壤微生物对柴油的降解. 厦门大学学报（自然科学版），34（3）：442-446.
Burns K A，Codil S，Swannell R J P，et al. 1999. Assessing the oil degradation potential of endogenous micro2organisms in tropical marine wetlands. Mangroves and Salt Marshes，3：67-83.
Costanza R，d'Arge R，de Groot R，et al. 1997. The value ofthe world's ecosystem services and natural

capital. Nature, 387: 253-260.

Daily G. 1997. Nature's Service: Societal Dependence on Natural Ecosystems. Washington D C: Island Press.

Food and Agriculture Organization of the United Nations. 2000. Rome: Land Cover Classification System.

Helliwell D R. 1969. Valuation of wildlife resources. Regional Studies, 3: 41-49.

Holdren J P, Ehrlich P R. 1974. Human Population and the Global Environment. American Scientist, 62: 282-292.

King R T. 1966. Wildlife and Man . NY Conservationist, 20: 8-11.

Mathis W, William E R. 1997. Perceptual and structural barriers to investing in natural capital: Economics from a ecological footprint perspective. Ecological Economics, 20: 3-24.

Odum H T, Odum E C. 1976. Energy Basis for Man and Nature. New York: McGraw-Hill.

Odum H T, Odum E C, Blisset M. 1987. Ecology and Economy Emergy Analysis and Public Policy in Texas. L. B. Johnson School of Public Affairs and Texas Dept of Agriculture, University of Texas, Austin.

Odum H T, Wang F C, Alexander J F, et al. 1987. Energy Analysis of Environmental Value. Gainesville F L Center for Wetlands, University of Florida.

Odum H T. 1983. Systems Ecology: An Introduction. NY: John Wiley.

Odum H T. 1988. Self-organization, transformity, and information. Science, 242: 1132-1139.

Odum H T. 1994. Ecological and General Systems——An Introduction to Systems Ecology. Denver: University Press of Colorado, U. S.

Odum H T. 1996. Environmental Accounting: Emergy and Environmental Decision Making. New York: John Wiley.

Pimental D, Wilson C, Mccullum C, et al. 1997. Economic and environmental benefits of biodiversity . BioScience, 47 (11): 747-757.

Rees W E, Wackernagel M. 1996. Urban ecological footprints: Why cites cannot be sustainable and why they are a key to sustainability. Environmental Impact Assessment Review: 224-248.

Rees W E, Wackernagel M. 1996. Our Ecological Footprint: Reducing Human Impact on the Earth. Gabriola Island: New Society Publishers, Canada.

Rees W E, Wackernagel M. 1998. Monetary analysis: Turning a blind eye on sustainability. Ecological Economic, 29: 47-52.

Rees W E. 1992. Ecological footprints and appropriated carrying capacity: what urban economics leaves out. Environment and Urbanization, 4 (2): 121-130.

SCEP (Study of Critical Environmental Problems). 1970. Man's Impact on the Global Environment: Assessment and Recommendations for Action. Cambridge MA: MIT Press.

Turner K. 1991. Economics and wetland management. Ambio, 20 (2): 59-61.

Vitousek P M, Mooney H A, Lubchenco J, et al. 1997. Human domination of earth' s ecosystem. Science, 277: 494-499.

Wackernagel M, Onisto L, Bello P, et al. 1997. Ecological footprints of nations. Commissioned by the earth council for the RIO+5 forum. Toronto: International council for local environmental initiatives.

Wackernagel M, Onisto L, Bello P, et al. 1999. National natural capital accounting with the ecological footprint concept. Ecological Economic, 29: 375-390.

Wackernagel M，Rees W E. 1997. Perceptual and structural barriers to investing in natural capital：Economics from an ecological footprint perspective. Ecological Economic，20：3-24.

Wackernagel M，Rees W. 1996. Our Ecological Footprint：Reducing Human Impact on the Earth. Gabriola Island：New Society Publishers.

Westman W E. 1977. How much are nature's service worth? Science，197：960-964.

第十一章　土地生态管护

随着人口增长，城市化和工业化的不断推进，水土流失、土地荒漠化、土地盐渍化以及土地污染等一系列土地生态危机不断加剧，并由此导致土地质量下降和土地生态系统服务减少等诸多问题。概言之，土地生态问题已经直接影响到社会经济活动，并开始威胁人类的生存与可持续发展。因此，土地生态管护成为全球性的重要议题。

党的十八次全国代表大会报告专列了“大力推进生态文明建设”章节，对资源节约、自然生态和环境保护加以重点论述，强调“建设生态文明，是关系人民福祉、关乎民族未来的长远大计”，“必须树立尊重自然、顺应自然、保护自然的生态文明理念，把生态文明建设放在突出地位，融入经济建设、政治建设、文化建设、社会建设各方面和全过程，努力建设美丽中国，实现中华民族永续发展。”这凸显了党在新的历史时期，将全面推进“经济、政治、文化、社会、生态”建设等“五位一体”战略部署的坚强决心。土地作为重要的生产生活资料，是多种生态系统服务的提供者，对其加强生态管护，是新时期建设生态文明的重要举措。

第一节　土地生态管护的目标与原则

一、土地生态管护的概念与内容

按照生态系统的经典概念，土地无疑符合其定义内涵，称之为土地生态系统。首先，构成土地的自然综合体尽管有诸多自然要素，但从土地的自然功能来看，生物成分无疑居于重要地位，因为土地的生物生产力形成的本体是生物成分特别是植物，即使是人工建构的土地生态系统如城市和农田等，生物成分依然是主体；其次，构成土地生态系统的诸多成分相互作用、相互联系，构成一个复杂的有机复合体；第三，土地生态系统具有一般生态系统几乎全部或大部分生态功能，对人类社会福祉提供重要支撑。如果说土地生态系统与生态学意义上的生态系统有何区别的话，后者多以生命成分的类型或特征来界定生态系统，如森林生态系统和草地生态系统等，而前者则以生物成分和自然要素的综合体来表征生态系统。不过，目前由于生态系统概念的泛化，这种区分意义不大。目前缺乏公认的土地生态管护的直接定义，这里从生态系统管理概念出发，推绎出土地生态管护的概念和内涵。

根据土地生态学的研究对象，土地生态管护的实质是土地生态系统管理与保护。关于土地生态管护思想起源的历史性叙述已经得到了充分引证（Malone，1995；Grumble，1994；Vogt et al.，1997；Czech and Krausman，1997）。

Leopold（1949）提出的有关生态系统及其管理方面的整体性观点认为，人类应该把土地当作一个“完整的生物体”加以关爱，并且应该尝试使“所有齿轮”保持良好的运转状态。其思想是在满足人类需求而保持其生产力的同时，又可以维持生态系统的多样性。然而，早期将资源管理与生态思想结合起来的尝试并不成功（Grumbine，1994）。

20世纪60年代以后，生态系统研究在生态学中不断得到强化，同时研究成果在环境保护和资源管理领域逐渐得以应用。由于国际上一些与生态学相关的重大研究计划的实施，加之一些生态学家的杰出工作，跨学科的生态系统研究得到了进一步加强，为生态系统管理走向实践提供了科学基础。Caldwell（1970）提倡将生态系统作为美国制定公共土地管理政策的基础。20世纪80年代，科学家已经开始正视生态与环境的恶化，努力寻找更好的解决办法，同时获得土地管理者和公众的支持，生态系统管理概念在这时期逐渐得到认可。20世纪80年代后期到90年代初期，较大时空尺度上的生态系统科学问题得到特别关注，生态系统可持续性问题成为了研究焦点（Lubchenco et al.，1991），基于生态系统管理原理，试图整合生态、经济、社会和政策性目标的研究项目大大增多。

尽管生态系统管理理论研究不断深化，各个国家或地区的管理实践案例也日渐增多，然而由于出发点不同，不同群体或个人对生态系统管理的定义也有所不同。任海等于2000年归纳了目前较为有影响的定义：

1）生态系统管理涉及调控生态系统内部结构和功能、输入和输出等内容（Agee and Johnson，1988）。

2）利用生态学、经济学和管理学原理，对生态系统进行精致化管理，使其长期维持完整性和理想的产品、价值和服务（Overbay，1992）。

3）生态系统管理强调生态系统诸方面的状态，主要目标是维持土壤生产力、遗传特性、生物多样性、景观格局和生态过程（Overbay，1992）。

4）生态系统管理强调生态系统的自然流（如能流、物流等）、结构和循环，在这一过程中要摒弃传统的保护单一元素（如某一种群或某一类生态系统）的方法（Goldstein，1992）。

5）综合利用生态学、经济学和社会学原理，管理生物学和物理学系统，以保证生态系统的可持续性、自然界多样性和景观的生产力（Wood，1994）。

6）保护当地顶极生态系统长期的整体性，要维持生态系统结构、功能的长期稳定性（Grumbine，1994）。

7）生态系统管理有明确的管理目标，并执行一定的政策和规划，基于实践和研究并根据实际情况作调整，基于对生态系统作用和过程的最佳理解，管理过程必须维持生态系统组成、结构和功能的可持续性（Christensen et al.，1996）。

8）集中对根本功能复杂性和多重相互作用的管理，强调诸如集水区等大尺度的管理单位，熟悉生态系统过程动态的重要性或认识生态过程的尺度与土地管理价值取向间的不相称性（Christensen，1996）。

9）对生态系统合理经营管理，以确保其持续性。生态持续性是指维持生态系统的长期发展趋势或过程，并避免损害或衰退（Boyce and Haney，1997）。

10）生态系统管理是考虑了组成生态系统的所有生物体及生态过程，并且是基于对生态系统的最佳理解的土地利用决策和土地管理实践过程（Dale et al.，1999）。

由此可以看出，大多数定义强调在生态系统与社会经济系统间的可持续性的平衡，部分定义强调生态系统的功能特征。大多从宏观的角度出发形成的“战略”性概念，其目的、目标及标准等具有全局性特点；而针对具体对象（地区）的生态系统管理则更为具体，通常要求形成具体的管理目标和管理方案，从“战术”上进行规划、设计和实施（田慧颖等，2006）。

基于以上生态系统管理的概念与内涵，针对土地生态系统特点，可以将土地生态管护定义为：在正确认识土地生态系统内涵和基本特征的基础上，对土地采取的科学保护与管理措施。它不仅是保护目前功能正常的土地，还保护已经生态退化的土地。根据区域土地生态系统的资源和环境条件、土地利用主体功能及其经济区位条件，以保持土地复合生态系统结构、过程和功能的可持续性为目标，通过调控土地利用类型、过程与格局，使土地系统的社会、经济和生态效益达到最大化。

二、土地生态管护的目标

（一）生态系统管理目标

对生态系统进行科学管理，首要问题就是应当确立明确的管理目标。总体而言，生态系统管理目标是要保证生态系统的资源和功能的长期续存。

自然或半自然生态系统有别于人工生态系统，是远离平衡态的开放系统，很少有外来的控制或目标，主要是依靠来自系统的反馈而达到自我稳定状态。由于各种生态系统输入与输出的差异，以及人类对不同生态系统干预能力和利用目的的多样性，不同生态系统的管理目标以及管理强度也就大不相同（表 11-1）。

表 11-1　不同类型生态系统的管理目标及其输入和输出的概念框架（于贵瑞，2001）

类别	生态系统类型	管理目标	输入	输出
集约管理型	城市生态系统 城郊生态系统 公园生态系统 农田生态系统 渔场生态系统 林地生态系统 草地生态系统	供给食物、生活用品、生活空间	大量投入能源、物质和人类劳动	食物和水、生产的产品、污染物质和有毒物质
适度管理型	森林生态系统 草原生态系统 湖泊生态系统 湿地生态系统 河湾生态系统	维持自然资源生产力与生态学过程的整体性和半自然性	适量投入能源、物质和人类劳动	自然资源、木材、水、矿物、燃料、生态系统服务
低度管理型	各类天然景观 各类自然保护区 野生动物栖息地	维持生物及其生存空间的多样性、维持自然生态过程整体性和美学价值	维持近乎自然状态的生态环境所必需的少量的能源、物质和劳动力投入	自然资源、娱乐利用、生态系统服务

续表

类别	生态系统类型	管理目标	输入	输出
干预调节型	区域生态系统 流域生态系统 海洋生态系统 陆地生态系统 全球生态系统	维持地球圈、生物圈和大气圈生态学过程的完整性、维持区域、国家和人类社会的可持续发展	区域、国家和国际合作的生态环境监测，制定环境对策和人口、社会发展的宏观调控政策	人类生存环境、生态系统服务

表11-1中所示的各类生态系统，自上而下其系统的空间尺度、生态学过程的时间尺度、系统的复杂性越来越大；同时人类对它们控制管理的难度也逐渐加大，对生态系统管理强度也相应地减小。可以说，现代的科学知识已经对集约管理型（甚至包括一些适度管理型）的生态系统有了比较充分的了解，人们可以按照特定的目标来制定管理计划。然而，现代生态系统管理的对象主要是指适度管理型和低度管理型的景观尺度生态系统，甚至是干预调节型的区域生态系统以及全球生态系统。目前对这类生态系统的了解还很少，对它们的控制与管理能力也十分有限。然而，对这类生态系统的管理却是人类社会可持续发展的迫切需要。

尽管自然界的生态系统类型和具体的管理目标多种多样，但是一个超越各种生态系统类型的管理目标应当是：维持生态系统产品和服务功能的可持续性。为此必须：①维持现有自然生物种群的活力；②保护所有的自然生态系统、自然景观和自然资源；③维持正常的生态过程，包括扰动、水文过程和养分循环等；④维持生物种和生态系统的正常演替；⑤维持良好的生态系统产品和生存空间及环境服务的持续供给（于贵瑞，2001）。

（二）土地生态系统管护目标

在某种程度上，土地生态系统基本等价于一般意义上的生态系统概念。因而，表11-1中列举的不同生态系统类型管理目标同样适用于土地生态系统管护。从更宏观的视角分析，土地生态系统管护的目标应当是如何保证土地资源的长期续存和人类的持续利用；或者在更高层次上，可表述为人、生物和土地系统关系的持续协调发展，也就是说，既满足当代人的社会福祉需求，又不对后代人满足其需求的能力构成威胁的土地利用方式。在保护土地资源和生态与环境的前提下，促进土地资源的合理与长期利用，实现经济社会的可持续发展。

1991年9月在泰国清迈举行的“发展中国家持续利用土地管理评价”和1993年6月在加拿大举行的“21世纪持续土地管理”两次国际学术讨论会上，明确提出了持续土地利用管理的概念、基本原则和评价纲要。会议将可持续土地利用管理的内涵归结为：土地利用方式有利于保持和提高土地生产力，包括农业和非农业的土地生产力以及环境服务方面的效益；有利于降低人类土地资源利用可能带来的风险，使土地产出持续、安全和稳定，避免大的波动；保护自然资源潜力和防止土壤与水质退化，即在土地利用过程中必须保护土地资源及其他资源的质量与数量，以使下代有持续发展的资源基础。经济上合理可行原则，这一原则要求土地利用方式一定要有经济效益，能促进经济增长，增加人类福祉，否则肯定难以为继；社会可接受，即土地利用方式应当为社会大多数人所接受，融入到社会发展目标中去，否则，这种土地利用方式必然不可持续。生产性、安全性、保护性、可行性和社会接受性这五个目标构成了土地可持续利用的基本原则与要求，同样也可以用来检验、监测和评价土地生态系统管理是否可持续。

1）土地生产性。土地生产性是土地的基本功能之一，也是土地可持续利用的最终目的，即人类利用土地的终极目标是获得土地的持续性生产力。土地生产力主要以土地生产率和利用率来表征。要维持较高和长期的土地生产率就必须将土地肥力保持在较高水平上。土地肥力是一个衡量土地自然力的综合指标，是指在环境因素和土壤物化性状处于最适状态时，土壤生物活性与土壤养分、水分供给能力同步协调，保证养分稳、匀、足、适地满足作物生长发育需要的能力。土地肥力的高低取决于自然条件和人为作用两方面因素。从土地生态管护角度分析，土地肥力的保持要在充分考虑土地资源再生能力的情形下，合理使用和利用土地自然肥力。人为作用对土地肥力的影响十分显著，表现在“石油农业”时代，高投入、高产出的农业现代化模式。为了使在日益减少的耕地上实现增产，大量使用化肥、农药和杀虫剂等，一方面使土地系统达到了前所未有的产出水平；另一方面使土地污染严重、肥力下降显著。据有关资料显示，全世界每分钟损失耕地 $40hm^2$，消失森林 $21hm^2$；每分钟有 48 万 t 泥沙流入大海，有 85 万 t 污水排入江河湖海。

2）土地安全性。土地安全性体现在土地数量结构和土地质量两方面。从土地利用数量结构变化，特别是耕地数量的动态趋势来看，区域经济发展与各类用地数量密切相关，国家粮食安全也必须依赖于一定的耕地面积。随着人民生活水平的日益提高，对农产品在质量上的要求愈来愈高，需要有高质量的土地作为资源保证。因此，土地安全性既是维系土地生态系统健康的必要条件，也是社会经济持续发展的客观要求。

3）土地经济性。土地经济性即经济持续性，是指在市场经济体制下，因地制宜，从土地适宜性出发，考虑产业布局，选择最优的产业结构和土地利用结构，以追求最大化的生产效益和市场效益。土地经济持续性是土地利用的内在驱动力，土地开发只有在经济上可行且持续，才是较好的土地利用方式。

4）土地保护性。对土地进行适当保护，可以使土地生态系统能够在自然和人类因素作用下得以长期续存。优良的土地生态与环境条件可保证土地生态系统生产量和生产水平持续稳定，实现系统物质、能量和信息流动的动态平衡。目前，由于社会经济发展迅速，人口大量增加，环境污染对土地生态系统的影响日益显著，人口增加对土地产出水平的压力也不断增加。在此情形下，对土地进行科学管护，使其能够抵御不利影响，具有重要意义。

5）土地社会可接受性。土地社会可接受性是指土地利用计划和规划要得到土地所有者、使用者和其他社会成员的认可，能够反映出不同社会成员、团体和机构观点、态度、知识、信仰和道德规范。随着社会的不断进步，土地的社会属性日益凸显，在一定程度上土地能够起到社会保障的作用。因此，土地生态管护任务是在一定的宏观背景下，优化土地利用持续性方式，使其既最大限度地维护土地所有者和使用者的利益，又最大限度地满足社会的总体目标。

三、土地生态管护的原则

（一）生态系统管理的原则

世界自然保护联盟（the Intarnatioal Union for Conservation，on of Natune，IUCN）属下的生态系统管理委员会（Commission on Ecosystern Management，CEM）于 1996 年提出了生态系统管理的十项原则：①管理目标是社会的主动抉择；②生态系统管理必须考虑人的因素；③生态系统必须在自然范围内加以管理；④管理过程必须认识到变化的必然性；⑤生态系统管理必须在适当的尺度内进行，保护必须利用现有的各级各类保护区；⑥生态系统管理需要从全球统筹考虑，从局部着手实施；⑦生态系统管理必须寻求维持或加强生态系统结构与功能的途径或方法；⑧决策者应当以科学工具作为生态系统管理的指导手段；⑨生态系统管理者必须谨慎行事，切忌鲁莽决策；⑩管理过程中的多学科交叉融合是必要的，也是必需的。这些原则中前五项为指导性原则，后五项为操作性原则（马尔特比等，2004）。下面对这些原则做概要分析。

1. 管理目标的社会抉择

受到自然过程和人类活动的扰动影响，生态系统处于动态变化之中。由于人类科学认知水平的限制，现在很难找到一个生态系统的基准点，并以此作为管理目标的参照系。另外，生态系统出现变化时叠加了自然和人为复合作用的结果，在许多情况下，难以区分变化是由自然的慢变量作用引起，还是由人类行为的快变量作用引起。因此，人类社会必须进行主观选择，以决定哪些生态系统需要保护，该如何管理和怎样利用它们。人类的抉择是建立在需求、价值和利益等因素基础上的。此外，保护的目的和手段也因特定地区的特殊需要而异。因为生态系统管理需要平衡来自不同利益集团需求导致的冲突，也需要权衡哪些达到人与自然和谐相处的各种可供选择的方法。科学能够确定不同生态系统管理目标的内涵以及这些管理目标是否可行，但不能对目标做出抉择。

管理目标的选择受到社会因素的影响很大。例如，土地所有权和使用权的保障、社会对缓解贫困的迫切需求等都对生态系统管理目标构成直接影响。如果过度追求自然生态系统和自然资源经济利益，则长期的、可持续性的生态效益和社会效益就容易被漠视。经济可持续性是以生态可持续性和社会可持续性为前提的，生态系统管理只有在人类福祉得到充分保证、生态系统健康稳定的情况下才是有效的。

2. 生态系统管理中的人为因素

人类对自然生态系统的作用自从人类出现起就开始了，并且随着科学技术的不断发展，对其作用力和控制力越来越强。人类社会目前处于对自然的支配地位，整个地球生态系统很少不受到人类的影响，人类是生物生产力的最终使用者，并且随着人口数量的增加和消费（特别是能源）水平的持续升高，人类对生态系统的影响将越来越大。但是，人口承载力并非无限，人类必须主动调整与自然生态系统之间的作用关系，否则，自然生态系统对人类社会的资源基础和环境支撑功能就会逐步丧失，最终导致社会经济系统的崩溃。在生态系统管理中必须考虑人文因素，因为人的影响随处可见，几乎不可能被排除在外，并且政策总是由各种政治目的或利益所驱动。因此，生态系统管理实际上是社会中不同利益集团之间利益与成本的权衡与分配问题。

3. 生态系统管理的范围

从理论上讲，通过调控某些关键生态因素，一些不可能持续的生态系统能够得以保护而续存。然而，这种对自然生态系统的调控行为在大尺度的自然环境中并不合适，人类目前还不具备大规模改造自然生态系统的技术和能力。即使未来获得了这种能力，对自然生态系统的内在属性的改变也应审慎。因些，对于生态系统的管理还应限定在自然范围内进行，主要任务应当是对生态系统的自然抚育和修复，而不是大范围的改造。

4. 生态系统管理的动态变化性

生态系统受到自然和人为因素的作用，总是处于不断变化之中。因而，对生态系统管理也必须适应这种变化态势。试图找到自然生态系统稳定的“原始状态”，或者借此恢复某些特定系统状态或使顶极阶段持续维持，这种做法是不现实的。所有生态系统时时刻刻都处于变化之中，这些变化主要是由生态系统的内部作用、进化和扩散的自然过程、不断变化的外部作用过程（如气候波动或人类影响）所引起。

生态系统管理计划或规划的制定必须接受已有的静止和片面认识带来的教训，必须接受生态系统不断变化这一事实。在管理中要注意区分生境条件中哪些是主要的影响因素，它们变化的快慢和幅度如何？区分哪些变化是或不是社会所接受和生态学上所能忍耐的变化。

5. 生态系统管理的适当尺度

从几个平方米的荒漠群落到上万平方千米的陆地森林，生态系统空间尺度变化很大。因此，生态系统管理必须在适当的空间尺度范围内进行才能有效。一个小尺度的生态系统有可能被大尺度的环境因素或生态过程所控制，也可能受到其他区域的影响。科学的生态系统管理方案必须考虑到生态系统空间范围和过程的尺度依存效应。不仅如此，还要对于生态系统演进的时间特性予以考虑，即将时间尺度效应纳入到生态系统管理方案之中，回答诸如制定的管理计划或规划方案的有效时段是什么、有多长之类的问题。

6. 生态系统管理中的全局与局部统筹问题

地球生态系统中的所有组分间都存在着相互联系与相互作用，存在着尺度嵌套效应。因此，在生态系统管理中，对于全球性的生态与环境问题，可以通过政府间的渠道来制定全球尺度的生态系统管理对策，如减少 CO_2 排放的国际公约等；对于国家级的生态与环境问题，可以在国家层面来制定陆域或海洋尺度的生态系统管理政策。在地方尺度上，地方管理者、企业或个人更关心的是诸如就业、食物和健康之类的问题，生态系统管理政策只有通过他们才能生效。因此，在生态系统管理中必须统筹好全局与局部问题，可采取“自上而下”和“自下而上”相结合的管理对策。

7. 在生态系统管理中强化生态系统功能

在全球范围内，对于维持生态系统至关重要的生物、化学和物理过程均受到了扰动。一般情况下，只有当生态系统功能受损后，如水质下降和土地退化等，生态系统功能的重要性才会引起人们的关注。现在已经逐步认识到，要使生态系统更多地为人类提供生态服务和产品，必须在管理中强化生态系统功能。生态系统结构与功能之间的关系非常复杂，为了维护生态系统功能的稳定性与可持续性，可能的措施包括：保持生态系统组分的多样性，使生态系统的结构维持一定的复杂程度，与系统外界进行无阻碍的物质、能量和信息交换与流动等。

8. 生态系统管理中的科学工具

有效的生态系统管理必须基于自然科学的规律与自然法则。生态系统管理所面临的挑战之一是认识与掌握控制自然生态系统的规律与法则，以及由此所引起的生态系统结构与功能特征，这是指导生态系统管理者的最重要的科学基础，它也将确保人类活动的可持续性。大量的管理实践证明，有效的科学工具与专家知识的结合是生态系统管理所必需的途径和方法。其中，常用的科学工具包括：①对生态系统功能的模型模拟；②对生态系统结构、分布格局和功能变化的预估；③对生态系统及其环境条件的监测和评价。虽然这些科学工具本身并不能达到管理与保护目的，但却是做出正确管理决策的基础。卓越成效的科学研究，将影响政策和决策，又是对管理与保护实践的补充。

9. 审慎的生态系统管理

自然生态系统是一个高度复杂的超有机体，而人类目前对其认知水平则是有限的。对于人类活动扰动生态系统而可能出现的后果，现在还缺乏全面、可预测的科学认识。目前仍无法知道生物多样性或生态系统功能丧失给自然界和人类带来怎样的危害。尽管随着科学技术水平的不断提高，这方面知识会不断得到积累和改善，但目前需要做出有关生态系统资源利用与保护方面决策时依然面临知识和信息短缺的困境。因此，在制定生态系统管理计划或规划方案时，应当充分考虑各种风险和不确定性，采取审慎的做法和态度。

10. 多学科交叉与协作的生态系统管理

生态系统是由多种物理、化学、生物和人类组分构成的有机整体。每一个生态系统都会受到土地利用、社区居民、传统文化等多种因素的影响。因此，必须实施综合管理方法，才能达到有效管理的目的。这意味着在管理中要整合生态、经济和社会等多种因素，调控物理、化学、生物和人类作用等多种过程，以达到管理的整体目标。为达此目的，需要建立包括自然科学家和社会科学家在内的跨学科队伍，针对生态系统的复杂联系，不同学科、不同部门和不同机构间建立起合作关系，在问题分析、项目设计、数据收集、分析与建模、政策制定、管理与实施，监测与评估等各个环节加强协调，同时需要整个社会的参与，包括信息发布与交流、教育与对话等。

除了上述十项原则外，2000 年《生物多样性公约》缔约方大会第五次会议通过了有关生态系统管理的12项原则，内容包括：①通过社会选择确定土地、水及其他生命资源管理目标；②应将管理基本单位下放到最低的适当层级；③生态系统管理者应考虑其活动对相近和其他的生态系统的实际和潜在影响；④需要从经济学角度来理解和管理生态系统，考虑管理带来的潜在收益；⑤为了获取最大量的生态系统服务，保护生态系统结构和功能应成为生态系统管理的一个优先目标；⑥生态系统管理必须以其自然功能为界限；⑦应在适当的时空范围内实施生态系统管理；⑧应当认识到生态系统演进具有时限变化性和效应滞后性，从长远、动态角度制定生态系统管理的目标；⑨管理者必须认识到生态系统变化的必然性；⑩生态系统管理方式应寻求保护与利用间的适当平衡与统一；⑪生态系统管理应该综合考虑各种形式的信息，包括科学知识、原住民的认知、经验和风俗习惯等；⑫生态系统管理形式应该要求所有相关的社会部门和科学部门参与。

Pavlikakis和Tsihrintzis（2000）认为，生态系统管理的主要原则包括4方面：①必须强调生态系统管理所涉及方的相互协作；②考虑生态系统管理所涉及区域内的居民特性、目标和行为敏感性；③必须允许和鼓励局部尺度的多种利用方式和行为，以实现区域长期管理目标，同时需要对个人利用加以法律或制度约束，必要时禁止个人利用；④在规划、设计和决策过程中，需要收集有关区域生态系统的高质量科学信息，以便对整个管理过程提供依据。

（二）生态系统管理的科学基础

生态系统管理计划或规划方案的制定离不开科学研究的支撑，认识生态系统的基本属性是对其进行科学管理的前提。生态系统的基本属性包括组分、结构、类型和功能等方面，有关这方面的知识在许多文献中已有提及。除此之外，正确认识生态系统特征的时空尺度依存特性对于管理来说也至关重要。生态系统过程和功能常常具有一个特征尺度，即典型的空间范围和持续时段。一些生态系统功能只在局地尺度发挥效应，而另外一些功能空间范围则是宏大的。前者如土壤形成等，后者如气体调节等；一些生态系统功能持续的时间较短，而另外一些功能能够长期存在。前者如汛期洪水减缓等，后者水源涵养等（表11-2）。

表11-2 生态系统功能提供者、组织水平和生态系统过程的空间尺度（De Groot et al.，2010）

生态系统功能	生态系统过程	功能提供者	组织水平	空间尺度
审美价值	建立在景观结构多样性等特征之上的审美价值	所有生物多样性	种群，物种，群落，生态系统	局地—全球
娱乐休闲	景观特征对人的吸引	所有生物多样性	种群，物种，群落，生态系统	局地—全球
气候调节	碳汇及碳贮存，热交换	植被，枯枝落叶层，土壤微生物	群落，生境，功能团	局地—全球

续表

生态系统功能	生态系统过程	功能提供者	组织水平	空间尺度
传粉	提供传粉者，传粉	陆地植物，昆虫	种群，物种，群落，生境	局地—区域
缓解风灾	风破坏恢复	植被	群落，生境	局地—区域
水体净化	营养、泥沙滞留，水氧调节	植被，土壤、水体微生物	种群，物种，群落，生境，功能团	局地—区域
侵蚀防御	缓解风或水的侵蚀或渗透	植被，动植物	物种，群落	局地—区域
径流调节	蒸散，土壤渗透，地表径流	植被，土壤	群落，生境	区域
土壤形成	自然过程对土壤形成过程中的作用	土壤微生物、无脊椎动物，固氮植物	种群，物种	局地
原料供给	作为原料的自然组分的存在	所有生物	种群，物种，群落	局地

通常，管理对象的空间尺度越大，其所要求的时间尺度也就越长。于贵瑞（2001b）将生态系统管理的时间尺度分为5～10年的短期、10～100年的中期和大于100年的长期尺度，并介绍了认识不同生态系统类型所需要依据的生态学模型、所需要的数据与知识以及时间尺度（表11-3）。

表11-3　不同类型生态系统管理的生态学模型及其所必要的数据或知识和时间尺度

生态系统类型	主要生态学模型	数据/知识	时间尺度
个体及种群	动植物的生理生态模型 个体或种群生长模型 种群竞争模型 土壤-植物-大气系统的物质能量交换模型	气候与群落微气象、生物气象 地形与微地形、土壤的理化特性 植物营养和水分吸收 种群与环境的物质和能量交换 种群动态	秒、分、小时、天、月、年
群落与生态系统	生态系统生产力模型 生物化学循环模型 食物链（网）模型 物种迁移与演替模型 物种分布格局模型	气候和微气候与气候变化 地形地貌及其空间分异 土壤的理化特性与空间异质性 动植物的生理生态特性与环境适应性 物种组成与多样性 消费者的层次结构 物种相互作用关系	年或几年
景观生态系统	区域经济模型 社会发展模型 土地利用模型 资源变化模型 生态系统景观格局模型	气候、地形条件 土壤理化特性的空间分布 群落与生态系统类型 生态系统的空间格局 人文和社会条件	几年或几十年
生物圈与地球生态系统	地球化学循环模型 生物圈水循环模型 中层大气循环模型 生物圈植被演替模型 生物圈生产力演化模型 全球变化模型	气候变化与植被类型演替 地形、地貌与地质变化 人类活动与资源利用 人口和社会经济 科技进步 文化教育	几十年、几百年以上

（三）土地生态系统管护的原则

前文已述及，生态系统与土地生态系统之间具有某种等价关系，因而土地生态系统管护同样应当遵循上述生态系统管理的原则。除此之外，我们还提出土地生态系统管护的几个原则。

1. 尺度匹配原则

由于土地生态系统跨越微观、中观、宏观多级空间尺度，不同类型与尺度的生态系统管护所依据的数据与知识不同，管护土地生态系统尤其要求把长时间的可持续性作为基本目标，注意解决代际间土地资源的可持续性。因此，需要依据土地生态系统本身的时间和空间尺度出台相应的短期、中期和长期管护政策。但在实际管护实践中，常常会出现尺度不匹配问题。当土地生态系统过程的空间尺度和管理的空间尺度不一致时就会产生空间尺度不匹配；当土地生态系统过程的时间尺度和管理的时间尺度不一致时就会产生时间尺度不匹配；当土地生态系统过程的功能尺度和管护的功能尺度不一致时就会产生功能尺度不匹配。

引起尺度不匹配的过程可以分为社会的、生态的或社会-生态耦合的。导致尺度不匹配的社会过程主要围绕着土地使用权展开，因为它构成了社会制度，并控制着土地和相关资源的分配、使用和管理；这些社会制度包括规则、权力、限制和负责执行这些制度的机构。进一步地讲，土地使用权又受人口、管理、技术、基础设施和价值观等的影响。导致尺度不匹配的生态过程主要围绕着通过级联关系和由扰动导致的资源基础的变化、生产力下降以及非生物环境的恶化而展开。导致尺度不匹配的社会-生态过程通常包含社会-生态系统相互作用的性质，如范围、速率、频率或其他定性方面的变化。这些变化嵌入在社会变化或土地生态系统变化之中，两者相互叠加。

土地生态系统管护过程中的尺度不匹配造成的问题主要包括：①管理效能低下。表现为宏观管理政策对于局地土地生态问题针对性不强，具体的管护措施难以推广到更大范围上去。②短期行为对资源的破坏。区域发展政策的短期效应与土地资源形成和恢复过程的长期性不匹配，造成土地资源的掠夺性利用，最终使土地生态系统趋于崩溃。

2. 自然修复与适度干预相结合原则

在自然外力和人类活动影响下，各个类型的土地生态系统都有不同程度的退化，表现为土地生产力有所下降和土地生态系统服务能减弱等。土地生态系统管护的一个主要目标就是恢复其状态和功能。在此过程中，必须坚持自然修复与适度干预相结合的原则，不能过度强调大规模的土地生态修复和建设，但也不能放弃人为干预，听任长时间的自然恢复。因为土地生态系统的自然恢复一般最少需要百年以上尺度，有的甚至是千年和万年以上尺度。因而，人类不能超时间尺度地依赖于土地的自然恢复力，必须采取适当的人为干预措施，以满足人类社会对土地的生态需求。

3. 经济、生态和社会效益统筹兼顾原则

土地生态系统对人类福祉的贡献体现在经济效益、生态效益和社会效益上。在这三种效益中，人类社会对于经济效益重视相当。例如，人类通过精耕细作、施用化肥和农药、培育优良品种等，提高作物产量；通过将其他类型土地转化为建设用地，获取更大价值的经济收益。然而，对于土地生态系统的生态效益和社会效益普遍重视不够。实际上，土地生态系统提供的供给、调节、支持和文化服务对人类的生产、生活影响巨大，土地的社会保障功能对于社会的稳定与进步作用也不容忽视。因此，在土地生态系统管护中，必须统筹兼顾经济、生态和社会效益，三者不可偏废。

4. 分类与分区管制相结合原则

由于自然条件的差异和人类利用方式的不同，土地生态系统具有不同的类型，这是客观存在的事实。土地生态系统类型不同，结构、功能和空间分布也有差异，因此，具体的管护策略和方式就不同。与此同时，各个土地生态类型及其组合又表现出区域差异，加之不同区域的社会经济发展水平各异，对土地资源及其生态功能的需求类型也有差别。因此，在管护中土地生态系统的地域分异特征应当受到重视。大量的土地管护实践表明，将分类管理与分区管制有机结合是一条有效管理途径。

第二节　土地生态管护体系

土地生态系统管护是一个复杂的系统工程，它要求自然科学家、社会科学家、决策者和公众的通力合作。在科学研究方面，土地生态系统管护涉及土地科学、地貌学、土壤学、气候与气象学、水文与水利学、景观生态学、植物与动物学、农学、草原学和沙漠学等众多自然科学，同时也涉及政治学、经济学、社会学、人口学、教育学和法律学等社会科学。土地生态系统的管护群体是由科学家、政策制定者、土地经营者等组成。其中，科学家的主要任务是通过数据收集、系统监测和综合性科学研究来回答土地生态系统管护中的众多科学问题；组织政策制定者、经营管理者和公众广泛参与科学讨论，判定土地生态系统管护模式的可行性；制定相应的管护目标和管护策略，提供实施土地生态系统适应性管护的方案供社会抉择。政策制定者主要是制定相关政策和法律，保障土地生态系统管理地有效实施。经营者是土地生态系统的直接管护者，应保证对土地生态系统管护计划或规划的充分理解，并在生产活动中具体落实。土地生态系统管护还必须得到公众的支持和参与，应对公众进行生态道德和环境意识的教育，使他们能够融入到土地生态系统管护体系中，发挥他们的监督作用。

综上所述，土地生态管护需要综合运用多种管理手段，包括法律、经济、行政和宣传教育等。这些管护手段彼此之间并非孤立存在，而是相互渗透、相互交叉、相互依存，构成一个系统的管护体系。其中，最主要、最有效的是国家或地区制定有关法律和法规，将土地生态系统管护纳入到法律框架之中；其次，按照经济规律，调整和影响人们从事土地开发活动的利益，利用税收和财政补贴等经济手段促进土地生态系统保护；另外，还需要行政手段、科学研究以及环境教育、公众参与等手段作为补充。

一、土地生态管护的法律途径

法律途径是最有效和最重要的管理土地生态系统的强制性手段。国内外土地生态系统管护的法律途径经历了一个从无到有，从不完善到完善的发展过程。

(一) 国外生态系统管理法规

1. 国家立法

20世纪50年代以前，防治污染和保护自然资源仅仅是某个政府部门内的一项非主要业务，立法部门也没有认识到环境与资源问题的整体性和联系性，而多关注水污染、大气污染、噪声污染、森林破坏和土壤侵蚀等单一环境问题，立法也较少。

进入20世纪50年代以后，随着经济快速发展，资源与环境问题日益严重，一些国家开始设置防治环境污染、自然资源保护利用、能源开发、城乡规划建设等方面的政府部门或行业机构，部门性和行业性的环境与资源法律法规开始出现。例如，美国于1969年制定了《国家环境政策法》；日本于1967年颁布了《公害对策法》；哥伦比亚于1974年发布了《可更新自然资源和环境保护法典》；委内瑞拉于1976年开始实施《基本环境法》等。

随着可持续发展理念的不断深入，跨领域、跨部门、跨行业的综合性环境与资源法律日益增多，体现整体性、综合性的环境与资源法律不断被制订出来。主要有如下几种形式：一是基本法型，如《美国国家环境政策法》（1969年）、《日本环境基本法》（1993年）、《韩国环境政策基本法》（1990年）；二是整合法型，如秘鲁的《环境和自然资源法》（1990年）、阿曼的《环境保护和污染控制法》（1985年）、厄瓜多尔的《环境污染控制和保护法》（1986年）、古巴的《环境保护与合理利用自然资源法》（1981年）；三是法典型，如瑞典于1999年制定的《国家环境保护法典》、布基纳法索于1994年制定的《环境法典》、多哥于1988年制定的《环境法典》、法国于1998年颁布的《环境法典》等。

许多国家都曾由于粗放的土地利用方式和不适当的政策导引，造成区域土地生态系统退化和破坏，经过反复探索和实践，在自然资源和生态系统综合管理的立法方面，已经有许多成功案例，如瑞典的《自然资源管理法》（1987）确立了合理开发利用自然资源的基本方针和具体法则，将社会、经济和生态与环境作为整体加以考虑，建立起一种将土地资源不同利益结合在一起的管理模式。澳大利亚的《资源评价委员会法》（1989）充分体现了生态系统综合管理的思想。该法第3节规定：“环境”包括人类周围的一切，无论其是否影响作为个人或社会团体的人类。“资源”是指环境中（不包括人类）生态的、矿物的或其他的物质成分，无论其是或不是天然的成分，包括这些成分的永久的或暂时的结合或联合。“保育”是指对人类利用生物圈的管理，包括保持、维护、可持续利用、环境整治（或环境的修复和改善），目的是为了使生物圈可以对当代人生产出最大的可持续的利益，同时维护其满足后代人需要和追求的潜力。“发展（或开发）”是指生物圈的改变，目的是满足人类需要和改善生活质量。“利用”包括拟议中的旨在保育和开发的资源利用。“资源问题（或资源事务）”包括有关资源利用的环境的、文化的、社会的、工业的、经济的或其他的影响的程度或性质等问题。由此可以看出，该法已经从大生态系统即生物圈的高度，将环境与资源，开发、保育、利用、修复与改善等紧密地联系在一起，体现了为人类的当代和后代的可持续发展目标而保育和利用生物圈的思想。韩国《环境政策基本法》（1990）第 24 条“自然环境的保全”中明确规定：“鉴于自然环境和生态系统的保全是人类的生存及生活的基本，因此国家和国民应努力维持、保全自然的秩序和均衡。”日本《环境基本法》（1993）明确规定：“尽量减少对环境的扰动，环境负荷减少到最低限度，实现持续发展”。美国《国家环境政策法》（1969）要求“充分了解生态系统以及自然资源对国家的重要性”。其第二节第 2 条规定：“在做出可能对人类环境产生影响的规划和决定时，采用一种能够确保综合自然科学和社会科学以及环境设计工艺的系统的多学科方法”。

2. 国际法规文件

目前已有不少与生态系统管理相关的国际法律和法规文件。例如，《湿地公约》（1971 年）、《世界文化和自然遗产保护公约》（1972 年）、《濒危野生动植物物种国际贸易公约》（1973 年）、《生物多样性公约》（1992 年）、《气候变化框架公约》（1992 年）、《防治荒漠化公约》（1994 年）和《保护迁徙野生动物物种公约》（1979 年）等，都详细规定了对生态系统的保护和抚育，体现了对生态系统管理的思想。

1982 年联合国大会通过的《世界自然宪章》把生态系统维护提高到很高的认识层次。在一般原则上，该宪章规定：“①应尊重大自然，不得损害大自然的基本过程；②地球上的遗传活力不得加以损害；不论野生或家养，各种生命形式都必须至少维持其足以生存繁衍的数量，为此目的应该保障必要的生境；③各项养护原则适用于地球上一切地区，包括陆地和海洋。独特地区、所有各种类生态系统的典型地带、罕见或有灭绝危险物种的生境，应受特别保护；④对人类所利用的生态系统和有机体以及陆地、海洋和大气资源，应设法使其达到并维持最适宜的持续生产率，但不得危及与其共存的其他生态系统或物种的完整性；⑤应保护大自然，使其免于因战争或其他敌对活动而退化。”

在人类与自然关系上，该宪章认为，人类是自然的一部分，生命有赖于自然系统的功能维持不坠；人类必须充分认识到迫切需要维持的大自然的稳定和素质，以及养护自然资源；从大自然得到持久益处有赖于维持基本的生态过程和生命维持系统，也有赖于生命形式的多种多样；应尊重大自然，不得损害大自然的基本过程。

1992 年召开的联合国环境与发展会议，是制定和宣传生态系统管理方法的一次重要会议。会议通过或启动的《生物多样性公约》、《气候变化框架公约》、《防治荒漠化公约》、《关于森林问题的原则声明》等几个国际环境资源公约和政策文件，将生态系统管理提高到一个新的高度。例如，在《关于森林问题的原则声明》中强调，森林资源和森林土地应以可持续的方式加以管理，以满足这一代人及其子孙后代在社会、经济、文化和精神方面的需要；应认识到各种森林在地方、区域、国家和全球各尺度上维系生态过程和功能的重要性，特别是在保护脆弱生态系统、湿地和淡水资源方面的作用，以及作为生物多样性和生物资源来源的效能。《生物多样性公约》履约机制及后续活动，促进了生态系统综合管理方法的完善和普及。2000 年的《生物多样性公约》缔约方大会第五次会议通过了有关综合生态系统管理方式的说明及12项原则的“生态系统方式”决定；2004年召开的《生物多样性公约》缔约方第七次会议正式通过了《生态系统方法决定》，再次肯定了“综合生态系统管理”。

（二）中国生态系统管理法规

1. 中国生态系统管理法规历史过程与现状

从总体上看，中国有关生态系统管理的法律法规与国际社会具有一定的关联性，主要出现在20世纪80年代以后的立法实践中。在20世纪80年代以前，中国很少参与国际性的生态、环境和资源方面的保护计划项目，国内有关生态系统综合管理的立法几乎为空白。在1979年《环境保护法（试行）》颁布以前，中国的法律法规，无论是《宪法》，还是《关于保护和改善环境若干规定（试行草案）》（1973年）、《森林法（试行）》（1979年），基本上属于“面向资源”或“面向防治污染”的法律法规。20世纪80年代之后的一系列立法逐渐体现了生态系统管理思想，如《环境保护法》（1989年）、《森林法》（1998年修订）、《草原法》（2002年修订）、《水法》（2002年修订）、《野生动物保护法》（2004年修订）和《土地管理法》（2004年修订）等，法律条文中已经出现生态保护、生物多样性、生态系统、生物及其生境等相关概念。

但是从总体上看，目前中国现行法律规定中关于综合生态系统管理理念或原则还不明确和具体，也缺乏具体的生态系统管理制度规定（如生态破坏恢复与重建制度、生态补偿费征收制度、生态审计制度和生态保护基金制度等），生态系统综合管理思想还没得到很好体现，立法理念仍然偏重末端治理，对事前预防的生态保护性法律规定不够。现行法律的价值取向仍然是以人尤其当代人的利益为中心，而对自然价值关注不够，向后代人及其他生命物种种群扩展存在不足。除生态系统管理立法体系有待进一步完善外，现行的生态系统管理法律法规之间存在着不统一、不完整和不配套等问题，难以完成生态系统管理任务。例如，中国的生态补偿制度不够健全，补偿主体、补偿对象以及补偿形式等方面都缺乏明确规定。生态产品和服务的公共产品问题、外部效应问题难以很好解决，也使得生态系统保护和管理成效不大。因此，在将综合生态系统管理法定化、制度化等方面，还有大量的理论研究工作和实际工作要做。

2. 中国完善土地生态系统管理法制的措施

在整个法律体系层面上，需要结合中国的实际情况，借鉴有关先进国家相关法律体系经验，对包括行政法、刑法、民法等部门法在内的生态系统保护方面进行配套完善。例如，在行政法方面，要改造与完善当前行政管理系统以适应综合生态系统管理的需要，强化行政机构的生态系统管理职权和责任；在民法方面，增加环境民事诉讼程序，对民法进行适当调整，使传统侵权法中各项原则都朝着有利于保护生态系统的方向发展；在刑法方面，适当增加生态系统保护的力度，可以考虑增设生态与环境破坏罪。总之，通过对各法律部门的调整与完善，最终形成以综合性生态与环境基本法为核心，其他相关部门法有关生态与环境保护规定为补充的完备法律体系，以此保证综合生态系统管理的有效实施。

在建构专项综合生态系统管理法律体系层面，借鉴发达国家经验，结合中国国情，以现有环境法律体系为基本框架，通过制定新法和修订现有法律等途径，初步建立起适应资源节约型、环境友好型社会的生态与环境法律体系。具体到土地生态系统管理中，必须切实遵循土地生态系统的客观规律，严格依法管理土地利用与开发行为，增强土地生态功能。在认真贯彻执行《中华人民共和国土地管理法》等法律的基础上，应该针对土地利用结构失调、耕地锐减、土地生态恶化（如土壤侵蚀、土地沙漠化、土地污染和地面沉降等）以及土地生态系统服务下降等生态与环境问题，建立更加有效的法律法规体系。就目前而言，应当对《中华人民共和国土地管理法》再次修订，以适应新的形势和发展需要。同时，对土地利用实行国家控制的法律制度，即严格按照土地利用总体规划的用途管制规则来开发土地，在规划许可下转变土地用途和类型；划定农田保护区、园区、林区等生态用地，优先保护耕地和各类农用地；实行城乡增长管理，控制城镇建设盲目扩张而滥占耕地；加强土地整理复垦规划与制度建设，整治损毁与污染土地，严格控制在生态脆弱地区开垦土地，积极防治土地退化（蔡守秋，2006；王凤远，2007）等。

二、土地生态管护的经济手段

经济手段是土地生态系统管护有效性途径，能够使管护以最小的经济代价来获得所需要的管护效果。一般来讲，所谓生态系统管护的经济手段，是指发挥价值规律作用，利用经济杠杆，通过鼓励或惩罚性措施，达到改善生态与环境的目的。

（一）绿色 GDP 核算制度

传统的 GDP 核算存在明显缺陷。首先，国内生产总值（GDP）核算没有体现生态与环境因素对于经济系统的贡献与作用。因为 GDP 所扣除的中间投入仅限于产品投入，并不包括生态与环境等自然因素。其次，资产核算范围主要限于经济资产，既没有将自然环境完整地纳入核算体系，也没有直接反映经济过程对生态与环境变化的响应，所有经济活动引起的生态与环境效应或不予核算，或作为“资产其他物量变化”的一个平衡性项目加以核算。因此，普遍认为，传统 GDP 核算方法高估了经济成就，并因此助长了以短期经济增长为目标而牺牲长期可持续发展的行为，导致资源的耗竭和环境的破坏。

在此情形下，要对土地生态系统进行科学管护，必须寻求新的经济系统核算体系。绿色国民经济核算，即通常所称的绿色 GDP 核算，被认为是一种较为科学且可行的核算方法。它包括资源核算和环境核算，旨在以原有国民经济核算体系为基础，将资源环境因素纳入其中，通过核算描述资源环境与经济之间的关系，提供系统的核算数据，为土地生态系统管护提供科学依据。

绿色 GDP 是扣除了自然资产（包括资源和环境）损失之后的新创造的国民财富的总量指标。它是指在不减少现有资本和资产水平的前提下，一个国家或地区所有常驻单位在一定时期所产生的全部最终产品和劳务价值总额。其中，资本和资产不仅包括人造资本和资产（知识和技术等），还包括自然资本和资产（矿产、森林、土地、水、大气等）。从表 11-4 中所列指标项可以得出绿色 GDP 的计算方法。

国内生产净值＝总产出－中间投入－固定资产损耗

绿色国内生产净值＝国内生产净值－生产中使用的非生产自然资产

表 11-4　环境和经济核算体系的基本结构表（廖明球，2000）

	经济活动					环境
	生产	国外	最终消费	经济资产		其他非生产自然资产
				生产资产	非生产自然资产	
1. 期初资产存量				期初存量	期初存量	
2. 供给	总生产	进口				
3. 经济使用	中间投入	出口	最终消费	资本形成		
4. 固定资产损耗	固定资产损耗			固定资产损耗		
5. 国内生产净值	国内生产净值	净出口	最终消费	资本形成净额		
6. 非生产自然资产的使用	生产中使用的非生产自然资产				非生产经济资产耗减	非生产自然资产降级
7. 非生产自然资产的使用					自然资产转为经济资产	自然资产减少
8. 绿色国内生产净值	绿色国内生产净值	净出口	最终消费	资本形成净额	非生产经济资产净耗减	自然资产减少与降级
9. 持有损益				持有损益	持有损益	
10. 资产物量其他变化				其他变化	其他变化	
11. 期末资产存量				期末存量	期末存量	

研究和实施绿色 GDP 对于土地生态系统管护具有重要意义，表现在：①有利于科学和全面地评价一个国家和地区的综合发展水平。通过对土地生态系统正资产（生态系统产品和服务）和负资产（环境污染和生态破坏）的准确计量，就能知道为了取得一定的经济发展成就，付出了多大的资源与环境代价，从而为制定科学的土地生态管护政策提供依据；②可以为管理者绩效考核提供新的评价标准。将绿色 GDP 引入考核体系后，各级政府将更加重视经济与生态的协调发展；③有利于促进公众参与土地生态系统管护。通过发布绿色 GDP 指标状况，可以更好地保护公众的生态与环境知情权。同时，公众通过绿色 GDP，能够判断一个地区土地生态系统的现状和变化趋势，可对管护工作进行监督，并积极参与其中。

（二）完善环境税法制度

环境税来源于经济学家庇古的“庇古税”。它通过征税来弥补私人边际成本同社会边际成本的偏离，使得外部成本内在化，消除外部效应带来的效率损失，从而能够达到社会最佳生产点，实现资源的最优配置（王霞波，2004）。

环境税收亦称绿色税收、生态税收等，是指为了保护生态与环境、合理开发利用资源、推进清洁生产、实现绿色消费而征收的税种，是国家为了实现宏观调控自然环境保护职能，凭借税收法律规定，对单位或个人无偿地、强制地取得财政收入所实施的一种特殊调控手段，是一种既重经济效益又兼顾公平的环境经济政策手段。环境税缘起20世纪50～60年代，当时由于工业化的迅猛发展，许多国家或地区出现了严重的环境污染，对人类社会生存和发展构成严重威胁。以税收强制手段控制全球或区域环境退化，已成为世界各国的核心议题。例如，美国、荷兰和瑞典等国，都已建立了一整套与本国国情相适应的绿色环境税收体系，覆盖面相当广，包括燃料税、垃圾税、噪音税、水税、剩余粪肥税、汽油柴油税、开采税等各个方面，而且还配有灵活的税收优惠政策。20世纪90年代以来，世界绿色环境税收的研究与实施出现高潮，世界银行、联合国环境规划署、联合国开发计划署、经济合作与发展组织（Organization for Economic Co-operation and Devalopment，OECD）等国际机构都积极推进这项工作。尤其是在全球气候变暖背景下，为解决全球气候变暖带来的负面效应问题，欧盟委员会更是提出开征二氧化碳税。可以预见，全球绿色环境税收的征收使用范围将更加广泛。

税收作为对市场经济活动实施宏观调控的一种重要的经济杠杆，在保护生态与环境、促进可持续发展方面具有很大优势。环境税体现“公平”原则，促进企业间的平等竞争。通过对污染、破坏生态与环境的企业征收环境保护税，可以使这些企业所产生的外部成本内在化，利润水平合理化，同时会减轻那些符合生态与环境保护要求的企业税收负担；建立环境税收体系还有利于促进生态与环境保护事业的发展。税收所具有的强制性、固定性和无偿性特征为生态与环境保护提供了强有力的资金支持和财力保证。针对土地生态系统管护，主要是当完善资源税体系，便于统一征收、管理和使用。主要做法包括：①扩大征收范围，在现行对7种矿藏品征收资源税的基础上，将那些必须加以保护性开发和利用的土地资源列入征收范围，如森林、草原和湿地等；②将其他资源性税种如土地使用税、耕地占用税、土地增值税等并入资源税，并将各类资源性收费如林业补偿费、育林基金、林政保护费等一并纳入资源税征管范围。

（三）区域生态补偿

区域生态补偿是土地生态系统管护的重要手段。所谓生态补偿是指通过对保护（或损害）生态与环境的行为进行补偿（或收费），提高该行为的收益（或成本），从而激励保护（或损害）行为的主体增加（或减少）因其行为带来的外部经济性（或外部不经济性），达到保护生态与环境的目的。生态补偿的实质是通过一定政策手段使生态保护外部性内部化，让生态系统的保护者和建设者因其行为遭受的损失得以补偿，使生态系统保护的“受益者”支付相应的费用，从而激励个人或单位从事生态保护投资并使生态资本增值。

环境经济学家很早就认识到公共物品和外部性问题是造成生态与环境问题的原因，并开始了补偿机制的研究。19世纪70年代，美国麻省马萨诸塞大学的Larson和

Mazzarse 提出了第一个帮助政府颁发湿地开发补偿许可的湿地快速评价模型，美国、英国、德国建立了矿区的补偿保证金制度；法国早在 1960 年就通过一项法律，授权在自然和敏感性区域征收一种部门费，收取费用与公众捐助一起作为土地管理方面的费用；1993 年荷兰政府把生态补偿原则作为修建公路决策时的考虑因素之一，目的是尽最大努力来减轻生态破坏影响的地区，如果仍不能消除这些生态破坏的影响，要通过生态系统服务付费来恢复这些生态功能和自然属性；日本《土地征用法》规定，重要公用事业都可运用土地征用制度，征用损失的补偿以个别支付为原则，而支付原则上以现金为主，补偿金额须以被征用土地或其附近类似性质土地的地租或租金为准。另外，日本的土地征用补偿方法，除了现金补偿，还有替代地补偿（包括耕地开发、宅地开发、迁移代办和工程代办补偿等）；韩国土地征用补偿主要包括：地价补偿、残余地补偿、迁移费用补偿和其他损失补偿等。根据 1992 年联合国环境与发展大会提出的可持续发展的公平原则，中国主张发达国家应该用 GDP 的 0.7%帮助发展中国家应对气候变化。

在中国，自 20 世纪 80 年代初就开始征收以防止破坏生态与环境为目的的环境补偿费。20 世纪 90 年代后开始对森林生态效益进行补偿实践。1998 年长江流域特大洪水后，中国陆续启动天然林保护、“三北”和长江中下游地区点防护林体系建设、退耕还林/草等一系列生态工程。尤其是退耕还林/草（sloping land conversion program，SLCP）工程的实施加快了中国生态脆弱地区和经济贫困地区的生态修复速度，改善了区域内人民群众的生产和生活条件。依据《中华人民共和国森林法实施条例》第 22 条之规定：“25°以上的坡地应当用于植树、种草。25°以上的坡耕地应当按照当地人民政府制定的规划，逐步退耕，植树和种草。”据统计，自 1999 年项目开始实施至 2010 年，粮食补助设定为长江流域 2250kg/hm^2，黄河流域 1500kg/hm^2，共耗资 450 亿美元。此项工程由国家投资，各级政府自上而下管理执行。退耕还林/草工程的实施显著缓解了工程实施区域的生态与环境恶化的状况，生态系统服务水平得到显著提升。

生态补偿是通过经济手段进行土地生态系统管护的重要奖惩机制，通过区域间、区域内、个体与区域间，以及个体间的各种补偿行为，在激励管护行为和限制损害行为的同时，对资源环境的合理配置也起到一定作用，对缩小区域差距有所贡献。

三、土地生态管护的行政、技术与公众参与途径

（一）土地生态管护的行政手段与跨区、跨部门合作

1. 行政手段

土地生态系统内资源类型多样，其中土地资源又具有不同于其他资源的属性，如数量有限、位置固定和利用方式不易改变等。而且，土地资源是各行各业和各区域发展不可缺少的生产要素。资源的有限性和不可替代性决定了管护土地生态系统必须用行政手段进行适度干预，而不是完全依靠市场机制来解决问题。必要的行政手段包括：①建立强制性的土地生态与环境影响评价制度，以使用地单位在决策中重视其行为的生态后果；②编制土地利用规划，明确一定时期内土地资源的利用方向，并对其进行时间和空间上的优化配置。制定详细规范的土地用途管制制度，依靠法律和行政手段保证土地利

用规划的实施。实践证明，土地用途分区管制制度是比较有效的行政管护途径。它是指以土地利用规划为核心，持续利用管护为目标，在一定区域内科学地划定土地用途区，并确定用途管制规则，实行用途变更许可制度，对土地用途实行严格管理，以排除区域内妨碍主要用途的其他使用的一种土地管理制度（吴次芳，2003）。

2. 跨部门管护

土地生态系统类型的丰富性、要素结构的复杂性、系统功能的多样性，决定了对其管护必须是多部门共同协同。以湿地生态系统为例，由于湿地生态系统包含水、植物、动物和土壤等多种自然要素，因而要求林业，水利、草原、农业和环保等部门对湿地生态系统进行共同管护。

3. 跨行政区域管护

通过跨行政区域来管护土地生态系统，是其结构与功能空间异质性的必然要求。土地生态系统服务的供给和需求具有区域差异性，且存在空间流动与传递特征，因而需要跨行政区域的管护机制。以水生态系统服务为例，流域的上中下游常常属于不同的行政单元，需要不同行政区域的协调配合，才能对其进行有效管护。一般来说，跨行政区域管护并没有一个固定模式，在实践中要根据政治体制、区域政府管理能力、文化历史背景、资源习惯利用方式和传统管理模式等多种因素进行管护机制安排，包括行政组织、法律法规和政策等方面的设计。对于一些具有特殊保护价值的跨区土地生态系统，还可以通过设立专家委员会和生态系统合作管理委员会来处理管护事务。

（二）土地生态管护的科学研究、技术手段与生态规划

现代自然科学研究成果为土地生态系统管理与保护提供了坚实的技术、理论和方法基础。土地生态系统管护不论是法律层面还是政策层面，都不同于一般的社会管理活动，呈现出综合性和复杂性的特点，因而必须依靠最新的自然科学研究成果，才能实现与自然生态规律协调一致的管护目标。我国的土地生态系统管理实践也证明了这一点。新中国成立初期，为了发展经济，不惜一切代价开发和利用自然资源，忽视了自然资源的生态价值，最终造成了严重的生态与环境破坏。而建立在科学研究基础之上的清洁生产、循环经济、低碳经济和功能分区等现代生态系统管护制度，实现了经济、社会与生态的和谐统一。因此，只有建立在科学研究基础上的生态系统管理制度才是最为合理、有效的管护制度。

除了科学研究理论的宏观指导外，生态系统管理和保护的具体技术手段也非常重要。常用的技术手段包括：制定生态与环境质量标准、采用土地生态系统变化的动态监测技术、生产过程的无污染（或少污染）设计技术和废弃物的回收利用技术等。许多土地生态管护政策、法律法规的制定和实施都涉及科学技术，没有先进的科学技术，就不能及时发现土地生态与环境问题，而且即使发现了，也难以控制和解决。

所谓生态规划是指以生态学原理为指导，应用系统科学、地理科学、环境科学以及遥感和地理信息系统等多学科手段辨识、模拟和调整生态系统内部各种生态关系，确定

资源开发利用和保护的生态适宜性，探讨改善系统结构和功能的生态对策，促进人与自然系统协调、持续发展的规划方法。土地生态规划是以土地生态评价结果为基本依据，根据区域社会经济发展需求，来布局和安排各类土地生态系统的比例和空间分布格局。土地生态规划关注的目标是效率、公平性和可持续性。实践证明，科学且具可操作性的土地生态规划方案对于高效管护土地生态系统具有重要作用。

（三）土地生态管护中的宣传教育与公众参与

在传统的资源管理方式中，行政和市场手段起主导作用。但是，土地生态系统管护实践中，“政府失灵”和“市场失灵”的负面效应逐渐显现出来。在这种情形下，人们开始关注如何明晰与区分政府与公民、行政控制与市场控制之间的界限及其有关的职责、权益和行为，土地生态系统管护的公众参与方式应运而生。公众参与管理体系对于克服行政和市场手段缺陷有重要作用。现代社会，公民对影响他们生活和工作的生态与环境状况有知情权和监督权，同时他们也应对自身行为产生的生态与环境问题负有责任和义务。

公众参与与生态管理知识宣传、环境教育相辅相成。只有充分调动公众参与土地生态系统管护的积极性，才能切实提高公众的环境意识。同时，公众的环境意识提高了，公众参与土地生态系统管护的热情才能不断得到增强。

环境教育是面向全社会成员的教育，其对象和形式包括：①领导决策者，由于他们对重大问题重要措施具有决策权，因此是环境教育的重点和关键；②企业领导者，企业家尤其是污染企业或生态问题相关企业的领导者，增强他们的环保意识和法规意识，提高企业治理污染和生态保护的主动性、自觉性，是环境教育的重要方面；③社会公众，公民的环境意识是衡量一个国家和民族文明程度的一个重要标志，也是环境教育最基础的对象。引导公众积极参与土地生态系统管护的具体措施很多，最主要的是建立公众参与机制。要逐步建立公众参与管理的常态组织形式，建立公众环境投诉制度，畅通反映情况和问题的正常渠道，依法维护自身的环境权益。提高公众环境意识，是公众参与管理的基本条件。生态与环境宣传可以通过报纸、杂志、电影、电视、广播、展览、专题讲座、文艺演出等各种形式进行，使公众了解土地生态系统管护的重要意义和内容，激发公众的保护热情和积极性，从而有效地制止土地资源浪费和破坏土地生态系统的行为。

第三节　基于生态补偿的中国土地生态安全维护策略

土地是一个具有社会、经济和生态功能的综合体。在传统发展模式下，只重视土地的生产功能和经济价值，而漠视土地生态系统服务和自然资本价值，导致出现注重生产性投入，忽视生态管护和抚育，一些地区土地利用程度已经达到甚至超过区域土地生态承载能力，使得土地资源的赋存环境严重恶化，土地生态安全成为区域社会经济发展的胁迫因素。通过对已有诸如在土地生态资产核算、土地能值分析以及土地生态安全评价等方面研究成果的综合分析，形成以下若干通过实施区域生态补偿，对土地进行生态管护的策略（李双成等，2011）。

一、中国土地生态安全情势

改革开放以来，中国社会经济长期保持快速增长，其中土地资源是其重要的支撑要素之一。在这一进程中，土地的经济功能不断被最大化，表现为耕地的高化石能量投入和农作物产量的提高，以及大量耕地转化为建设用地。与此同时，土地生态系统的自然资本呈现逐年损耗趋势。从全国来看（图 11-1），在 1996～2008 年 12 年间，尽管自然生态用地（除耕地和建设用地外）的比例变幅很小（基本维持在 57%～58%），但自然生态系统服务的价值却呈现显著下降，12 年间约下降了 22.5%。土地生态问题在一些区域表现得十分突出，如西北干旱区尤其是农牧交错带的土地沙化、黄土高原和西南喀斯特地区的土壤侵蚀，以及东部地区耕地质量下降明显等。

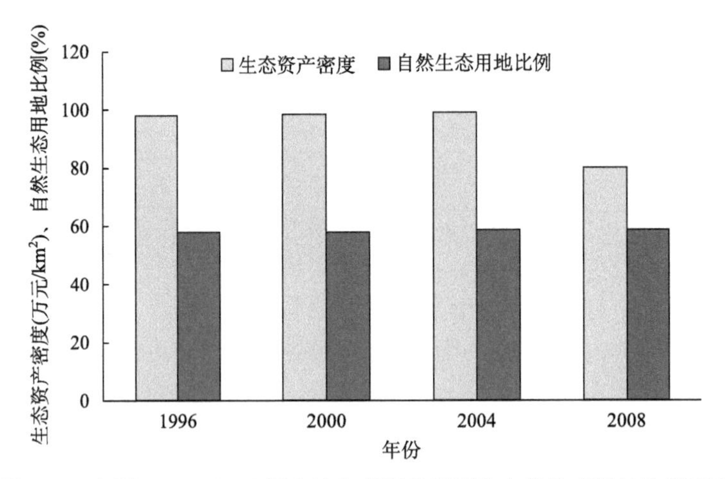

图 11-1　中国 1996～2008 年土地生态资产密度和自然生态用地比例变化

从自然生态用地比例变化的时空格局中可以看出（图 11-2），中部和近西部地区 12 年间自然生态用地增加较多，提高 1%～60%不等，主要源于这一时期国家实施的“退耕还林还草”工程；在东部地区，特别是京津冀鲁、长三角、珠三角以及东北个别区域，自然生态用地减少明显，下降 1%～60%不等，主要是这一地区社会经济发展较快，建设用地量增加迅速。

从土地生态系统的生态价值变化来看（图 11-3），西部地区的生态价值呈现显著下降趋势，12 年间下降 1%～15%不等；而在中部地区出现一定程度的增加，12 年间增加 1%～15%不等。诚然，在全国尺度上，西部地区生态价值的下降可能与自然因素有关，但在局部地区诸如过牧超载，过度垦殖引起的土地退化也是生态系统服务下降的可能原因。

二、中国土地生态安全的区域差异

使用年均 NPP、自然生态用地比例、干燥指数、土壤侵蚀等级、人口密度和道路

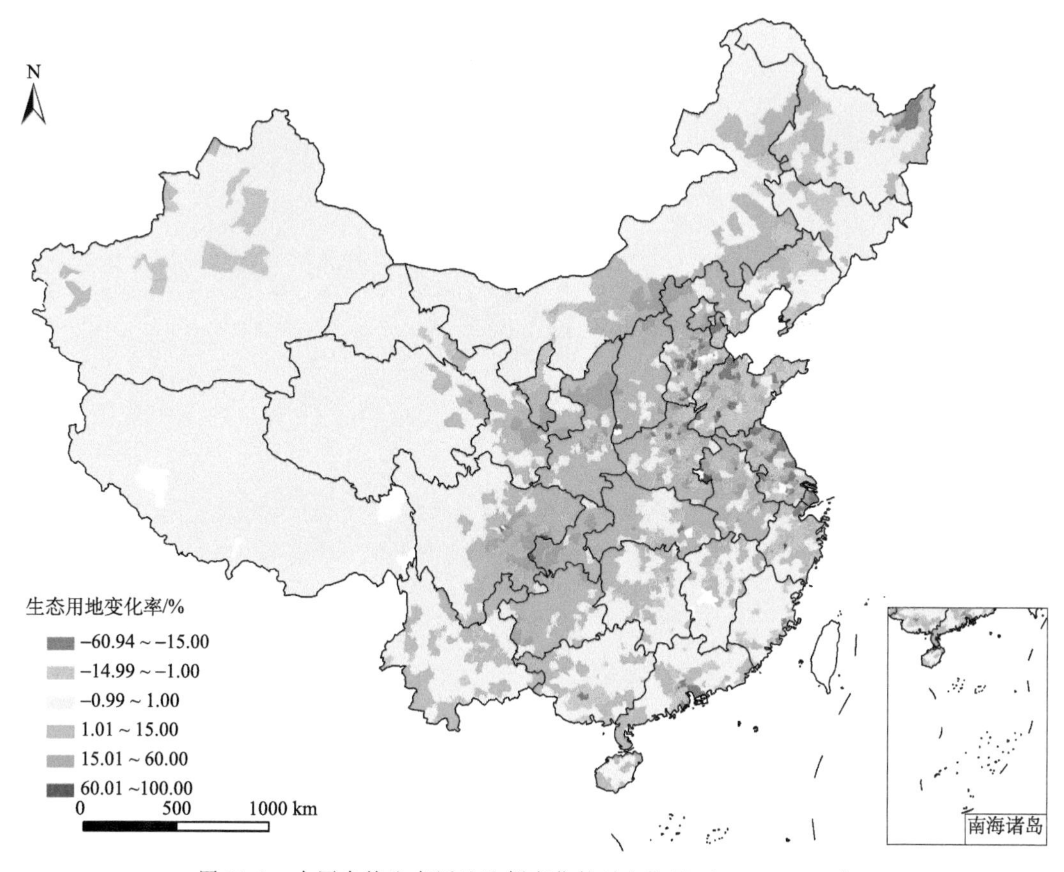

图 11-2 中国自然生态用地比例变化的时空格局（1996～2008 年）

台湾、香港和澳门缺数据；空白处也为缺数据

密度等 6 个指标，建构径向基函数网络，评价了中国土地生态安全等级格局，结果如图 11-4 所示。该评价结果将中国土地生态安全水平分为低安全、中安全和高安全三级。其中，低安全区位于除北疆以外的西北区，以及黄淮海平原、长三角和珠三角一部，其面积约占我国陆域总面积的 19.2％（港澳台缺数据，下同）；中安全区分布较散，与低安全和高安全区呈镶嵌结构，但主要位于华北和西北地区，其他区域也有零散分布，其面积约占我国陆域总面积的 34.8％；高安全区位于青藏高原东南部、华南地区、北疆和东北山地，面积约占我国陆域总面积的 46.0％。

就 2008 年中国县域生态资产总量的空间分布来说（图 11-5），西部地区是我国生态资产的主要贡献区，盖源于该区高比例的自然生态用地、广袤的国土面积。由于我国地形西高东低，大气环流以自西向东占优势，故东部地区是主要生态服务功能空间传递的受益区，特别是大气调节、水源涵养等生态功能对东部地区影响很大。

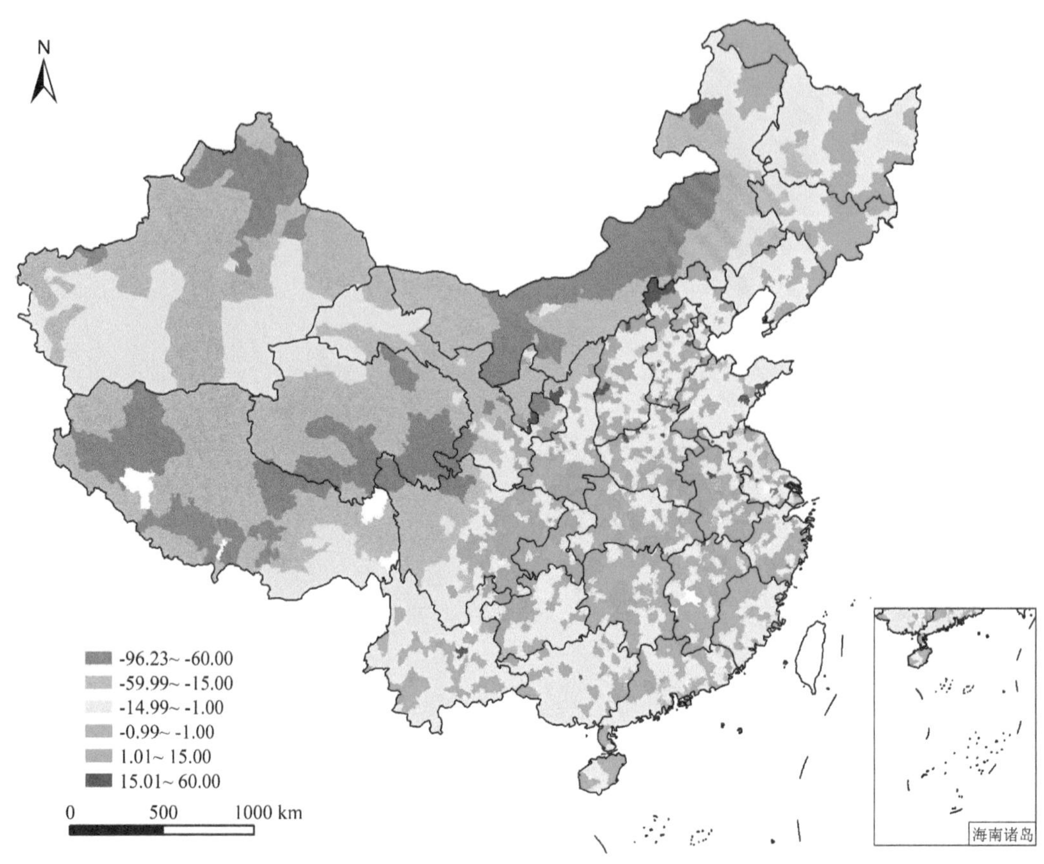

图 11-3 中国土地生态价值变化的时空格局（1996～2008 年）
台湾、香港和澳门缺数据；空白处也为缺数据

三、实施区域生态补偿，维护土地生态安全的若干建议

（一）国家尺度土地生态补偿分区方案

根据中国土地生态资产空间形成与传递源汇区分布、中国土地生态安全等级格局（图 11-4）和土地生态资产总量空间格局（图 11-5），以及各省区社会经济发展水平等因素，划定国家尺度土地生态补偿分区方案（图 11-6）。图中，Ⅰ区为生态补偿受体区，Ⅱ区为生态补偿主体区。其中，生态补偿受体区包括黑龙江省、吉林省、内蒙古自治区、陕西省、甘肃省、宁夏回族自治区、新疆维吾尔自治区、青海省、西藏自治区、四川省、重庆市、云南省、贵州省和广西壮族自治区等 14 个省区（市）；生态补偿主体区包括辽宁、河北、山西、北京市、天津市、山东省、河南省、安徽省、湖北省、湖南省、江西省、江苏省、上海市、浙江省、福建省、广东省和海南省等 17 个省（市）。

在每一大区下面，又分为若干个二级分区。在Ⅰ区中，$Ⅰ_1$ 为生态补偿的优先区域。之所以确定为优先补偿区域，是因为这一区域是我国主要大江大河的源头，承担着

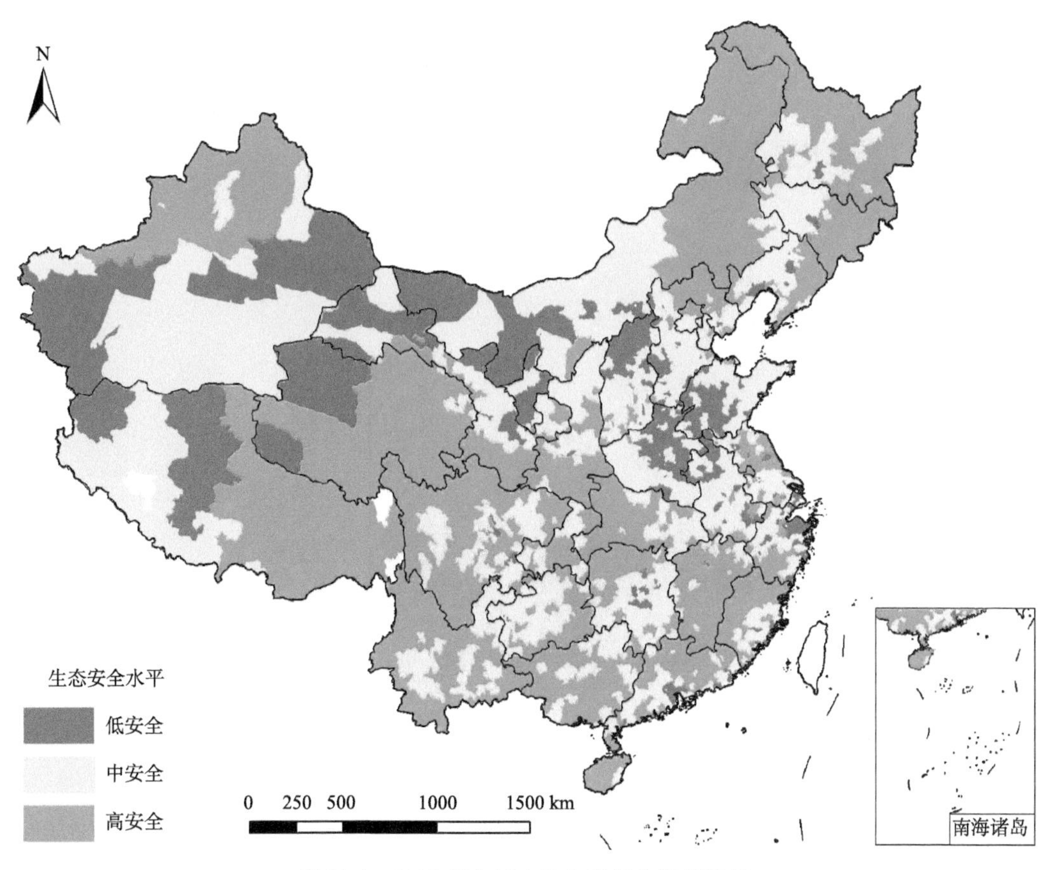

图 11-4 2008 年中国土地生态安全等级格局

台湾、香港和澳门缺数据；空白处也为缺数据

国家重要的水源涵养功能。同时，这一地区生态安全等级较高，表明该区土地生态系统赋存环境相对较好，系统功能受损较少，较少的经济和生态投入能够维系生态系统正常运行或恢复部分功能；I_2 为重点补偿区域，这一区域为土地生态安全中低水平区，土地资源赋存环境较差，气候干旱、寒冷，地表干燥，植被覆盖少。但这一地区土地生态资产总量较大，且近年下降趋势明显，故需要长期重点补偿，以期改善该区土地生态系统结构和功能；I_3 为次重点补偿区域，分布于北疆山地、东北山地以及云贵桂的南部。这些地区亦为一些重要河流的源头或水源涵养地，如额尔齐斯河、珠江和松花江等；I_4 为一般补偿区域，主要分布于成都平原和东北平原，大多为生态服务功能的汇区，但也存在着一些土地生态问题，需要通过土地生态补偿予以解决。

在 II 区中，根据地理区位和社会经济发展水平，仅分出 II_1 和 II_2。其中，II_1 为主要生态补偿主体区，II_2 次要生态补偿主体区。

（二）区域土地生态补偿的制度创新与政策导引

为了实施国家尺度的区域土地生态补偿方案，必须有一定的制度和政策保障。

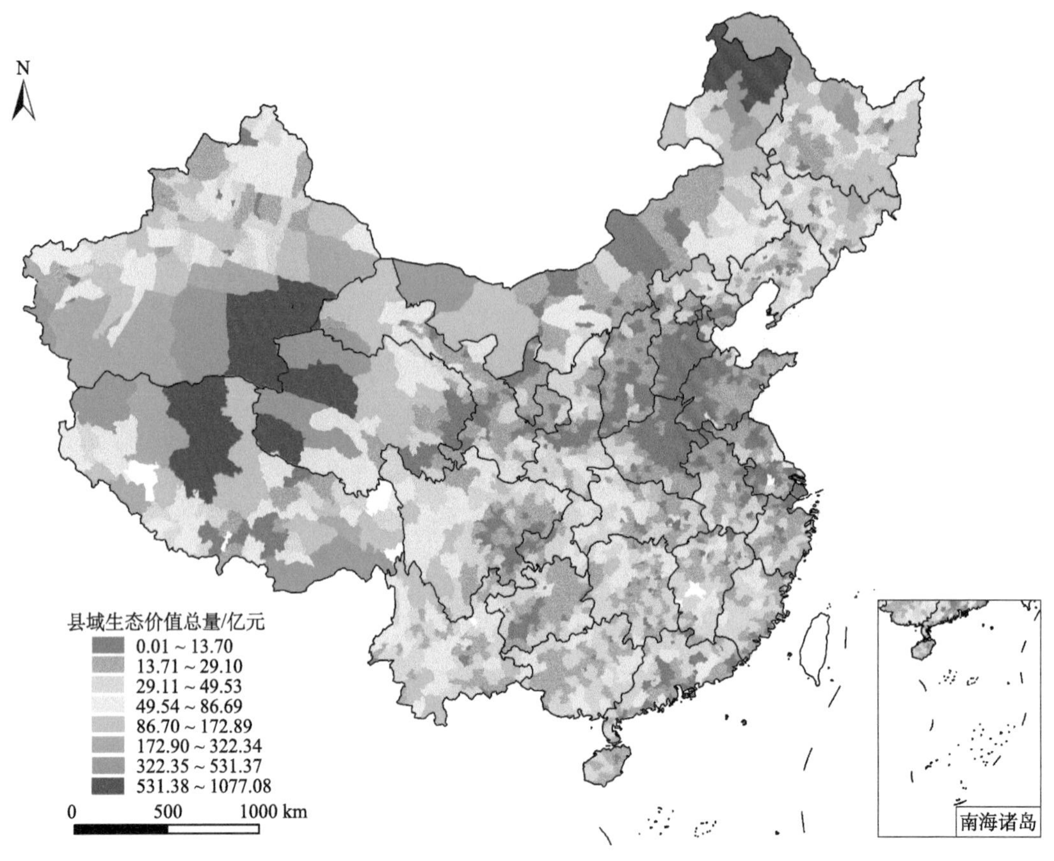

图 11-5　2008 年中国县域生态资产总量空间分布

台湾、香港和澳门缺数据；空白处也为缺数据

(1) 设立全国性的土地生态补偿专门机构

鉴于我国的土地制度和生态服务功能形成于空间流转特点，提议成立一个由国土、环保、林业、水利、发改委等国家职能部门和各个省区市参加的国家土地生态补偿委员会，以期逐步建立起一体化全方位的国家土地生态补偿机制，协调行政区与职能部门、单位与个人以及区域之间在土地生态补偿中的各种矛盾和纠纷。

(2) 构建土地生态补偿的法律体系

土地生态补偿机制应建立在法制化基础上，目前我国相关法律保障十分薄弱，需要加强这方面的立法工作。建议尽快启动《生态补偿法》的立法程序，通过立法确立生态环境税的统一征收和管理制度，规范使用范围。通过制订《生态补偿法》和实施《土地管理法》，对土地生态补偿做出科学的、系统的安排，明晰土地生态补偿的主体和受体，用法律制度保障相关利益方的生存权和发展权。

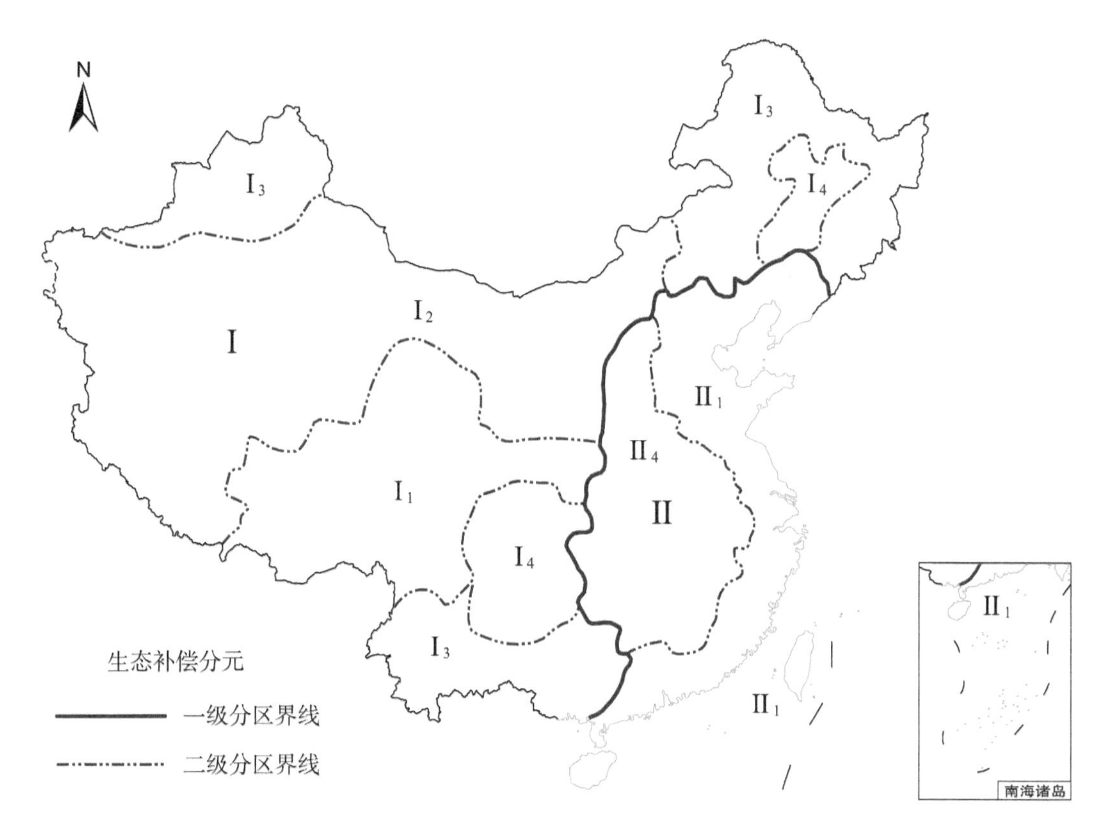

图 11-6 国家尺度土地生态补偿分区方案（李双成等，2011）
图中数值说明见正文

(3) 建立科学高效的土地生态补偿监管体系

建立土地生态资产科学评估体系。内容包括土地生态服务功能及资产的生成与流转评估、土地生态资产的供给与需求评估等；建立土地生态补偿政策实施效能的监控体系；建立土地生态补偿资金运行与流转的监督体系。

(4) 完善土地生态补偿的政策导引

土地生态安全的维护是长期艰巨的任务，在国家土地政策允许的范围内，应尽可能实施长期的生态补偿政策和措施，在政策层面使得补偿机制长效化。不仅要充分发挥政府的主导作用，引导社会力量参与到土地生态补偿工作中来，使得补偿主体多样化，而且要完善中央财政转移支付制度，建立横向财政转移支付制度，将横向补偿纵向化，并充分发挥市场的融资效能，最大限度地筹集土地生态补偿资金，使得融资渠道多元化；同时要做到货币补偿为主，实物补偿为辅；经常性财政转移支付为主，工程性补偿或临时性补助为辅的生态补偿，使得补偿形式多样化。

参考文献

蔡守秋. 2006. 论综合生态系统管理. 甘肃政法学院学报，5：19-26.

蔡守秋. 2006. 综合生态系统管理法的发展概况. 政法论丛，3：5-18.

蔡运龙. 2001. 自然资源学原理. 北京：科学出版社.

顾传辉，桑燕鸿. 2001. 论生态系统管理. 生态经济，11：41-43.

焦盛荣. 2007. “综合生态系统管理”与我国生态环境保护的立法理念. 甘肃理论学刊，3：101-104.

孔红梅，赵景柱，吴钢，等. 2002. 生态系统健康与环境管理. 环境科学，23（1）：1-5.

雷明. 1999. 可持续发展下绿色核算：资源、经济、环境综合核算. 北京：地质出版社.

李茂. 2003. 美国生态系统管理概况. 国土资源情报，2：9-19.

李双成，黄姣，邵晓梅，等. 2011. 区域生态补偿与土地生态安全. 中国土地科学，25（5）：39-41.

李挚萍. 2003. 经济法的生态化. 北京：法律出版社.

联合国. 2014. 生态系统管理计划. http：//www. iucn. org/about/work/programmes/ecosystem _ management/.

廖明球. 2000. 国民经济核算中绿色 GDP 测算探讨. 统计研究，17（6）：22-27.

马尔比特. 2004. 生态系统管理：科学与社会问题. 康乐，韩兴国等译. 北京：科学出版社.

任海，邬建国，彭少麟，等. 2000. 生态系统管理的概念及其要素. 应用生态学报，11（3）：455-458.

田慧颖，陈利顶，吕一河，等. 2006，生态系统管理的多目标体系和方法. 生态学杂志，25（9）：1147-1152.

王凤远. 2007. 对建立我国综合生态系统管理法律制度的思考. 南都学坛（人文社会科学学报），11（5）：95-96.

王霞波. 2004. 中国环境税收制度实施问题的探析. 东华大学学报（社会科学版），4（1）：67-69.

吴次芳. 2003. 土地生态学. 北京：中国大地出版社.

谢俊奇. 1999. 可持续土地管理研究回顾与前瞻. 中国土地科学，13（1）：34-37.

谢俊奇. 1999. 可持续土地利用系统研究. 中国土地科学，13（4）：35-39.

谢俊奇. 2002. 试论可持续土地管理战略. 资源产业. 6：39-44.

许宪春. 2001. 我国 GDP 核算与 1993 年 SNA 的 GDP 核算之间的若干差异. 经济研究. 11：63-68.

杨京平. 2004. 生态系统管理与技术. 北京：化学工业出版社.

于贵瑞，谢高地，于振良，等. 2002. 我国区域尺度生态系统管理中的几个重要生态学命题. 应用生态学报，13（7）：885-891.

于贵瑞. 2001a. 略论生态系统管理的科学问题与发展方向. 资源科学. 23（6）：1-4.

于贵瑞. 2001b. 生态系统管理学的概念框架及其生态学基础. 应用生态学报，12（5）：787-794.

张志仁. 2004. 环境税与排污权交易的对比与我国的实践应用的探讨. 环境保护，（2）：38-40.

赵云龙，唐海萍，陈海，等. 2004. 生态系统管理的内涵与应用. 地理与地理信息科学. 20（6）：94-98.

周杨明，于秀波，于贵瑞. 2007. 自然资源和生态系统管理的生态系统方法：概念、原则与应用. 地球科学进展，22（2）：171-178.

Agee J，Johnson D. 1988. Ecosystem Management for Parks and Wilderness. Seattle：University of Washington Press.

Aplet G. 1993. Defining Sustainable Forestry. Washington D C：Island Press.

Boyce M S，Haney A. 1997. Ecosystem Management：Applications for Sustainable Forest and Wild Life Resources. New Haven：Yale University Press.

Brussard P F，Reed J M，Tracy C R. 1998. Ecosystem management：What is it really? Landscape and Urban Planning，40：9-20.

Caldwell L. 1970. The ecosystem as a criterion for public land policy. Nat. Res. J, 10 (2): 203-221

Carpenter R A. 1995. A consensus among ecologists for ecosystem management. Bulletin of the Ecological Society of America, 76 (3): 161-162.

Chapin F S. 1996. Principles of ecosystem sustainability. The American Naturalist, 148 (6): 1016-1037.

Christensen N L, Bartuska A M, Brown J H, et al. 1996. The report of the ecological society of America committee on the scientific basis for ecosystem management. Ecological Applications, 6: 665-691.

Clark T W. 1991. Policy and programs for ecosystem management in the greater Yellowstone ecosystem: an analysis. Conservation Biology, 5: 412-422.

Constanza R R, Arge R, Groot R, et al. 1997. The value of the world ecosystem services and natural capital. Nature, 387: 253-259.

COP5 (Fifth Ordinary Meeting of the Conference of the Parties to the Convention on Biological Diversity). 2000. Decision V/6 [EB/OL]. http: //www. biodiv. org/doc/decisions/COP-05-dec-en.

Czech B, Krausman P R. 1997. Implicationsof an ecosystem management literaturereview. Wildl. Soc. Bull., 25: 667-675.

Daily G C, Alexander P R, Ehrlich P R, et al. 1997. Ecosystem services: Benefits supplied to human societies by natural ecosystems. Issues in Ecology, (3): 1-6.

De Groot R S, Alkemade R, Braat L, et al. 2010. Challenges in integrating the concept of ecosystem services and values in landscape planning, management and decision making. Ecological Complexity, 7 (3): 260～272.

Falk D A, Millar C I, Olwell M. 1996. Restoring diversity: strategies for reintroduction of endangered plants. Washington D C: Island Press.

Goldstein B. 1992. The struggle over ecosystem management at Yellowstone. Bio Science, 42: 183-187.

Grumbine R E. 1994. What is ecosystem management. Conservation Biology, 8 (1): 27-38.

Haeuber R, Ringold P. 1998. Ecology, the social sciences, and environmental policy. Ecological Applications, 8 (2): 330-331.

Haeuber R. 1998. Ecosystem management and environmental policy in the United States: Open windows or closed door? Landscape and Urban Planning, 40: 221-233.

Keiter R. 1998. Ecosystems and the law: Toward an integrated approach. Ecological Applications, 8 (2): 332-341.

Lackey R T. 1995. Seven pillars of ecosystem management. Draft, (3): 13.

Lubchenco J, Olson A M, Brubaker L A, et al. 1991. The sustainable biosphere initiative: an ecological research agenda. Ecology, 72: 371-412.

Ludwig D. 1993. Uncertainty, resource exploitation, and conservation: Lessons from history. Ecological Applications, 3: 547-549.

Malone C R. 1995. Ecosystem management: Status of the Federal initiative. Bulletin of the Ecological Society of America, 76 (3): 158-161.

Norton B G. 1998. Improving ecological communication: the role of ecologists in environmental policy formation. Ecological Applications, 8 (2): 350-364.

Overbay J C. 1992. Ecosystem management//Gordon D (ed). Taking an Ecological Approach to Management. Washington, D C: United States Department of Agriculture Forest Service Publication WO-WSA-3. 3-15.

Pastor J. 1995. Ecosystem management, ecological risk, and public policy. Bio Science, 45 (4): 286-288.

Pavlikakis G E, Tsihrintzis V A. 2000. Ecosystem management: a review of a new concept and methodology. Water Resource Management, 14: 257-283.

Society of American Foresters. 1992. Sustaining long-term forest health and productivity. Bethesda (Maryland): Society of American Foresters.

Sexton W T. 1998. Ecosystem management: expanding the resource management "tool kit". Landscape and Urban Planning, 40: 103-112.

Simpson R D. 1998. Economic analysis and ecosystems: some concept sand issues. Ecological Applications, 8 (2): 342-349.

Society of American Foresters. 1992. Sustaining Long-Term Forest Health and Productivity. Report of a Task Force ofthe Society of American Foresters. Bethesda, Maryland: Society of AmericanForesters.

Stanley T R Jr. 1995. Ecosystem management and the arrogance of humanism. Conservation Biology, 9: 255-262.

Thomas J W. 1996. 1994. Forest service perspective on ecosystem management. Ecological Applications, 6 (3): 703-705.

USDOI BLM. 1993. Final Supplemental Environmental Impact Statement for Management of Habitat for Late-successional and Old-growth Related Species within Range of the Northern Spotted Owl. Washington DC: U. S. Forest Service and Bureau of Land Management.

Vogt K. 1997. Ecosystems: Balancing Science with Management. Springer.

Westman W E. 1985. Ecology, Impact Assessment, and Environmental Planning. New York: John Wiley, Sons.

Wood C A. 1994. Ecosystem Management: achieving the new land ethic. Renewable Natural Resources Journal, 12: 6-12.